BIMSpace
智慧建造系列

Revit 建筑设计与实时渲染

2020版

尹萌萌　编著

本书基于 Revit 2020 和鸿业 BIMSpace 2020 软件平台，全面详解了其造型功能与应用。本书由浅入深、循序渐进地介绍了 Revit 及 BIMSpace 的基本操作及命令的使用方法，并配有大量的制作实例，使用户能更好地巩固所学知识。

全书共 9 章，穿插大量的技术要点，帮助读者快速掌握建筑模型设计和建筑结构设计技巧，向读者提供超过 10 小时的设计案例的演示视频，以及海量的素材文件、结果文件和其他学习资料，协助读者更顺利地完成全书案例的操作。

本书以建筑设计工程师、教育专家和建筑软件开发公司的开发人员为技术支撑，为广大的软件爱好者、学生、工厂员工提供了强大的软件技术和职业技能知识。

本书是面向实际应用的 Revit 图书，不仅可以作为高校、职业技术院校建筑和土木等专业的初中级培训教程，还可以作为广大从事 BIM 相关工作的工程技术人员的参考手册。

图书在版编目（CIP）数据

Revit 建筑设计与实时渲染：2020 版 / 尹萌萌编著. —北京：机械工业出版社，2020. 4

（BIMSpace 智慧建造系列）

ISBN 978-7-111-65227-4

Ⅰ. ①R… Ⅱ. ①尹… Ⅲ. ①建筑设计 – 计算机辅助设计 – 应用软件 Ⅳ. ①TU201. 4

中国版本图书馆 CIP 数据核字（2020）第 052829 号

机械工业出版社（北京市百万庄大街 22 号　邮政编码 100037）

策划编辑：丁　伦　责任编辑：丁　伦

责任校对：徐红语

责任印制：张　博

北京铭成印刷有限公司印刷

2020 年 8 月第 1 版第 1 次印刷

185mm×260mm · 19. 5 印张 · 484 千字

0001—2500 册

标准书号：ISBN 978-7-111-65227-4

定价：89. 90 元（附赠海量资源，含视频教学）

电话服务	网络服务
客服电话：010-88361066	机　工　官　网：www. cmpbook. com
010-88379833	机　工　官　博：weibo. com/cmp1952
010-68326294	金　　书　　网：www. golden-book. com
封底无防伪标均为盗版	机工教育服务网：www. cmpedu. com

Preface 前言

Autodesk 公司的 Revit 是一款三维参数化建筑设计软件，也是有效创建信息化建筑模型（Building Information Modeling，BIM）的主流设计工具。

Revit 2020 版软件在原有版本的基础上，添加了全新功能，并对相应工具的功能进行了更新和完善，使该版软件可以帮助设计者更加方便快捷地完成设计任务。

鸿业 BIMSpace 2020 是国内著名的大型 BIM 软件开发公司（鸿业科技）推出的三维协同设计软件。目前支持 Autodesk Revit 2014 ~ Autodesk Revit 2020，是国内较早基于 Rcvit 的 BIM 解决方案软件之一。

本书内容

本书基于 Revit 2020 及鸿业 BIMSpace 2020，全面详解了 BIM 建筑、结构及实时渲染的功能与应用。全书共 9 章，主要内容如下：

第 1 章主要介绍建筑信息模型（BIM）主体软件 Revit 2020 与鸿业 BIMSpace 2020 软件的基础知识。

第 2 章详解 Revit 族的创建与应用，以及概念体量模型的设计方法。

第 3 章主要介绍鸿业 BIMSpace 2020 在建筑墙体与建筑楼地层设计中的具体应用和软件操作技巧。

第 4 章详细展示了 Revit 2020 和 BIMSpace 2020 在洞口设计、房间面积及建筑楼梯坡道等构件设计过程的具体应用。

第 5 章详细介绍 Revit 的场地设计和日照分析全过程。当整体建筑模型创建完成后，我们会在该建筑中或者周围进行场地及构件设计。

第 6 章主要介绍“快模”工具的土建快模应用。在 Revit 中进行建筑、结构及系统设计，是一项操作比较烦琐的工作，因为涉及大量建模工具和技巧的应用，故需要消耗大量的时间去完成。国内越来越多的 Revit 插件商均注意到这个建模效率的提升问题，各自推出快速翻模工具，鸿业 BIMSpace 也不例外，推出了“快模”工具，与 BIMSpace 的其他工具结合使用，能够有效提高设计师的建模效率。

第 7 章介绍建筑 3D 实时可视化。由于 Revit 自带的渲染器并非专业渲染器，无法实时表达建筑 3D 的渲染及可视化，为此需要将模型导出到 Lumion 实时渲染及可视化的软件中，再进行全景渲染及视角漫游，使设计师在与甲方进行交流时能充分表达其设计意图。

第 8 章主要介绍利用 BIMSpace 2020 软件进行建筑施工图的设计。建筑施工图图纸包括建筑平面图、建筑剖面图、建筑立面图、建筑详图等。

第 9 章将充分利用鸿业 BIMSpace 2020 及 Revit 2020 的建筑、结构设计等功能完成某阳光海岸花园的别墅设计项目，让读者完全掌握 Revit 和相关设计插件软件的高级建模方法，从而快速提升软件操作技能，无缝连接实际工作。

本书特色

本书是指导读者学习中文版 Revit 2020 软件和鸿业 BIMSpace 2020 建筑与结构设计、实时渲染的标准教程。书中详细介绍了 Revit 与 BIMSpace 2020 强大的功能及其专业知识，使读者能够利用该软件方便快捷地绘制工程图样。本书主要特色如下：

- 采用由浅入深的内容展示流程。从软件界面开始，再到软件的基本操作、模块操作及行业应用。
- 侧重于实战，全部内容对应线上的视频课堂以及线下的机构培训，让读者享受“面对面”“手把手”的教学辅导体验。
- 全程案例演讲视频极速助力读者技能提升。
- 众多技巧点拨、温馨提示等辅助版块，帮助读者快速提升软件操作技能。
- 资料包中包含所有实训的模型文件，并附赠海量的设计学习资料。

本书是面向实际应用的 Revit 图书，不仅可以作为高校、职业技术院校建筑和土木等专业的初中级培训教程，而且还可以作为广大从事 BIM 相关工作的工程技术人员的参考手册。

作者信息

本书由淄博职业学院尹萌萌编写，共计 48 万字。此外，全书专家审核团队涉及建筑设计工程师、大学教授等，为广大 BIM 爱好者、学生、工厂员工展示了强大的软件技术和职业技能知识。

感谢您选择了本书，希望我们的努力对您的工作和学习有所帮助，也希望您把对本书的意见和建议告诉我们。

编　者

Contents 目录

|前 言|

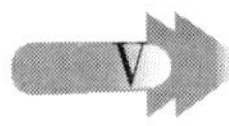

第 3 章 建筑墙体与楼地层设计

第4章　房间与楼梯坡道设计

第 5 章 日照分析与场地设计

第 6 章　BIMSpace 快速建模

第 7 章　建筑 3D 实时可视化

第 8 章　建筑与结构施工图设计

第 9 章 BIM 项目设计案例——阳光海岸花园别墅项目

第 1 章

基于 BIM 的建筑设计概论

本章导读

BIM 技术可以用到建筑设计各专业中做 BIM 设计，BIM 建筑设计包括正向设计和逆向设计。正向设计主要指采用三维协同设计，通过模型直接得到所需的图纸、报表、视图、数据等。而不是单纯的翻模或解决 BIM 设计中存在的问题。

本章将对什么是 BIM 正向设计和逆向设计进行讲解。但主题还是正向设计，因为从原有的二维图纸到三维建模（逆向设计）的设计成本较高，已逐渐被成本及建设效率高和社会效益大的正向设计所替代。

案例展现

案　例　图	描　　述
	Autodesk Revit 2020 是一款三维建筑信息模型建模软件，适用于建筑设计、MEP 工程、结构工程和施工领域
	鸿业 BIMSpace（也称鸿业乐建）是国内著名的大型 BIM 软件开发公司（鸿业科技）推出的三维协同设计软件。该软件从 2011 年开始开发，2012 年推出 HYBIM 2.0 版，2013 年推出 HYBIM 3.0 版，是国内较早基于 Revit 的 BIM 解决方案软件之一

1.1 建筑信息模型（BIM）概述

建筑环境行业正在就建筑信息模型（BIM）定义、原因以及实现方式等进行激烈争论。BIM 重申了该行业信息密集性的重要性，并强调了技术、人员和流程之间的联系。相关专家预测该行业会发生重大变革，各国政府通过实施各种全国性方案，希望从中获取重大收益，而个人以及各类组织也在迅速为发展进行调整，虽然有些方面已实现一定程度的积极发展，但发展趋势尚不明朗，仍需假以时日。

1.1.1 什么是 BIM

建筑信息模型（Building Information Modeling，BIM）是以建筑工程项目的各项相关信息数据作为模型的基础，进行建筑模型的建立，通过数字信息仿真模拟建筑物所具有的真实信息。

BIM 技术是一种应用于工程设计建造管理的数据化工具，通过参数模型整合各种项目的相关信息，在项目策划、运行和维护的全生命周期过程中进行共享和传递，使工程技术人员对各种建筑信息做出正确理解和高效应对，为设计团队以及包括建筑运营单位在内的各方建设主体提供协同工作的基础，在提高生产效率、节约成本和缩短工期方面发挥重要作用。

虽然没有公认的 BIM 定义，但大部分相关资料都对“BIM 是什么”的问题给出了相似的答案。没有公认定义可能是因为 BIM 始终在变化，新领域和前沿因素也会慢慢扩充“BIM”的定义。下面将对业界一些典型的定义，以及关于 BIM 的最新探讨中涉及的一些潜在力量进行强调说明。

- “建筑”“设施”“资产”以及“项目”等词汇的使用，导致在建筑信息模型中“建筑”的概念模糊。为了避免在动词“建筑”与名词“建筑”之间的概念混淆，许多组织使用“设施”“项目”或“资产”等词汇代替“建筑”。
- 更多地关注词汇“模型”或者“建模”而不是“信息”，这样做比较合理。有关 BIM 的大多数讨论文件都强调建模所捕获的信息比模型或者建筑工作本身更重要（此指引文件认为，所捕获的信息依赖于开发模型的质量）。有些专家形象地把 BIM 定义为“在建筑资产的整个生命周期的信息管理”。
- 模型建模过程或者模型的应用是否重要？“模型”通常可以与“建模”互换使用。BIM 清晰地表现了模型和建模过程，但最终目标远不止于此。通过一个有效的建模过程，实现有效、高效地利用该模型（和模型中存储的信息）才是最终目的。
- 是否仅与建筑物相关？BIM 也应用于建筑环境的所有要素（新建的和已有的）。在基础设施范围中，BIM 应用越来越流行，BIM 在工业建筑中的应用早于在建筑物中的使用。
- BIM 是否与信息通信技术（ICT）或者软件技术相关？此技术是否已经成熟到能够使我们仅注重与过程和人相关的问题？或者此技术是否仍然与这些问题交织在一起？这些问题均有待探讨。
- 强调 BIM 的共享非常重要。当整个价值链包含 BIM，并且当技术、工作流程和实践都已经能够支持协作与共享 BIM 时，BIM 可能成为“必须拥有”。

显然，BIM 的整体定义涉及三个相互交织的方面。

- 模型本身（项目物理及功能特性的可计算表现形式）。
- 开发模型的流程（用于开发模型的硬件和软件、电子数据交换和互用性、协作工作流程以及项目团队成员就 BIM 和共有数据环境的作用和责任的定义）。
- 模型的应用（商业模式，协同实践，标准和语义，在项目生命周期中产生真正的成果）。

不能只因为对建筑环境行业各方面有不同程度的影响，就仅在技术层面对 BIM 进行处理，受影响的主要有以下几个方面。

（1）人、项目、企业及整个行业的连续性，如图 1-1 所示。

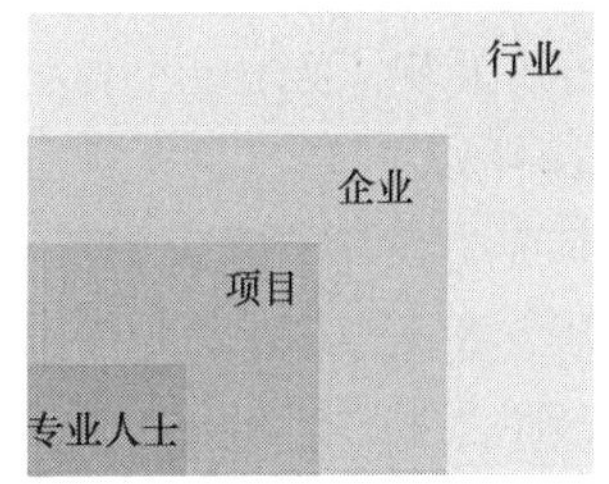

图 1-1　人、项目、企业及整个行业的连续性

（2）项目的整个生命周期，以及主要参与方的认知，如图 1-2 所示。

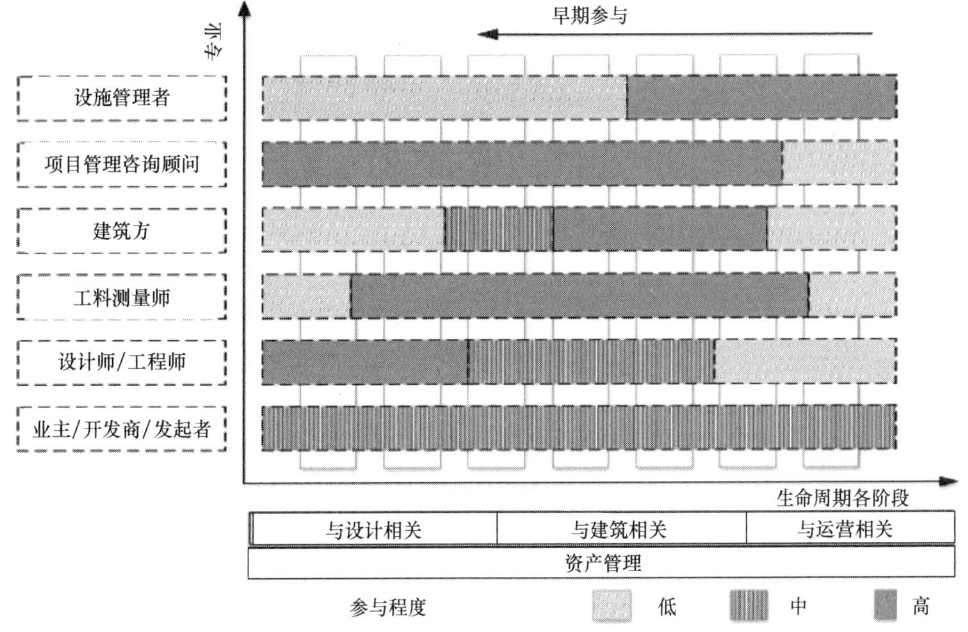

图 1-2　BIM 贯穿于生命周期各阶段以及利益方的观点

（3）BIM 与建筑环境基础“操作系统”的联系，如图 1-3 所示。

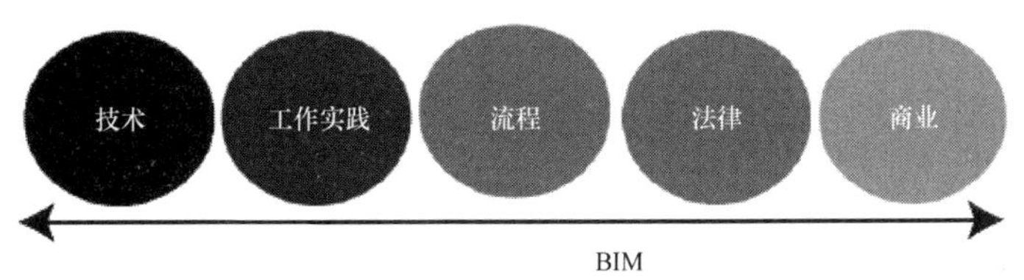

图 1-3　BIM 对项目操作系统的影响

（4）项目的交付方式，影响所有项目过程。

1.1.2 BIM 概念起源及在我国的普及情况

1975 年，“BIM 之父”——佐治亚理工大学的 Charles Eastman 教授创建 BIM 理念至今，BIM 技术的研究经历了三大阶段：萌芽阶段、产生阶段和发展阶段。BIM 理念的启蒙，受到了 1973 年全球石油危机的影响，美国全行业需要考虑提高效益的问题。1975 年“BIM 之父”Eastman 教授在其研究的课题“Building Description System”中提出“a computer-based description of-abuilding”，以便于实现建筑工程的可视化和量化分析，提高工程建设效率。

随着全球建筑工程设计行业信息化技术的发展，BIM 技术在国外发达国家逐步普及发展，发展中国家则在实施 BIM 的舞台上姗姗来迟。这似乎不合常理，因为发展中国家的建筑工程量日趋增长，并且利用 BIM 可能会取得巨大效益，表 1-1 所示为 BIM 在全球的应用情况。

表 1-1　BIM 在全球的应用情况

国家或地区	采用率
中国	15%
印度	10% ~18%
中东	25%
美国	71%
英国	54%
欧洲	46%
澳大利亚	40%

在中国，建筑信息模型被列为建设部国家“十一五”计划的重点科研课题。

近几年，BIM 技术得到了国内建筑领域及业界各阶层的广泛关注和支持，整个行业对掌握 BIM 技术人才的需求也越来越大，如何在高校教育体系与行业需求相结合，培养为社会提供掌握 BIM 技术并能学以致用的专业人才，成为当前建筑教育所面临的课题之一。

BIM 不仅是强大的设计平台，更重要的是，BIM 的创新应用——体系化设计与协同工作方式的结合，将对传统设计管理流程和设计院技术人员结构产生变革性的影响。高成本、高专业水平的技术人员将从繁重的制图工作中解脱出来而专注于专业技术本身，而较低人力成本、高软件操作水平的制图员、建模师、初级设计助理将担当大量的制图建模工作。这为社会提供了一个庞大的就业机会，即制图员（模型师）群体，同时为大专院校的毕业生提供了新的就业前景。

1.1.3 BIM 特点

BIM 应符合以下五个特点：

1. 可视化

可视化即“所见所得”的形式，对于建筑行业来说，可视化真正运用在建筑业的作用是非常大的，例如经常拿到的施工图纸，只是各个构件的信息在图纸上采用线条的表达，但是其真正的构造形式就需要建筑业参与人员去自行想象了。对于简单的物体来说，这种想象也未尝不可，但是近几年建筑业的建筑形式各异，复杂造型在不断地推出，那么这种光靠人脑去想象的物体就未免差异过大了。所以 BIM 提供了可视化的思路，让人们将以往的线条式的构件形成一种三维的立体实物图形展示在人们的面前。建筑业也有设计方面出效果图的事情，但是这种效果图是分包给专业的效果图制作团队进行识读后得到的线条式信息制作出来的，并不是通过构件的信息自动生成的，缺少了同构件之间的互动性和反馈性，然而 BIM 提到的可视化是一种能够同构件之间形成互动性和反馈性的可视化，在 BIM 建筑信息模型中，由于整个过程都是可视化的，所以，可视化的结果不仅可以用来效果图的展示及报表的生成，更重要的是，项目设计、建造、运营过程中的沟通、讨论、决策都可在可视化的状态下进行。

2. 协调性

这个方面是建筑业中的重点内容，不管是施工单位还是业主及设计单位，无不在做着协调及相配合的工作。一旦项目的实施过程中遇到了问题，就要将各有关人士组织起来开协调会，找各施工问题发生的原因，然后做出变更和相应补救措施等进行问题的解决。那么这个问题的协调真的就只能在出现问题后再进行协调吗？在设计时，往往由于各专业设计师之间的沟通不到位，而出现各种专业之间的碰撞问题，例如暖通等专业中的管道在进行布置时，由于施工图纸是各自绘制在各自的施工图纸上的，真正施工过程中，可能在布置管线时正好在此处有结构设计的梁等构件妨碍着管线的布置，这种就是施工中常遇到的碰撞问题，像这样的碰撞问题的协调解决就只能在问题出现之后再进行解决吗？BIM 的协调性服务就可以帮助处理这种问题，也就是说 BIM 建筑信息模型可在建筑物建造前期对各专业的碰撞问题进行协调，生成协调数据提供帮助。当然 BIM 的协调作用也并不是只能解决各专业间的碰撞问题，它还可以解决诸如电梯井布置与其他设计布置及净空要求之协调，防火分区与其他设计布置之协调，地下排水布置与其他设计布置之协调等问题。

3. 模拟性

模拟性并不是只能模拟设计出的建筑物模型，还可以模拟不能够在真实世界中进行操作的事物。在设计阶段，BIM 可以对设计上需要进行模拟的一些东西进行模拟实验，例如节能模拟、紧急疏散模拟、日照模拟、热能传导模拟等。在招投标和施工阶段可以进行 4D 模拟（三维模型加项目的发展时间），也就是根据施工的组织设计模拟实际施工，从而来确定合理的施工方案来指导施工。同时还可以进行 5D 模拟（基于 3D 模型的造价控制），从而来实现成本控制。后期运营阶段可以模拟日常紧急情况的处理方式，例如地震人员逃生模拟及消防人员疏散模拟等。

4. 优化性

事实上整个设计、施工和运营的过程就是一个不断优化的过程，当然优化和 BIM 也不存在实质性的必然联系，但在 BIM 的基础上可以做更好的优化和更好地做优化。优化受三样东西的制约：信息、复杂程度和时间。没有准确的信息做不出合理的优化结果，BIM 模型提供了建筑物实际存在的信息，包括几何信息、物理信息和规则信息，还提供了建筑物变化以后的实际存在。复杂程度高到一定程度，参与人员本身的能力无法掌握所有的信息，必须借助一定的科学技术和设备的帮助。现代建筑物的复杂程度大多超过参与人员本身的能力极限，BIM 及与其配套的各种优化工具提供了对复杂项目进行优化的可能。基于 BIM 的优化可以做下面的工作：

（1）项目方案优化。把项目设计和投资回报分析结合起来，设计变化对投资回报的影响可以实时计算出来。这样业主对设计方案的选择就不会主要停留在对形状的评价上，而更多的可以使得业主知道哪种项目设计方案更有利于自身的需求。

（2）特殊项目的设计优化。例如裙楼、幕墙、屋顶及大空间到处可以看到的异型设计，这些内容看起来占整个建筑的比例不大，但是占投资和工作量的比例和前者相比往往要大得多，而且通常也是施工难度比较大和施工问题比较多的地方，对这些内容的设计施工方案进行优化，可以带来显著的工期和造价改进。

5. 可出图性

BIM 并不是为了出大家日常多见的建筑设计院所出的建筑设计图纸，及一些构件加工的图纸。而是通过对建筑物进行了可视化展示、协调、模拟和优化以后，帮助业主出如下图纸：

（1）综合管线图（经过碰撞检查和设计修改，消除了相应错误以后）。

（2）综合结构留洞图（预埋套管图）。

（3）碰撞检查侦错报告和建议改进方案。

1.1.4 目前国内 BIM 发展状况与分析

近年来 BIM 在国内建筑业形成一股热潮，除了前期软件厂商的大声呼吁外，政府相关单位、各行业协会与专家、设计单位、施工企业、科研院校等也开始重视并推广 BIM。2010 年与 2011 年，中国房地产协会商业地产专业委员会、中国建筑业协会工程建设质量管理分会、中国建筑学会工程管理研究分会、中国土木工程学会计算机应用分会组织并发布了《中国商业地产 BIM 应用研究报告 2010》和《中国工程建设 BIM 应用研究报告 2011》，一定程度上反映了 BIM 在我国工程建设行业的发展现状。图 1-4 为 2020 年全国 300 余家设计与施工企业的 BIM 应用预测情况表。

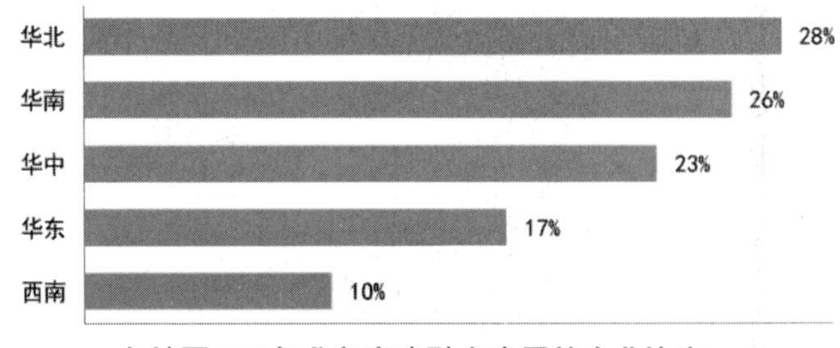

图 1-4　2020 年全国 300 余家设计与施工企业的 BIM 应用预测

BIM 已经开始得到越来越广泛的重视，但从全球范围来看，其整体扩散过程仍较为缓慢，目前建筑行业对 BIM 的整体采纳率仍处于较低水平，如图 1-5 所示。

BIM 在过去十年中的扩散进程，尚未呈现出类似于 2D CAD 在 20 世纪 90 年代的快速发展局面，图 1-6 为 BIM 与 2D CAD 技术的扩散曲线。

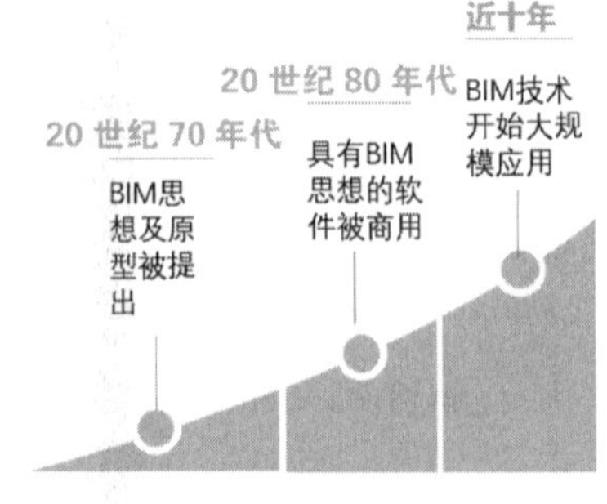

图 1-5　BIM 的扩散

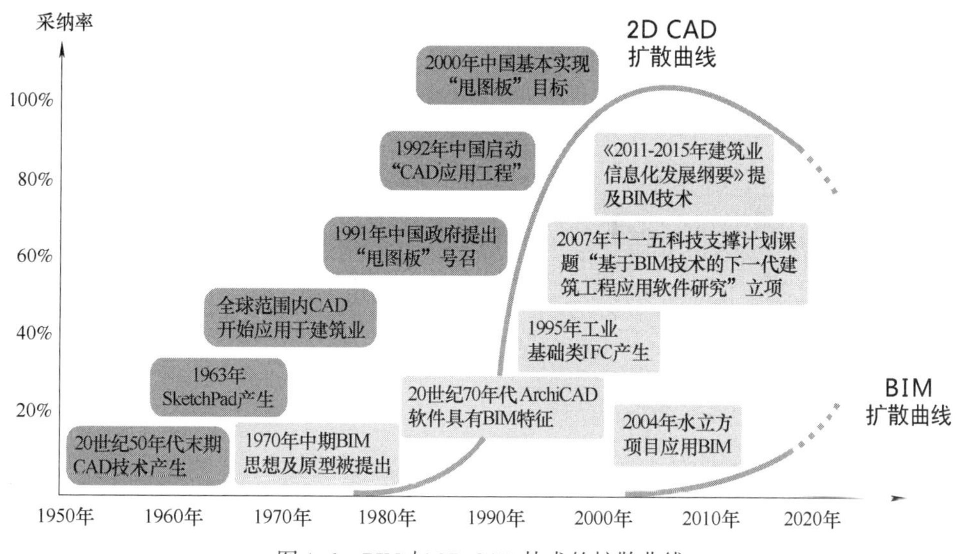

图 1-6 BIM 与 2D CAD 技术的扩散曲线

目前，BIM 应用投入整体不足，应用深度也不够，表现如下：

- 多数项目（63%）的 BIM 费用占项目总投资比重不足 0.15%。
- BIM 培训成本投入仅占 2%，导致设计施工技术人员 BIM 应用技能不足。
- 建设单位对施工尤其是设计方的费用支持率低，分别仅有 30% 和 41% 的建设单位会为设计方和施工方提供费用支持。
- 在《上海市 BIM 应用指南》所涉及的 38 个 BIM 应用点中，78% 的项目 BIM 应用点的数量在 20 以下，不足 BIM 应用点数量的 50%。
- BIM 在运维阶段的应用率较低，仅有约 22% 的项目会把 BIM 应用在运维阶段进行设施管理、空间及资产管理。

各行业的 BIM 应用状态如下：

- 以万达为代表的地产商，近几年对 BIM 全过程应用，带来行业变化。通过自建 BIM 标准形成从设计到施工到运维的全过程管理体系。
- 要求设计院必须实行 BIM 正向设计达到图模一致和数模一体。对设计的交付标准趋向施工深度，模型体现算量、质检和进度等信息。
- 施工企业在 BIM 上的应用发展快速，主要体现在深化设计减少错、漏、碰、缺等情况，避免返工停工和精确算量。施工企业凭借资金优势和规模优势向项目全过程总包发展。
- BIM 咨询业务发展迅速，现阶段主要是优化设计，后面会向虚拟建造模拟分析、装配式建筑及装配式机电咨询服务发展。
- 设计院 BIM 发展比较缓慢，处于犹豫徘徊阶段——正向设计成本高效率低，翻模意义不大，深化设计又不懂施工，迷茫。

总结，在各行业 BIM 发展下，设计院所面临的困境如下：

- 设计院普遍对 BIM 缺乏深刻认识理解，还停留在 CAD 阶段。
- 设计创造价值没有很好地体现出来。
- 树立 BIM 思维是未来竞争的关键点。

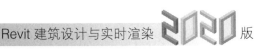

1.2 BIM 逆向设计的优势与缺点

BIM 逆向设计目前是 BIM 建筑设计的主流，流程是先完成施工图，然后根据施工图再建立三维模型，也就是现在说的“翻模”。

目前，限于 BIM 技术发展的现状和设计人员掌握 BIM 技术的程度，很难做到完全意义上的 BIM 正向设计。大部分设计企业采用的 BIM 设计应用是翻模，而翻模只是 BIM 发展的一个过渡，但也有其积极的作用。

逆向化翻模成果，可以集成信息，进行碰撞检查、方案优化和可视化交底等，但是 BIM 翻模的核心和主体还是依靠 CAD，而 BIM 信息模型只是附属部分，这不仅对设计人员造成了负担，而且也不符合 BIM 技术的初衷。

1.3 BIM 的最终目标——正向设计

什么是 BIM 正向设计？BIM 正向设计就是项目从草图设计阶段至交付阶段全部过程都在 BIM 三维模型中完成。

BIM 设计不是代替传统的 CAD 设计，也不是简单的三维建模，如图 1-7 所示。

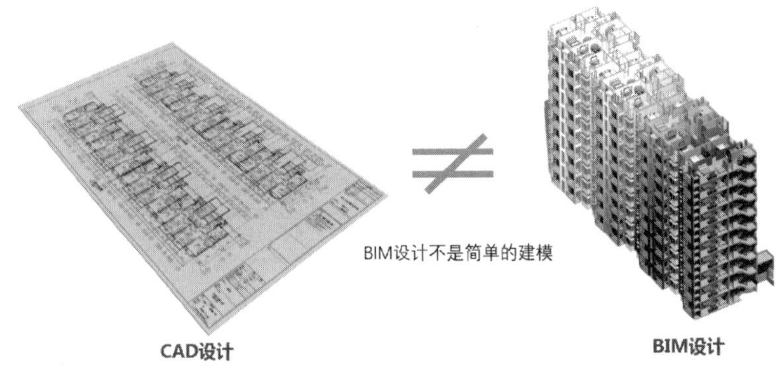

图 1-7　BIM 设计不是简单的建模

BIM 正向设计的价值在于，通过 BIM 把运维模拟、施工模拟、能耗分析、日照采光和风环境等前置到方案阶段，创造新的价值，如图 1-8 所示。

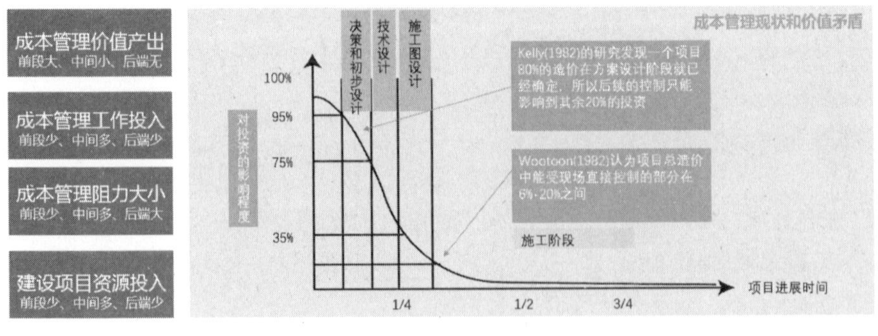

图 1-8　BIM 正向设计的价值

BIM 正向设计涵盖了方案决策、全专业设计、施工图深化和预建造分析四个阶段。

1.3.1　方案决策阶段

方案决策阶段中又包含有方案分析、造价分析和性能分析等三个分析内容。

1. 方案分析——运用 BIM 进行方案创作

首先通过多种展示手段展示概念模型，通过 BIM 建模让设计师推敲更仔细，而且开发商的体验也更直接，如图 1-9 所示。

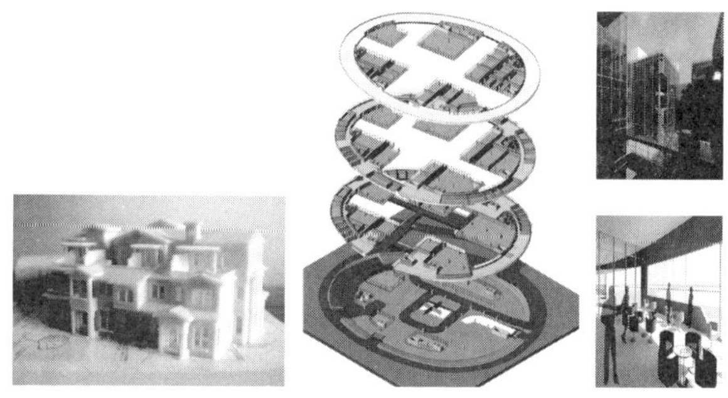

图 1-9　运用 BIM 进行方案创作与展示

其次，通过对 BIM 模型的量化分析，对单体设计进行优化，如图 1-10 所示。

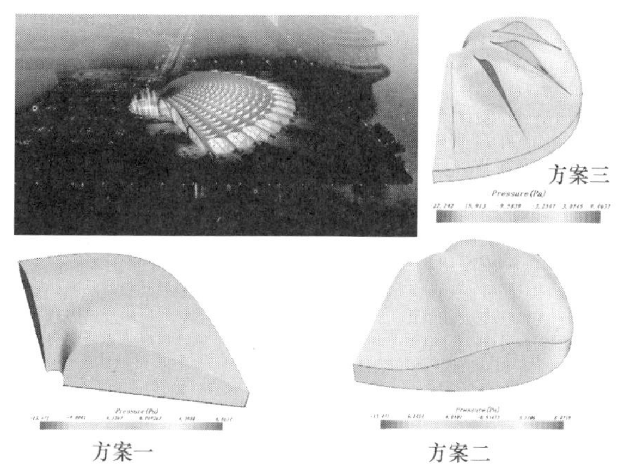

图 1-10　对单体设计进行优化

最后通过视觉效果和造价成本的对比，选用最佳结构设计方案，如图 1-11 所示。

方案一

方案二

方案三

图 1-11　选用最佳结构设计方案

2. 造价分析

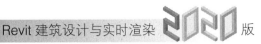

将模型无缝导入 iTWO 平台计算后，得到方案一的建筑造价分析结果（如图 1-12 所示）和方案二的造价分析结果（如图 1-13 所示）。

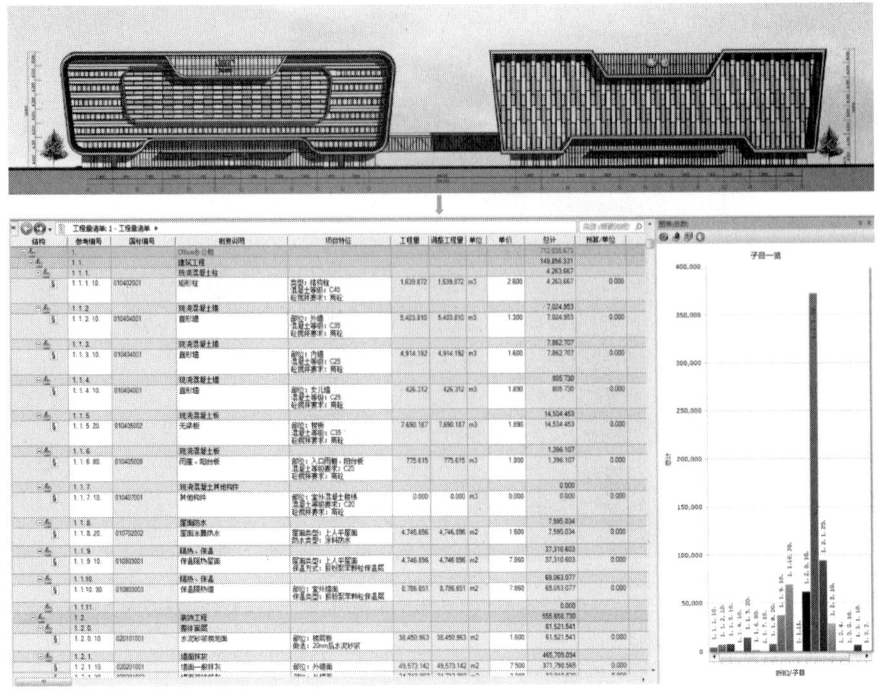

图 1-12　方案一的造价分析

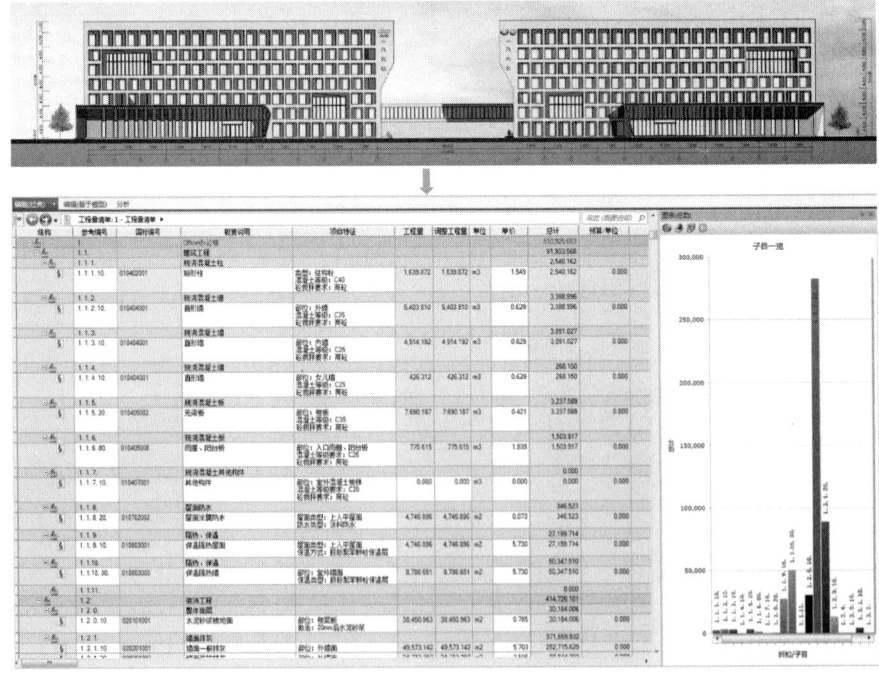

图 1-13　方案二的造价分析

方案一相比方案二造价成本增加 50%，业主方最终敲定方案二。

3. 性能分析

通过室外 CFD 风环境模拟和日照分析，优化了建筑布局、各建筑朝向和开窗位置等，保证整个园区在冬夏季主导风向下人行高度有合理的风速、风压场，各建筑有良好的自然通风效果及日照时数，提升室内空气品质，减少建筑供暖、空调和通风能耗，图 1-14 为某生态科技园 CFD 模拟和日照模拟分析。

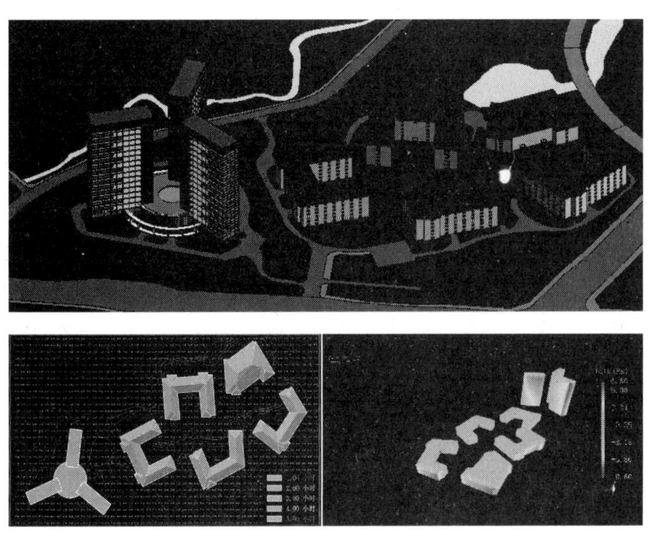

图 1-14　某生态科技园 CFD 模拟和日照模拟分析结果

图 1-15 为某数据中心能耗模拟分析。从模拟结果可以看到，冷却塔自然供冷开启时间达到 4500 小时，使用自然供冷可节省制冷耗电量 1401130 − 1020565 = 380565kW · h，节约电量 27. 2%。

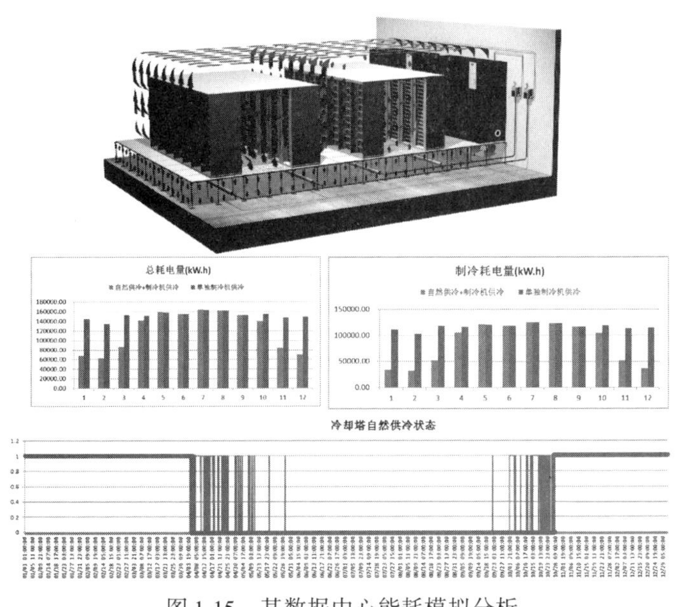

图 1-15　某数据中心能耗模拟分析

1.3.2 建筑全专业设计阶段

建筑专业设计阶段包括建筑模型设计、暖通设计、给排水设计和电气设计。下面以某研发基地项目为例（图 1-16 所示），介绍项目的专业设计阶段。

项目名称：某研发基地项目
建设地点：北京市某开发区
总用地面积：36272 m²
总建筑面积：106807.96 m²
建筑高度：45m

图 1-16　某研发基地项目

1. Revit 建模

根据建筑决策方案，利用 Revit 软件建立三维模型，如图 1-17 所示。

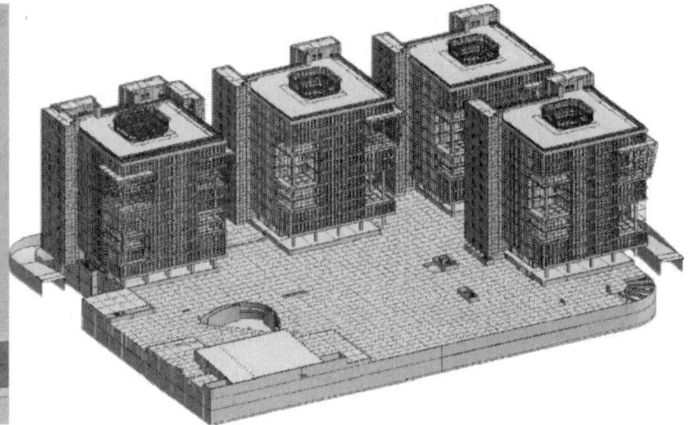

图 1-17　建立三维模型

2. 暖通、给排水和电气专业设计

完成三维模型的创建，利用 Revit 软件的系统设计模块，完成项目的暖通设计、给排水设计和电气设计，如图 1-18 所示。

1.3.3 施工图深化设计阶段

施工图深化设计阶段包含以下内容：

- 模型搭建，图纸核查，提交问题报告，反馈设计修改。
- 碰撞检测，管线深化，净高分析。
- Revit 输出图纸成果，指导现场施工。
- 通过 BIM 可视化技术进行模型漫游仿真展示。

施工图深化设计包括机电深化设计、现浇混凝土结构深化设计和预制装配混凝土结构深化设计。

- 机电深化设计应包括：设备选型、设备布置及管理、专业协调、管线综合、净空控制、参数复核、支吊架设计及荷载验算、机电末端和预留预埋定位等。

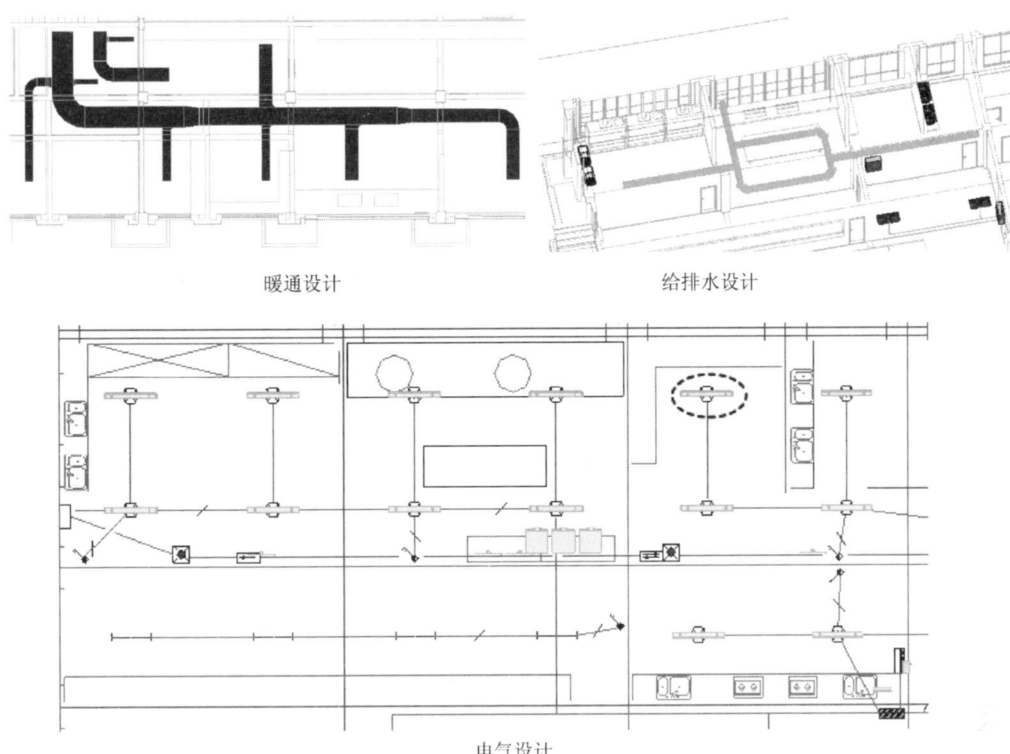

图 1-18　建筑专业设计

- 现浇混凝土结构深化设计应包括：二次结构设计、预留孔洞设计、节点设计、预埋件设计等。
- 预制装配式混凝土结构深化设计包括：预制构件平面布置、拆分、设计，以及节点设计等。

下面以某地区的一个医院建设项目为例（如图 1-19 所示），介绍施工图深化设计阶段出现的主要问题与解决方案。

项目概况

某医院项目总承包工程位于深圳市某地，项目占地面积44759.23平方米，总建筑面积约为246157.65平方米。项目分一期改扩建及二期新建工程。

一期：由地下室（地下一层）、原医技综合楼、住院部、后勤综合楼组成。其中医技综合楼改扩建面积6334.74平方米，原住院楼扩建面积11010.25平方米，地下室扩建面积10708平方米，后勤综合楼新建面积24376平方米。

二期：由地下室（地下三层）、医技综合楼、老年治疗中心、肿瘤治疗中心组成。其中新建医技综合楼面积22484平方米，老年治疗中心新建面积26592平方米，肿瘤治疗中心新建面积26592平方米，新建地下室面积43044平方米。

图 1-19　某医院建设项目简介

在施工图设计阶段中，共发现 ABC 三类问题（图 1-20 所示）。

- A 类：影响工程施工或建成后会影响使用功能的问题。
- B 类：专业间有冲突，但现场有空间或余地调整的问题。
- C 类：图纸类问题，比如图纸不完整或前后矛盾等问题。

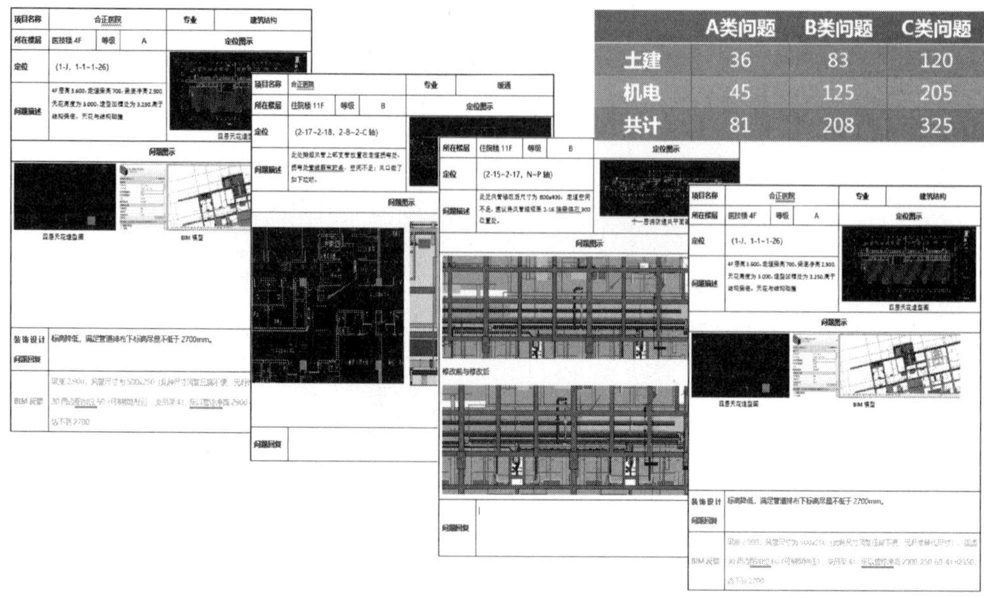

	A类问题	B类问题	C类问题
土建	36	83	120
机电	45	125	205
共计	81	208	325

图 1-20　施工图设计过程中出现的问题

在施工图深化设计阶段，利用可视化设计使得项目设计意图更加直观，方便各方沟通协调。较于传统的二维设计，项目可视化更加容易发现潜在的设计问题，提升了深化设计的质量，图 1-21 为管廊系统的可视化深化设计。

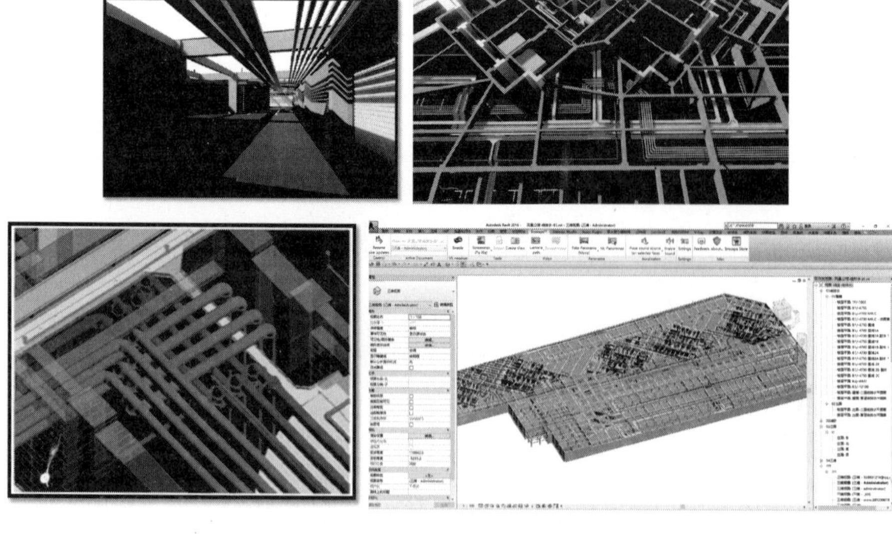

图 1-21　管廊系统的可视化深化设计

1.3.4　预建造分析阶段

预建造分析阶段是通过 iTWOd 5D 模拟和装配模拟（装配式建筑设计）进行虚拟建造的阶段。预建造分析阶段包括技术交底与工艺工序的制定、施工进度的安排、质量管控、施工安全管控和成本的管控等。

（1）施工工艺工序交底

将施工工艺流程做成虚拟现实动画，将复杂、重要的生产场景生动形象地显示出来，使复杂的工艺流程简单明了、直观易懂，如图 1-22 所示。

图 1-22　施工工艺工序交底

（2）施工进度安排

施工进度的安排包括工期安排、资金安排和交叉作业。利用 iTWOd 5D 模拟施工进度，如图 1-23 所示。

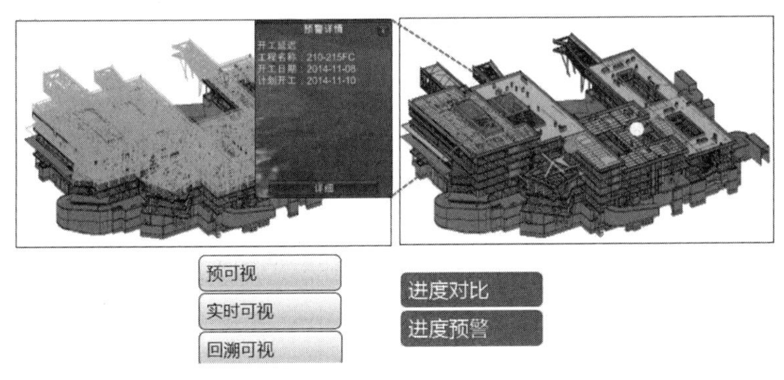

图 1-23　利用 iTWOd 5D 模拟施工进度

（3）质量管控

质量管控要确保每个施工节点的建造质量。通过 iTWOd 5D 的质量管控精确模拟，完成动态统筹、精确建造，如图 1-24 所示。

（4）施工安全管理

施工安全管理包括危险品的管理、施工防护、危险加工和场地管理。

图 1-24　质量管控模拟

（5）成本控制

成本的控制包括项目造价、合理的管控和施工人员、材料和施工器械的有序安排。通过 iTWOd 5D，人、材和器械均可单独模拟分析，如图 1-25 所示。同时，能够按照不同的时间周期和进度范围生成资源需求，生成时间性物料需求及派工需求，指导采购和机械进出场。

图 1-25　人、材和器械均可单独模拟分析

1.4 基于 BIM 的 Revit 2020 软件介绍

Autodesk Revit 2020 是一款三维建筑信息模型建模软件，适用于建筑设计、MEP 工程、结构工程和施工领域。

当一幢大楼完成打桩基础（包含钢筋）、立柱（包含钢筋）、架梁（包含钢筋）、倒水泥板（包含钢筋）、结构楼梯浇注等框架结构建造后（此阶段称为结构设计），接下来就是砌砖、抹灰浆、贴外墙内墙瓷砖、铺地砖、吊顶、建造楼梯（非框架结构楼梯）、室内软装布置、室外场地布置等施工建造作业（此阶段称为建筑设计），最后阶段是进行强电安装、排气系统、供暖设备、供水系统等设备的安装与调试。这就是整个建筑地产项目的完整建造流程。

那么，Revit 软件又是怎样进行正向建模的呢？Revit 软件是由 Revit architecture（建筑）、Revit structure（结构）、Revit MEP（设备）三款软件组合而成的一个操作平台的综合建模软件。

Revit architecture 模块是用来完成整个建筑项目第二阶段设计的，那为什么在 Revit 2020 软件功能区中排列在第一个选项卡呢（如图 1-26 所示）？其原因就是咱们国内的建筑结构不仅仅是框架结构，还有其他结构形式（后续介绍）。建筑设计的内容主要是准确地表达建筑物的总体布局、外形轮廓、大小尺寸、内部构造和室内外装修情况。并且，Revit architecture 能出建筑施工图和效果图。

图 1-26　【建筑】选项卡

Revit structure 模块是完成建筑项目第一阶段结构设计的，图 1-27 为某建筑项目的结构表达。建筑结构主要表达房屋的骨架构造的类型、尺寸、使用材料要求和承重构件的布置与详细构造。Revit structure 可以出结构施工图图纸和相关明细表。Revit structure 和 Revit architecture 在各自建模过程中是可以相互使用的。在结构中添加建筑元素，或者在建筑设计中添加结构楼板、结构楼梯等结构构件。

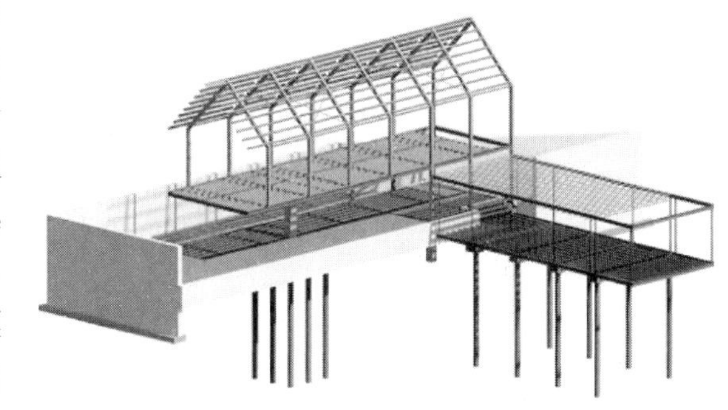

图 1-27　某建筑结构

Revit MEP 模块是完成建筑项目第三阶段的系统设计、设备安装与调试。只要弄清楚这 3 个模组的各自用途和建模的先后顺序，在建模时就不会不知从何着手了。

1.4.1　Revit 2020 软件界面

Revit 2020 界面是模块三合一的简洁型界面，通过功能区进入不同的选项卡，从而进行不同的设计。要介绍的 Revit 2020 界面包括主页界面和工作界面。

1. Revit 2020 主页界面

启动 Revit 2020 会打开图 1-28 所示的主页界面。Revit 2020 的主页界面延续了 Revit 2019 版本的【模型】和【族】的创建入口功能。

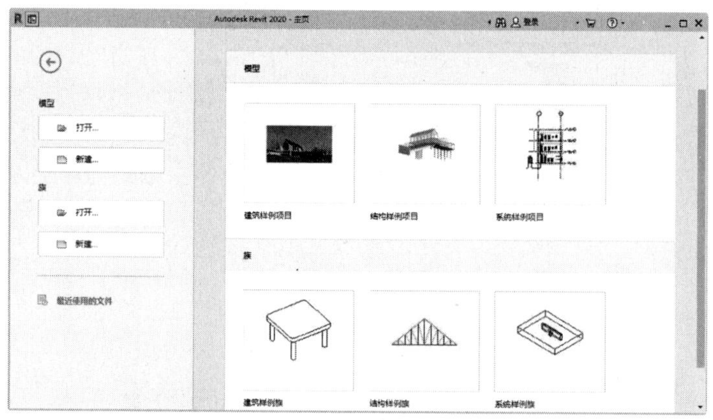

图 1-28 Revit 2020 主页界面

主页界面的左侧区域中包括两个选项组：【模型】和【族】。各区域有不同的使用功能，下面我们来熟悉一下这两个选项组的基本功能。

在右侧区域中的【模型】列表和【族】列表中，用户可以选择 Revit 提供的项目文件或族文件，进入到工作界面中进行模型学习和功能操作。

(1)【模型】组

“模型”就是指建筑工程项目的模型，要建立完整的建筑工程项目，就要开启新的项目文件或者打开已有的项目文件进行编辑。

【模型】组的选项包含了 Revit 打开或创建项目文件，以及选择 Revit 提供的样板文件并打开进入工作界面的入口工具。模型样板为新项目提供了起点，包括视图样板、已载入的族、已定义的设置（如单位、填充样式、线样式、线宽和视图比例等）和几何图形（如果需要）。

单击【新建】按钮，弹出【新建项目】对话框，如图 1-29 所示。

在对话框的【样板文件】列表中提供了若干样板，用于不同的规程和建筑项目类型，如图 1-30 所示。

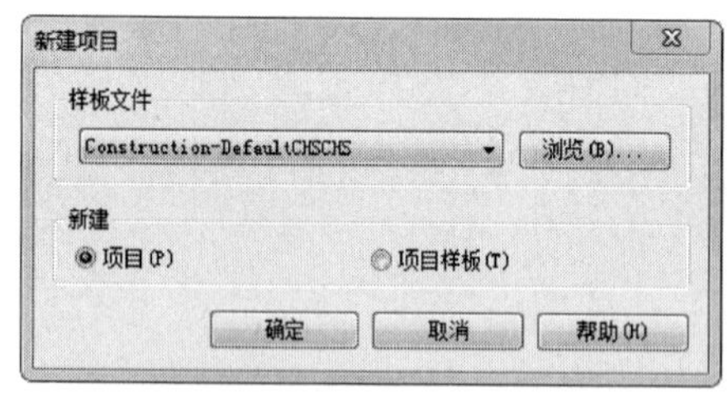

图 1-29 【新建项目】对话框

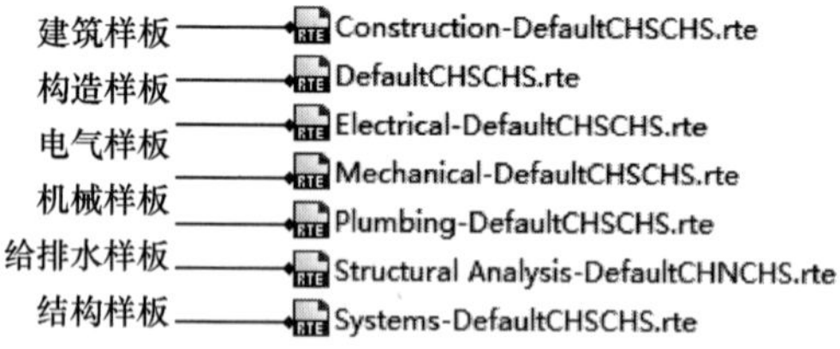

图 1-30 Revit 模型样板

模型样板之间的差别，是由设计行业需求不同决定的，同时也会体现在【项目浏览器】中的视图内容不同。建筑样板和构造样板的视图内容是一样的，也就是说这两种模型样板都可以进行建筑模型设计，出图的种类也是最多的，图 1-31 为建筑样板与构造（构造设计包括零件设计和部件设计）样板的视图内容。

其余的电气样板、机械样板、给排水样板和结构样板等视图内容，如图 1-32 所示。

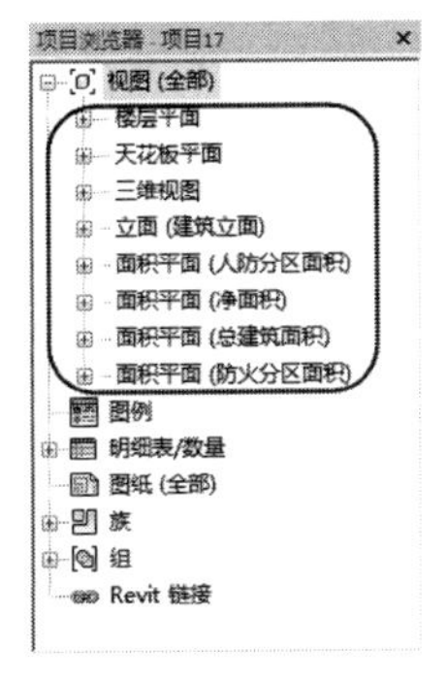

建筑样板的视图内容

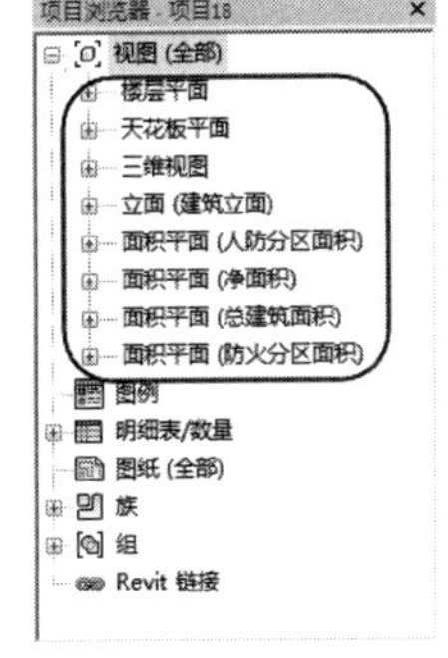

构造样板的视图内容

图 1-31　建筑样板与构造样板的视图内容比较

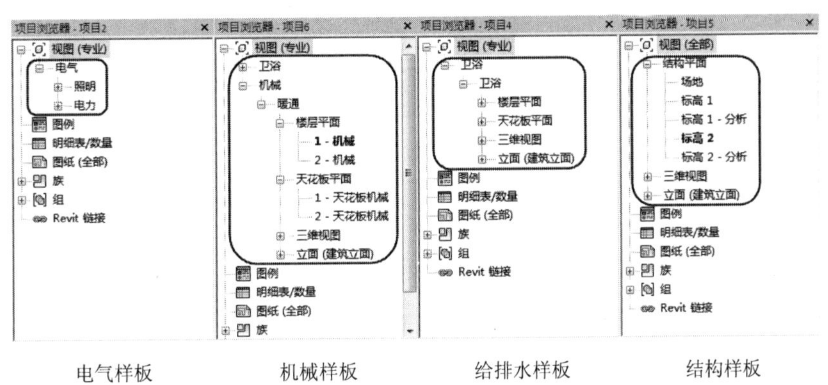

电气样板　　机械样板　　给排水样板　　结构样板

图 1-32　其余模型样板的视图内容

技术要点	在本章的源文件夹中，提供了鸿业 BIMSpace 的四种专业样板文件，包括建筑、电气、给排水和暖通等专业样板。用法是将这 4 个样板文件复制并粘贴到 Revit 2020 软件安装路径中 C：\ ProgramData \ Autodesk \ RVT 2020 \ Templates \ China。

(2)【族】组

族是一个包含通用属性（称作参数）集和相关图形表示的图元组，如常见的家具、电器产品、预制板和预制梁等。

在【族】组中，包括【打开】和【新建】两个引导功能。单击【新建】按钮，弹出【新族 - 选择样板文件】对话框。通过此对话框选择合适的族样板文件，可以进入到族设计环境中进行族的设计。

2. Revit 2020 工作界面

Revit 2020 工作界面沿袭了 Revit 2014 版本以来的界面风格。在欢迎界面的【模型】组中选择一个模型样板或新建模型样板，进入到 Revit 2020 工作界面中，图 1-33 为打开一个建筑项目后的工作界面。

① 是应用程序菜单；② 是快速访问工具栏；③ 是信息中心；④ 是上下文选项卡；

⑤ 是面板；⑥ 是功能区；⑦ 是选项栏；⑧ 是类型选择器；⑨ 是【属性】选项板；⑩ 是项目浏览器；⑪ 是状态栏；⑫ 是视图控制栏；⑬ 是绘图区。

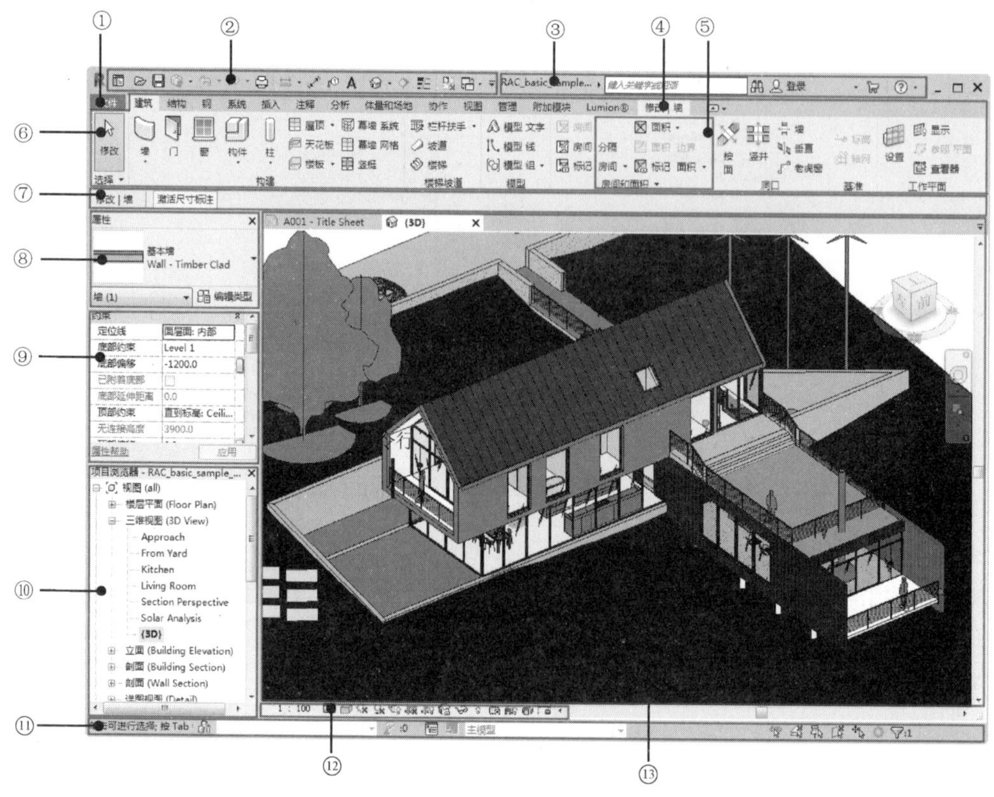

图 1-33 Revit 2020 工作界面

1.4.2 Revit 2020 设计功能及建模概念

Autodesk（欧特克）公司的 Revit 是一款专业三维参数化建筑 BIM 设计软件，是有效创建信息化建筑模型（BIM），以及各种建筑设计和施工文档的设计工具。用于进行建筑信息建模的 Revit 平台是一个设计和记录系统，它支持建筑项目所需的设计、图纸和明细表，可提供所需的有关项目设计、范围、数量和阶段等信息，如图 1-34 所示。

在 Revit 模型中，所有的图纸、二维视图和三维视图以及明细表都是同一个基本建筑模型数据库的信息表现形式。在图纸视图和明细表视图中操作时，Revit 将收集有关建筑项目的信息，并在项目的其他所有表现形式中协调该信息。

1. Revit 的参数化设计

“参数化”是指模型所有图元之间的关系，这些关系可实现 Revit 提供的协调和变更管理功能。

这些关系可以由软件自动创建，也可以由设计者在项目开发期间创建。

在数学和机械 CAD 中，定义这些关系的数字或特性称为参数，因此该软件的运行是参数化的。该功能为 Revit 提供了基本的协调能力和生产率优势。无论何时在项目中的任何位置进行任何修改，Revit Structure 都能在整个项目内协调该修改。

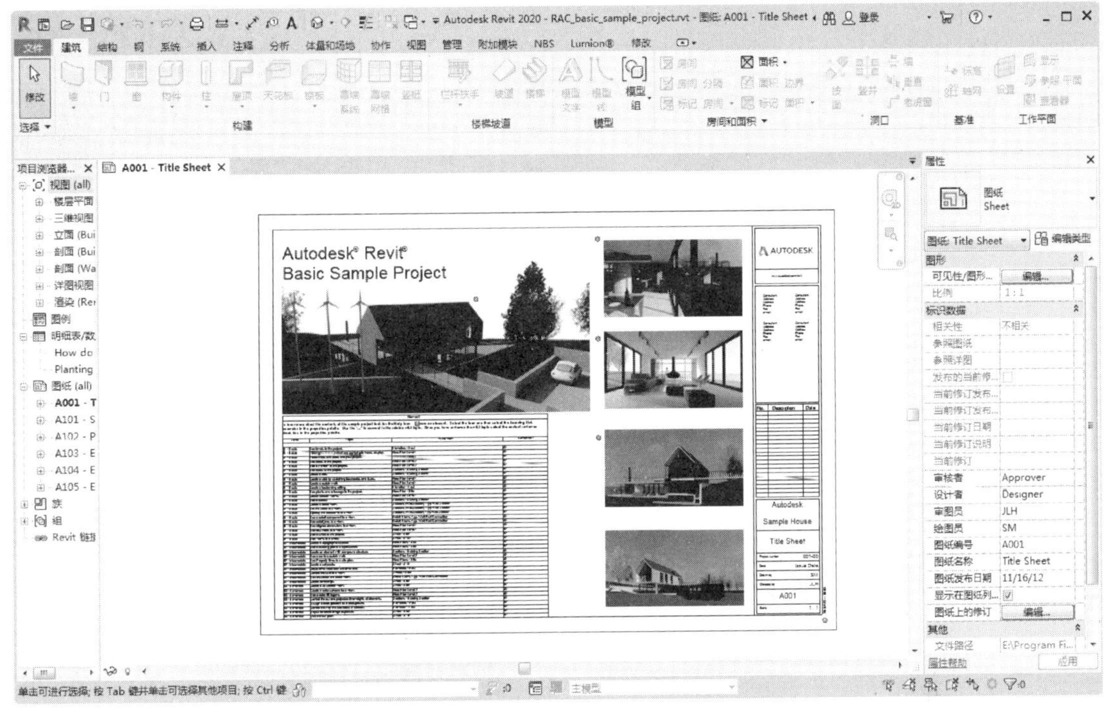

图 1-34　Revit 的建筑信息模型

下面给出了这些图元关系的示例：

- 门轴一侧门外框到垂直隔墙的距离固定，如果移动了该隔墙，门与隔墙的这种关系仍保持不变。
- 钢筋会贯穿某个给定立面等间距放置，如果修改了立面的长度，这种等距关系仍保持不变。在本例中，参数不是数值，而是比例特性。
- 楼板或屋顶的边与外墙有关，因此当移动外墙时，楼板或屋顶仍保持与墙之间的连接。在本例中，参数是一种关联或连接。

2. Revit 建筑项目中的基本概念

Revit 中用来标识对象的大多数术语都是业界通用的标准术语，多数工程师都很熟悉。但是，一些术语对 Revit 来讲是唯一下的。了解下列基本概念对于了解本软件非常重要。

（1）项目

在 Revit 中，项目是单个设计信息数据库 – 建筑信息模型。项目文件包含了建筑的所有设计信息（从几何图形到构造数据），这些信息包括用于设计模型的构件、项目视图和设计图纸。通过使用单个项目文件，在 Revit 中不仅可以轻松地修改设计，还可以使修改反映在所有关联区域（平面视图、立面视图、剖面视图和明细表等）中。仅需跟踪一个文件，同样还方便了项目管理。

（2）标高

标高是无限水平平面，用作屋顶、楼板和天花板等以层为主体的图元的参照。标高大多用于定义建筑内的垂直高度或楼层。用户可为每个已知楼层或建筑的其他必需参照（如第二层、墙顶或基础底端）创建标高。要放置标高，必须处于剖面或立面视图中，图 1-35 为某别墅建筑的北立面图。

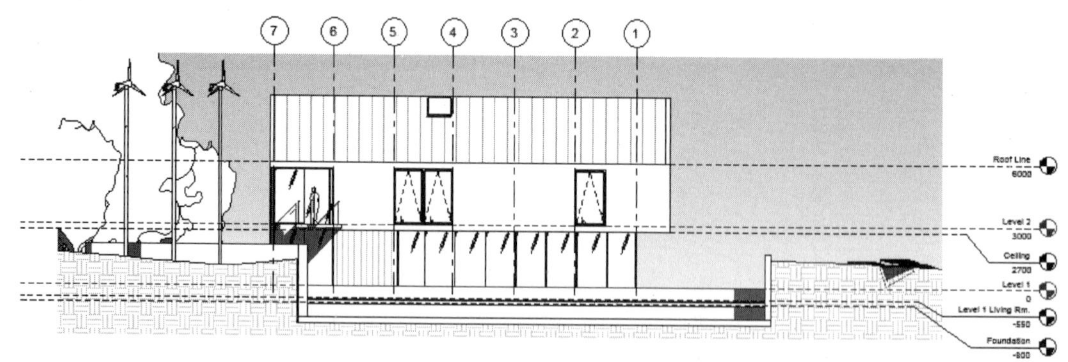

图 1-35　某别墅建筑的北立面图

(3) 图元

在创建项目时，可以向设计中添加 Revit 参数化建筑图元。Revit 按照类别、族和类型对图元进行分类，如图 1-36 所示。

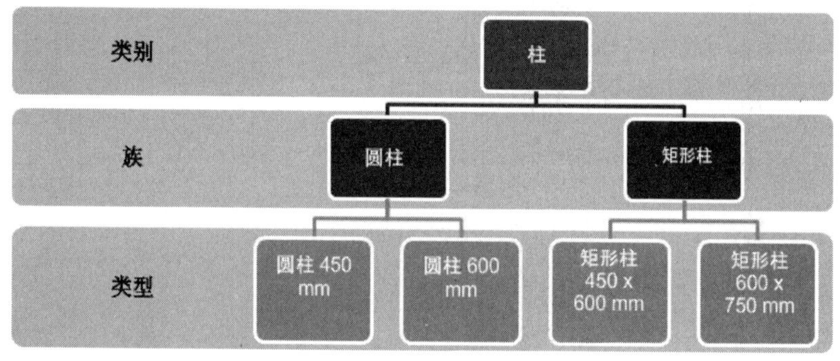

图 1-36　图元的分类

(4) 类别

类别是一组用于对建筑设计进行建模或记录的图元。例如，模型图元类别包括墙和梁，注释图元类别包括标记和文字注释。

(5) 族

族是某一类别中图元的类。族根据参数（属性）集的共用、使用上的相同和图形表示的相似来对图元进行分组。一个族中不同图元的部分或全部属性可能有不同的值，但是属性的设置（其名称与含义）是相同的。例如，可以将桁架视为一个族，虽然构成该族的腹杆支座可能会有不同的尺寸和材质。

常用到的族大致可以分为三类：可载入族、系统族和内建族。

- 可载入族可以载入到项目中，且根据族样板创建，可以确定族的属性设置和族的图形化表示方法。
- 系统族包括楼板、尺寸标注、屋顶和标高，它们不能作为单个文件载入或创建。
- Revit Structure 预定义了系统族的属性设置及图形表示。
- 可以在项目内使用预定义类型生成属于此族的新类型。例如，墙的行为在系统中已经被预定义，但用户可使用不同组合创建其他类型的墙。

- 系统族可以在项目之间传递。
- 内建族用于定义在项目的上下文中创建的自定义图元，如果用户的项目需要不希望重用的独特几何图形，或者需要的几何图形必须与其他项目几何图形保持众多关系之一，请创建内建图元。
- 由于内建图元在项目中的使用受到限制，因此每个内建族都只包含一种类型。用户可以在项目中创建多个内建族，并且可以将同一内建图元的多个副本放置在项目中。与系统和标准构件族不同，用户不能通过复制内建族类型来创建多种类型。

（6）类型

每一个族都可以拥有多个类型。类型可以是族的特定尺寸，例如 30“X42”或 A0 标题栏。类型也可以是样式，例如尺寸标注的默认对齐样式或默认角度样式。

（7）实例

实例是放置在项目中的实际项（单个图元），它们在建筑（模型实例）或图纸（注释实例）中都有特定的位置。

3. 参数化建模系统中的图元行为

在项目中，Revit 使用 3 种类型的图元，如图 1-37 所示。

- 模型图元表示建筑的实际三维几何图形，它们显示在模型的相关视图中。例如，结构墙、楼板、坡道和屋顶都是模型图元。
- 基准图元可帮助定义项目上下文。例如，轴网、标高和参照平面都是基准图元。
- 视图专有图元只显示在放置这些图元的视图中，它们可帮助对模型进行描述或归档。例如，尺寸标注、标记和二维详图构件都是视图专有图元。

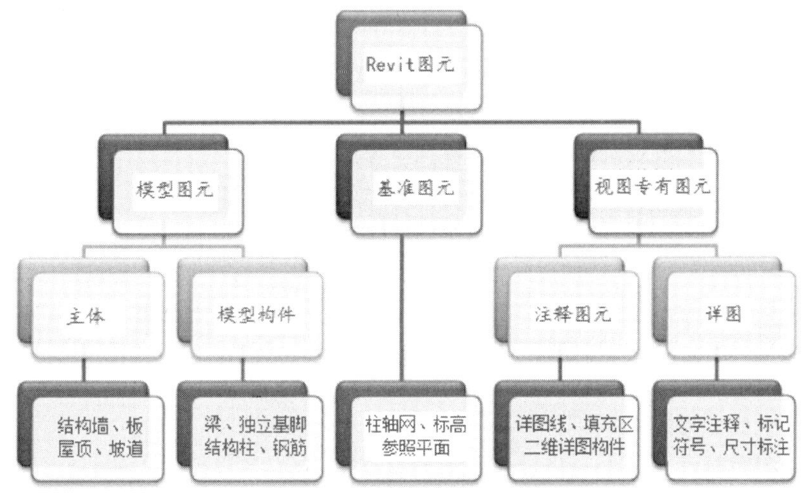

图 1-37　Revit 使用 3 种类型的图元

模型图元有两种类型：

- 主体（或主体图元）通常在构造场地在位构建。例如，结构墙和屋顶是主体。
- 模型构件是建筑模型中其他所有类型的图元。例如，梁、结构柱和三维钢筋都是模型构件。

视图专有图元有两种类型：

- 注释图元是对模型进行归档并在图纸上保持比例的二维构件。例如，尺寸标注、标记和注释记号都是注释图元。
- 详图是在特定视图中提供有关建筑模型详细信息的二维项。示例包括详图线、填充区域和二维详图构件。

这些实现内容为设计者提供了设计灵活性。Revit 图元设计为可以由用户直接创建和修改，无须进行编程。在 Revit 中，绘图时可以定义新的参数化图元。

在 Revit 中，图元通常根据其在建筑中的上下文来确定自己的行为。上下文是由构件的绘制方式，以及该构件与其他构件之间建立的约束关系确定的。通常，要建立这些关系，无须执行任何操作，您执行的设计操作和绘制方式已隐含了这些关系。在其他情况下，可以显式控制这些关系，例如通过锁定尺寸标注或对齐两面墙的方式。

1.5 基于鸿业 BIMSpace 的设计管理平台介绍

鸿业 BIMSpace（也称鸿业乐建）是国内著名的大型 BIM 软件开发公司（鸿业科技）推出的三维协同设计软件平台。该软件从 2011 年开始开发，2012 年推出 HYBIM 2.0 版，2013 年推出 HYBIM 3.0 版。HYBIM 运行平台为 Autodesk Revit，目前支持 Autodesk Revit 2014 ~ 2020，是国内最早基于 Revit 的 BIM 解决方案软件。

1.5.1 鸿业 BIM 系列软件发展阶段

鸿业 BIM 系列软件发展阶段如下。

（1）2008、2009 年，鸿业科技参加了 Autodesk Revit 应用和开发培训，并参加了多场 Autodesk 的 BIM 会议，对 Revit 软件以及 BIM 概念有很深的了解。

（2）2010 年，鸿业科技和欧特克公司合作，实现 Revit MEP 软件和鸿业负荷计算软件数据交互的 Revit MEP 鸿业负荷计算接口软件。该软件运行在 Revit MEP 2012 环境下，支持 Revit MEP 32 位和 64 位版本，语言环境为中文版和英文版。该软件在 2011 年欧特克大中华年会上推广，并在 Revit 用户中被广泛使用。

（3）2011 年，负荷计算接口升级可支持 Revit MEP 2012 版。同时，开始在 Revit 上做建模和 MEP 协同建模设计分析软件。

（4）2012 年 11 月份 鸿业科技推出 HYBIM 解决方案，包括 HYMEP for Revit 2.0 和 HYArch for Revit 2.0 软件。软件可同时支持 Revit 2012 和 Revit 2013 版本，是国内最早推出的 BIM 类协同建模设计分析软件，也是最早支持 Revit 2013 的设计软件。

（5）2013 年 5 月，鸿业科技推出 HYBIM 解决方案 3.0，包括 HYMEP for Revit 3.0 和 HYArch for Revit 3.0。软件以 Revit 2013 为主要平台，同时可支持 Revit 2014。重点改进管道连接处理、管道坡度处理、材料表和出图的功能，大大提升设计效率。

（6）2014 年 11 月，鸿业科技推出 BIMSpace 软件，其中包括建筑、暖通、给排水、电气及相应的族库。该软件整合了原 BIM 系列软件的相关功能，使用模块化的方式，在一个软件中即可以实现各专业的协同设计。之后的发展稳步进行，此处不再赘述。

1.5.2　BIMSpace 2020 模块组成

BIMSpace 是鸿业科技专注于设计阶段效率与质量的 BIM 一站式解决方案。

BIMSpace 是针对建筑设计行业、基于 Revit 平台的二次开发软件。BIMSpace 共分为两个部分，一部分是族库管理、资源管理和文件管理，它更多的是考虑到我们在项目的创建、分类，包括对项目文件的备份、归档。而另一部分包括乐建、给排水、暖通、电气、机电深化和装饰，这一系列软件的开发无一不体现设计工作过程中质量、效率、协同和增值的理念。

1. 云族 360

云族 360 是一款免费的海量族库应用软件。用户可以到鸿业科技官网（http://bim.hongye.com.cn/）“下载试用”页面获取免费应用下载。

云族 360 包括常见的建筑专业族、电气专业族、给排水专业族、暖通专业族及其他专业族等。族的下载主要有两种方式：一是到云族 360 官网（http://www.yunzu360.com/Index.aspx）下载学习，如图 1-38 所示；二是安装云族 360 插件 2.0 版后，在 Revit 2020 或 Revit 2019 中开启族的下载，如图 1-39 所示。

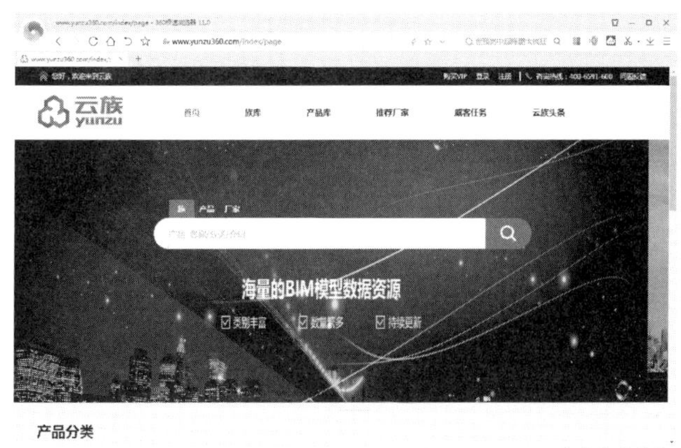

图 1-38　云族 360 官网下载族

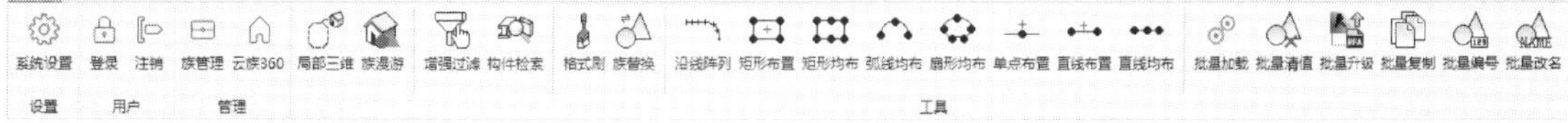

图 1-39　在 Revit 中使用族

> **技术要点**
>
> 云族 360 客户端 2.0 版本目前仅支持 2015/2020/2017 版本，要想在 2020 或 2019 版本上使用，可以进行如下设置。
>
> ☑ 在安装包文件夹中运行 HYEZuClient2.0.exe，安装云族客户端 2.0。
>
> ☑ 创建 C:\ProgramData\Hongye\EzuClient\bin\2020 文件夹，将 HYLIB.EZu.dll、HYRevitAPI.EZu.dll 两个文件拷入此文件夹。
>
> ☑ 把文件 HongYe.EZu.Client.addin 拷贝到 C:\ProgramData\Autodesk\Revit\Addins\2020 文件夹下。

2. 建筑设计（乐建 2020）

鸿业乐建 2020 软件沿用二维设计习惯以及本地化的 BIM 建筑设计平台，以软件内嵌的现行规范、图集以及大型企业标准，紧紧围绕设计院的工作流程，强化设计工作，提高设计效率，解决模图一体化难题。

鸿业乐建软件不仅为设计人员提供了快速建模的绘图工具，减少了原有操作层级的数量，集所需参数为一个界面，如快速创建多跑楼梯、一键生成电梯等功能。另外，还内嵌了符合本地化规范条例的设计规则，保证模型的合规性，如防火分区规范校验、疏散宽度和疏散距离检测等功能，减少了设计人员烦琐的检测及校对的工作量。考虑专业内及专业间的协同工作，如提资开洞、洞口查看、洞口标注、洞口删除等功能，为用户提供协同平台。新增了标准化管理的相关功能，如模型对比、提资对比，满足企业的标准化管理，图 1-40 为乐建 2020 的工作界面。

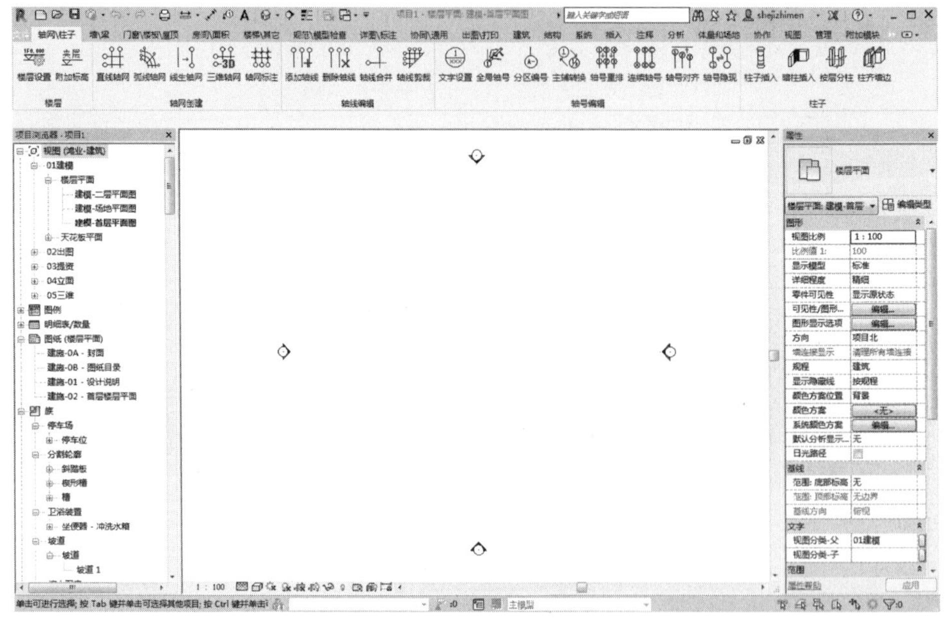

图 1-40　鸿业乐建 2020 软件界面

3. 给排水、暖通、电气设计（鸿业机电 2020/2019）

鸿业机电 2020 软件设计主要是应用在建筑给排水、暖通及电气等专业的设计。目前，鸿业机电软件仅支持最高版本 Revit 2019，图 1-41 为鸿业机电 2019 软件启动界面。

- 给排水设计：是鸿业公司结合设计师的实际功能需求，总结多年给排水软件开发经验，推出的一款全新的智慧化软件。该软件涵盖了给水、排水、热水、消火栓和喷淋系统的绝大部分功能。从管线设计到管线连接、调整再到水力计算，从消火栓智慧化布置、快速连接再到保护范围检查，从自喷系统的批量布置到自动连接再到四

图 1-41　鸿业机电 2019 软件启动界面

喷头校验，该软件都提供了相应的一站式解决方案。

- 暖通设计：致力于在 BIM 正向设计上为暖通工程师解决实际问题，软件中包含了风系统、水系统、采暖系统及地暖四大模块。
- 电气设计：符合电气《BIM 建筑电气常用构件参数》图集的要求，同时考虑专业设计人员设计习惯，将二维与三维设计习惯相结合，大幅度降低学习成本。软件结合绿建要求，比如，自动布灯将计算与布灯合二为一，同时兼顾目标值与现行值的要求。温感、烟感根据规范自动布置火灾探测器，并生成保护范围预览，是否能涵盖住保护区域一眼可知。电气专业可以将水暖设备图例快速切换，可一键解决电气设计师面对众多水暖设备协同应用出图问题。

图 1-42 为鸿业机电 2020 软件工作界面。

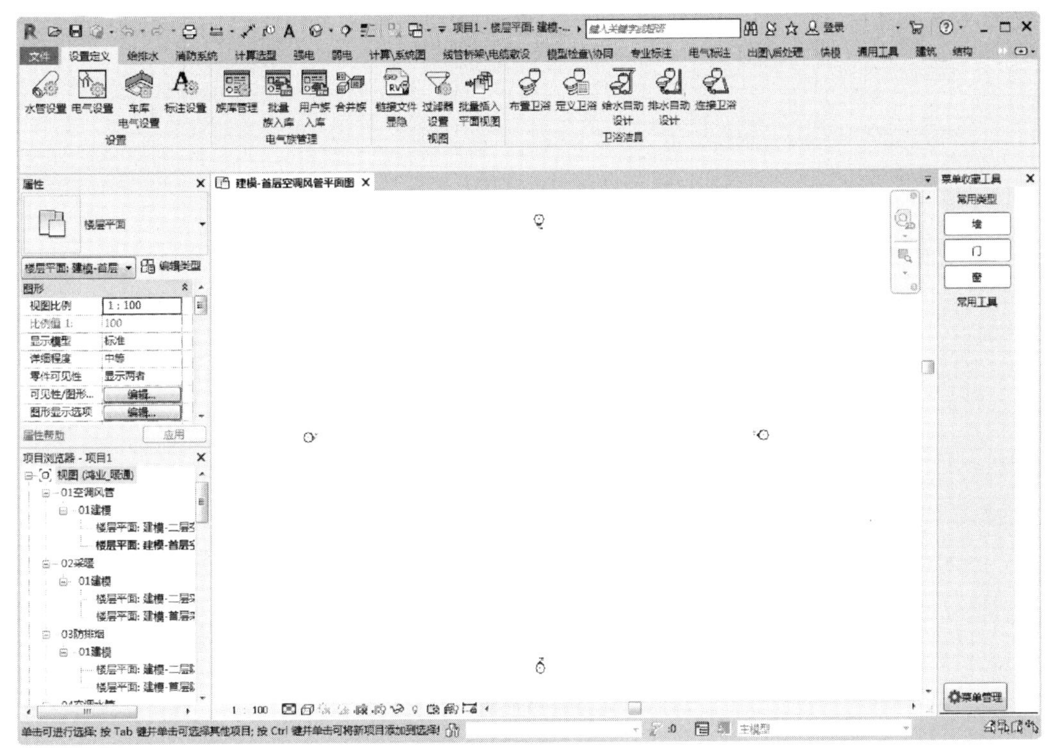

图 1-42　鸿业机电 2020 软件工作界面

4. 机电深化 2020

机电深化是设计师进行 BIM 设计的一项重要工作，是模型从简到精的一个重要过程，也是设计与施工对接的重要环节。鸿业机电深化软件提供了简洁快速的解决方案，可实现各专业管线的快速对齐、自动连接及避让调整。实现各专业管线按加工长度进行分段，并对管段进行编号。支持提取剖面布置支吊架的操作，并可选择多种支架及吊架形式，还可对支吊架进行批量编号和型材统计。实现机电设计师的一键式开洞提资，视图中添加套管及标注，土建设计师读取提资文件后可进行开洞并对洞口进行查看、洞口标注和批量删除以及隔热层的添加及删除。可在视图中统计或导出各专业的设备材料表，可以显著提高机电深化的工作效率和质量，图 1-43 为机电深化 2020 软件工作界面。

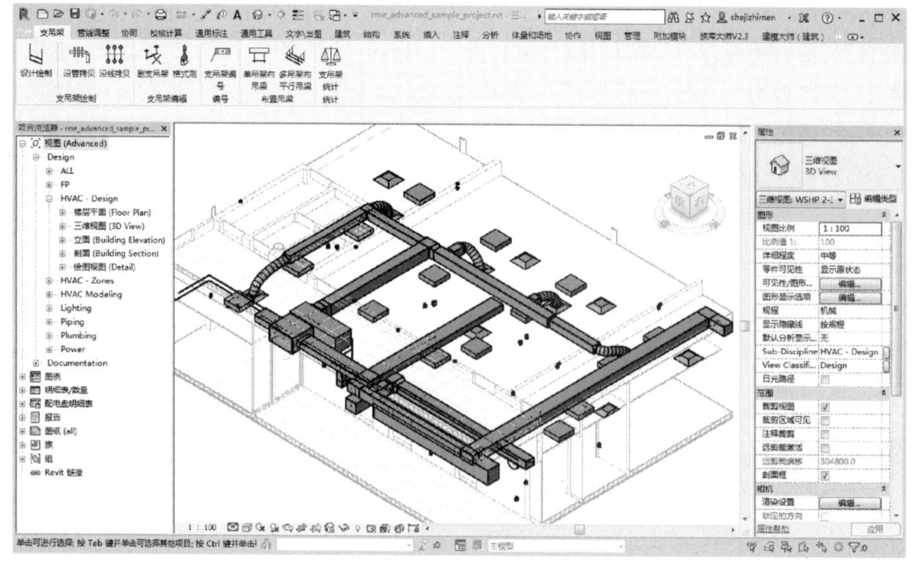

图 1-43　机电深化 2020 软件工作界面

5. 装饰设计

全新的吊顶布置功能，完全用实际施工的做法，来布置生成 BIM 模型。软件支持实际中最常用的两种吊顶做法，预设了市场上所有常见的国标和非标主材。为摆脱以往图纸做法和实际施工做法脱节的普遍现象，软件归纳总结了实际做法的主要规律，使用户布置的吊顶龙骨系统，完全符合实际施工的水准。此外，还优化了壁纸铺设，利用铺砖功能迅速地铺设墙地砖或石材、花砖、波打线、地面垫层等。装饰软件还提供了诸多算量功能和文字编辑、标注、排图、出图、批量打印等一系列 BIMSpace 通用工具，方便用户的使用。

图 1-44 为鸿业装饰设计软件（Revit）2018 的工作界面。目前，鸿业装饰软件的最高版本为鸿业装饰设计软件（Revit）2018。

图 1-44　鸿业装饰设计软件（Revit）2018 工作界面

6. 鸿业装配式建筑

鸿业装配式是针对装配式混凝土结构、基于 Revit 平台的二次开发软件，考虑从 Revit 模型到预制件深化设计及统计的全流程设计。鸿业装配式建筑设计软件集成了国内装配式规范、图集和相关标准，能够快速实现预制构件拆分、编号、钢筋布置、预埋件布置、深化出图（含材料表）及项目预制率统计等，形成了一系列符合设计流程、提高设计质量和效率以及解放装配式设计师的功能体系，如图 1-45 所示。目前，鸿业装配式建筑软件最高版本为鸿业装配式建筑 2019。

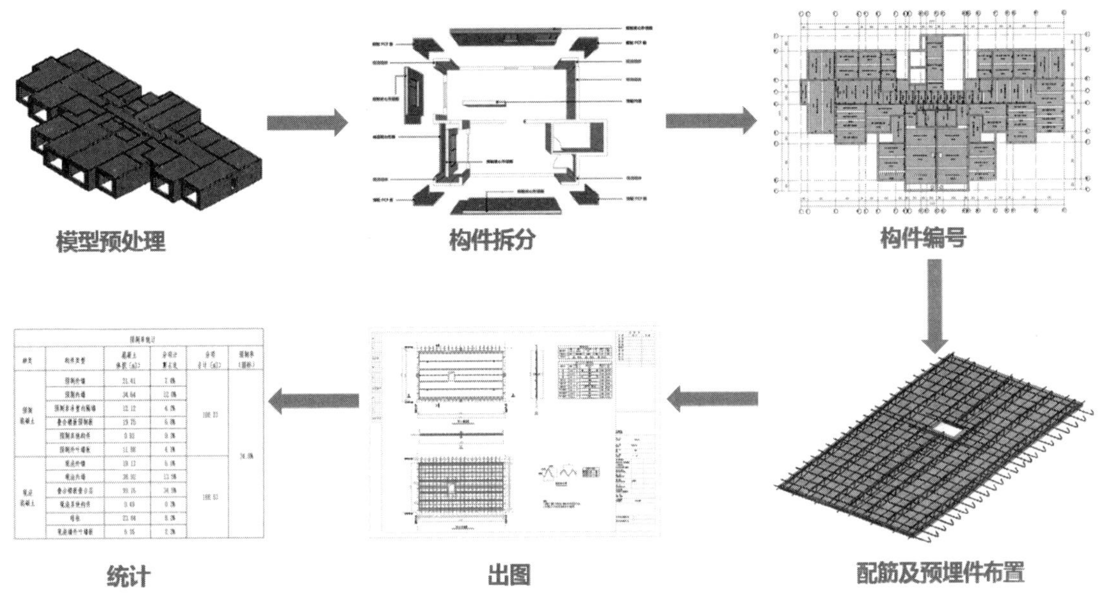

图 1-45　装配式建筑设计流程

7. 鸿业铝模 BIM 软件

随着铝模板行业的迅速发展，鸿业公司倾心打造基于 BIM 主流平台 Revit 的铝巨人，支持协同工作模式，提供铝模设计行业“快速模型深化、无缝体系对接、汇聚设计理念、高效智能配模、精准设计校验、便捷成果输出”的一体化解决方案。

鸿业铝模 BIM 软件 2019 具有多编码体系管理、智能配模、设计校验和成果输出等四大功能。图 1-46 为铝膜布置完成效果图。

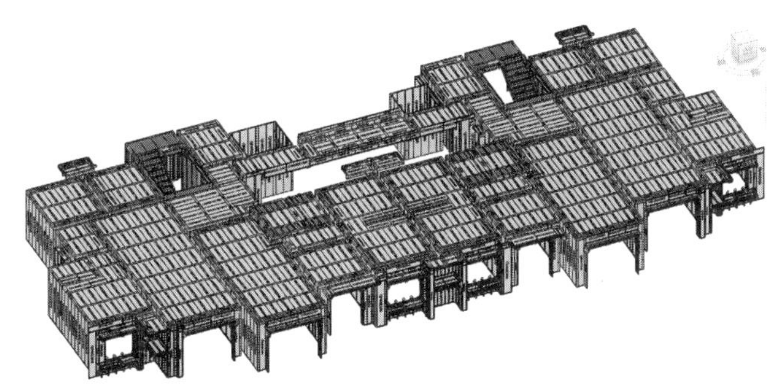

图 1-46　铝膜设计效果图

1.5.3 BIMSpace 2020 软件下载

BIMSpace 2020 为建筑设计师提供更为专业的从施工设计到装配式建筑的整套解决方案。要使用 BIMSpace，可在鸿业科技官网（http：//bim. hongye. com. cn/index/xiazai. html）下载进行试用。BIMSpace 2020 为 4 个软件模块的集合，建议在建筑、机电深化、机电等模块方面安装使用，因为 BIMSpace 2020 中新增了部分功能，可以快速建立模型。BIMSpace 2020 既可以在 Revit 2020 使用，也可以在 Revit 2019 中使用，如图 1-47 所示。

> **提示** 本章源文件夹中将提供 BIMSpace 2020 链接地址给大家安装。本书中所介绍的机电、机电深化及建筑方面的模块，将以 BIMSpace 2020 版本为基础进行介绍。当然，如果用户安装的 Revit 软件为 2019 以下的版本，建议安装 BIMSpace 2019（适用于 Revit 2014 ~ Revit 2019）。

软件模块需要全部进行安装。安装完成后，在计算机桌面上双击【鸿业乐建 2020】图标会自动启动 Revit 2020 软件和鸿业乐建 2020 软件模块，用户可以在主页界面中选择适合用户安装的 Revit 版本（Revit 2020 或 Revit 2019），如图 1-48 所示。

HYAC2020（铝膜）.exe
HYArch2020（建筑）.exe
HYRME2020（机电）.exe
Magic-PC2020（装配式建筑）.exe

图 1-47 鸿业建筑软件

图 1-48 在鸿业乐建软件欢迎界面中选择 Revit 版本

鸿业乐建软件的功能在 Revit 2020 功能区的前面几个选项卡中，如图 1-49 所示。

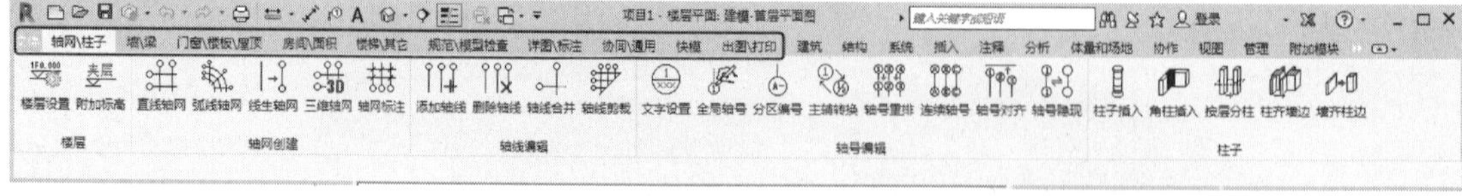

图 1-49 鸿业乐建的功能选项卡

第 2 章

Revit 族的应用

本章导读

Revit 中的所有图元都是基于族的。无论是建筑设计、结构设计，还是系统设备设计，都是将各类族插入到 Revit 环境中进行布局、放置和属性修改后得到的设计效果。“族”不仅仅是一个模型，其中还包含了参数集和相关的图形表示的图元组合。

案例展现

案例图	描述	案例图	描述
	【融合】命令用于在两个平行平面上的形状（此形状也是端面）进行融合建模		要创建具有两个不同轮廓截面的融合模型，可以创建沿指定路径进行放样的放样融合
	不管是什么类型的窗，其族的制作方法都是一样的，都是载入“公制窗.rft”族样板文件进行三维建模		在族编辑器模式中载入其他族，这种将多个简单的族嵌套在一起而组合成的族称为嵌套族

案例图	描述
	在中国古建筑中，屋面瓦应用十分广泛，如今许多古建筑或仿古建筑的修复，需要在 Revit 中进行逆向建模。在现有的建模方法中，屋面瓦片大多采用贴图的方式，这会极大地影响外观渲染效果，也无法提取出实际瓦片数量 因此，在本例中将采用基于 Revit 创建轮廓族、再在建筑项目中以创建建筑幕墙的方式，将轮廓族应用到幕墙系统中

2.1 族概念

族是一个包含通用属性（称作参数）集和相关图形表示的图元组。属于一个族的不同图元的部分或全部参数可能有不同的值，但是参数的集合却是相同的。族中的这些变体称作“族类型”或“类型”。

例如，门类型所包括的族及族类型可以用来创建不同的门（防盗门、推拉门、玻璃门和防火门等），尽管它们具有不同的用途及材质，但在 Revit 中的使用方法是一致的。

2.1.1 族的种类

Revit 2020 中的族有三种形式：系统族、可载入族（标准构件族）和内建族。

1. 系统族

系统族已在 Revit 中预定义且保存在样板和项目中，用于创建项目的基本图元，如墙、楼板、天花板、楼梯以及其他要在施工场地装配的图元等，如图 2-1 所示。

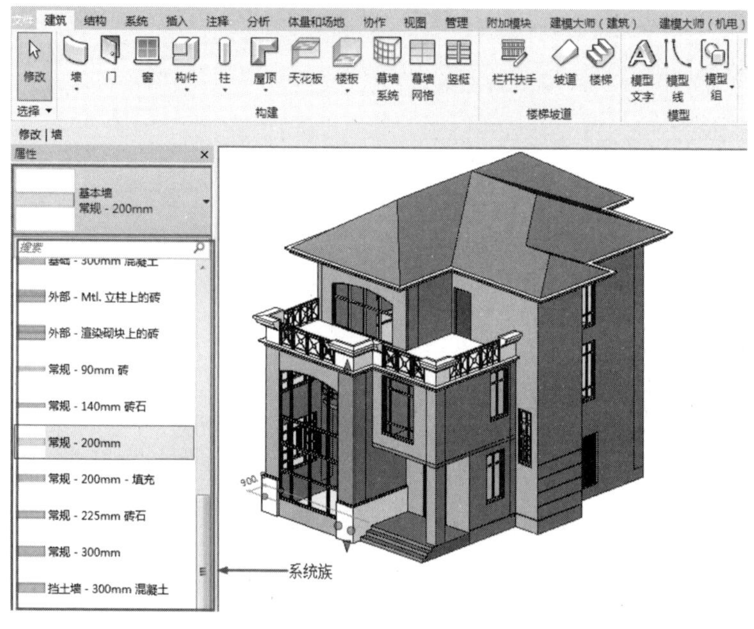

图 2-1 创建系统族

系统族还包含项目和系统设置，这些设置会影响项目环境，如标高、轴网、图纸和视图等。Revit 不允许用户创建、复制、修改或删除系统族，但可以复制和修改系统族中的类型，以便创建自定义系统族类型。

相比 SketchUP 软件，Revit 建模更方便，当然最主要的是它包含了一类构件必要的信息。由于系统族是预定义的，因此它是 3 种族中自定义内容最少的，但与其他标准构件族和内建族相比，却包含更多的智能行为。用户在项目中创建的墙会自动调整大小，来容纳放置在其中的窗和门。在放置窗和门之前，不用为它们在墙上剪切洞口。

2. 可载入族

可载入族是由用户自行定义创建的独立保存为 .rfa 格式的族文件。例如，当需要为场地插入园林景观树的族时，默认系统族能提供的类型比较少，需要通过单击【载入族】按钮 ，到 Revit 自带的族库中载入可用的植物族，如图 2-2 和图 2-3 所示。

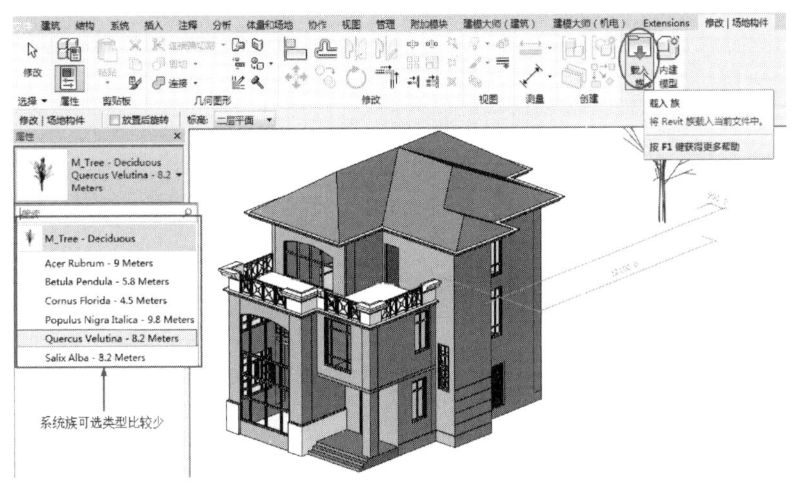

图 2-2　可载入族

图 2-3　载入植物族

由于可载入族高度灵活的自定义特性，因此在使用 Revit 进行设计时最常创建和修改的族为可载入族。Revit 提供了族编辑器，允许用户自定义任何类别、任何形式的可载入族。

可载入族分为 3 种类别：体量族、模型类别族和注释类别族。

- 体量族用于建筑概念设计阶段。
- 模型类别族用于生成项目的模型图元、详图构件等。
- 注释族用于提取模型图元的参数信息，例如，在综合楼项目中使用“门标记”族提取门“族类型”参数。

Revit 的模型类别族分为独立个体和基于主体的族。独立个体族是指不依赖于任何主体的构件，例如家具、结构柱等。

基于主体的族是指不能独立存在而必须依赖于主体的构件，例如门、窗等图元必须以墙体为主体而存在。基于主体的族可以依附的主体有墙、天花板、楼板、屋顶、线和面，Revit 分别提供了基于这些主体图元的族样板文件。

3. 内建族

内建族是用户需要创建当前项目专有的独特构件时所创建的独特图元。创建内建族，以便它可参照其他项目几何图形，使其在所参照的几何图形发生变化时进行相应大小调整和其他调整。内建族的示例包括：

- 斜面墙或锥形墙。
- 特殊或不常见的几何图形，例如非标准屋顶。
- 不打算重用的自定义构件。
- 必须参照项目中的其他几何图形的几何图形。
- 不需要多个族类型的族。

内建族的创建方法与可载入族类似。内建族与系统族一样，既不能从外部文件载入，也不能保存到外部文件中。而是在当前项目的环境中创建的，并不打算在其他项目中使用。它们可以是二维或三维对象，通过选择在其中创建它们的类别，可以将它们包含在明细表中，图 2-4 为内建的咨询台族。内建族必须通过参照项目中其他几何图形进行创建。

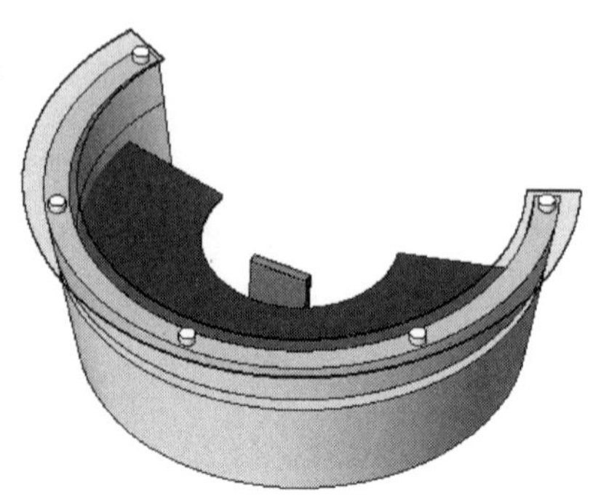

图 2-4　内键族 – 咨询台

2.1.2 族样板

要创建族，就必须要选择合适的族样板。Revit 附带大量的族样板，在新建族时，从选择族样板开始。根据用户选择的样板，新族有特定的默认内容，如参照平面和子类别。Revit 因模型族样板、注释族样板和标题栏样板的不同而不同。

当我们需要创建自定义的可载入族时，可以在 Revit 欢迎界面的【族】选项组中单击【新建】按钮，打开【新族 – 选择样板文件】对话框。从系统默认的族样板文件存储路径下找到族样板文件，单击【打开】按钮即可，如图 2-5 所示。

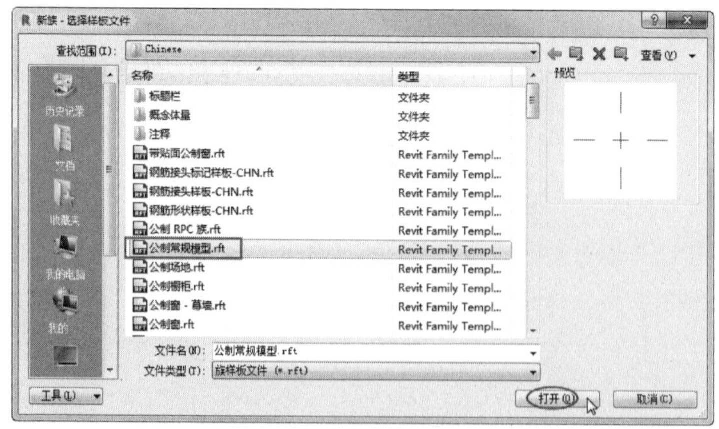

图 2-5　选择族样板文件

如果已经进入了建筑设计环境，可以在菜单栏执行【文件】|【新建】|【族】命令，同样可以打开【新族 - 选择样板文件】对话框。

温馨提示	默认安装 Revit 2020 后，族样板文件和建筑样板文件都是缺少的，需要官方提供的样板文件库。我们将在本章的源文件夹中提供相关的族样板和建筑样板，具体使用方法请参见各自的 .txt 文档。

2.1.3　族的创建与编辑环境

不同类型的族有不一样的族设计环境（也叫“族编辑器”模式）。族编辑器是 Revit 中的一种图形编辑模式，使用户能够创建和修改在项目中使用的族。族编辑器与 Revit 建筑项目环境的外观相似，不同的是应用工具。

在【新族 - 选择样板文件】对话框选择一种族样板后（选择“公制橱柜 . rft”），单击【打开】按钮，进入族编辑器模式中。默认显示的是参照标高楼层平面视图，如图 2-6 所示。

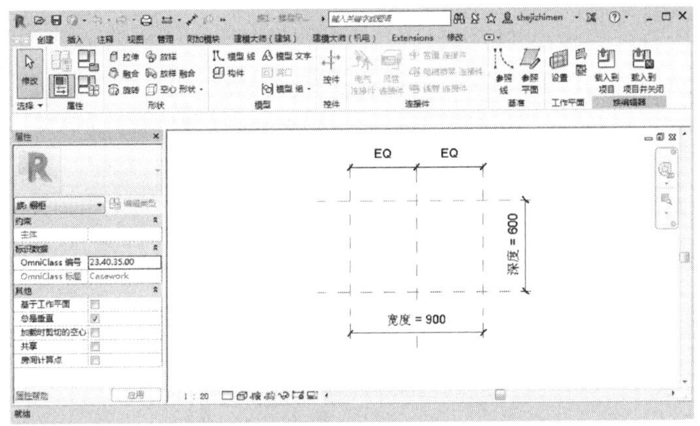

图 2-6　族编辑器模式楼层平面视图

若是编辑可载入族或者自定义的族，可以在欢迎界面【族】选项组下单击【打开】按钮，从【打开】对话框中选择一种族类型（建筑/橱柜/家用厨房/底柜 - 4 个抽屉），打开即可进入族编辑器模式。默认显示的是族三维视图，如图 2-7 所示。

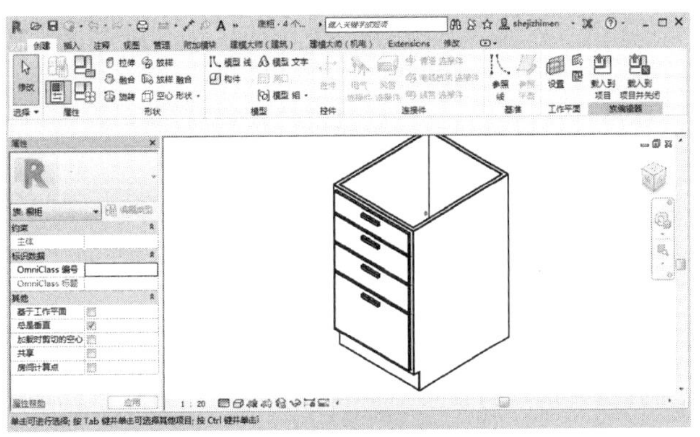

图 2-7　族编辑器模式三维视图

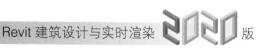

从族的几何体定义来划分，Revit 族又包括二维族和三维族。二维族和三维族同属模型类别族。二维模型族可以单独使用，也可以作为嵌套族载入到三维模型族中使用。

二维模型族包括注释类型族、标题栏族、轮廓族和详图构件族等，不同类型的族由不同的族样板文件来创建。注释族和标题栏族是在平面视图中创建的，主要用作辅助建模、平面图例和注释图元。轮廓族和详图构件族仅仅在【楼层平面】|【标高 1】或【标高 2】视图的工作平面上创建。本章重点介绍三维模型族的创建与编辑。

2.2 三维模型族

模型工具最终是用来创建模型族，下面我们介绍常见的模型族制作方法。

2.2.1 模型工具介绍

创建模型族的工具主要有两种，一种是基于二维截面轮廓进行扫掠得到的模型，称为实心模型；另一种是基于已建立模型切剪而得到的模型，称为空心形状。

创建实心模型的工具包括拉伸、融合、旋转、放样和放样融合等。创建空心模型的工具包括空心拉伸、空心融合、空心旋转、空心放样和空心放样融合等，如图 2-8 所示。

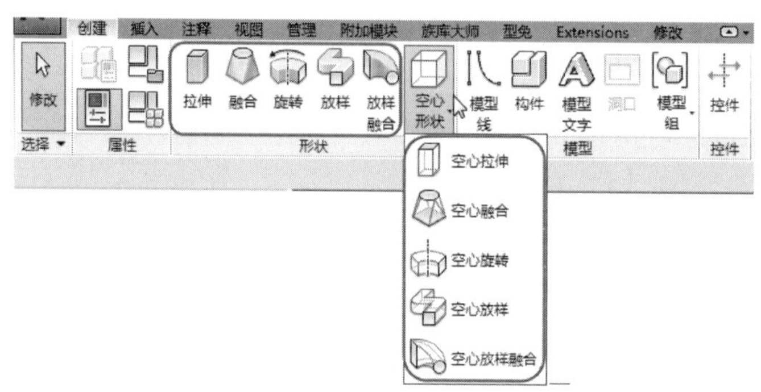

图 2-8　创建实心模型和空心形状的工具

要创建模型族，须在欢迎界面【族】选项区下单击【新建】按钮，打开【新族 – 选择样板文件】对话框，选择一个模型族样板文件，然后进入族编辑器模式中。

1. 拉伸

【拉伸】工具是通过绘制一个封闭截面沿垂直于截面工作平面方向进行拉伸，精确控制拉伸深度后而得到拉伸模型的工具。

在【创建】选项卡【形状】面板中单击【拉伸】按钮，将切换到【修改 | 创建拉伸】上下文选项卡，如图 2-9 所示。

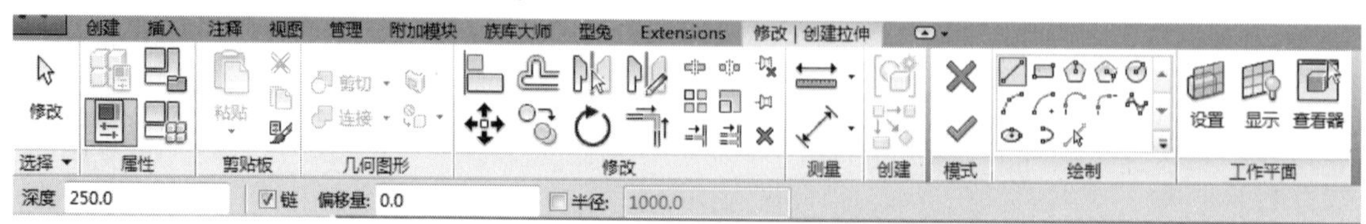

图 2-9　【修改 | 创建拉伸】上下文选项卡

上机操作　创建拉伸模型

01 启动 Revit，在欢迎界面中单击【新建】按钮，弹出【新族－选择族样板】对话框。选择“公制常规模型 .rft”作为族样板，单击【打开】按钮，进入族编辑器模式。

02 在【创建】选项卡的【形状】面板中单击【拉伸】按钮，自动切换至【修改 | 创建拉伸】上下文选项卡。

03 利用【绘制】面板中的【内接多边形】工具绘制图 2-10 所示的正六边形形状。

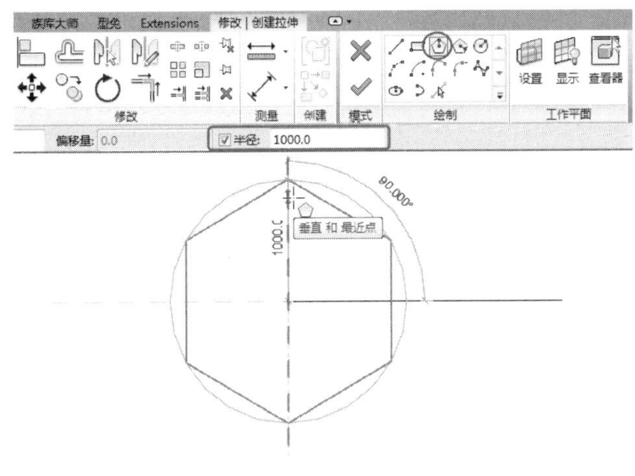

图 2-10　绘制形状

04 在选项栏设置深度值为 500，单击【模式】面板中的【完成编辑模式】按钮，得到结果如图 2-11 所示。

05 在项目浏览器中切换三维视图显示三维模型，如图 2-12 所示。

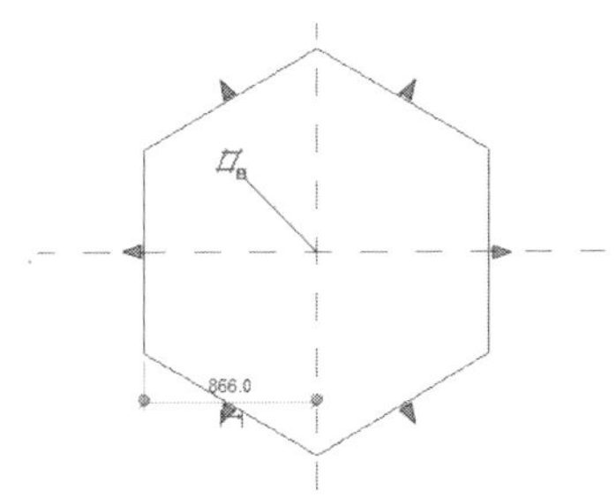

图 2-11　绘制完成的图形

图 2-12　三维模型

2. 融合

【融合】命令用于在两个平行平面上的形状（此形状也是端面）进行融合建模，图 2-13 为常见的融合建模的模型。

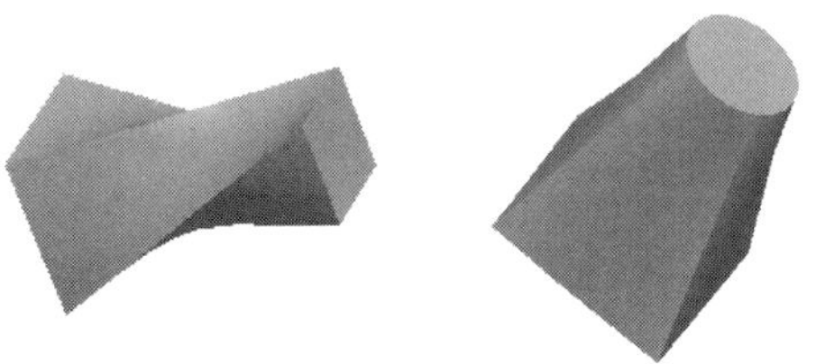

图 2-13　融合建模的模型

融合跟拉伸不同的是，拉伸的端面是相同的，而且不会扭转。融合的端面可以是不同的，因此我们要创建融合就要绘制两个截面图形。

上机操作 创建融合模型

01 启动 Revit，在欢迎界面中单击【新建】按钮，弹出【新族 – 选择族样板】对话框。选择“公制常规模型 .rft”作为族样板，单击【打开】按钮进入族编辑器模式。

02 在【创建】选项卡的【形状】面板中单击【融合】按钮，自动切换至【修改 | 创建融合底部边界】上下文选项卡。

03 利用【绘制】面板中的【矩形】工具绘制图 2-14 所示的形状。

04 在【模式】面板中单击【编辑顶部】按钮，切换到绘制顶部的平面上，再利用【圆形】绘制图 2-15 所示的圆。

05 在选项栏上设置深度为 600，最后单击【完成编辑模式】按钮，完成融合模型的创建，如图 2-16 所示。

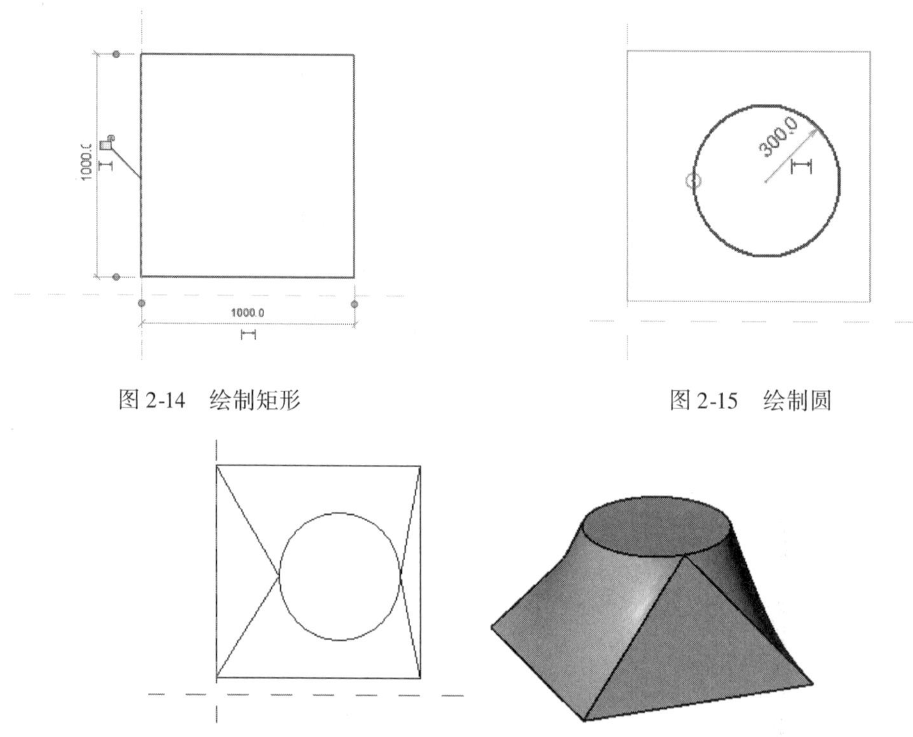

图 2-14　绘制矩形

图 2-15　绘制圆

图 2-16　创建融合模型

06 从结果可以看出，矩形的 4 个角点两两与圆上 2 点融合，没有得到扭曲的效果，需要重新编辑下圆形截面。默认的圆上有 2 个断点，接下来需要再添加 2 个新点与矩形一一对应。

07 双击融合模型切换到【修改 | 创建融合底部边界】上下文选项卡。单击【编辑顶部】按钮切换到顶部平面。单击【修改】面板上的【拆分图元】按钮，然后在圆上放置 4 个拆分点，即可将圆拆分成 4 部分，如图 2-17 所示。

08 单击【完成编辑模式】按钮，完成融合模型的创建，如图 2-18 所示。

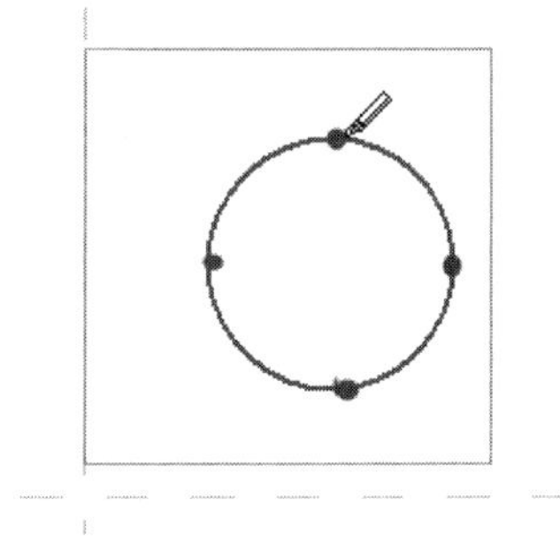

图 2-17　拆分圆

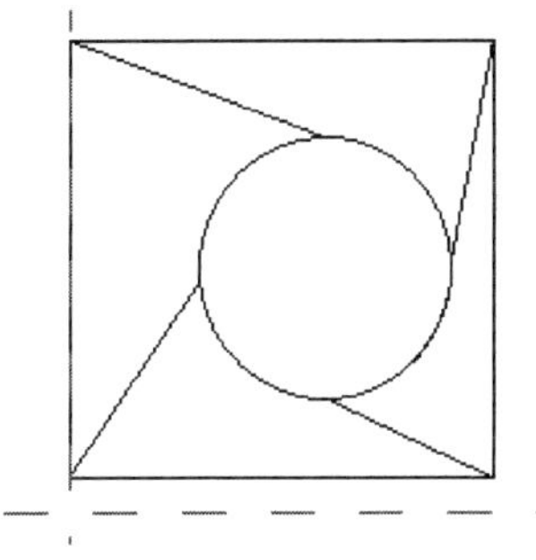

图 2-18　编辑后的模型

3. 旋转

【旋转】命令可用来创建由一根旋转轴旋转截面图形而得到的几何图形。截面图形必须是封闭的，而且必须绘制旋转轴。

上机操作　创建旋转模型

01 启动 Revit，在欢迎界面中单击【新建】按钮，弹出【新族 - 选择族样板】对话框。选择“公制常规模型 .rft”族样板，单击【打开】按钮进入族编辑器模式。

02 在【创建】选项卡的【基准】面板中单击【参照平面】按钮，创建新的参照平面，如图 2-19 所示。

03 在【创建】选项卡的【形状】面板中单击【旋转】按钮，自动切换至【修改 | 创建旋转】上下文选项卡。

04 利用【绘制】面板中的【圆】工具绘制图 2-20 所示的形状。再利用【绘制】面板上的【轴线】工具，绘制旋转轴，如图 2-21 所示。

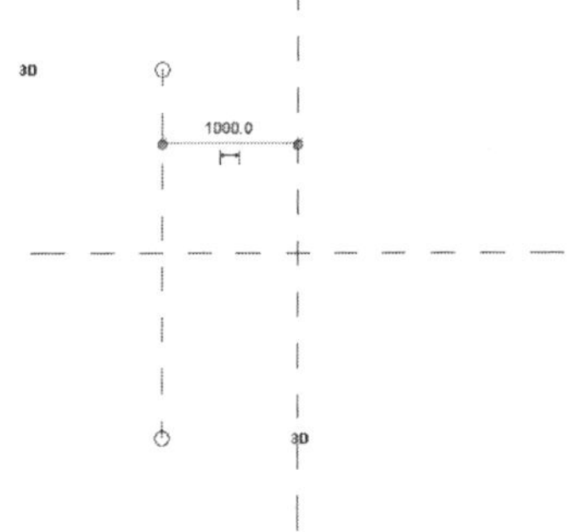

图 2-19　创建参照平面

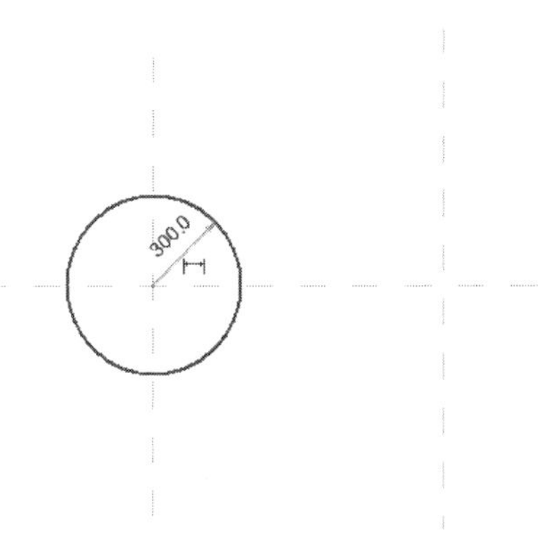

图 2-20　绘制圆

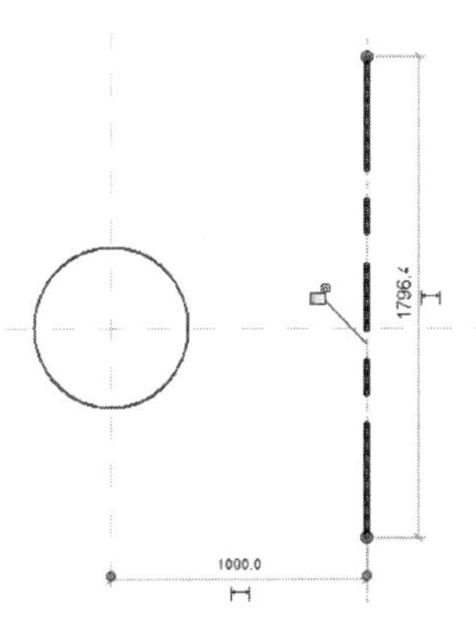

图 2-21　绘制旋转轴

05 单击【完成编辑模式】按钮，完成旋转模型的创建，如图 2-22 所示。

图 2-22 创建旋转模型

4. 放样

【放样】命令用于创建需要绘制或应用轮廓并沿路径拉伸此轮廓的族的一种建模方式。要创建放样模型，就要绘制路径和轮廓。路径可以是不封闭的，但轮廓必须是封闭的。

上机操作 创建放样模型

01 启动 Revit，在欢迎界面中单击【新建】按钮，弹出【新族 – 选择族样板】对话框。选择“公制常规模型 . rft”作为族样板，单击【打开】按钮进入族编辑器模式。

02 在【创建】选项卡的【形状】面板中单击【放样】按钮，自动切换至【修改 | 放样】上下文选项卡。

03 单击【放样】面板中的【绘制路径】按钮，绘制图 2-23 所示的路径。单击【完成编辑模式】按钮，退出路径编辑模式。

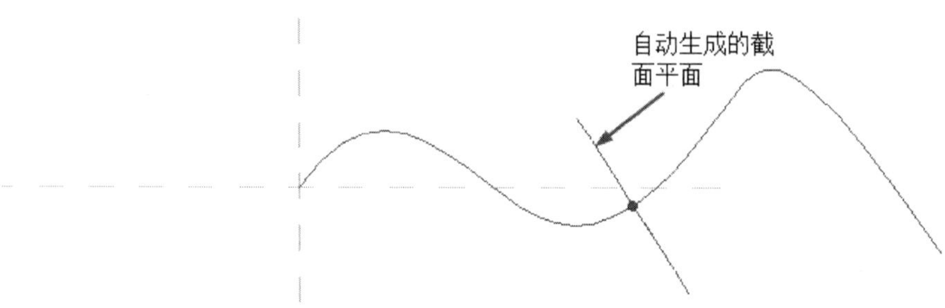

图 2-23 绘制路径

04 单击【编辑轮廓】按钮，在弹出的【转到视图】对话框中选择【立面：前】视图来绘制截面轮廓，如图 2-24 所示。

05 利用绘制工具绘制截面轮廓，如图 2-25 所示。

> **技术要点** 这里选择视图是用来观察绘制截面的情况，用户也可以不选择平面视图来观察。关闭此对话框，可以在项目浏览器中选择三维视图来绘制截面轮廓，如图 2-26 所示。

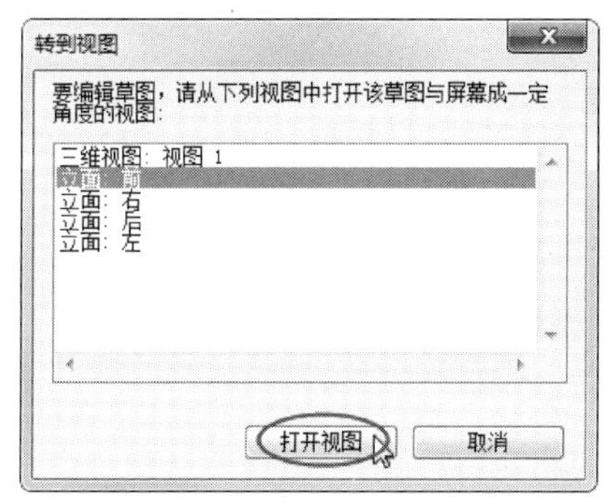

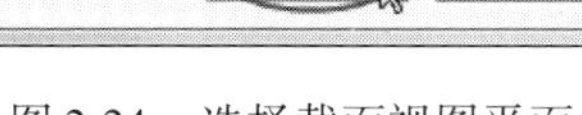
图 2-24 选择截面视图平面

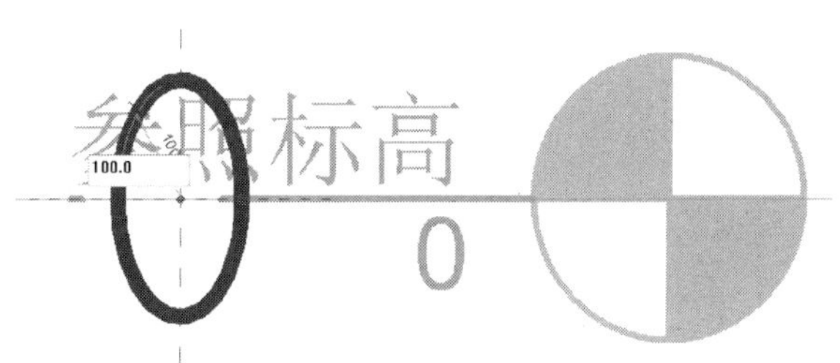

图 2-25 绘制截面轮廓

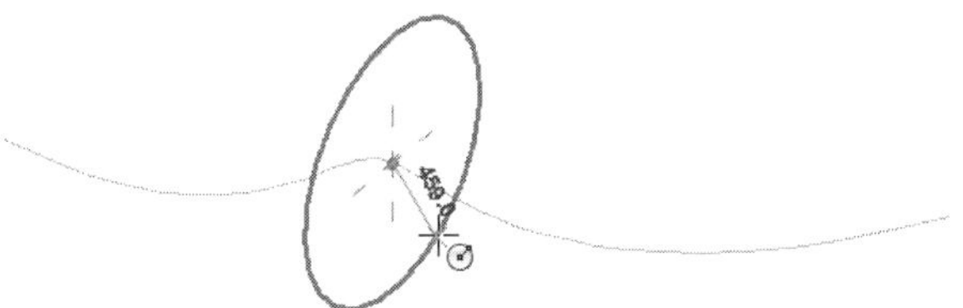

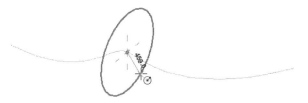

图 2-26 在三维视图中绘制

06 退出编辑模式，完成放样模型的创建，如图 2-27 所示。

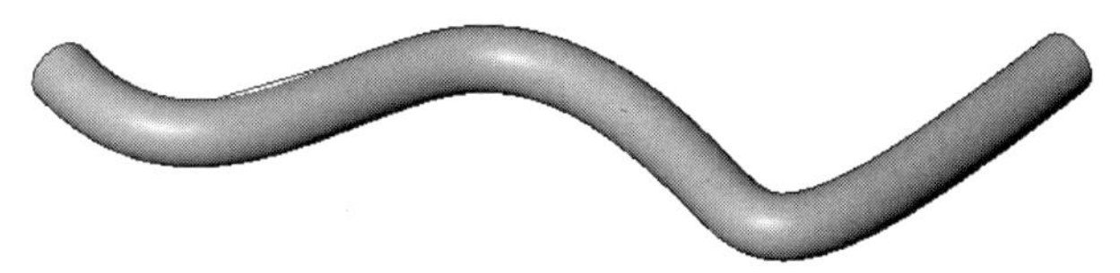

图 2-27 放样模型

5. 放样融合

使用【放样融合】命令，可以创建具有两个不同轮廓截面的融合模型和沿指定路径进行放样的放样模型，实际上兼备了【放样】和【融合】命令的特性。

上机操作 创建放样融合模型

01 启动 Revit，在欢迎界面中单击【新建】按钮，弹出【新族 – 选择族样板】对话框。选择“公制常规模型 . rft”作为族样板，单击【打开】按钮进入族编辑器模式。

02 在【创建】选项卡的【形状】面板中单击【放样融合】按钮，自动切换至【修改 | 放样融合】上下文选项卡。

03 单击【放样融合】面板中的【绘制路径】按钮，绘制图 2-28 所示的路径，并单击【完成编辑模式】按钮退出路径编

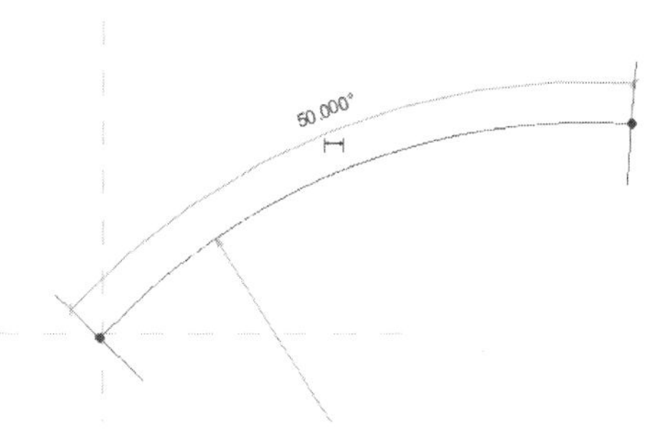

图 2-28 绘制路径

辑模式。

04 单击【选择轮廓 1】按钮，再单击【编辑轮廓】按钮，在弹出的【转到视图】对话框中选择【立面：前】视图来绘制截面轮廓，如图 2-29 所示。

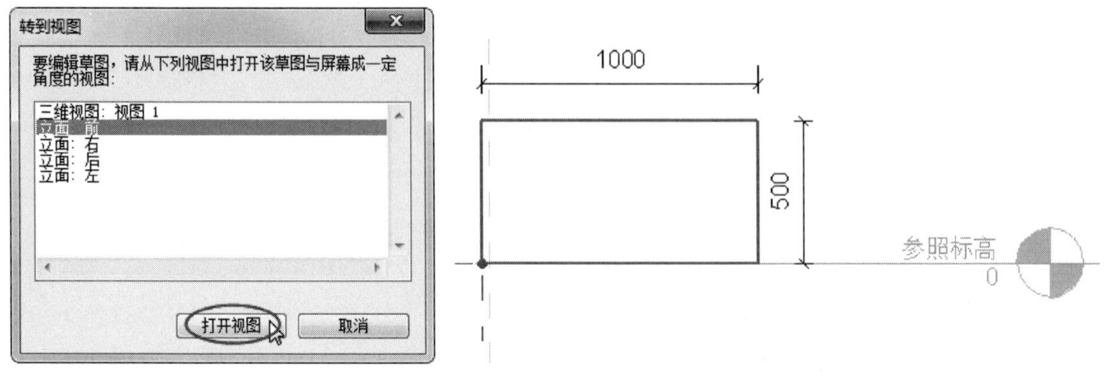

图 2-29 选择截面视图平面绘制截面轮廓

05 单击【选择轮廓 2】按钮，切换到轮廓 2 的平面上，再单击【编辑轮廓】按钮，绘制轮廓 2，如图 2-30 所示。

06 利用【拆分图元】工具，将圆拆分成 4 段。

07 单击【修改 | 放样融合】上下文选项卡的【完成编辑模式】按钮，完成放样融合模型的创建，如图 2-31 所示。

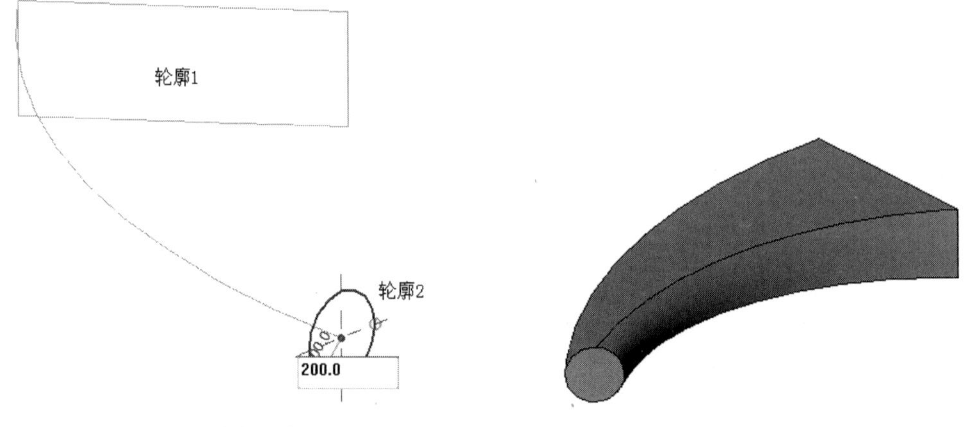

图 2-30 绘制轮廓 2　　图 2-31 创建完成的放样融合模型

6. 空心形状

空心形状是在现有模型的基础上做切剪操作，有时也会将实心模型转换成空心形状使用。实心模型的创建是增材操作，空心形状则是减材操作，也是布尔差集运算的一种。

空心形状的操作与实心模型的操作是完全相同的，这里就不再赘述了。空心形状建模工具如图 2-32 所示。

如果要将实心模型转换成空心形状，选中实心模型后，在属性选项板中选择【空心】选项，如图 2-33 所示。

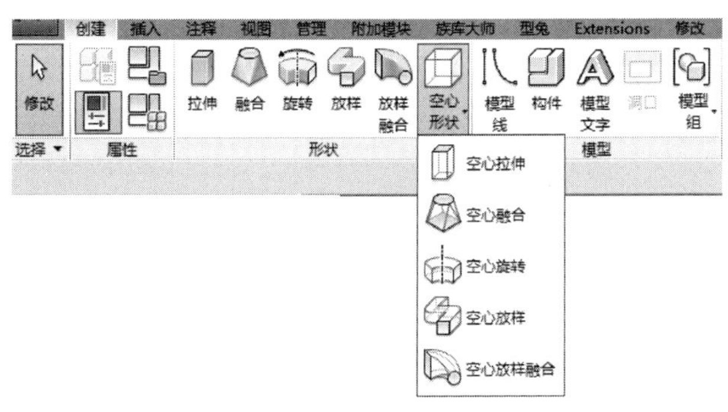

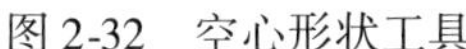

图 2-32　空心形状工具

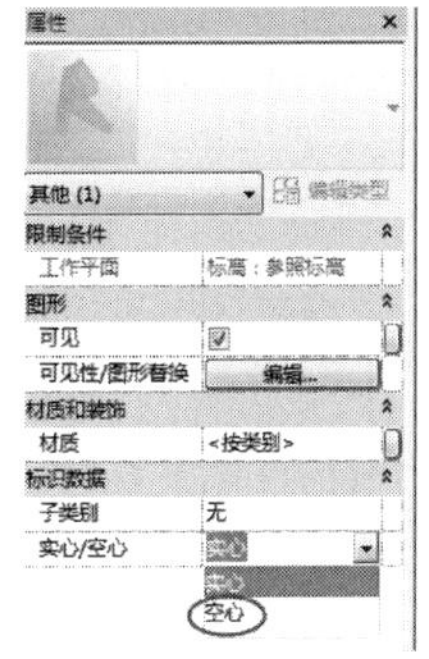

图 2-33　转换实心模型为空心

2.2.2　创建三维模型族

要创建的三维族类型是非常多的，限于文章篇幅，此处不一一列举创建过程，下面我们仅列出两个比较典型的窗族和嵌套族进行全程操作，其余三维族的建模方法基本上是差不多的。

1. 创建窗族

不管是什么类型的窗，其族的制作方法都是一样的，接下来我们将制作简单窗族。

上机操作 创建窗族

01 启动 Revit，在欢迎界面中单击【新建】按钮，弹出【新族 – 选择族样板】对话框。选择“公制窗 . rft”作为族样板，单击【打开】按钮进入族编辑器模式。

02 单击【创建】选项卡【工作平面】面板中的【设置】按钮，在弹出的【工作平面】对话框内选择【拾取一个平面】选项，单击【确定】按钮，再选择墙体中心位置的参照平面为工作平面，如图 2-34 所示。

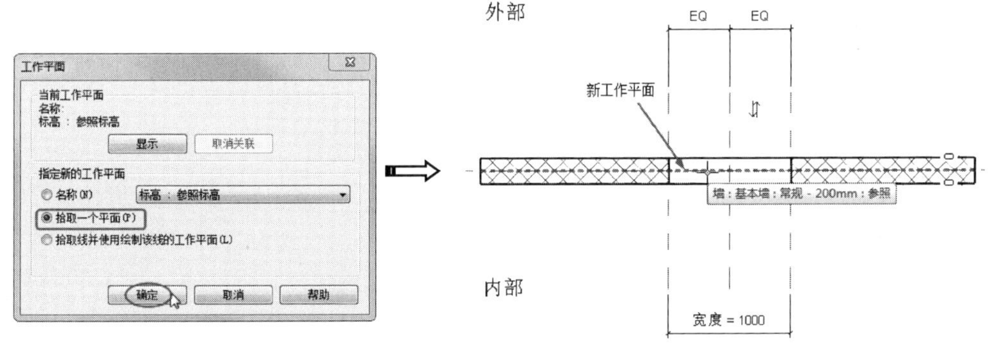

图 2-34　设置工作平面

03 在随后弹出的【转到视图】对话框中，选择【立面：外部】选项并打开视图，如图 2-35 所示。

04 单击【创建】选项卡【工作平面】面板中的【参照平面】按钮，然后绘制新工作平面并标注尺寸，如图 2-36 所示。

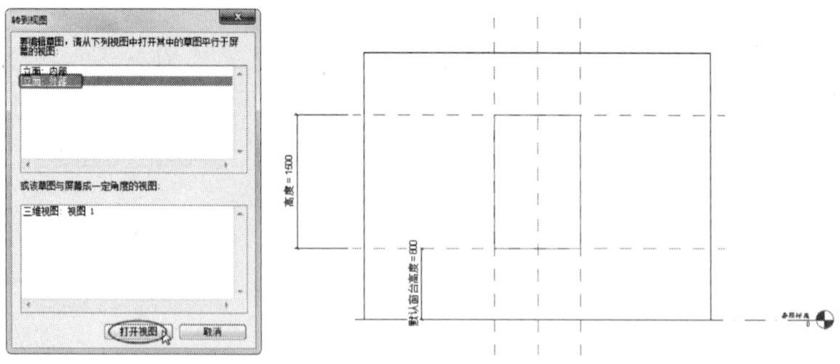

图 2-35 打开立面视图

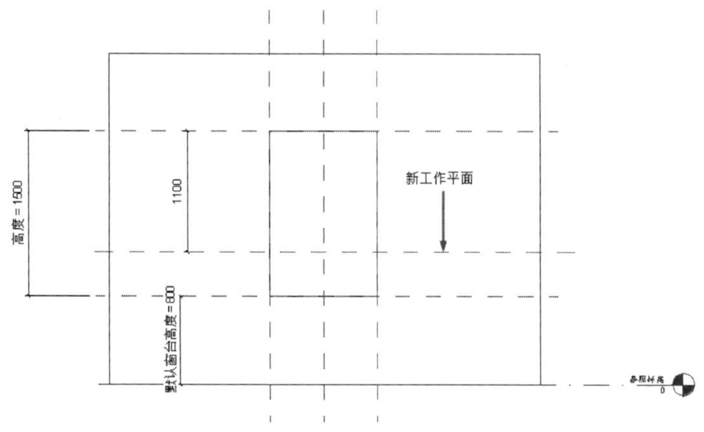

图 2-36 建立新工作平面（窗扇高度）

05 选中标注为 1100 的尺寸，在选项栏中【标签】下拉列表中选择【添加参数】选项，打开【参数属性】对话框。确定参数类型为【族参数】，在【参数数据】中添加参数【名称】为窗扇高，并设置其参数分组方式为【尺寸标注】，单击【确定】的按钮，完成参数的添加，如图 2-37 所示。

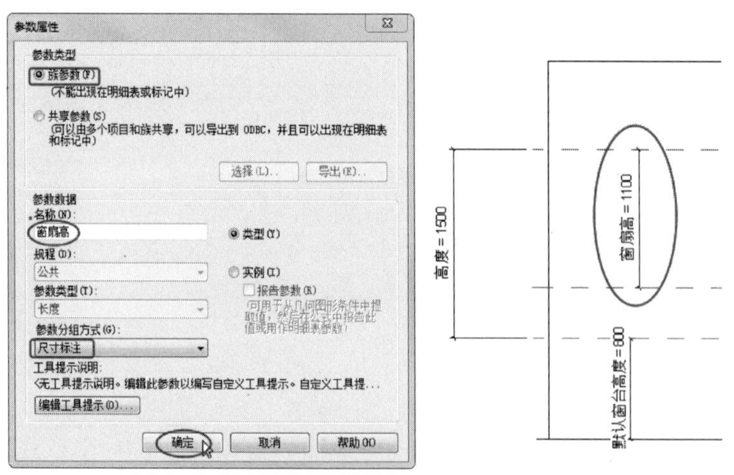

图 2-37 为尺寸标注添加参数

06　单击【创建】选项卡中的【拉伸】按钮，利用矩形绘制工具，以洞口轮廓和参照平面为参照，创建轮廓线并与洞口进行锁定，绘制完成的结果如图 2-38 所示。

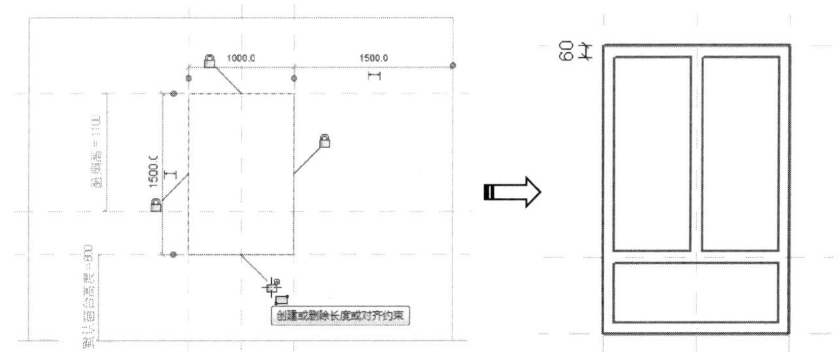

图 2-38　绘制窗框

07　利用【修改 | 编辑拉伸】上下文选项卡【测量】面板中的【对齐尺寸标注】工具标注窗框，如图 2-39 所示。

08　选中单个尺寸，然后在选项栏标签列表下选择【添加参数】选项，为选中尺寸添加命名为“窗框宽”的新参数，如图 2-40 所示。

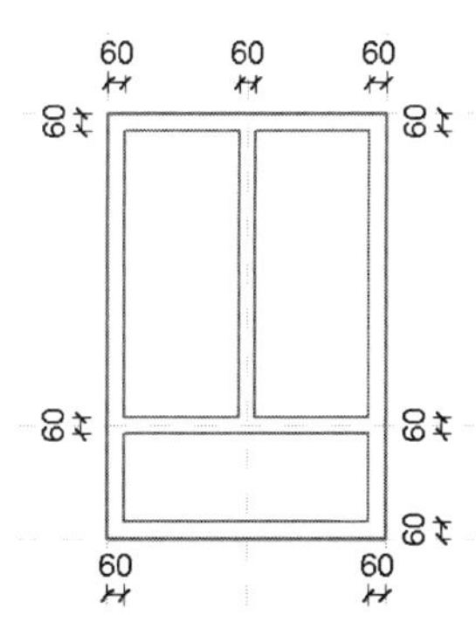

图 2-39　标注窗框尺寸

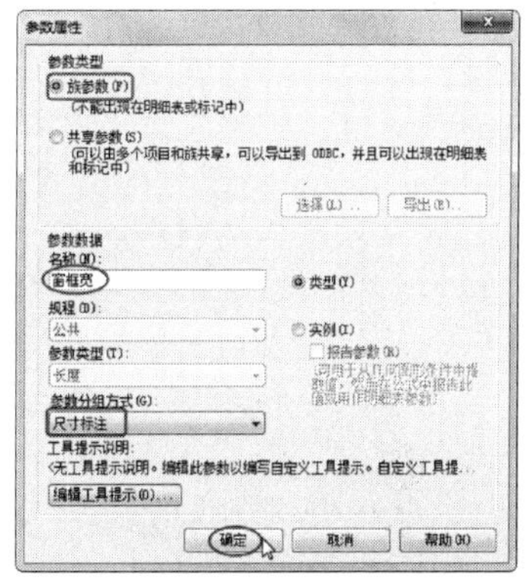

图 2-40　为窗框尺寸添加参数

09　添加新参数后，依次选中其余窗框的尺寸，并一一为其选择“窗框宽”的参数标签，如图 2-41 所示。

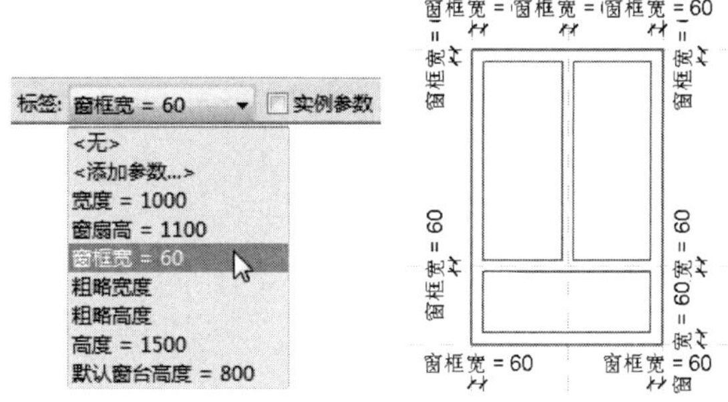

图 2-41　为其余尺寸选择参数标签

10 窗框中间的宽度为左右、上下对称的，因此需要标注 EQ 等分尺寸，如图 2-42 所示。EQ 尺寸标注是连续标注的样式。

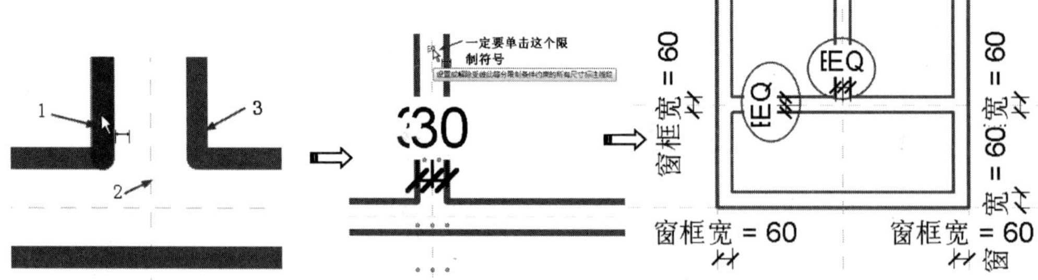

图 2-42　标注 EQ 等分尺寸

11 单击【完成编辑模式】按钮，完成轮廓截面的绘制。在窗口左侧的属性选项板上设置【拉伸起点】为 -40、【拉伸终点】为 40，单击【应用】按钮，完成拉伸模型的创建，如图 2-43 所示。

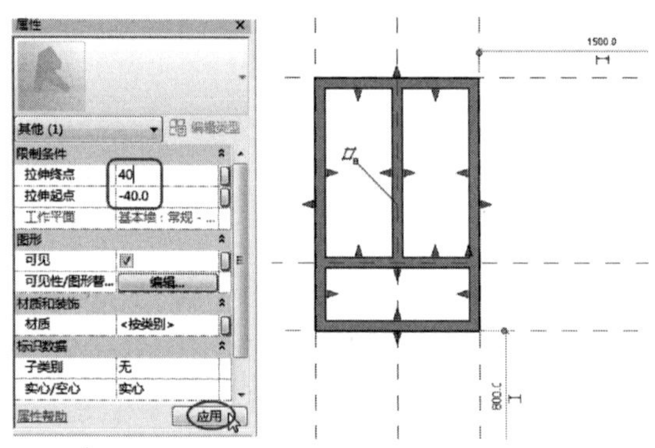

图 2-43　完成拉伸模型的创建

12 在拉伸模型仍然处于编辑状态下，在属性选项板上单击【材质】右侧的【关联族参数】按钮，打开【关联族参数】对话框并单击【添加参数】按钮，如图 2-44 所示。

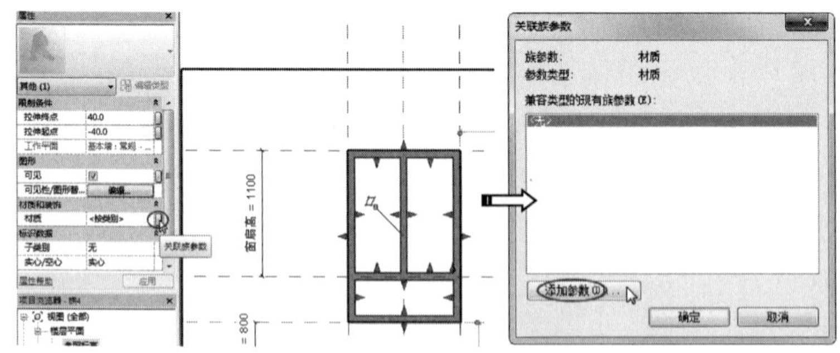

图 2-44　添加材质参数操作

13 设置材质参数的名称、参数分组方式等，如图 2-45 所示。最后依次单击两个对话框的【确定】按钮，完成材质参数的添加。

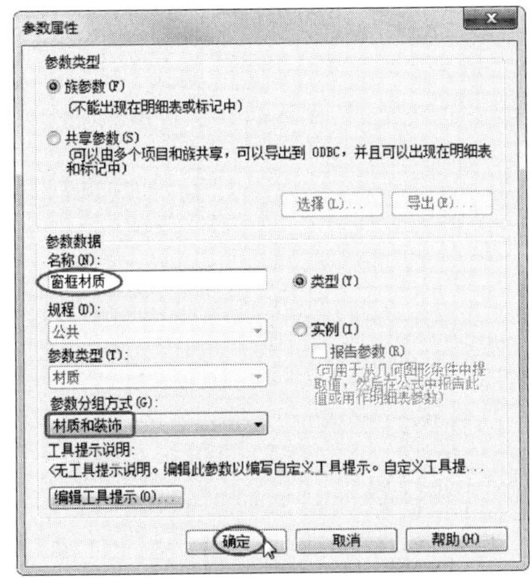

图 2-45　设置材质参数

14　窗框制作完成后，接下来制作窗扇。制作窗扇部分模型，与制作窗框是一样的，只是截面轮廓、拉伸深度、尺寸参数和材质参数有所不同，如图 2-46 和图 2-47 所示。

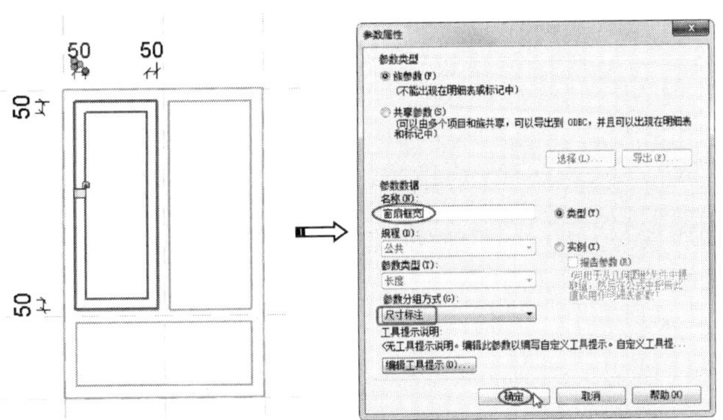

图 2-46　绘制窗扇框并添加尺寸参数

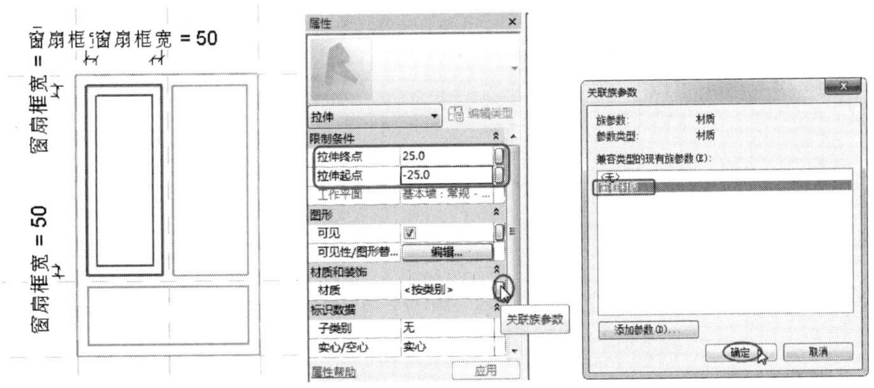

图 2-47　设置拉伸深度并添加材质关联族参数

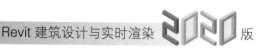

技术要点	在以窗框洞口轮廓为参照创建窗扇框轮廓线时，切记要与窗框洞口进行锁定，这样才能与窗框发生关联，如图 2-48 所示。

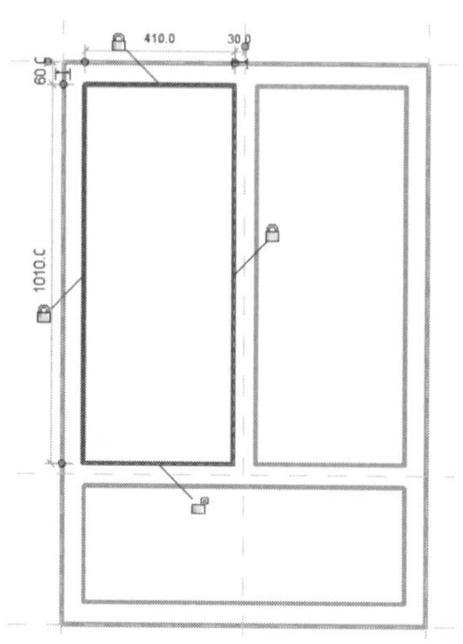

图 2-48　绘制窗扇框轮廓要与窗框洞口锁定

15 右边窗扇框和左边窗扇框的形状、参数是完全相同的，我们可以采用复制的方法来创建。选中第一扇窗扇框，在【修改 | 拉伸】上下文选项卡的【修改】面板中单击【复制】按钮，将窗扇框复制到右侧窗口洞中，如图 2-49 所示。

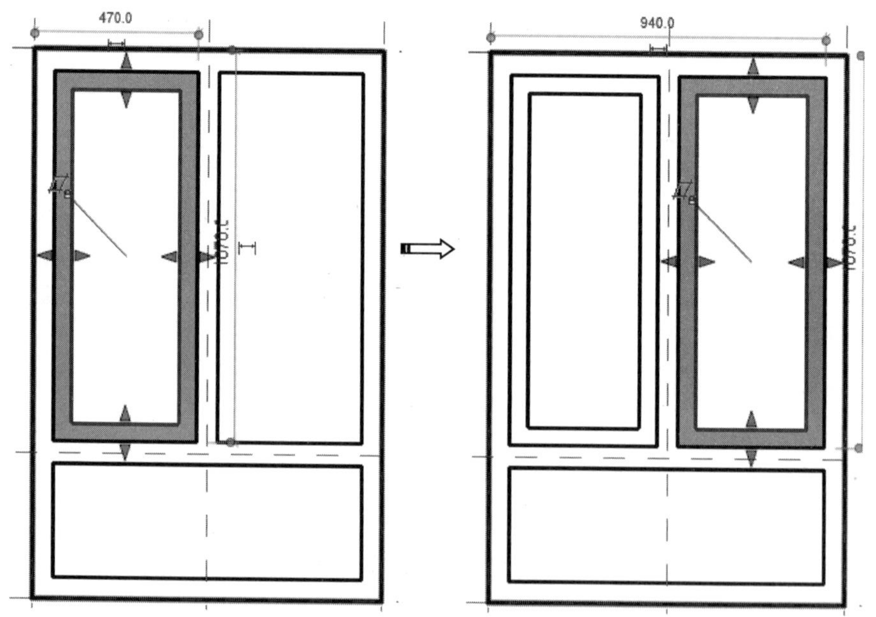

图 2-49　复制窗扇框

16 创建玻璃构件及相应的材质，在绘制时要注意玻璃轮廓线与窗扇框洞口边界进行锁定，并设置拉伸起点、终点、构件可见性和材质参数等，完成的拉伸模型如图 2-50

和图 2-51 所示。

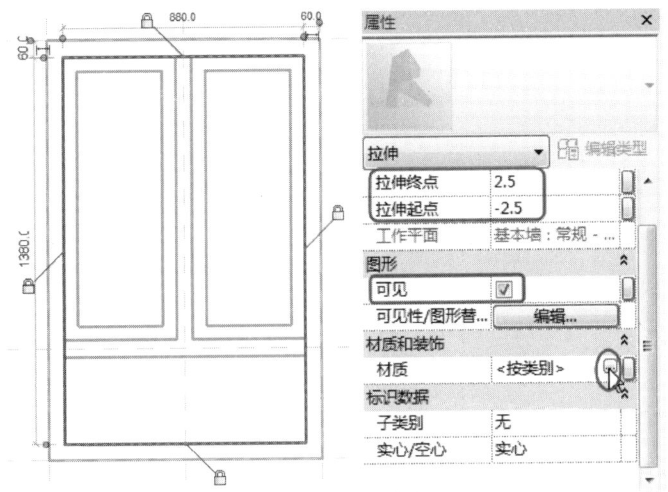

图 2-50 绘制玻璃轮廓并设置拉伸参数和可见性

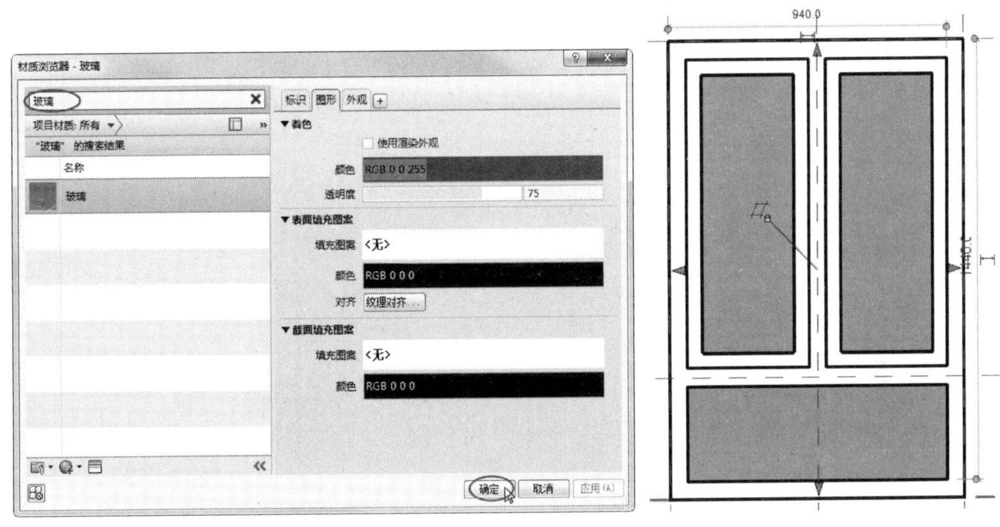

图 2-51 设置玻璃材质

17 在项目管理器中打开【楼层平面】|【参照标高】视图，标注窗框宽度尺寸，并添加尺寸参数标签，如图 2-52 所示。

18 至此，完成了窗族的创建，结果如图 2-53 所示。然后，保存窗族文件。

19 这里测试所创建的窗族，首先新建建筑项目文件并进入到建筑项目环境中，在【插入】选项卡的【从库中载入】面板中单击【载入族】按钮，从源文件夹中载入“窗族 . rfa”文件，如图 2-54 所示。

20 利用【建筑】选项卡【构建】面板的【墙】工具，任意绘制一段墙体，然后将项目管理器【族】|【窗】|【窗族】节点下的窗族文件拖曳到墙体中放置，如图 2-55 所示。

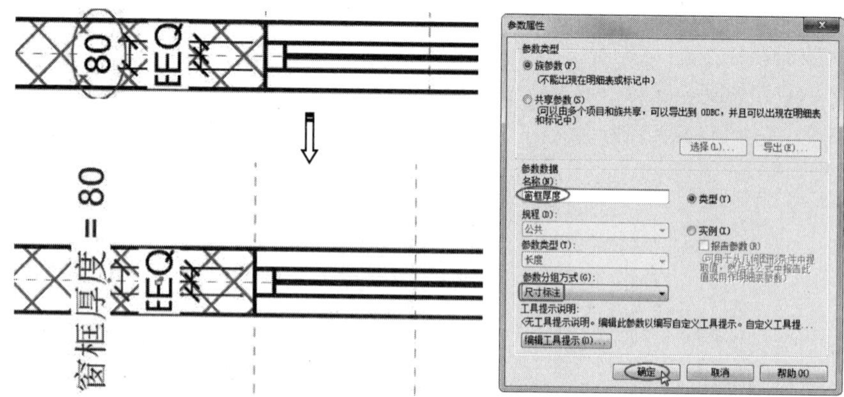

图 2-52　添加尺寸及参数标签

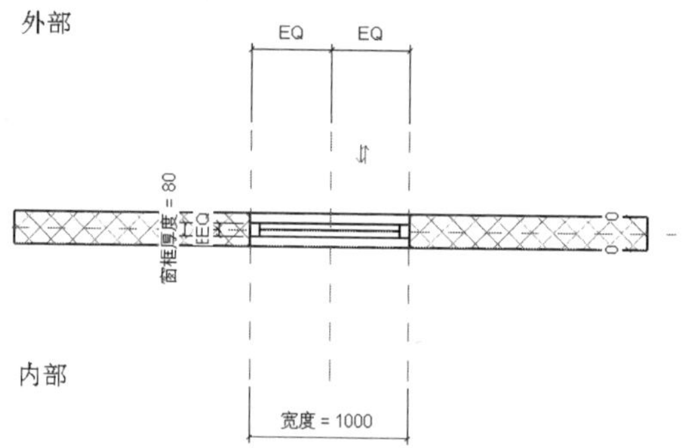

图 2-53　创建窗族

图 2-54　载入族

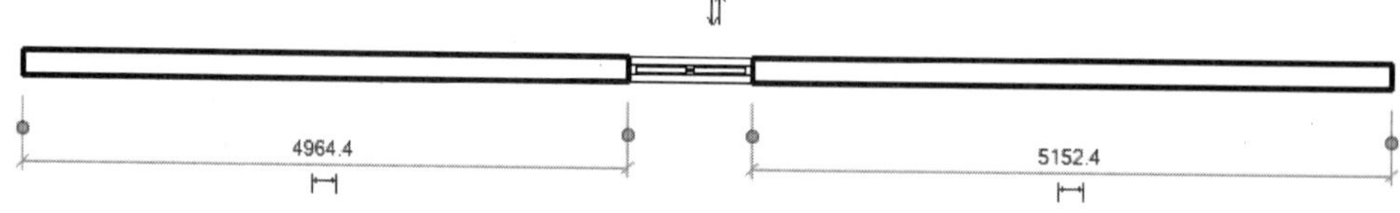

图 2-55　拖动窗族到墙体中

21 在项目浏览器中选择三维视图，然后选中窗族。在属性选项板中单击【编辑类型】按钮 编辑类型，在【类型属性】对话框的【尺寸标注】选项列中，可以设置窗族高度、宽度、窗扇高度、窗扇框宽、窗扇高和窗框厚度等尺寸参数，以测试窗族的可行性，如图 2-56 所示。

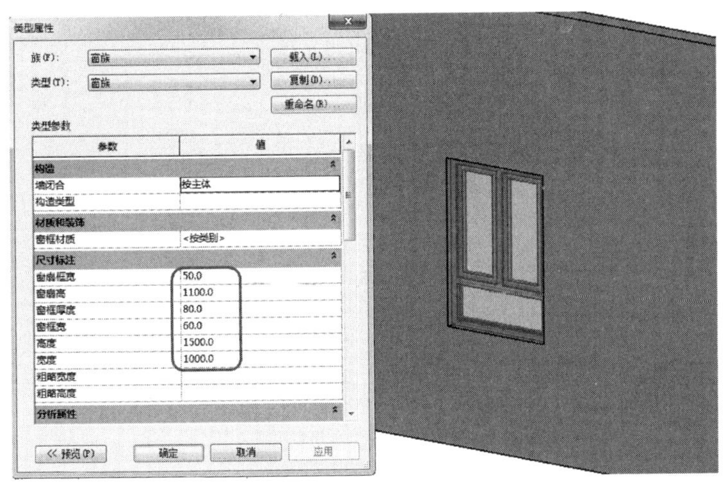

图 2-56　测试窗族

2. 创建嵌套族

族的制作除了类似窗族的制作方法外，还可以在族编辑器模式中载入其他族（包括轮廓、模型、详图构件及注释符号族等），并在族编辑器模式中组合使用这些族，这种将多个简单的族嵌套在一起而组合成的族称为嵌套族。

下面以制作百叶窗族为例，详解嵌套族的制作方法。

上机操作　创建嵌套族

01 打开"百叶窗 . rfa"族文件，切换至三维视图，注意该族文件中已经使用拉伸形状完成了百叶窗窗框，如图 2-57 所示。

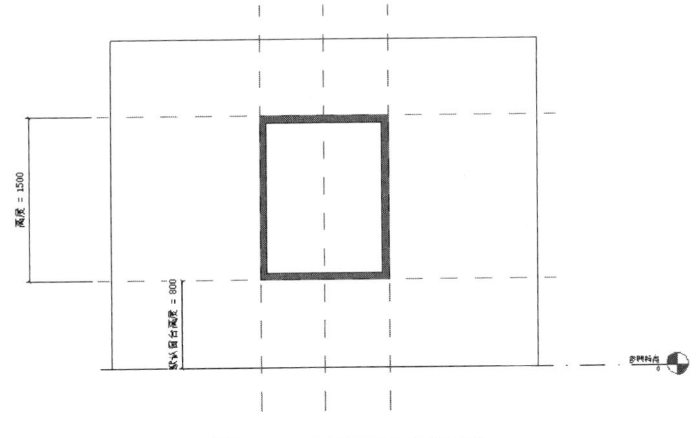

图 2-57　打开百叶窗族文件

02 单击【插入】选项卡【从库中载入】面板中的【载入族】按钮，载入本章源文件夹中的“百叶片.rfa”族文件，如图2-58所示。

图2-58 载入族

03 切换至“参照标高”楼层平面视图。在【创建】选项卡【模型】面板中单击【构件】按钮，打开【修改 | 放置构件】上下文选项卡。

04 在平面视图中的墙外部位置单击，放置百叶片。使用【对齐】工具，对齐百叶片中心线至窗中心参照平面，单击【锁定】图标，锁定百叶片与窗中心线（左/右）位置，如图2-59所示。

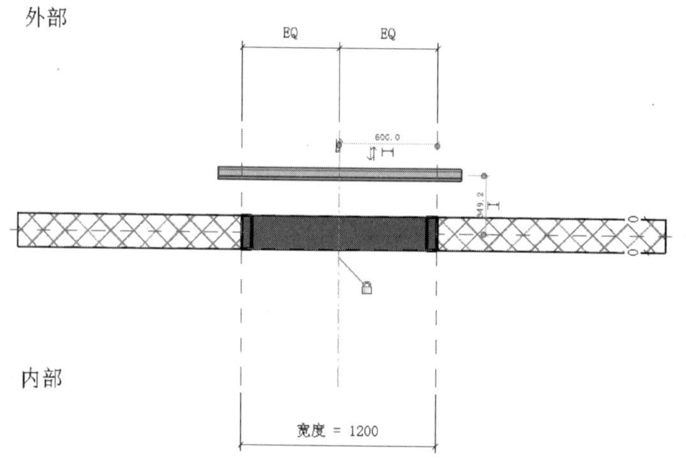

图2-59 添加构件

05 选择百叶片，在属性选项板单击【编辑类型】按钮，打开【类型属性】对话框。单击【百叶长度】参数后的【关联族参数】按钮，打开【关联族参数】对话框。选择【宽度】参数，单击【确定】按钮，返回【类型属性】对话框，如图2-60所示。

06 此时可看到“百叶片”族中的百叶长度与“百叶窗族”中的宽度关联（相等了），如图2-61所示。

07 使用相同的方式关联百叶片的“百叶材质”参数与“百叶窗”族中的“百叶材质”。

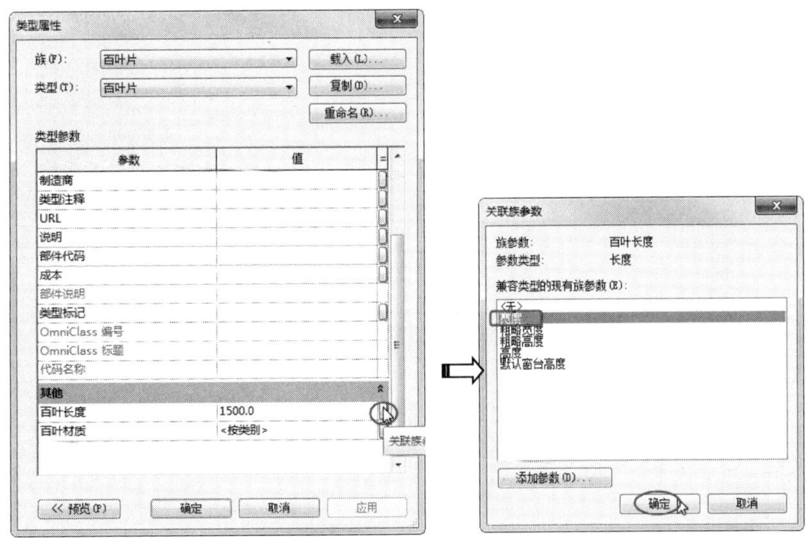

图 2-60　选择关联参数

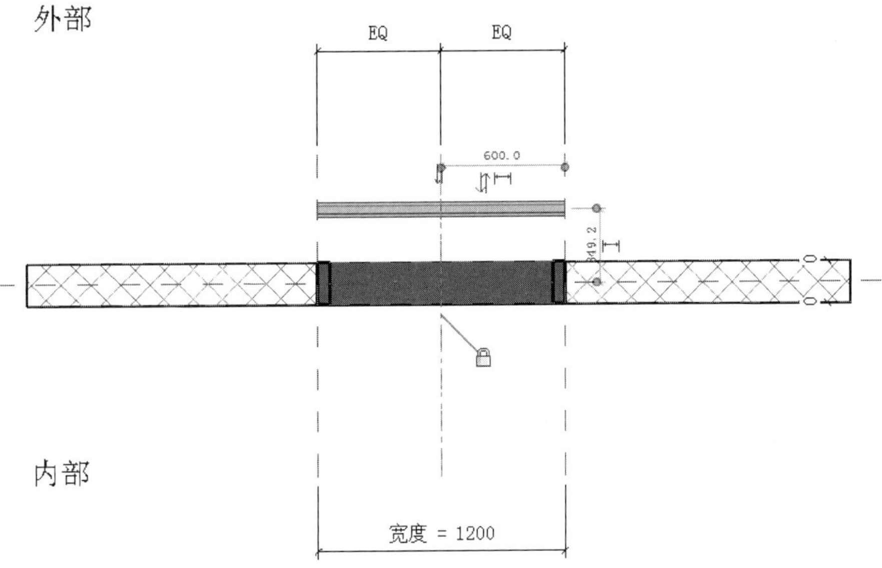

图 2-61　百叶长度与百叶窗长度关联了

08 在项目浏览器中切换至【视图】|【立面】|【外部】立面视图，如图 2-62 所示。使用【参照平面】工具距离在窗“底”参照平面上方 90mm 处绘制参照平面，修改标识数据“名称”为“百叶底”。

09 在“百叶底”参照平面与窗底参照平面添加尺寸标注，并添加锁定约束。将百叶族移动到“百叶底”参照平面上，并使用【对齐】工具对齐百叶片底边至“百叶底”参照平面并锁定与参照平面间对齐约束，如图 2-63 所示。

10 在窗顶部绘制名称为“百叶顶”的参照平面，标注百叶顶参照平面与窗顶参照平面间的尺寸标注并添加锁定约束，如图 2-64 所示。

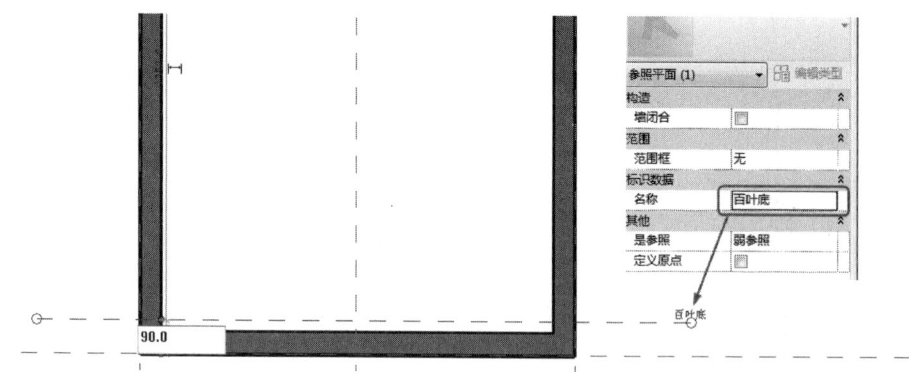

图 2-62　绘制参照平面

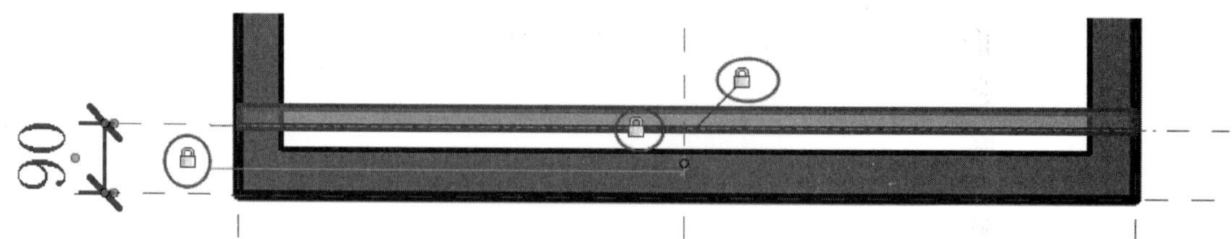

图 2-63　移动百叶族并与参照平面对齐

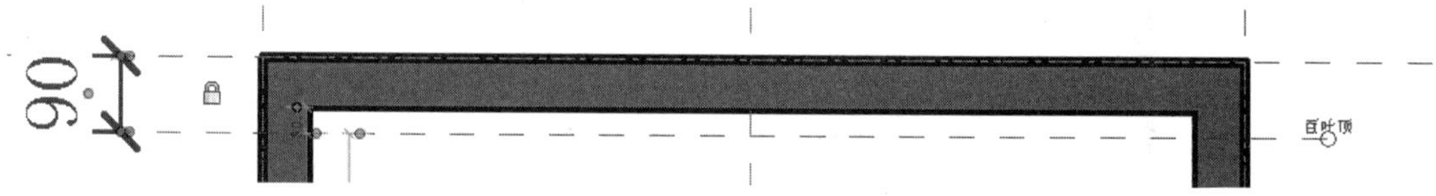

图 2-64　绘制“百叶顶”参照平面

11　切换至“参照标高”楼层平面视图，使用【修改】选项卡的【对齐】命令，对齐百叶中心线与墙中心线。单击【锁定】按钮，锁定百叶中心与墙体中心线位置，如图 2-65 所示。

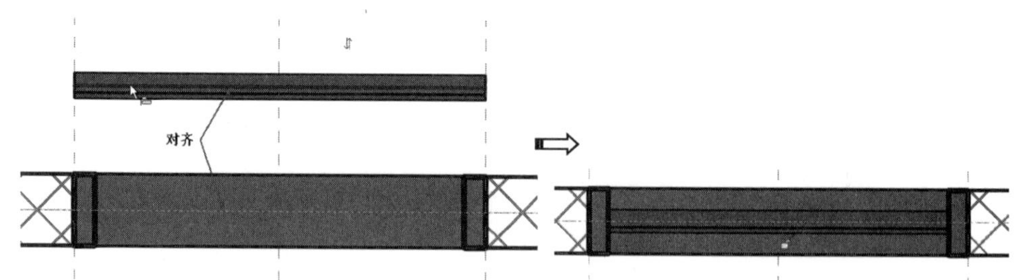

图 2-65　对齐百叶窗与墙体

12　切换至外部立面视图。选择百叶片，单击【修改 | 常规模型】选项卡【修改】面板中的【阵列】按钮，如图 2-66 所示。设置选项栏中的阵列方式为【线性】，勾选【成组并关联】复选框，设置【移动到】选项为【最后一个】。

图 2-66　设置阵列选项

13 拾取百叶片上边缘作为阵列基点，向上移动至“百叶顶”参照平面，如图 2-67 所示。

14 使用【对齐】工具对齐百叶片上边缘与百叶顶参照平面，单击【锁定】图标，锁定百叶片与百叶顶参照平面位置，如图 2-68 所示。

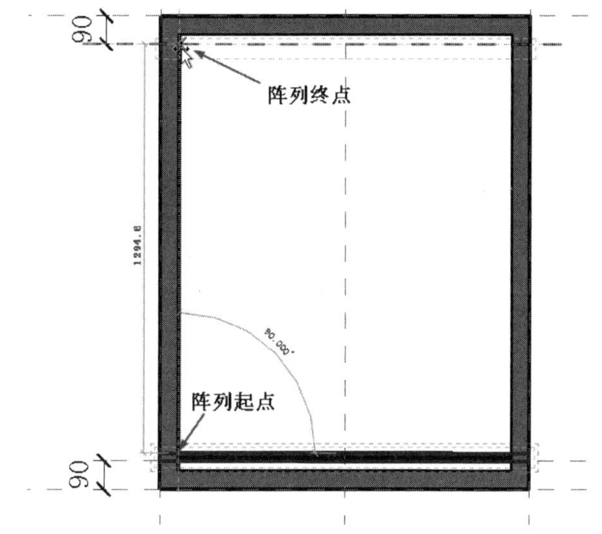

图 2-67　选择阵列起点和终点

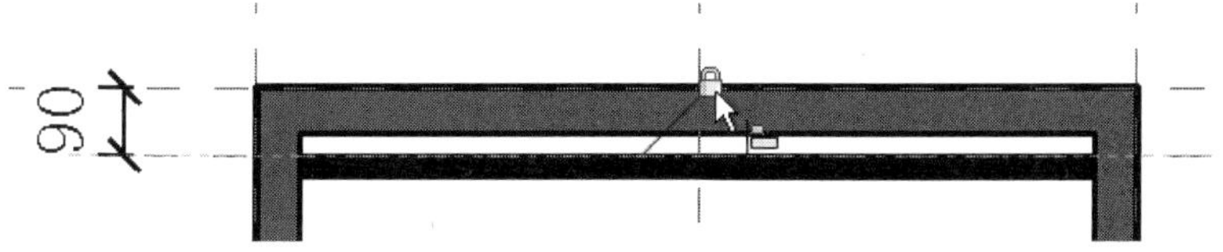

图 2-68　对齐百叶上边缘与百叶顶参照平面

15 选中阵列的百叶片，再选择显示的阵列数量临时尺寸标注，选择选项栏标签列表中的【添加标签】选项，打开【参数属性】对话框。通过选项栏新建名称为【百叶片数量】的族参数，如图 2-69 所示。

> **技术要点**
>
> 选中阵列的百叶片后，如果没有显示数量尺寸标注，可以滚动鼠标以显示。如果无法选择数量尺寸标注，可以在【修改】选项卡【选择】面板取消【按面选择图元】复选框的勾选，即可解决此问题，如图 2-70 所示。

16 单击【修改】选项卡【属性】面板的【族类型】按钮，打开【族类型】对话框，修改【百叶片数量】参数值为 18，其他参数不变，单击【确定】按钮，百叶窗效果如图 2-71 所示。

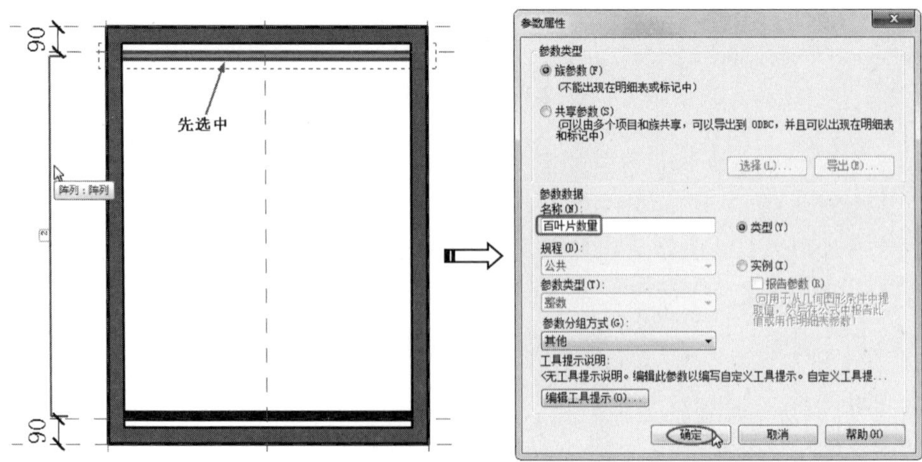

图 2-69　选择数量尺寸标注

图 2-70　取消【按面选择图元】复选框的勾选

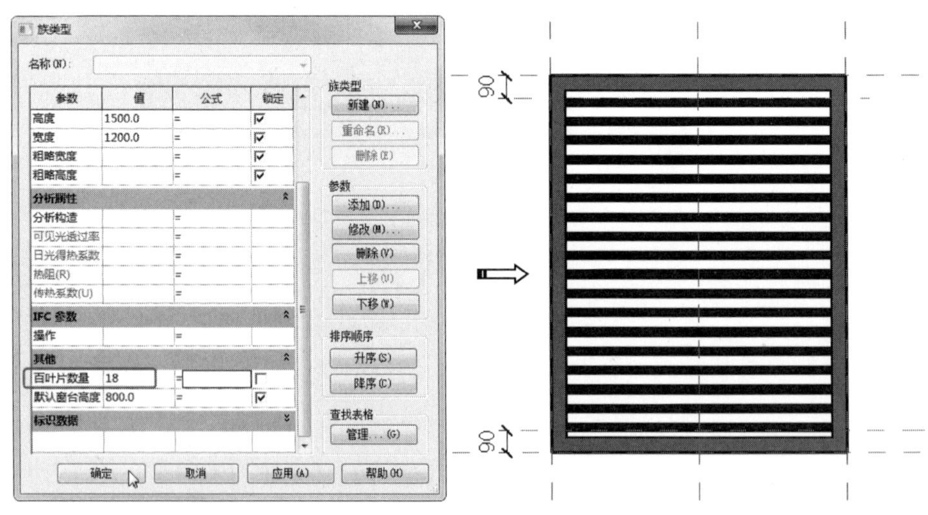

图 2-71　修改百叶片数量

17　再次打开【族类型】对话框，单击参数栏中的【添加】按钮，弹出【参数属性】对话框。

18 在对话框中输入参数名称为【百叶间距】，设置参数类型为【长度】，单击【确定】按钮，返回【族类型】对话框。修改【百叶间距】参数值为 50，单击【应用】按钮应用该参数，如图 2-72 所示。

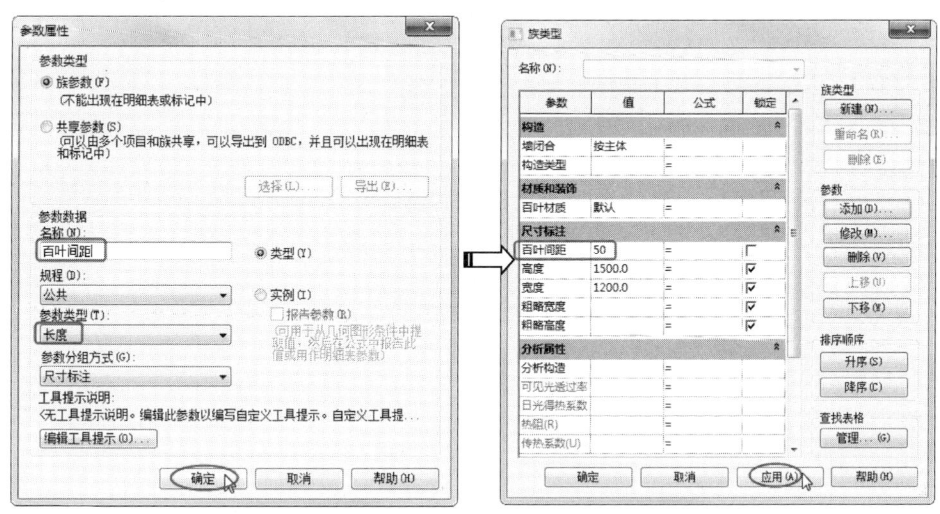

图 2-72　添加族参数并修改值

技术要点	请务必单击【应用】按钮，使参数及参数值应用生效后再进行下一步操作。

19 在【百叶片数量】参数后的公式栏中输入（高度－180）/百叶间距，完成后单击【确定】按钮，关闭对话框，如图 2-73 所示。随后 Revit 将会自动根据公式计算百叶数量。

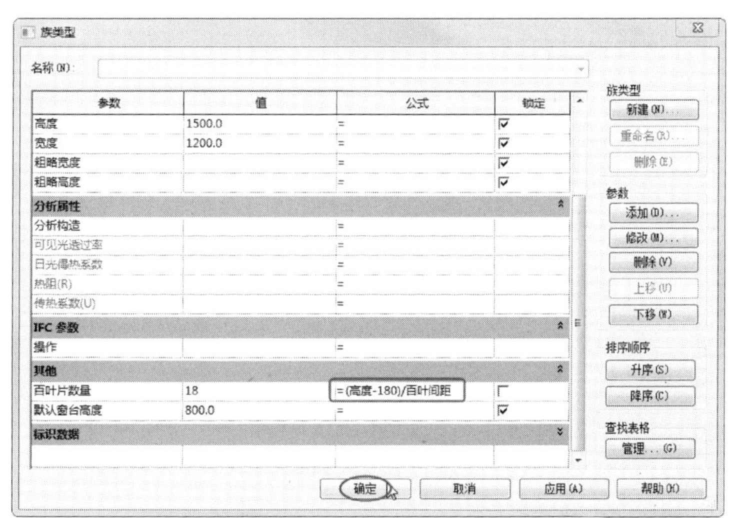

图 2-73　输入公式

20 完成百叶窗族（嵌套族）的最终效果，如图 2-74 所示。然后保存族文件。

21 建立空白项目，载入该百叶窗族，使用【窗】工具插入百叶窗，如图 2-75 所示。Revit 会自动根据窗高度和百叶间距参数计算阵列数量。

图 2-74　创建完成的百叶窗族　　　　图 2-75　百叶窗族验证

2.3 概念体量族

概念体量族是用户自定义的三维模型族，主要用于在项目前期概念设计阶段，为建筑师提供灵活、简单、快速的概念设计模型。使用概念体量模型可以帮助建筑师推敲建筑形态，还可以统计概念体量模型的建筑楼层面积、占地面积和外表面积等设计数据。可以根据概念体量模型表面创建建筑模型中的墙、楼板和屋顶等图元对象，完成从概念设计阶段到方案和施工图设计的转换。

2.3.1 概念体量设计基础

1. 如何创建体量模型

Revit 提供了两种创建概念体量模型的方式，在项目中在位创建概念体量或在概念体量族编辑器中创建独立的概念体量族。

在位创建的概念体量仅可用于当前项目，而创建的概念体量族文件可以像其他族文件那样载入到不同的项目中。

要在项目中在位创建概念体量，可单击【体量和场地】选项卡【概念体量】面板中的【内建体量】工具，输入概念体量名称即可进入概念体量族编辑状态。内建体量工具创建的体量模型，称作内建族。

要创建独立的概念体量族，在菜单栏中选择【文件】|【新建】|【概念体量】命令，在弹出的【新概念体量－选择样板文件】对话框中选择“公制体量 . rft”族样板文件，单击【打开】按钮，即可进入概念体量编辑模式，如图 2-76 所示。

或者在 Revit 2020 欢迎界面的【族】选项区下单击【创建概念体量】按钮，打开【新概念体量－选择样板文件】对话框，双击“公制体量 . rft”族样板文件，同样可以进入概念体量设计环境（体量族编辑器模式）。

2. 概念体量设计环境

概念体量设计环境是 Revit 为了创建概念体量而开发的一个操作界面，在这个界面用户可以专门用来创建概念体量。所谓概念设计环境其实是一种族编辑器模式，体量模型也是三维模型族，图 2-77 为概念体量设计环境。

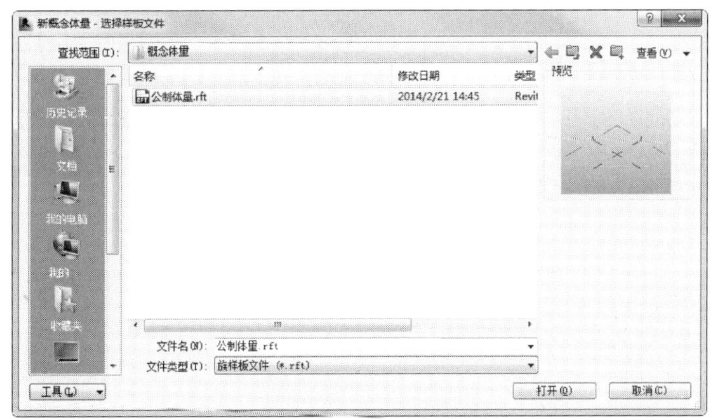

图 2-76　选择概念体量样板文件

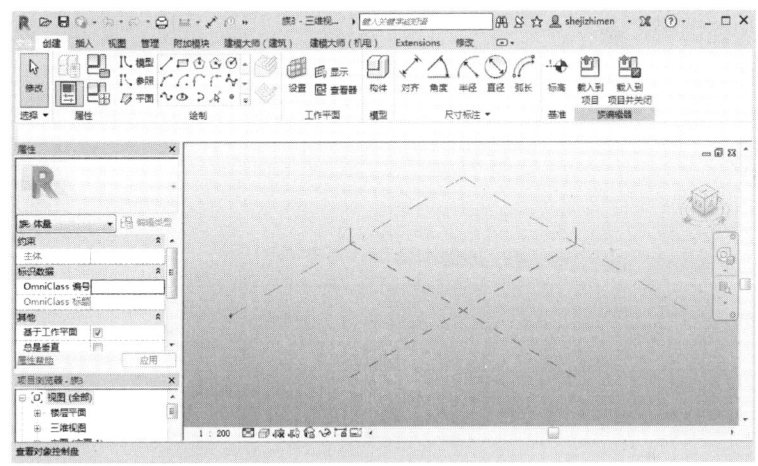

图 2-77　概念体量设计环境

那么概念体量设计环境与前面的族编辑器模式有什么相同与不同呢？相同的是，它们都是创建三维模型族。不同的是，族编辑器模式只能创建形状比较规则的几何模型，而概念体量环境却能设计出自由形状的实体及曲面。

在概念设计环境中，我们常常会遇到一些名词，例如三维控件、三维标高、三维参照平面、三维工作平面、形状、放样和轮廓等，下面分别对这些名词进行一个简单的介绍，便于读者更好地了解概念设计环境。

（1）三维控件

在选择形状的表面、边或顶点后出现的操纵控件，该控件也可以显示在选定的点上，如图 2-78 所示。

对于不受约束的形状中的每个参照点、表面、边、顶点或点，在被选中后都会显示三维控件。通过该控件，可以沿局部或全局坐标系所定义的轴或平面进行拖曳，从而直接操纵形状。通过三维控件可以进行如下操作：

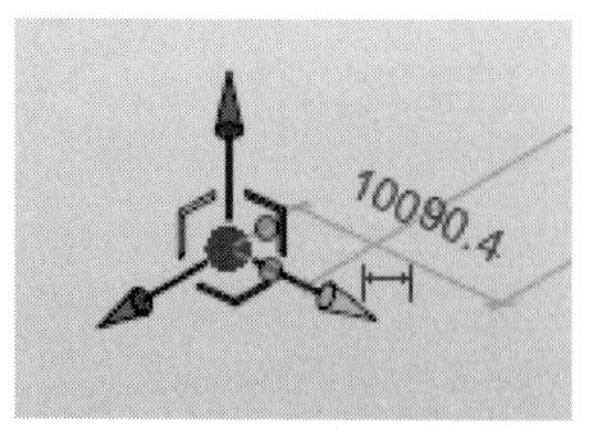

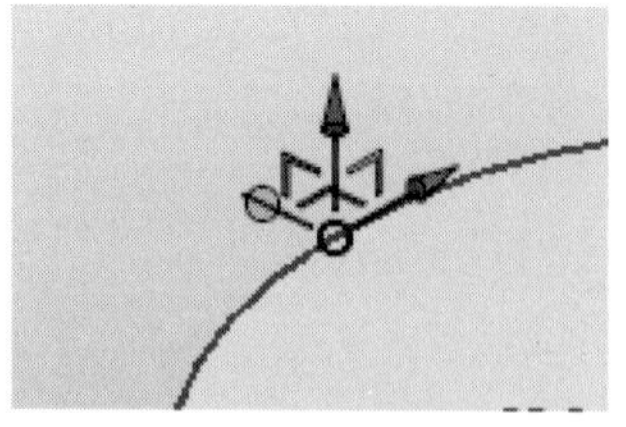
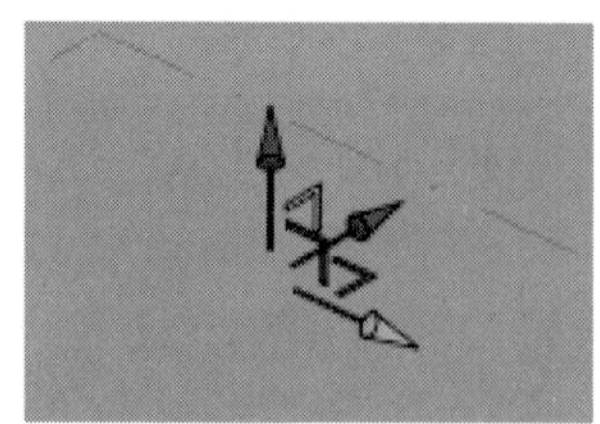

选择点　　选择边（路径）　　选择面

图 2-78　显示三维控件

- 在局部坐标和全局坐标之间切换。
- 直接操纵形状。
- 利用三维控制箭头将形状拖曳到合适的尺寸或位置。箭头相对于所选形状而定向，但用户也可以通过按空格键在全局 XYZ 和局部坐标系之间切换其方向。形状的全局坐标系基于 ViewCube 的北、东、南、西四个坐标。当形状发生重定向并且与全局坐标系有不同的关系时，形状位于局部坐标系中，如果形状由局部坐标系定义，三维形状控件会以橙色显示，只有转换为局部坐标系的坐标才会以橙色显示。例如，如果将一个立方体旋转 15 度，X 和 Y 箭头将以橙色显示，但由于全局 Z 坐标值保持不变，因此 Z 箭头仍以蓝色显示。

表 2-1 是使用控件和拖曳对象位置对照表。

表 2-1　三维控件中箭头与平面控件

使用的控件	拖曳对象的位置
蓝色箭头	沿全局坐标系 Z 轴
红色箭头	沿全局坐标系 X 轴
绿色箭头	沿全局坐标系 Y 轴
橙色箭头	沿局部坐标轴
蓝色平面控件	在 XY 平面中
红色平面控件	在 YZ 平面中
绿色平面控件	在 XZ 平面中
橙色平面控件	在局部平面中

(2) 三维标高

一个有限的水平平面，充当以标高为主体的形状和点的参照。当光标移动到绘图区域中三维标高的上方时，三维标高会显示在概念设计环境中，这些参照平面可以设置为工作平面。三维标高显示如图 2-79 所示。

技术要点	需要说明的是，三维标高仅存在概念体量环境中，在 Revit 项目环境中创建概念体量不会存在。

(3) 三维参照平面

一个三维平面，用于绘制将创建形状的线。三维参照平面显示在概念设计环境中，这些参照平面可以设置为工作平面，如图 2-80 所示。

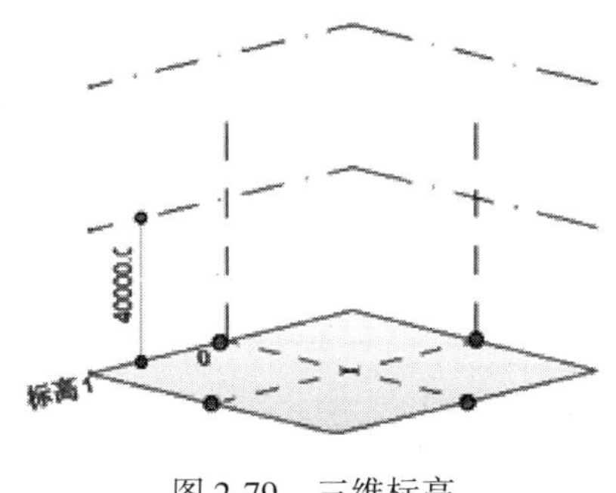

图 2-79　三维标高

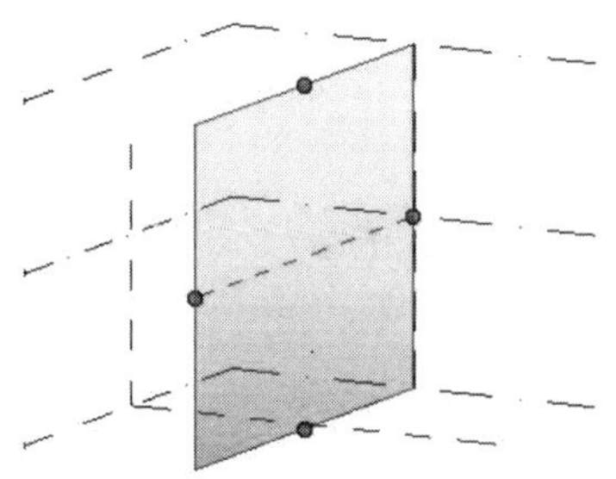

图 2-80　三维参照平面

（4）三维工作平面

一个二维平面，用于绘制将创建形状的线。三维标高和三维参照平面都可以设置为工作平面，当光标移动到绘图区域中三维工作平面的上方时，三维工作平面会自动显示在概念设计环境中，如图 2-81 所示。

（5）形状

通过【创建形状】工具创建的三维或二维表面/实体。通过创建各种几何形状（拉伸、扫掠，旋转和放样）来开始研究建筑概念。形状始终是通过这样的过程创建的。绘制线，选择线，然后单击【创建形状】按钮，选择可选用的创建方式。使用该工具创建表面、三维实心或空心形状，然后通过三维形状操纵控件直接进行操纵，如图 2-82 所示。

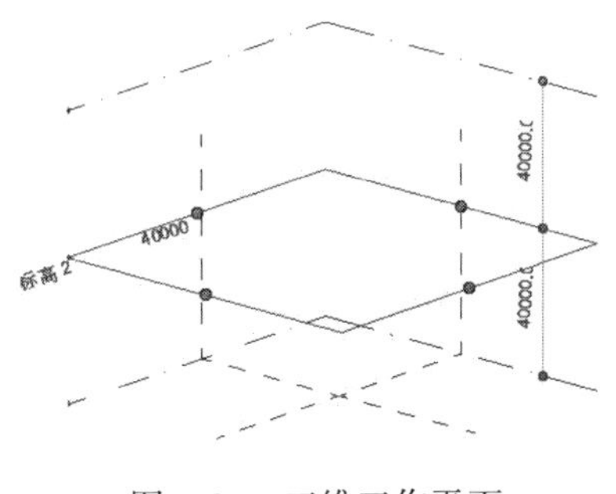

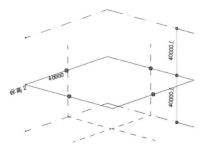

图 2-81　三维工作平面

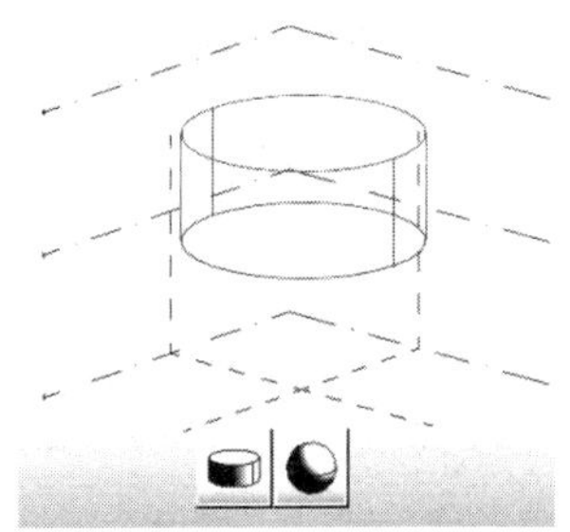

图 2-82　形状

（6）放样

由平行或非平行工作平面上绘制的多条线（单个段、链或环）而产生的形状。

（7）轮廓

单条曲线或一组端点相连的曲线，可以单独或组合使用，以利用支持的几何图形构造技术（拉伸、放样、扫掠、旋转、曲面）来构造形状图元几何图形。

2.3.2　创建形状

体量形状包括实心形状和空心形状。两种类型形状的创建方法是完全相同的，只是所表现的形状特征不同，图 2-83 为两种体量形状类型。

【创建形状】工具将自动分析所拾取的草图。通过拾取草图形态可以生成拉伸、旋转、扫掠、融合等多种形态的对象。例如，当选择两个位于平行平面的封闭轮廓时，Revit 将以这两个轮廓为端面，以融合的方式创建模型。

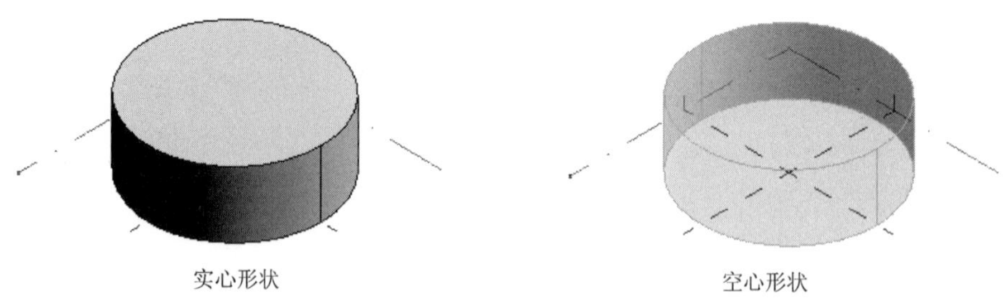

图 2-83　两种体量类型形状

下面介绍 Revit 创建概念体量模型的方式。

1. 创建与修改拉伸

当绘制的截面曲线为单个工作平面上的闭合轮廓时，Revit 将自动识别轮廓并创建拉伸模型。

上机操作　拉伸实体：单一截面轮廓（闭合）

01　在【创建】选项卡【绘制】面板中利用【直线】命令，在标高 1 上绘制图 2-84 所示的封闭轮廓。

02　在【修改 | 放置线】上下文选项卡的【形状】面板中单击【创建形状】按钮，Revit 自动识别轮廓并自动创建图 2-85 所示的拉伸模型。

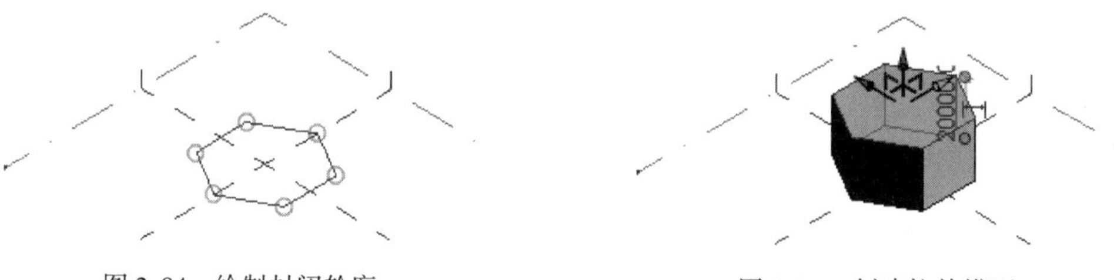

图 2-84　绘制封闭轮廓　　　图 2-85　创建拉伸模型

03　单击尺寸修改拉伸深度，如图 2-86 所示。

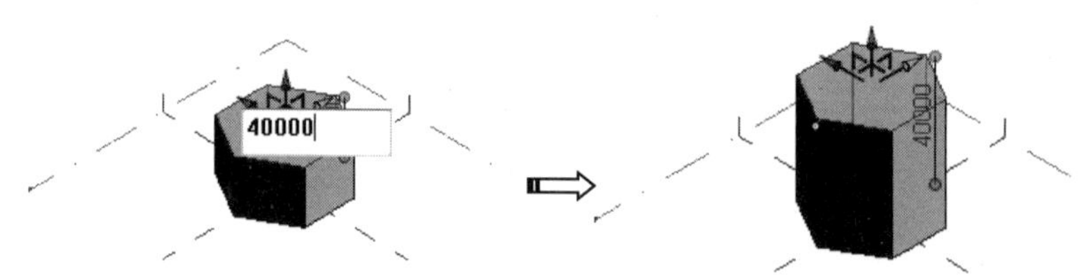

图 2-86　修改拉伸深度

04　如果要创建具有一定斜度的拉伸模型，先选中模型表面，再通过拖动模型上显示的控标来改变倾斜角度，以此达到修改模型形状的目的，如图 2-87 所示。

05　如果选择模型上的某条边，拖动控标可以修改模型局部的形状，如图 2-88 所示。

06　当选中模型的端点时，拖动控标可以改变该点在 3 个方向的位置，达到修改模型目的，如图 2-89 所示。

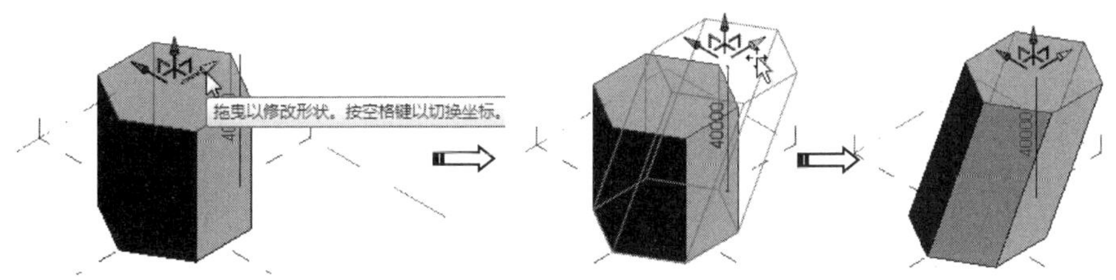

图 2-87　拖动控标改变整体的拉伸斜度

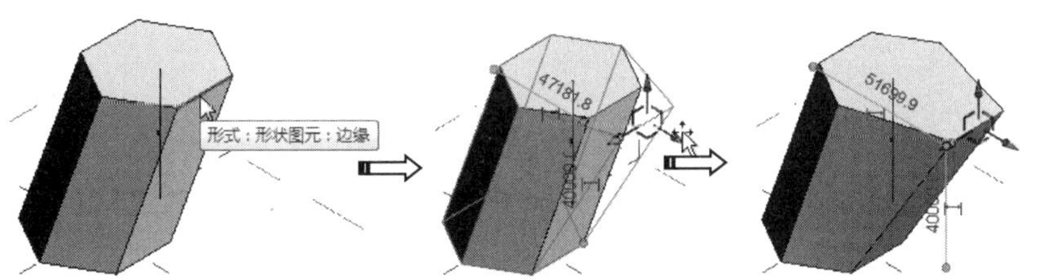

图 2-88　修改局部的拉伸斜度

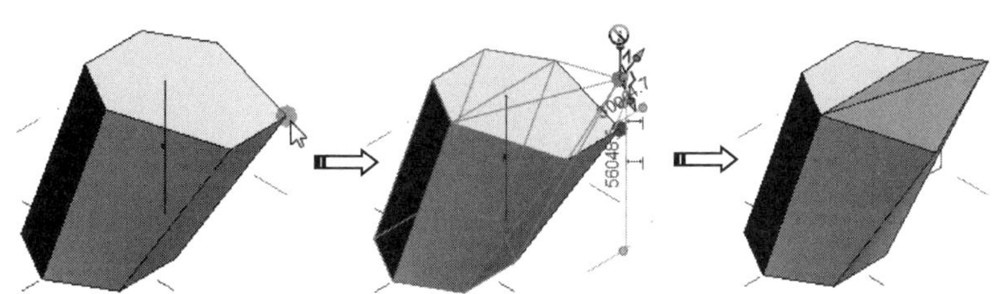

图 2-89　拖动点控标修改局部模型

上机操作　拉伸曲面：单一截面轮廓（开放）

当绘制的截面曲线为单个工作平面上的开放轮廓时，Revit 将自动识别轮廓并创建拉伸曲面。

01 在【创建】选项卡【绘制】面板中单击【圆心-端点弧】按钮，之后在标高 1 上绘制图 2-90 所示的开放轮廓。

02 在【修改 | 放置线】上下文选项卡的【形状】面板中单击【创建形状】按钮，Revit 自动识别轮廓并创建图 2-91 所示的拉伸曲面。

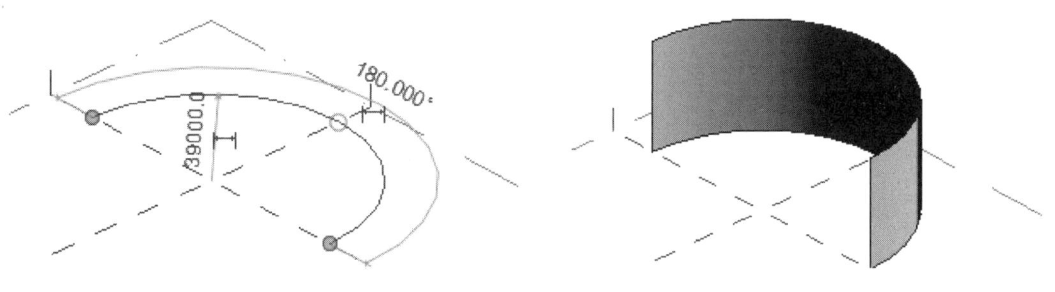

图 2-90　绘制开放轮廓　　　　图 2-91　创建拉伸曲面

03 选中整个曲面，所显示的控标将控制曲面在 6 个自由度方向上的平移，如图 2-92 所示。

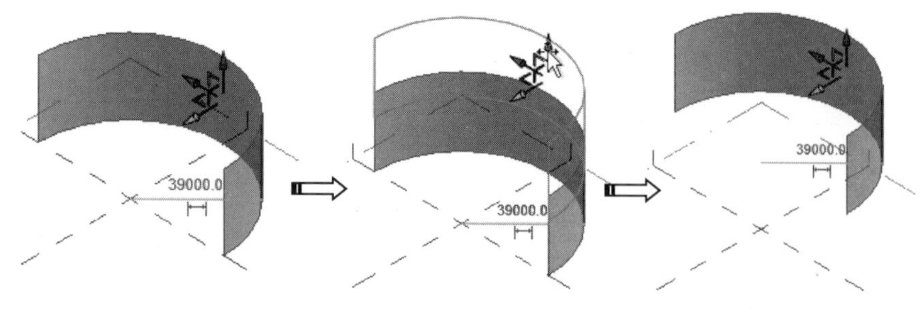

图 2-92 平移曲面

04 选中曲面边，所显示的控标将控制曲面在 6 个自由度方向上的尺寸变化，如图 2-93 所示。

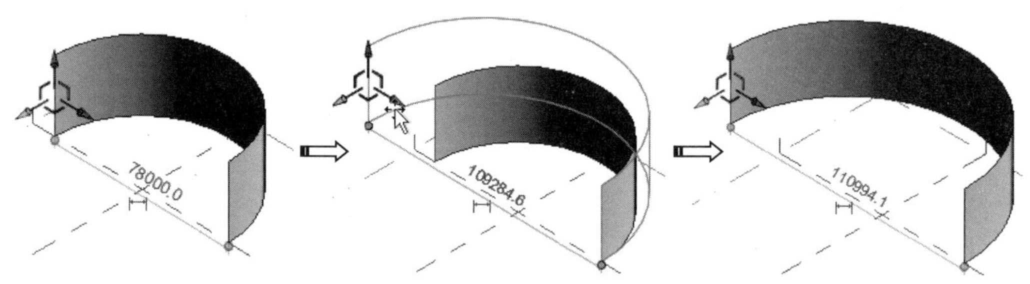

图 2-93 控制曲面尺寸变化

05 选中曲面上一角点，显示的控标将控制曲面的自由度变化，如图 2-94 所示。

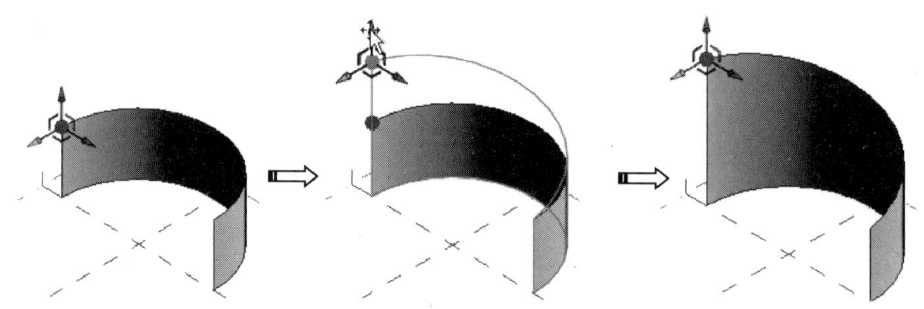

图 2-94 控制曲面自由形状

2. 创建与修改旋转

如果在同一工作平面上绘制一条直线和一个封闭轮廓，将会创建旋转模型，如果在同一工作平面上绘制一条直线和一个开放的轮廓，将会创建旋转曲面。直线可以是模型直线，也可以是参照直线，此直线会被 Revit 识别为旋转轴。

上机操作 创建旋转体量模型

01 利用【绘制】面板中的【直线】命令，在标高 1 工作平面上绘制图 2-95 所示的直线和封闭轮廓。

02 绘制完轮廓后，先关闭【修改 | 放置线】上下文选项卡。按Ctrl键选中封闭轮廓和直线，如图2-96所示。

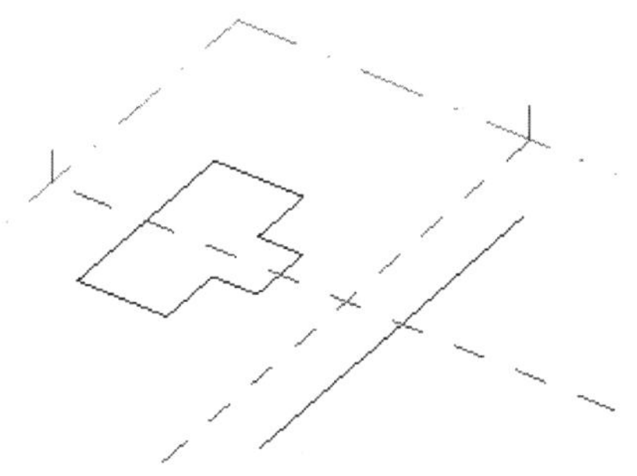

图2-95　绘制直线和封闭轮廓

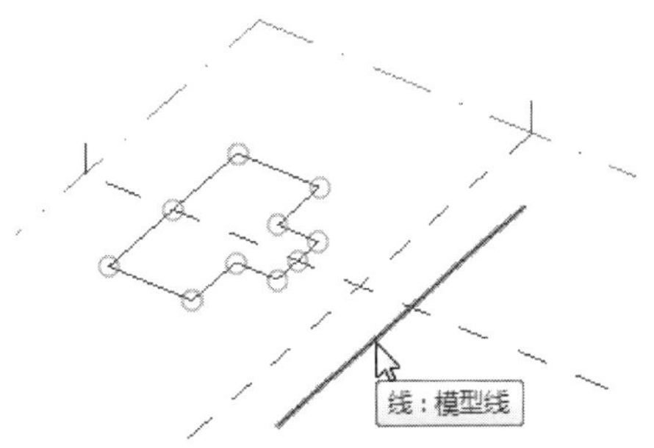

图2-96　选中直线和封闭轮廓

03 在【修改 | 线】上下文选项卡的【形状】面板中单击【创建形状】按钮，Revit自动识别轮廓和直线并创建图2-97所示的旋转模型。

04 选中旋转模型，可以单击【修改 | 形式】上下文选项卡中【模式】面板上的【编辑轮廓】按钮，显示轮廓和直线，如图2-98所示。

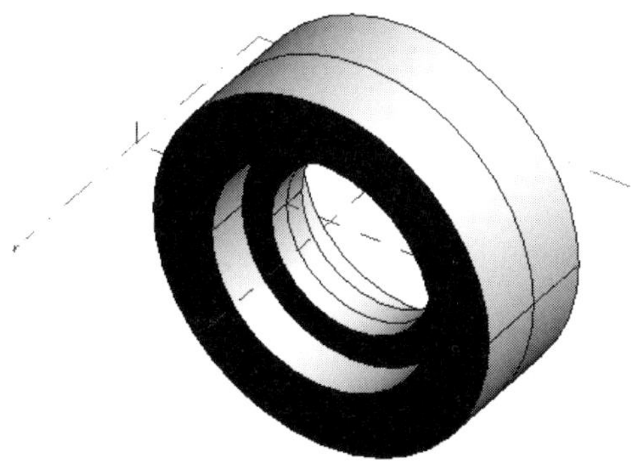

图2-97　创建旋转模型

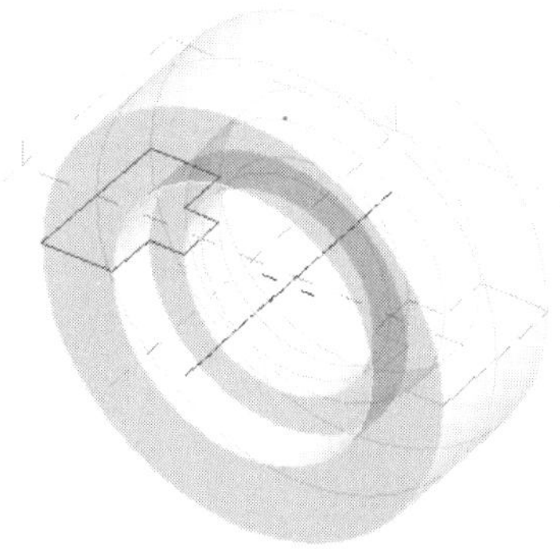

图2-98　显示轮廓和直线

05 将视图切换为上视图，然后重新绘制封闭轮廓为圆形，如图2-99所示。

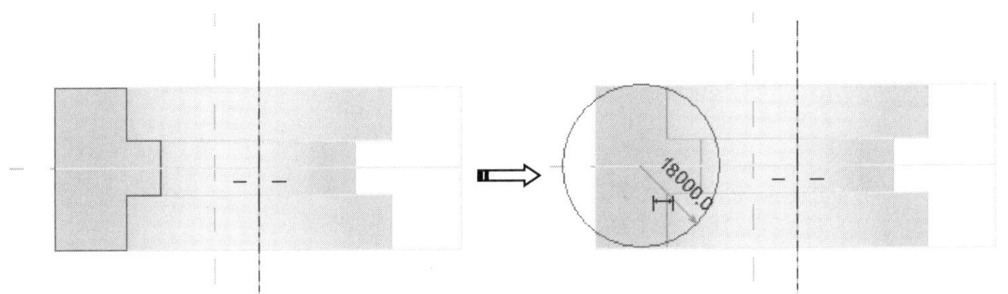

图2-99　修改轮廓

06 单击【完成编辑模式】按钮，完成旋转模型的更改，结果如图2-100所示。

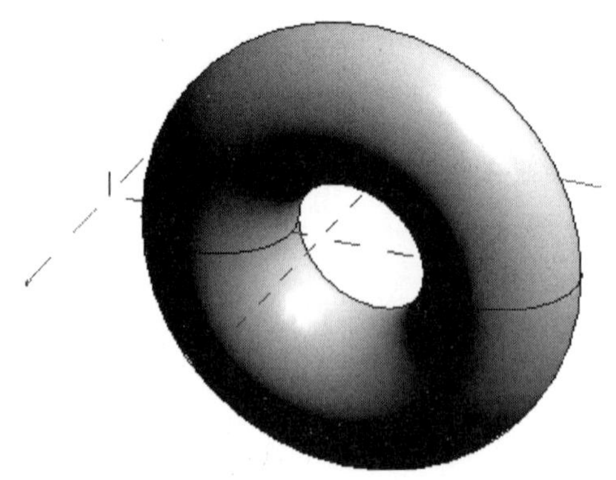

图 2-100　创建旋转模型

3. 创建与修改放样

在单一工作平面上绘制路径和截面轮廓将创建放样，截面轮廓为闭合时，将创建放样模型；为开放时，将创建放样曲面。

若在多个平行的工作平面上绘制开放或闭合轮廓，将创建放样曲面或放样模型。

上机操作　在单一平面上绘制路径和轮廓创建放样模型

01　利用【直线】【圆弧】命令，在标高 1 工作平面上绘制图 2-101 所示的路径。

02　利用【点图元】命令，在路径曲线上创建参照点，如图 2-102 所示。

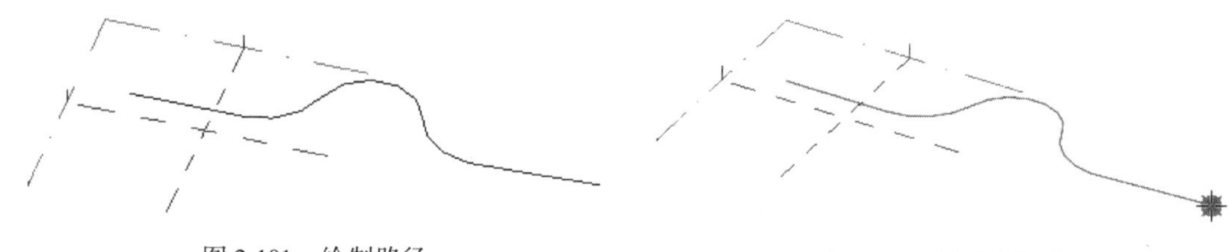

图 2-101　绘制路径　　　　图 2-102　创建参照点

03　选中参照点，将显示垂直与路径的工作平面，如图 2-103 所示。

04　利用【圆形】命令，在参照点位置的工作平面上绘制图 2-104 所示的闭合轮廓。

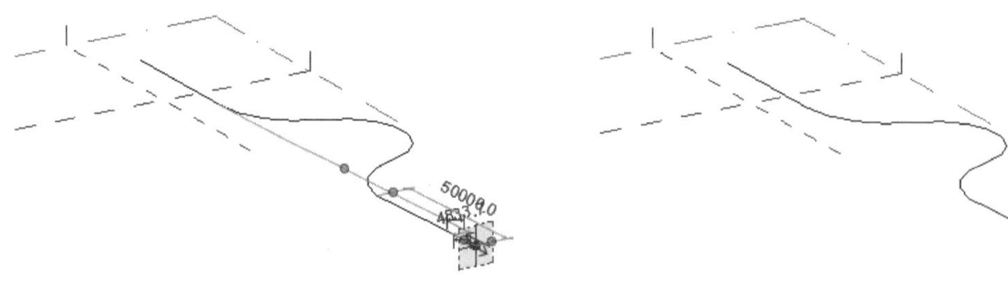

图 2-103　显示参照点工作平面　　　　图 2-104　绘制闭合轮廓

05　按 Ctrl 键选中封闭轮廓和路径，将自动完成放样模型的创建，如图 2-105 所示。

06　如果要编辑路径，请选中放样模型中间部分表面，再单击【编辑轮廓】按钮，即可编辑路径曲线的形状和尺寸，如图 2-106 所示。

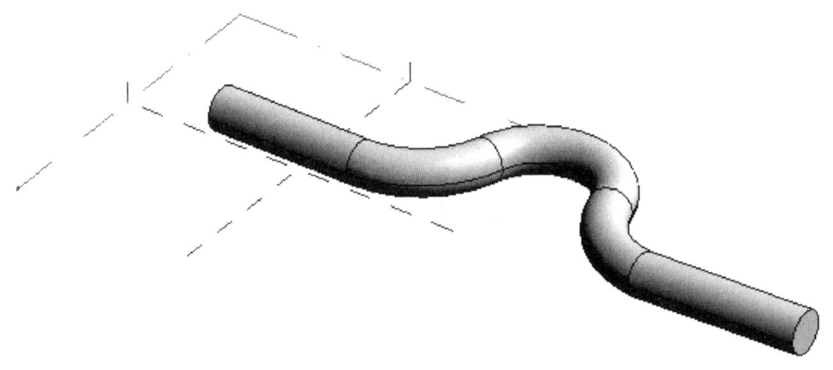

图 2-105　创建放样模型

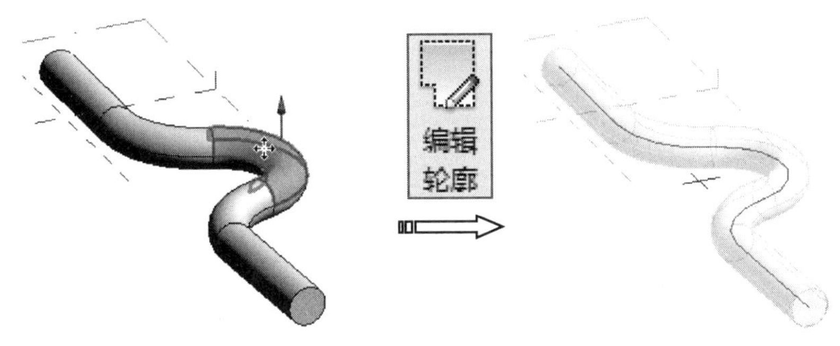

图 2-106　编辑路径

07 如果要编辑截面轮廓，请选中放样模型两个端面之一的边界线，再单击【编辑轮廓】按钮，即可编辑轮廓形状和尺寸，如图 2-107 所示。

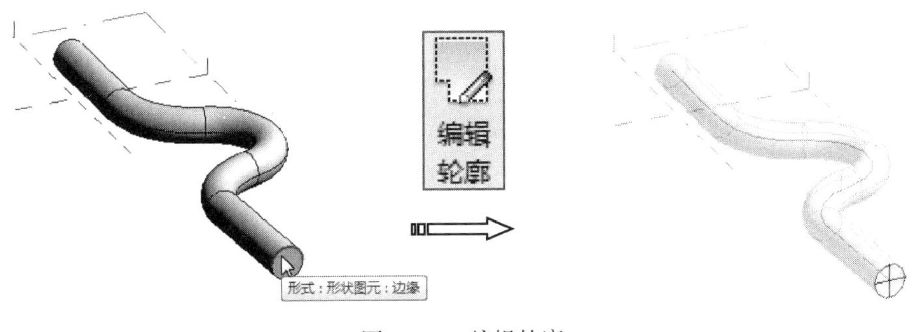

图 2-107　编辑轮廓

上机操作　在多个平行平面上绘制轮廓创建放样曲面

01 单击【创建】选项卡【基准】面板中的【标高】按钮，然后输入新标高的偏移量 40000，连续创建标高 2 和标高 3，如图 2-108 所示。

02 利用【圆心 - 端点弧】命令，选择标高 1 作为工作平面并绘制图 2-109 所示的开放轮廓。

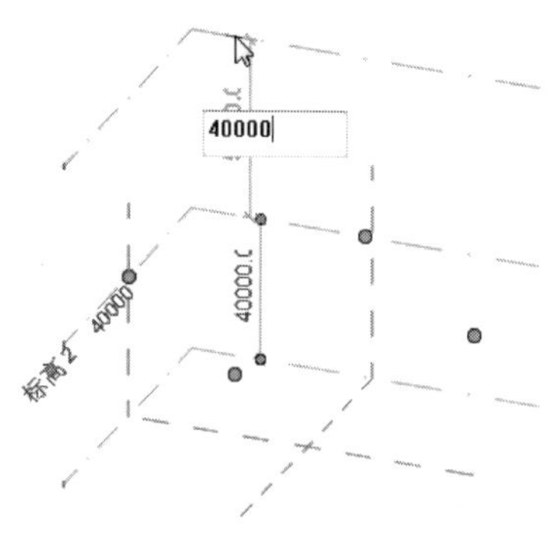

图 2-108　创建标高 2 和标高 3

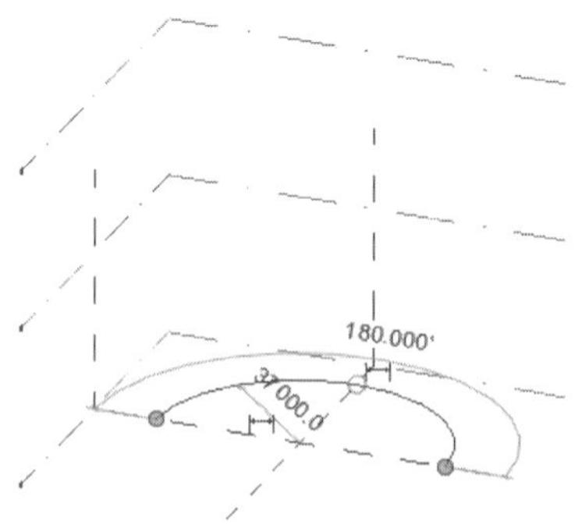

图 2-109　绘制轮廓 1

03　同样，再分别在标高 2 和标高 3 上绘制开放轮廓，如图 2-110 和图 2-111 所示。

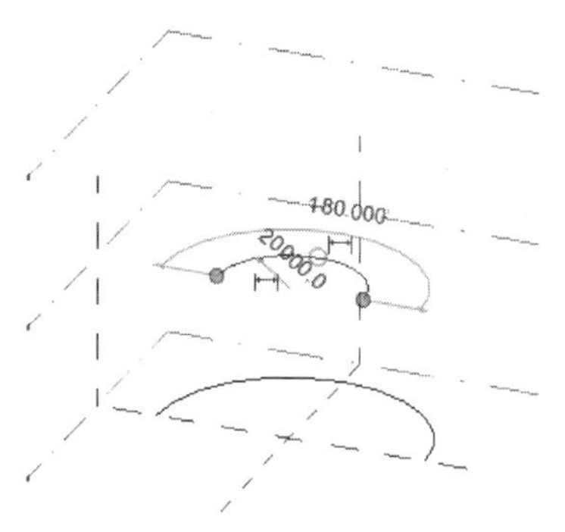

图 2-110　绘制轮廓 2

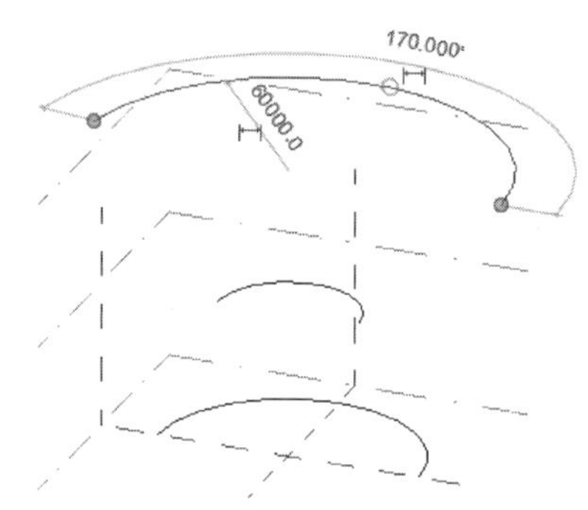

图 2-111　绘制轮廓 3

04　按 Ctrl 键依次选中 3 个开放轮廓，单击【创建形状】按钮，Revit 自动识别轮廓并创建放样曲面，如图 2-112 所示。

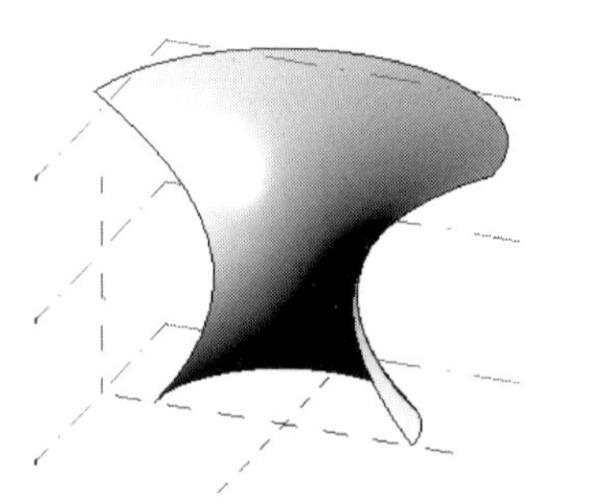

图 2-112　创建放样曲面

4. 创建放样融合

当在不平行的多个工作平面上绘制相同或不同的轮廓时，将创建放样融合。闭合轮廓将创建放样融合模型，开放轮廓将创建放样融合曲面。

上机操作　创建放样融合体量模型

01　利用【起点 - 终点 - 半径弧】命令，在标高 1 上任意绘制一段圆弧，作为放样融合的路径参考，如图 2-113 所示。

02 利用【点图元】命令，在圆弧上创建 3 个参照点，如图 2-114 所示。

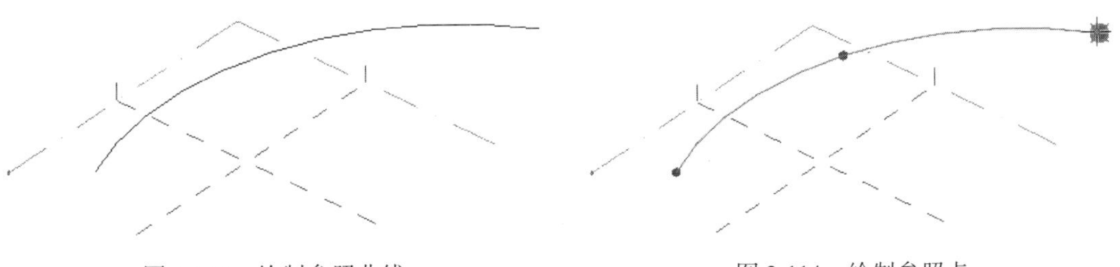

图 2-113 绘制参照曲线　　图 2-114 绘制参照点

03 选中第一个参照点，利用【矩形】命令，在第一个参照点位置的平面上绘制矩形，如图 2-115 所示。

04 选中第二个参照点，利用【圆形】命令，在第二个参照点位置的平面上绘制圆形，如图 2-116 所示。

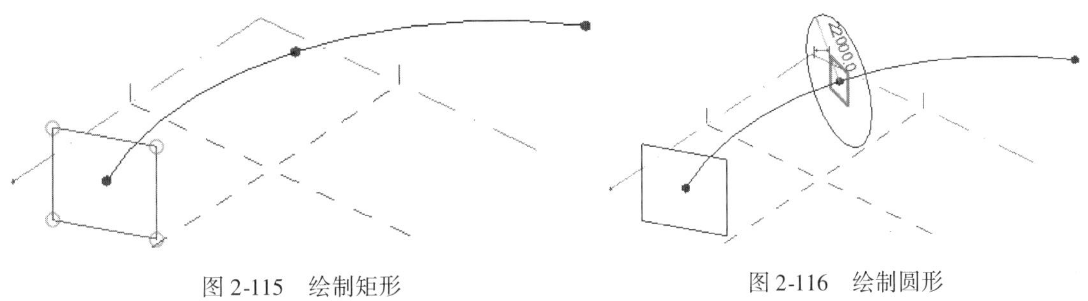

图 2-115 绘制矩形　　图 2-116 绘制圆形

05 选中第三个参照点，利用【内接多边形】命令，在第三个参照点位置的平面上绘制多边形，如图 2-117 所示。

06 选中路径和 3 个闭合轮廓，单击【创建形状】按钮，Revit 自动识别轮廓并创建放样融合模型，如图 2-118 所示。

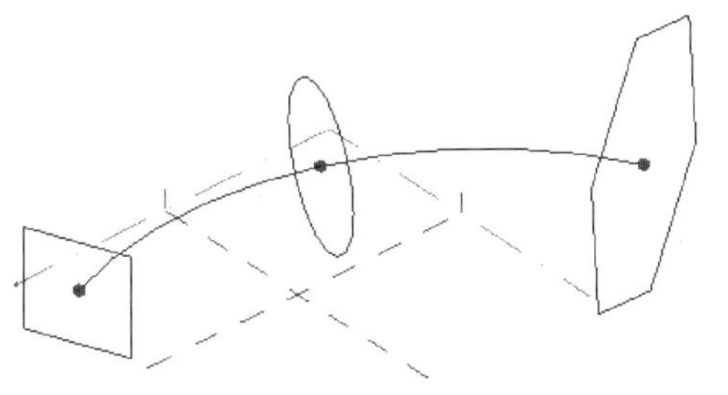

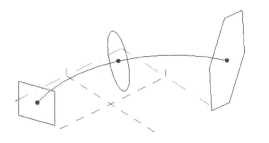

图 2-117 绘制多边形

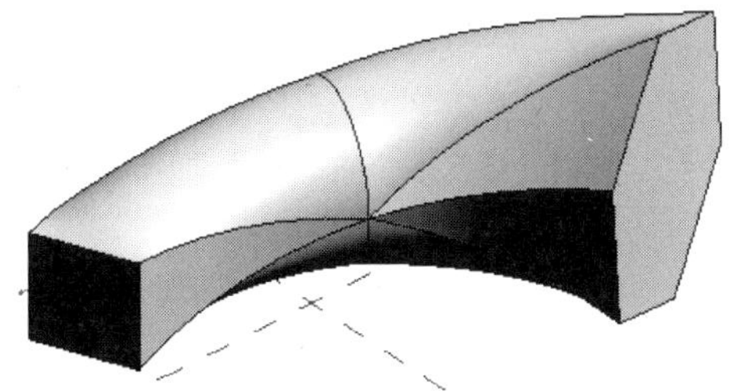

图 2-118 创建放样融合模型

5. 空心形状

一般情况下，空心模型将自动剪切与之相交的实体模型，也可以自动剪切创建的实体模型，如图 2-119 所示。

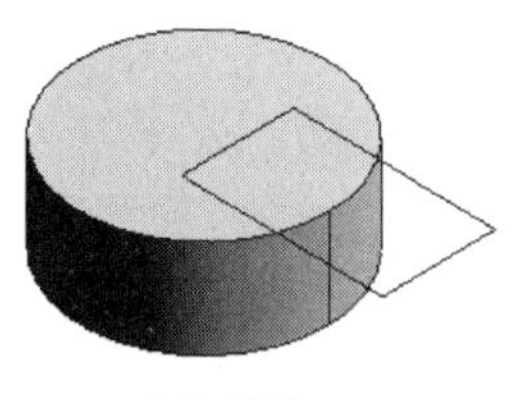

实心模型

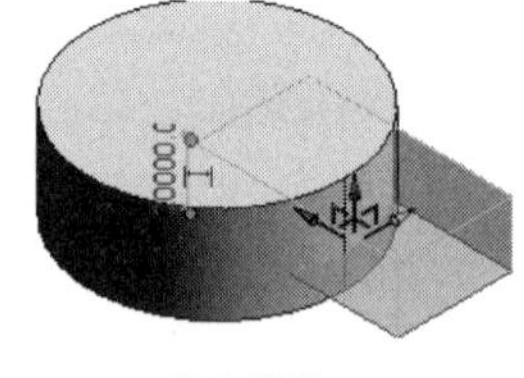

空心模型

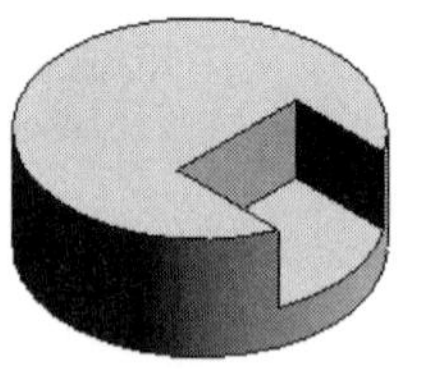

自动剪切

图 2-119　空心模型在实心模型中的剪切

2.3.3　分割路径和表面

在概念体量设计环境中，当需要设计作为建筑模型填充图案、配电盘或自适应构件的主体时，就需要分割路径和表面，如图 2-120 所示。

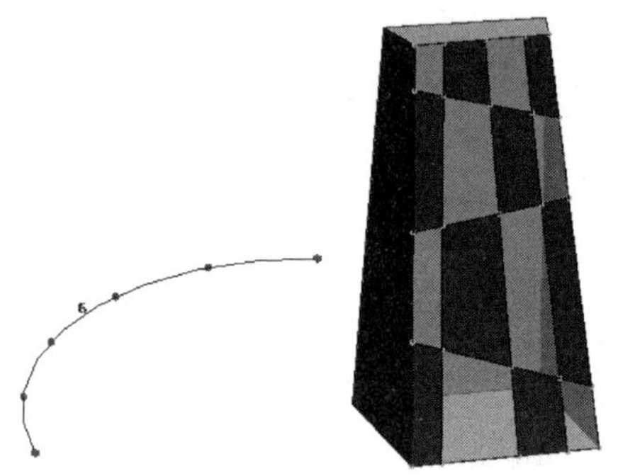

图 2-120　分割路径和表面

1. 分割路径

【分割路径】工具可以沿任意曲线生成指定数量的等分点，如图 2-121 所示。对于任意曲面边界、轮廓或曲线，均可以在选择曲线或边对象后，单击【分割】面板中的【分割路径】按钮，对所选择的曲线或边进行等分分割。

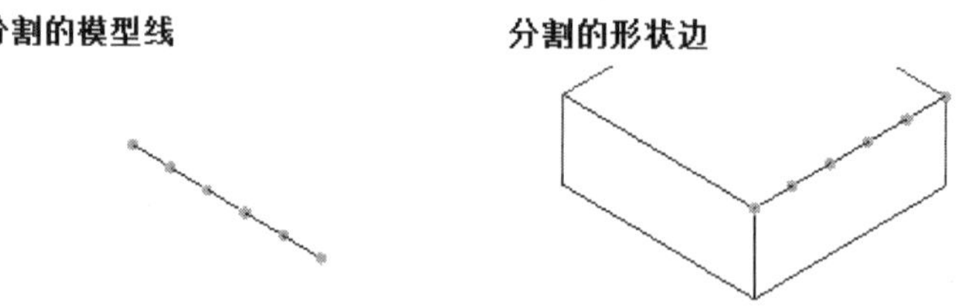

图 2-121　分割曲线或模型边

技术要点	相似地，可以分割线链或闭合路径。同样，还可以按 Tab 键选择分割路径以将其多次分割。

默认情况下，路径将分割为具有 6 个等距离节点的 5 段（英制样板）或具有 5 个等距离节点的 4 段（公制样板），可以使用【默认分割设置】对话框来更改这些默认的分区设置。

在绘图区域中，将为分割的路径显示节点数。单击此数字并输入一个新的节点数，完成后按 Enter 键以更改分割数，如图 2-122 所示。

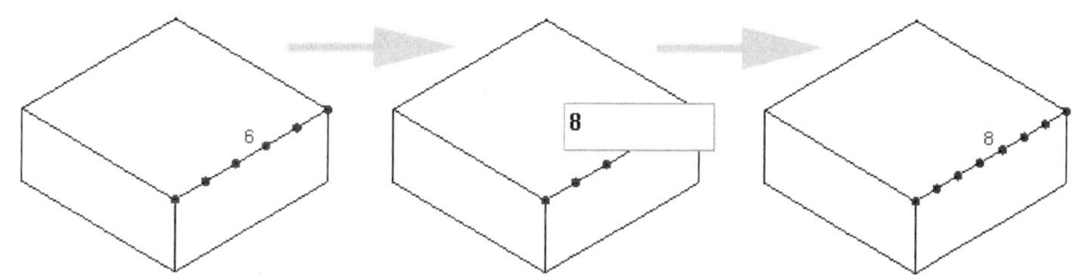

图 2-122　分割路径的节点数

2. 分割表面

可以使用表面分割工具将体量表面或曲面，划分为多个均匀的小方格，即以平面方格的形式替代原曲面对象。方格中每一个顶点位置均由原曲面表面点的空间位置决定。例如，在曲面形式的建筑幕墙中，幕墙最终均由多块平面玻璃嵌板沿曲面方向平铺而成，要得到每块玻璃嵌板的具体形状和安装位置，必须先对曲面进行划分，才能得到正确的加工尺寸，这在 Revit 中称为有理化曲面。

上机操作　分割体量模型的表面

01　打开本例素材源文件“体量曲面 . rfa”。

02　选择体量上任意面，单击【分割】面板下的【分割表面】按钮，表面将通过 UV 网格（表面的自然网格分割）进行分割，如图 2-123 所示。

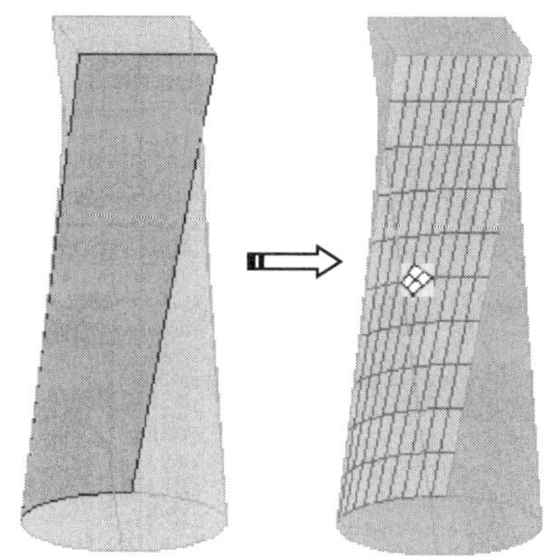

图 2-123　分割表面

03　分割表面后会自动切换到【修改 | 分割的表面】上下文选项卡，用于编辑 UV 网格的命令面板，如图 2-124 所示。

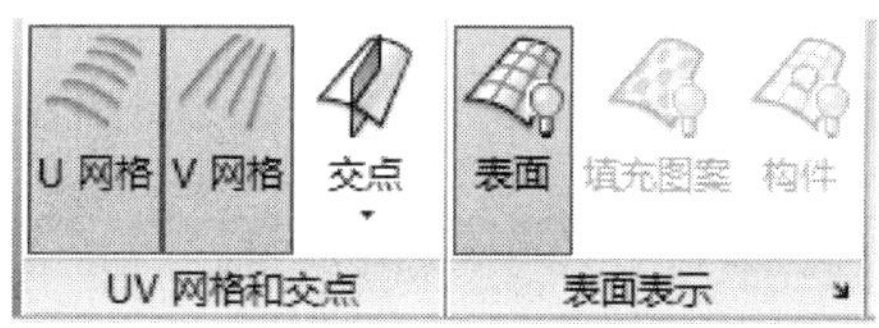

图 2-124　用于编辑 UV 网格的命令面板

技术要点	UV 网格是用于非平面表面的坐标绘图网格。三维空间中的绘图位置基于 XYZ 坐标系，而二维空间则基于 XY 坐标系。由于表面不一定是平面，因此绘制位置时采用 UVW 坐标系。这在图纸上表示为一个网格，针对非平面表面或形状的等高线进行调整。UV 网格用在概念设计环境中，相当于 XY 网格，即两个方向默认垂直交叉的网格，表面的默认分割数为 12 × 12（英制单位）和 10 × 10（公制单位），如图 2-125 所示。

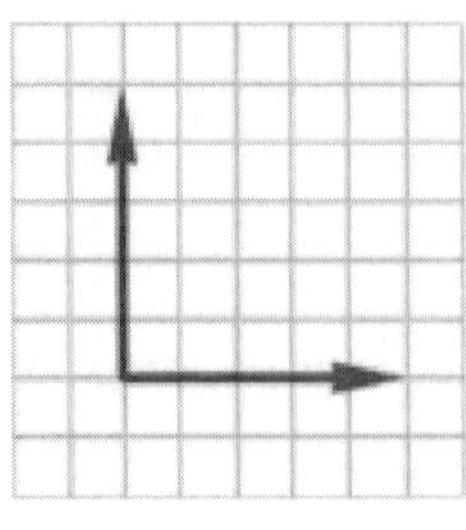

图 2-125　UV 网格

04 UV 网格彼此独立，并且可以根据需要开启和关闭。默认情况下，最初分割表面后，【U 网格】命令和【V 网格】命令都处于激活状态，可以单击两个命令控制 UV 网格的显示或隐藏，如图 2-126 所示。

05 单击【表面表示】面板的【表面】按钮，可控制分割表面后的网格最终结果显示，如图 2-127 所示。

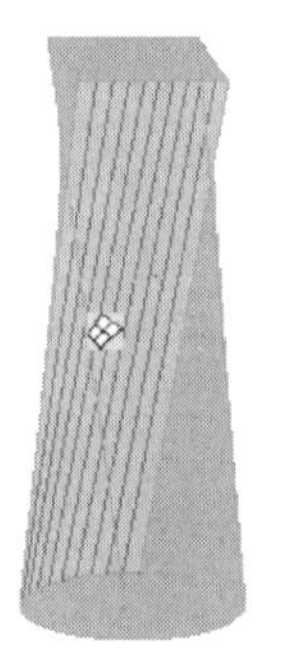
关闭U网格

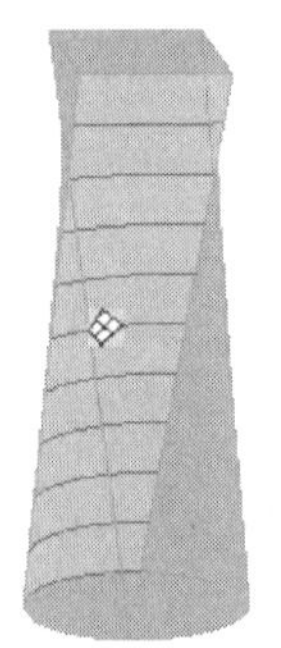
关闭V网格

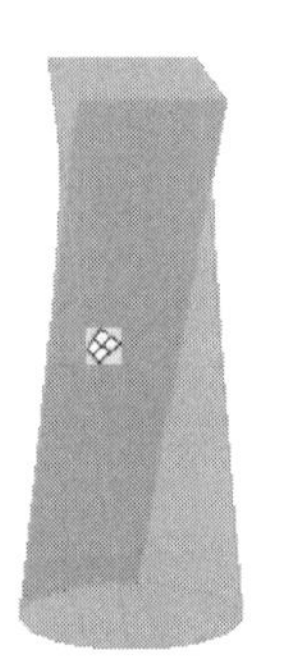
同时关闭UV网格

图 2-126　网格的显示控制

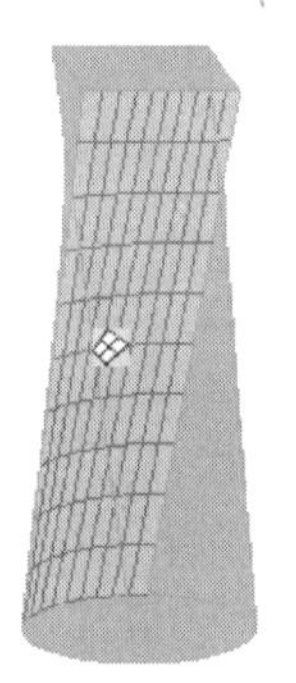
显示网格

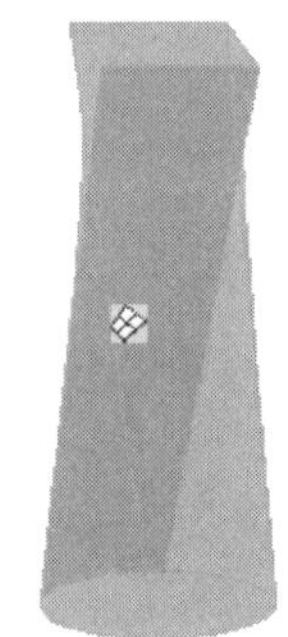
不显示

图 2-127　显示分割表面的 UV 网格

06 【表面】工具主要用于控制原始表面、节点和网格线的显示。单击【表面表示】面板右下角的【显示属性】按钮，弹出【表面表示】对话框，勾选【原始表面】和【节点】等复选框，可以显示原始表面和节点，如图 2-128 所示。

07 选项栏可以设置 UV 排列方式。“编号”即以固定数量排列网格，例如下图中的设置，U 网格“编号”为 10，即共在表面上等距排布 10 个 U 网格，如图 2-129 所示。

08 选择选项栏的【距离】选项，在下拉列表中可以选择【距离】【最大距离】【最小距离】并设置距离，如图 2-130 所示。

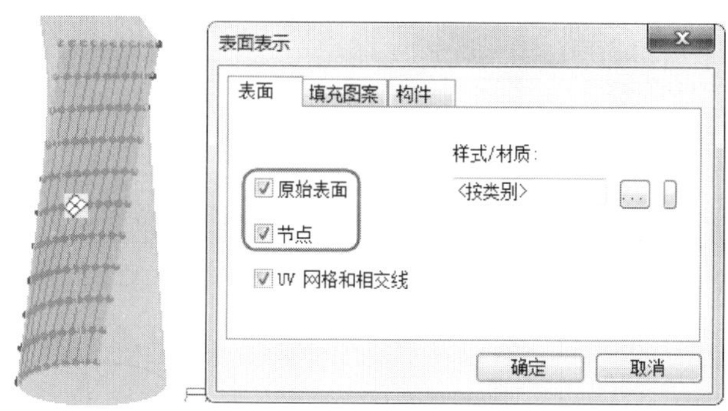

图 2-128　原始表面和节点的显示控制

图 2-129　选项栏

图 2-130　【距离】选项

下面以距离数值 2000mm 为例，介绍三个选项对 U 网格排列的影响。

- 距离 2000mm：表示以固定间距 2000mm 排列 U 网格，第一个和最后一个不足 2000mm 也自成一格。
- 最大距离 2000mm：以不超过 2000mm 的相等间距排列 U 网格，如总长度为 11000mm，将等距产生 U 网格 6 个，即每段 2000mm 排布 5 条 U 网格还有剩余长度，为了保证每段都不超过 2000mm，将等距生成 6 条 U 网格。
- 最小距离 2000mm：以不小于 2000mm 的相等间距排列 U 网格，如总长度为 11000mm，将等距产生 U 网格 5 个，最后一个剩余的不足 2000mm 的距离将均分到其他网格。

09　V 网格的排列设置与 U 网格相同。同理，将模型的其余面进行分割，如图 2-131 所示。

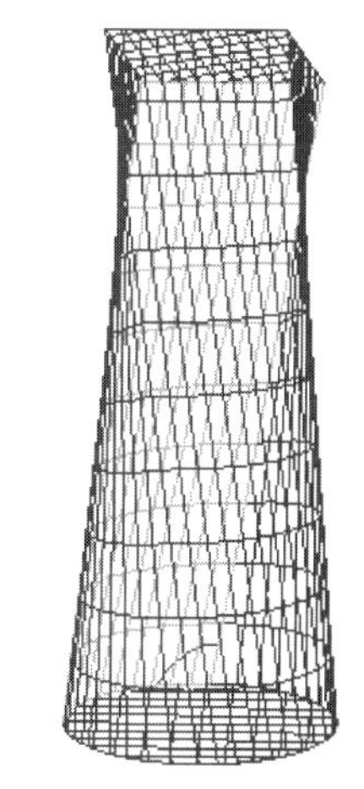

图 2-131　分割表面的模型

2.3.4　为分割的表面填充图案

模型表面被分割后，可以为其添加填充图案，得到理想的建筑外观效果。填充图案的方式为自动填充图案和自适应填充图案族。

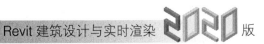

上机操作 自动填充图案

自动填充图案就是修改被分割表面的填充图案属性，下面举例说明操作步骤。

01 打开本例源文件“体量模型.rfa”。选中体量模型中的一个分割表面，切换到【修改 | 分割的表面】上下文选项卡。

02 在【属性】选项板中，默认情况下网格面是没有填充图案的，如图 2-132 所示。

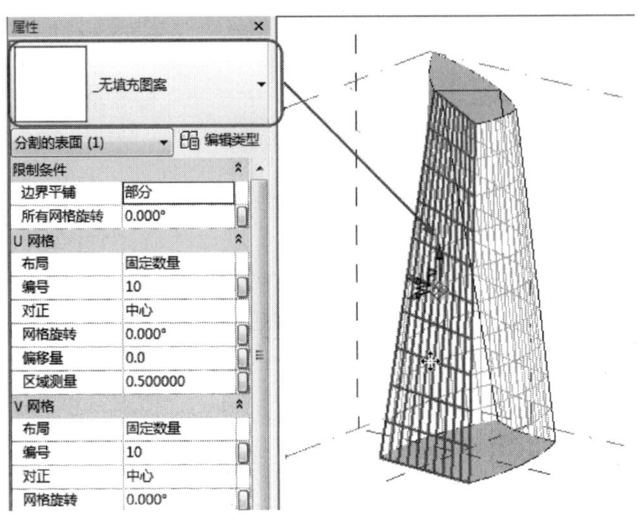

图 2-132　无填充图案的网格面

03 展开图案列表，选择“矩形棋盘”图案，Revit 会自动对所选的 UV 网格面进行填充，如图 2-133 所示。

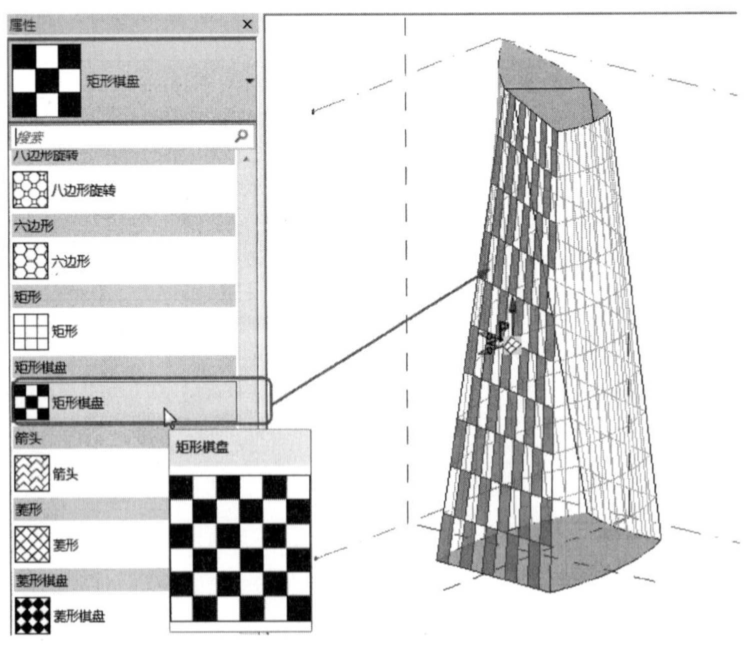

图 2-133　填充图案

04 填充图案后，我们可以为图案的属性进行设置。在属性选项板【限制条件】选项组下，【边界平铺】属性确定填充图案与表面边界相交的方式：空、部分或悬挑，如图 2-134 所示。

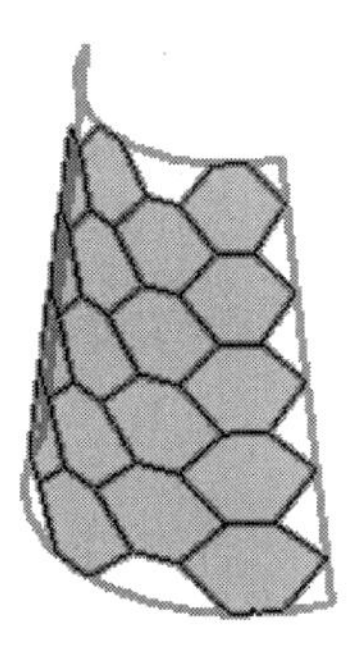

空：删除与边界相交的填充图案

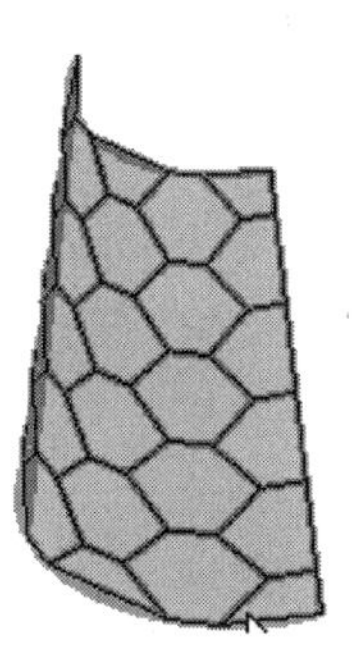

部分：边缘剪切超出的填充图案

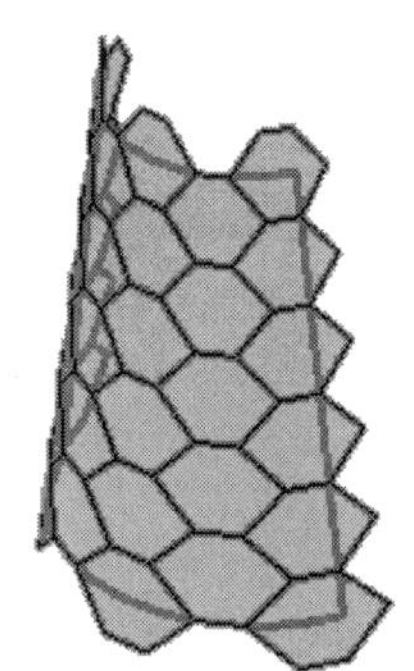

悬挑：完整显示与边缘相交的填充图案

图 2-134　边界平铺

05 在【所有网格旋转】选项中设置角度，可以旋转图案，例如输入 45，单击【应用】按钮后，填充图案角度改变，如图 2-135 所示。

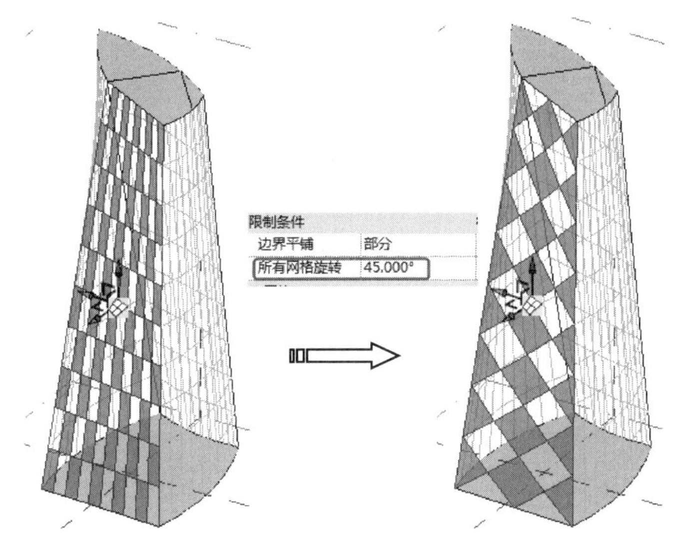

图 2-135　旋转网格

06 在【修改 | 分割的表面】上下文选项卡的【表面表示】面板中单击【显示属性】按钮，弹出【表面表示】对话框。

07 在【表面表示】对话框的【填充图案】标签下，可以勾选或取消勾选【填充图案线】和【图案填充】复选框来控制填充图案边线、填充图案是否可见，如图 2-136 所示。

08 单击【图案填充】右侧的【浏览】按钮，打开【材质浏览器】对话框，在该对话框中可以设置图案的材质属性、图案截面和着色等，如图 2-137 所示。

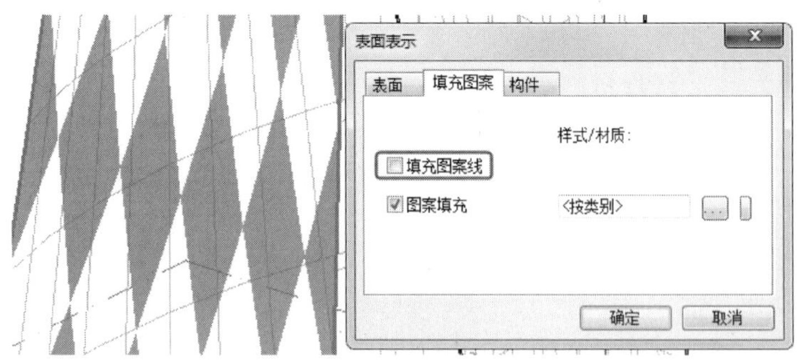

图 2-136　显示或隐藏图案线选项

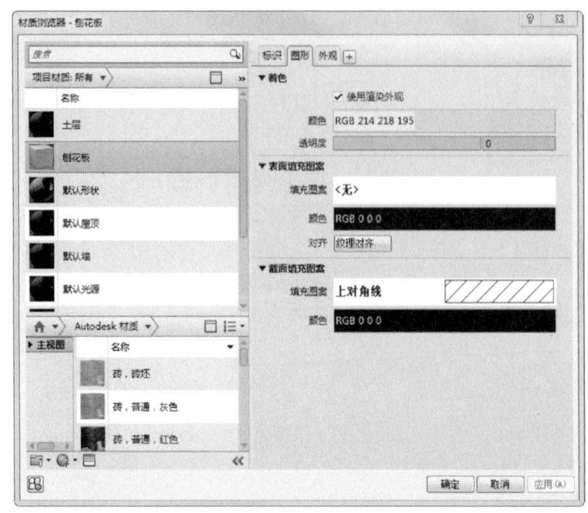

图 2-137　填充图案的材质设置

2.4　综合实例——屋面瓦族的应用与创建

在中国古建筑中，屋面瓦应用十分广泛，如今许多古建筑或仿古建筑的修复，需要在 Revit 中进行逆向建模。现有的建模方法中，屋面瓦片大多采用贴图的方式，这会极大地影响外观渲染效果，也无法提取出实际瓦片数量。

因此，在本例中将采用基于 Revit 创建轮廓族，再在建筑项目中以创建建筑幕墙的方式，将轮廓族应用到幕墙系统中。

图 2-138 为某乡间别墅模型中采用贴图方式定义的屋面瓦。

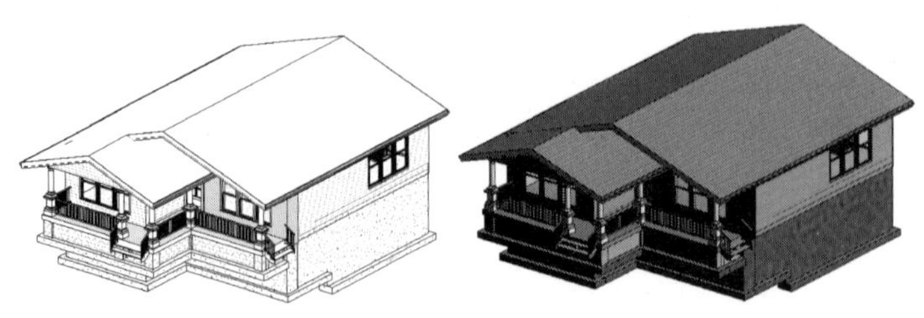

图 2-138　采用贴图的屋面瓦

整个屋面瓦系统包括顶瓦、底瓦和檩条。在 Revit 中，通过创建建筑幕墙的方式完成屋面瓦的效果，如图 2-139 所示。

图 2-139　屋面瓦的效果

2.4.1　创建屋面瓦系统的轮廓族

屋面瓦系统中的三个组成要素是顶瓦、底瓦和檩条。檩条的轮廓族是矩形，无须绘制，接下来介绍顶瓦和底瓦的轮廓族创建过程。

操作步骤

01　在 Revit 2020 主页界面【族】组中单击【新建】按钮，弹出【新族 – 选择样板文件】对话框。选择“公制轮廓 – 竖梃 . rft”族样板文件后，单击【打开】按钮，如图 2-140 所示。

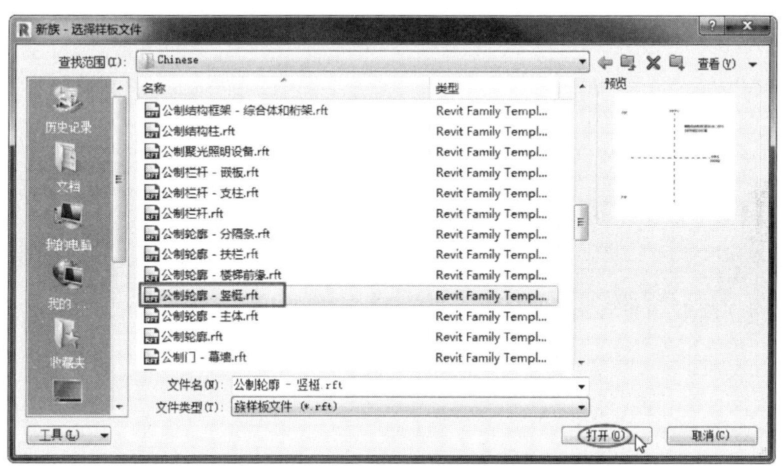

图 2-140　选择族样板文件

02　进入族编辑环境中，在【创建】选项卡【详图】面板中单击【线】按钮，接着在弹出的【修改 | 放置 线】上下文选项卡中单击【圆心 – 端点弧】按钮，绘制任意半径尺寸的圆弧，如图 2-141 所示。

03　单击【偏移】按钮，参考圆弧向外偏移 8mm，得到同心圆弧，然后两条圆弧的端点处以直线连接。完成图形绘制后，为内部的圆弧添加尺寸标注，如图 2-142 所示。

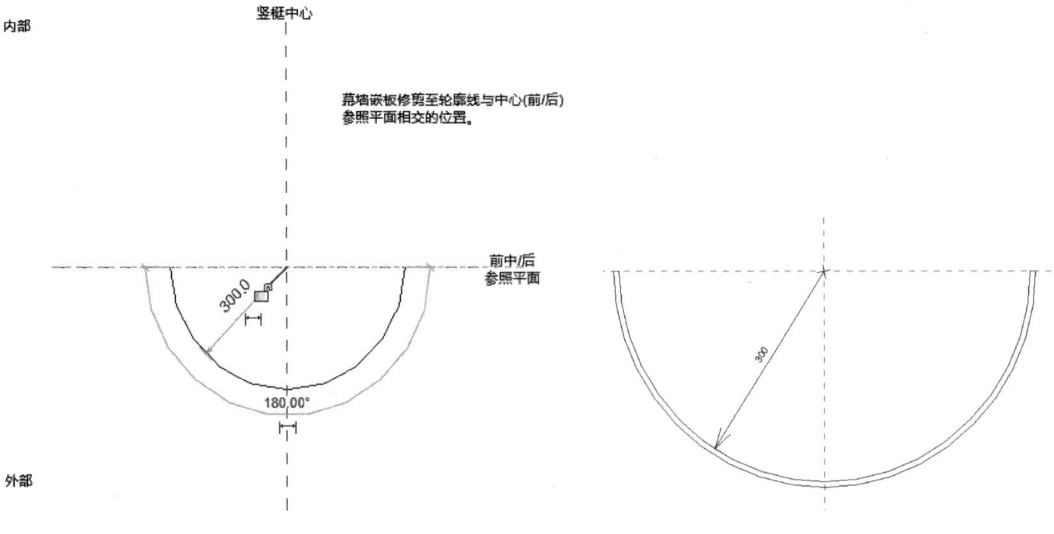

图 2-141　绘制圆弧　　　　图 2-142　偏移圆弧并标注尺寸

04 选中尺寸标注，在弹出的【修改 | 尺寸标注】上下文选项卡的【标签尺寸标注】面板中单击【创建参数】按钮，在弹出的【参数属性】对话框中输入名称为"半径"。并单击【确定】按钮，完成尺寸标注标签的参数定义，如图 2-143 所示。

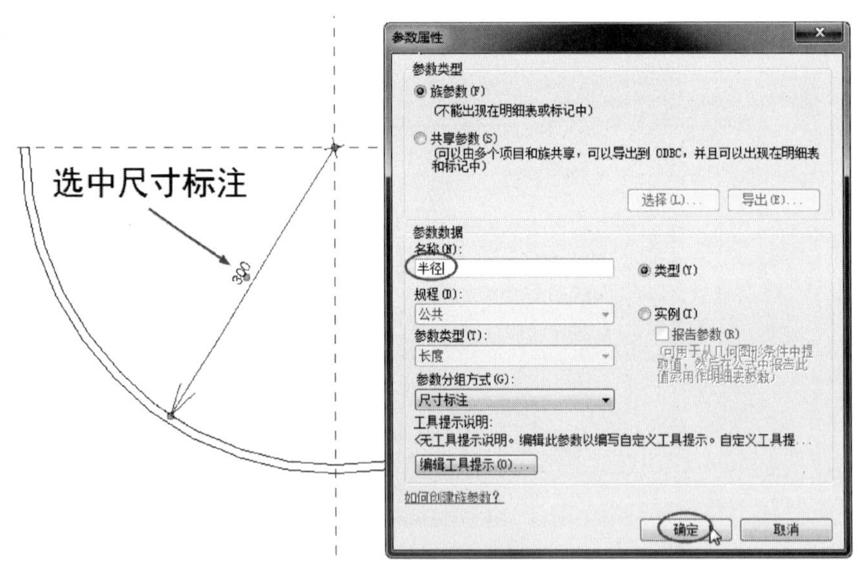

图 2-143　定义尺寸标注标签参数

05 在【属性】面板中单击【族类型】按钮，弹出【族类型】对话框，修改【半径】参数为 50，并单击【确定】按钮关闭对话框，如图 2-144 所示。

06 修改族类型参数后，图形随之而更新，如图 2-145 所示。完成轮廓图形绘制后，将族另存为"屋面瓦 – 顶瓦"。

图 2-144　修改族类型参数

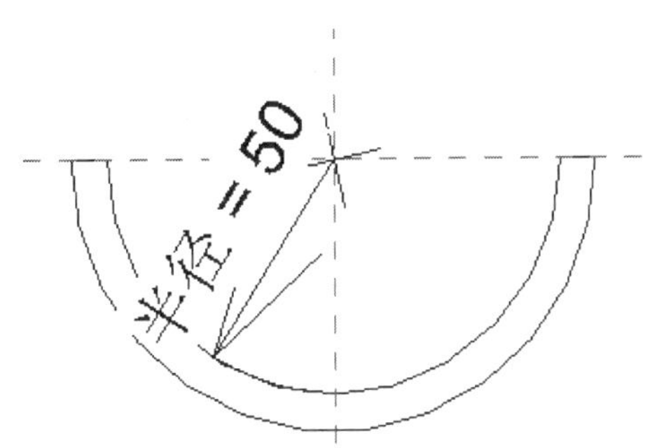

图 2-145　更新参数的图形效果

07　同理，再新建“公制轮廓 – 竖梃.rft”族样板文件进入族编辑环境中，绘制图 2-146 所示的底瓦图形。图形中的宽度 = 175 和半径 = 200 的尺寸标注为添加的尺寸标注标签，如图 2-146 所示。完成底瓦轮廓族的创建后，将其另存为“屋面瓦 – 底瓦”。

2.4.2　创建幕墙竖梃族

轮廓族不能直接用于屋面瓦的创建，需要先创建幕墙竖梃，再应用到幕墙系统中。另外，檩条也是通过“幕墙竖梃”创建的。

操作步骤

01　打开本例源文件夹中的【郊区别墅.rvt】建筑项目文件，打开的别墅模型如图 2-147 所示。

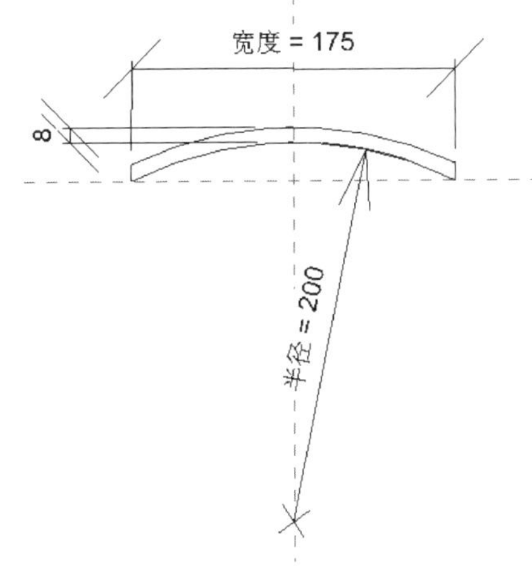

图 2-146　创建“屋面瓦 – 底瓦”轮廓族

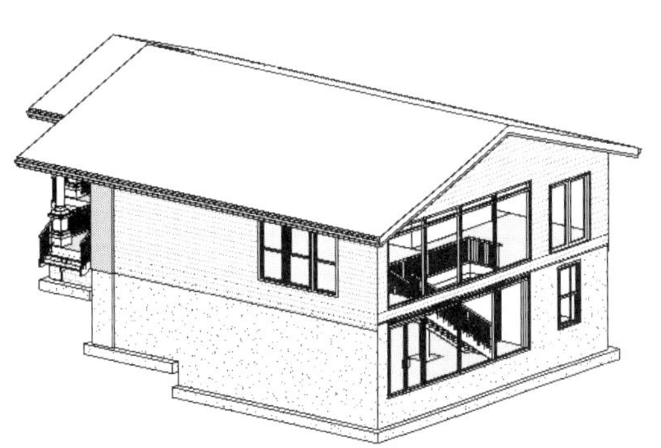

图 2-147　打开别墅模型

02　在【插入】选项卡中单击【载入族】按钮，通过【载入族】对话框将先前保存的两个轮廓族载入到当前建筑模型中，如图 2-148 所示。

03 在项目浏览器的【族】|【幕墙竖梃】族节点中右键单击【圆形竖梃】子项，并选择右键菜单中的【新建类型】命令，新建一个命名为“顶瓦”的圆形竖梃族，如图 2-149 所示。

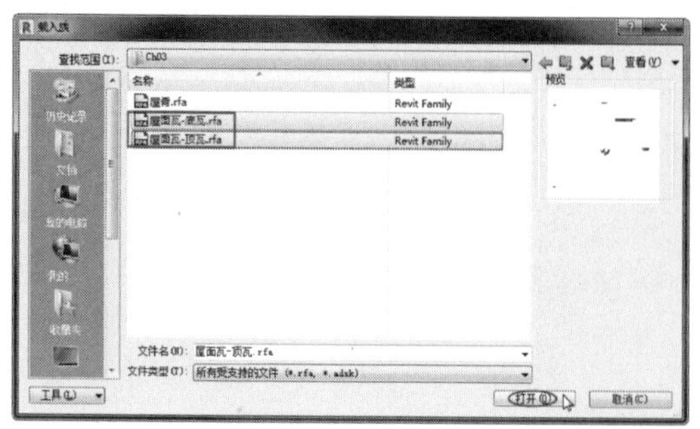

图 2-148　载入族

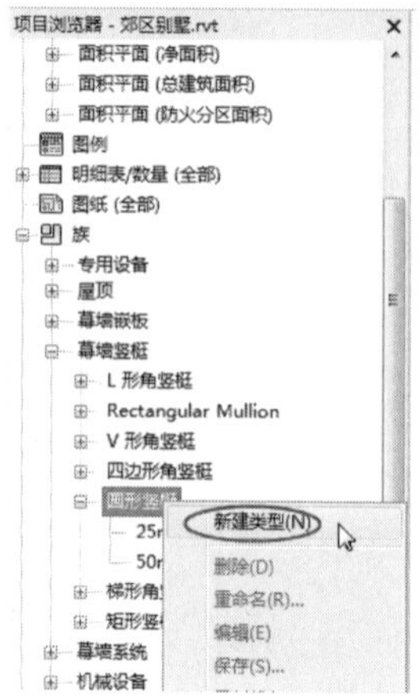

图 2-149　新建幕墙圆形竖梃族

04 右击新建的“顶瓦”竖梃族，并选择【类型属性】命令，在弹出的【类型属性】对话框中设置属性，如图 2-150 所示。

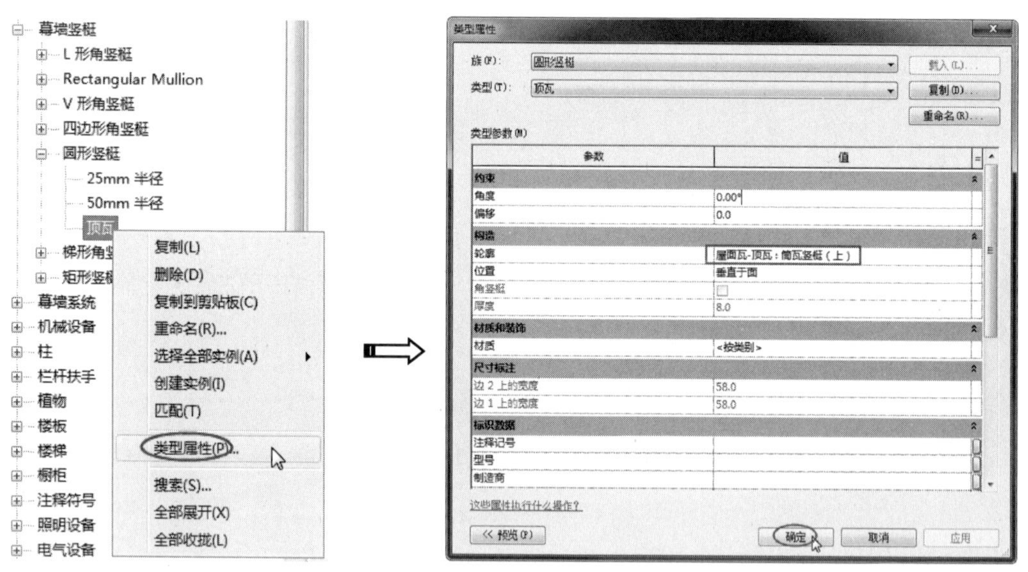

图 2-150　编辑族的类型属性

05 同理，再新建一个命名为“底瓦”的竖梃族。编辑“底瓦”族类型属性时，在【类型属性】对话框中选择【屋面瓦－底瓦：筒瓦竖梃（下）】的轮廓族即可。

06 创建檩条族。在项目浏览器【族】|【幕墙竖梃】节点下右击【矩形竖梃】子项，选择【新建类型】命令，新建命名为“檩条”的矩形竖梃族。在边界类型属性时，设置图 2-151 所示的属性参数。

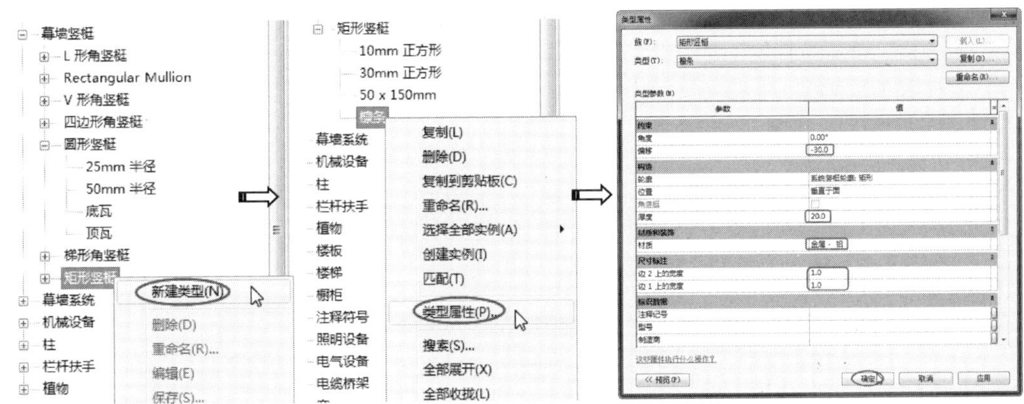

图 2-151　创建“檩条”矩形竖梃族

2.4.3　应用幕墙竖梃族

在 Revit 中，不能在单一屋顶上同时应用底瓦和顶瓦轮廓族，需要在不同的屋顶上分别应用轮廓族。

操作步骤

01 选中别墅模型中大屋顶（整个别墅屋顶包括大屋顶和小屋顶），按 Ctrl + C 组合键复制到剪贴板上。

02 接着在【修改 | 屋顶】上下文选项卡的【剪贴板】面板中单击【粘贴】|【与同一位置对齐】按钮，将选取的屋顶在原位置复制一个副本。

03 选取其中一个大屋顶，在属性面板中选择【玻璃斜窗】类型，如图 2-152 所示。

04 单击【编辑类型】按钮，弹出【类型属性】对话框，设置相关选项及参数，如图 2-153 所示。

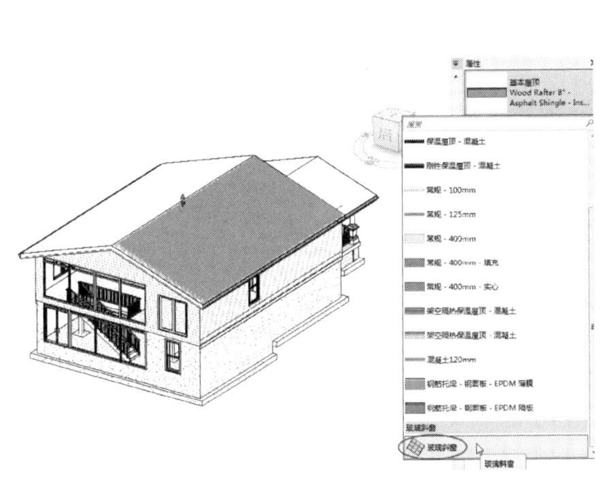

图 2-152　重新设置屋顶类型

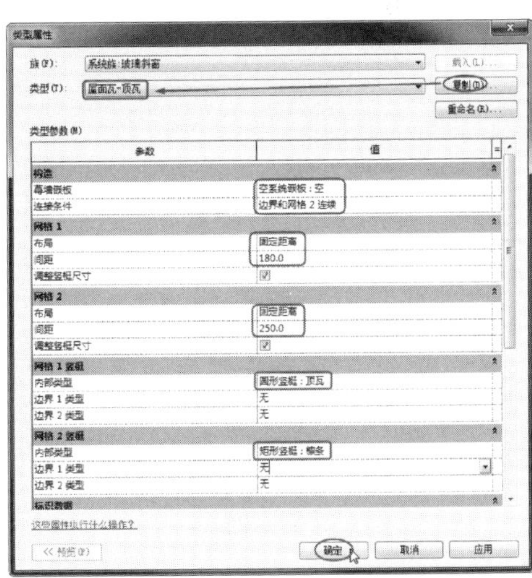

图 2-153　设置“玻璃斜窗”的类似属性

05 相同的操作方法，将另一个副本大屋顶也重新选择【玻璃斜窗】类型作为新屋顶，同时编辑类型属性（可以先将顶瓦隐藏再操作），如图 2-154 所示。

06 查看编辑类型属性后的屋顶效果，如图 2-155 所示。

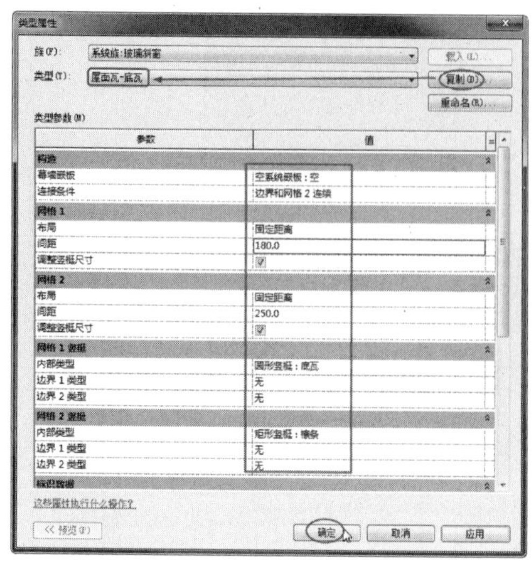

图 2-154 编辑底瓦的类型属性

图 2-155 屋顶效果

07 对于别墅的小屋顶，先进行复制创建副本后，依次选中两个小屋顶，在其属性面板中选择【屋面瓦－顶瓦】类型和【屋面瓦－底瓦】类型，完成屋面瓦族的替代，最终别墅屋顶的效果如图 2-156 所示。

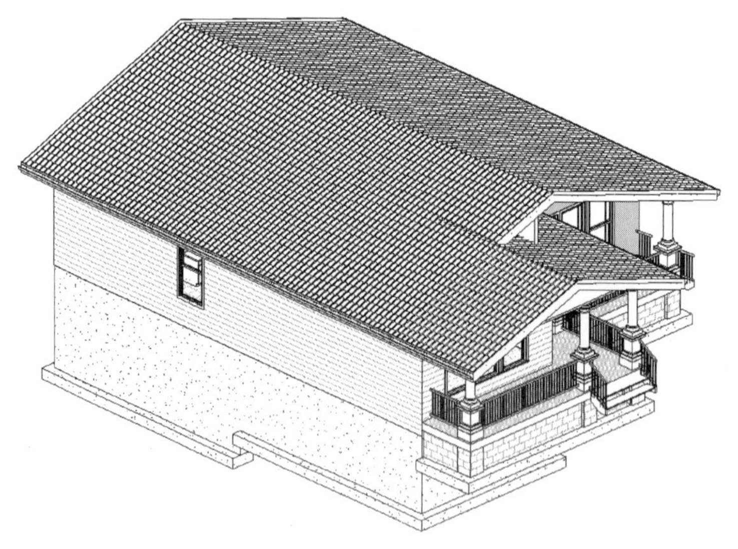

图 2-156 屋面瓦创建完成的效果

第 3 章

建筑墙体与楼地层设计

本章导读

建筑墙、柱及门窗是建筑楼层中“墙体”的重要组成要素。楼地层是指建筑楼层中的地板、吊顶和屋顶。本章我们将学习鸿业 BIMSpace 软件在建筑墙体与建筑楼地层设计中的具体应用和软件操作技巧。

案例展现

案 例 图	描 述	案 例 图	描 述
	鸿业 BIMSpace 2020 的标高环绕轴网设计功能十分强大，应用效率也非常高		【轴网生墙】工具是通过拾取轴线来创建墙体，分外墙体和内墙体。此工具适合形状方正的建筑墙体

案 例 图	描 述
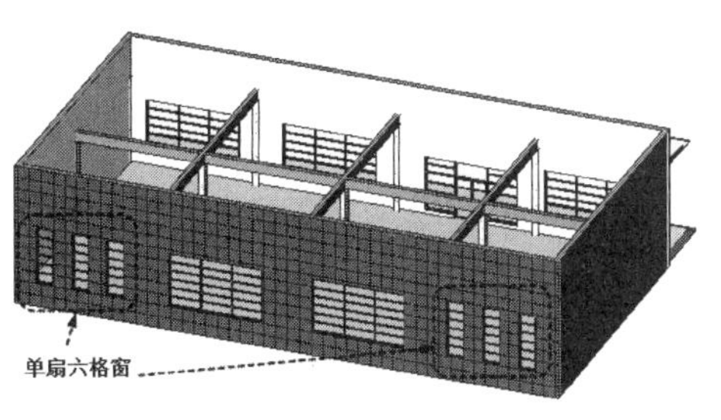	鸿业乐建 2020 的门窗及门窗表设计非常便捷高效。创建门窗的工具在【门窗 \ 楼板 \ 屋顶】选项卡中。本例是为某食堂建筑插入门窗并创建门窗表。门窗的创建只能在楼层平面视图中进行
	女儿墙（又名：孙女墙）是建筑物屋顶四周围的矮墙，主要作用除维护安全外，亦会在底处施作防水压砖收头，以避免防水层渗水、或是屋顶雨水漫流。依国家建筑规范规定，可以上人的建筑屋面女儿墙高度一般不得低于 1.1m，最高不得大于 1.5m，起到很好的安全保护作用

3.1 BIMSpace 2020 标高与轴网设计

从前面章节的 Revit 2020 标高和轴网设计过程中我们可以看到，对于常见的水平与竖直轴线及标高的设计，还是比较快捷与容易。但对于诸如弧形、三维的轴网设计，利用 Revit 就显得比较烦琐。使用 BIMSpace 2020 软件中的鸿业乐建 2020 模块能轻松解决复杂轴网的设计难题。

启动鸿业乐建 2020 软件模块，在主页界面中选择 HYBIMSpace 建筑样板后进入建筑项目环境中，图 3-1 为鸿业乐建 2020 的标高与轴网设计工具（在【轴网/柱子】选项卡中）。

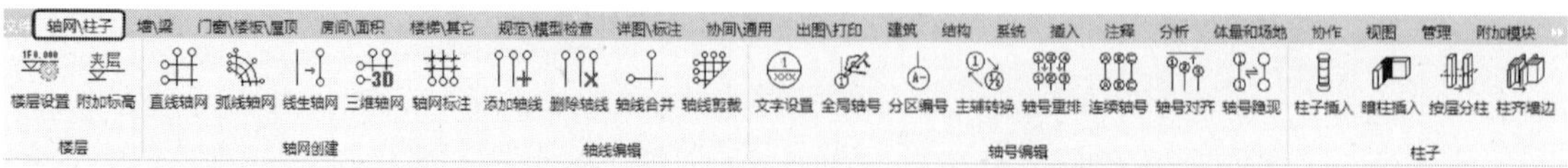

图 3-1　鸿业乐建 2020 的标高与轴网设计工具

3.1.1 标高设计

在鸿业乐建 2020 模块中，用户能快速地自动建立起多层的标高和夹层标高，而不需要手动添加与编辑。

> **技术要点**
>
> 由于标高符号与二维族中高程点符号是相同的，这里我们普及下“标高”与“高程”的小知识。
>
> “标高”是针对建筑物而言的，用来表示建筑物某个部位相对基准面（标高零点）的竖向高度。“标高”分相对标高和绝对标高。绝对标高是以平均海平面作为标高零点，以此计算的标高称为绝对标高。相对标高是以建筑物室内首层地面高度作为标高零点，所计算的标高就是相对标高，本书所讲的标高就是相对标高。
>
> “高程”指的是某点沿铅垂线方向到绝对基准面的垂直距离。“高程”是测绘用词，通俗称为“海拔高度”。高程也分绝对高程和相对高程（假定高程）。例如，测量名山湖泊的海拔高度就是绝对高程，测量室内某物体的最高点到地面的垂直距离是假定高程。
>
> 在【轴网/柱子】选项卡的【楼层】面板中，【楼层设置】工具用于自动创建多层标准层标高，【附加标高】用于创建多层中存在夹层的标高。

下面以案例的形式来说明两个工具的使用方法。

上机操作　创建楼层标高

01 启动鸿业乐建 2020 软件模块，在主页界面中单击【新建】按钮，在弹出的【新建项目】对话框中选择“HYBIMSpace 建筑样板”后进入建筑项目环境中，如图 3-2 所示。鸿业建筑样板的项目浏览器视图列表如图 3-3 所示。

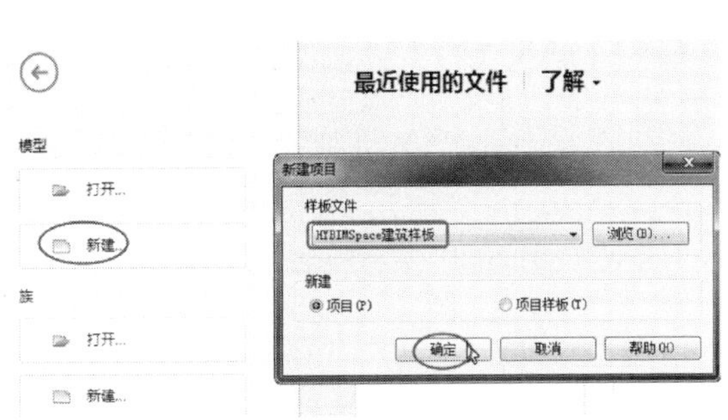

图 3-2　新建项目文件

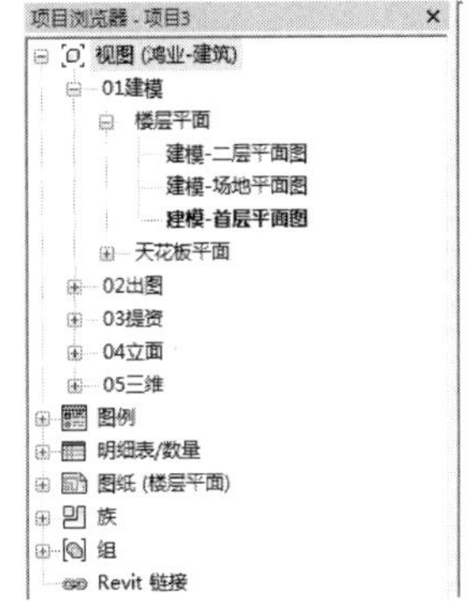

图 3-3　鸿业建筑样板的项目浏览器

02　切换视图到南立面图。此时，如果用户有安装 AutoCAD 软件，也可打开本例源文件“教学楼（建筑、结构施工图）.dwg”，查看教学楼的 1～10 立面图，图 3-4 为 AutoCAD 的立面图效果截图。

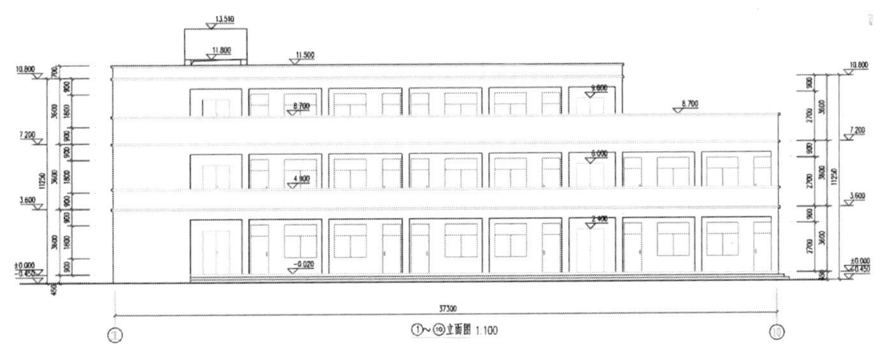

图 3-4　教学楼 CAD 立面图

03　参考此 AutoCAD 立面图，在项目浏览器中切换到【视图（鸿业建筑）】|【04 里面】|【里面】|【东】视图节点下，如图 3-5 所示。

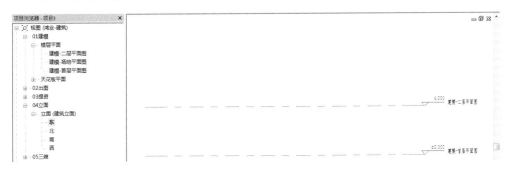

图 3-5　切换视图到东立面图

04　在【轴网/柱子】选项卡【楼层】面板中单击【楼层设置】按钮，弹出【楼层设置】对话框，如图 3-6 所示。对话框中显示的楼层就是默认生成的楼层，可以更改楼层或者添加新楼层。

05 从 CAD 图纸可以看出，总共楼层有 4 层，再加上场地层和顶部的蓄水池层。在【楼层设置】对话框中选中层名为“建模－首层平面图”的楼层，然后在下方的【楼层信息】选项区中设置楼层标高为 3600，并单击【应用】按钮进行修改确认，如图 3-7 所示。

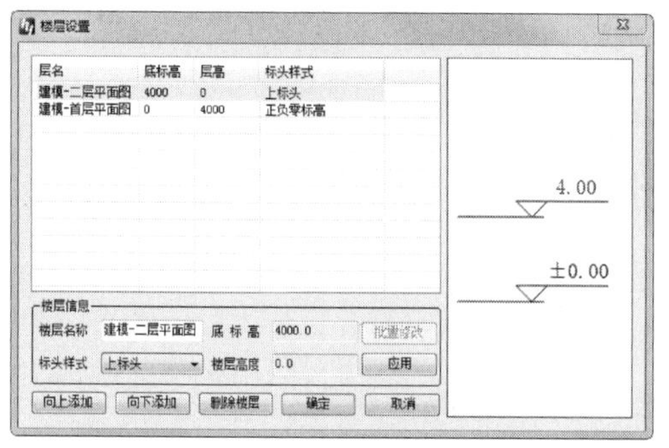

图 3-6　【楼层设置】对话框　　　　图 3-7　修改首层标高

06 选中“建模－二层平面图”楼层，再在下方的【楼层信息】选项区中单击【向上添加】按钮，弹出【添加楼层设置】对话框。

07 在对话框中设置新楼层参数，单击【确定】按钮，完成新楼层标高的添加，如图 3-8 所示。

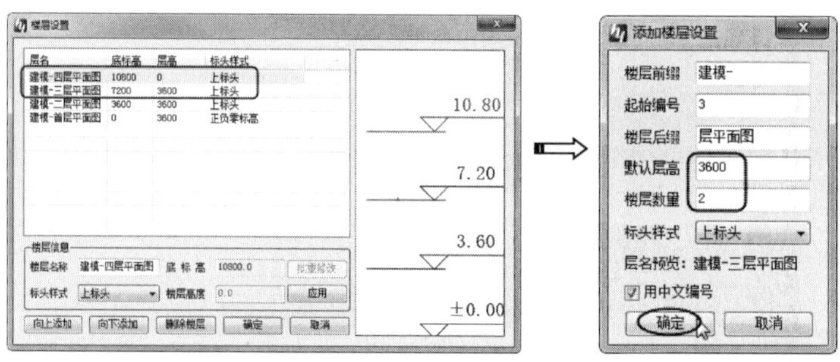

图 3-8　添加上部新楼层

08 在【楼层设置】对话框选中“建模-首层平面图”楼层，再单击【向下添加】按钮，打开【添加楼层设置】对话框，设置地下层标高，如图 3-9 所示。

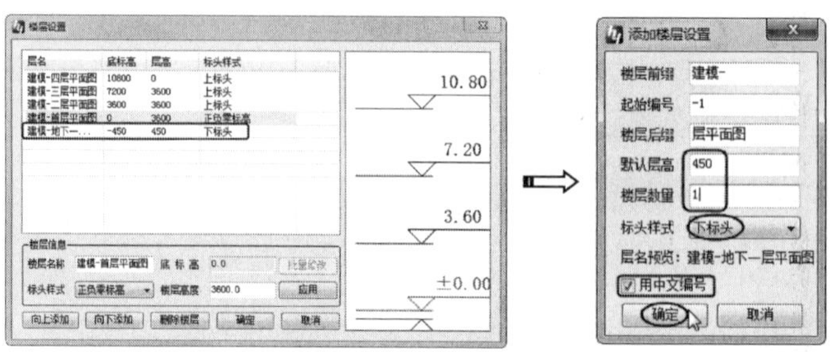

图 3-9　添加地下层

09 最后单击【确定】按钮，完成楼层设置，结果如图 3-10 所示。

10 接下来，添加顶层的蓄水池标高。单击【附加标高】按钮，弹出【附加标高】对话框。

11 设置附加标高的信息，然后选择第 4 层的标高线，会自动将附加标高置于其上，如图 3-11 所示。

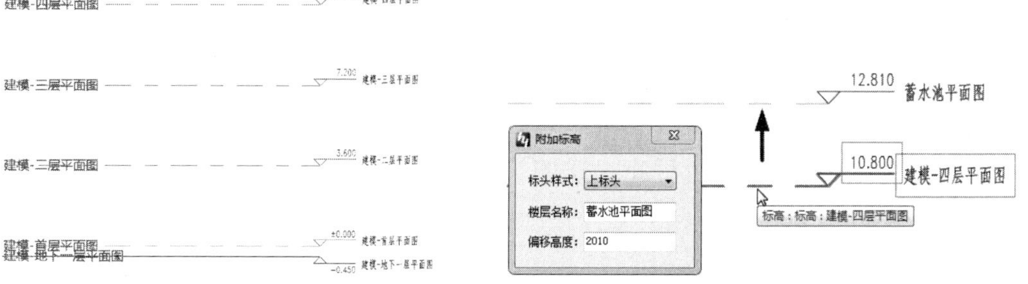

图 3-10　创建完成的楼层标高　　　　图 3-11　添加附加标高

3.1.2　轴网设计

鸿业 BIMSpace 2020 的轴网设计功能十分强大，应用效率也非常高。下面以某工厂圆弧形建筑平面图（如图 3-12 所示）的轴网设计案例为例，说明轴网设计工具的具体应用。

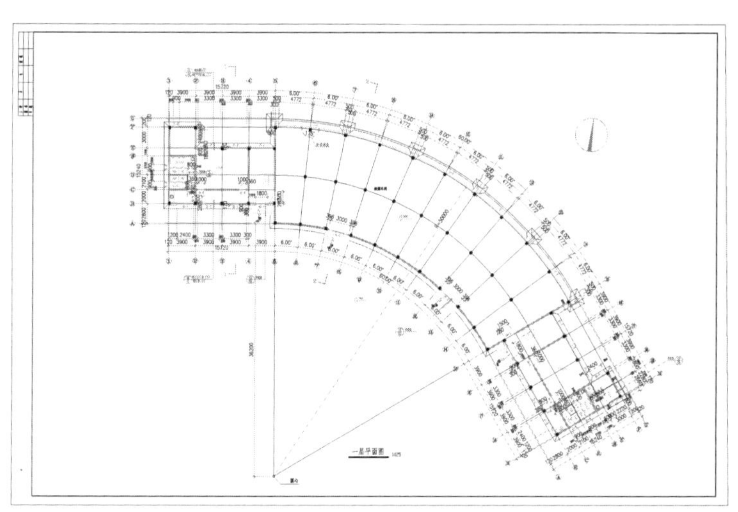

图 3-12　某工厂圆弧形建筑平面图

上机操作　BIMSpace 2020 轴网设计

01 通过 AutoCAD 软件打开源文件夹中的“圆弧形办公大楼一层平面图 . dwg”图纸。

02 启动鸿业乐建 2020 软件模块，新建建筑项目，选择“HYBIMSpace 建筑样板”后，进入建筑项目环境中。

03 在【轴网/柱子】选项卡的【轴网创建】面板中单击【直线轴网】按钮，弹出

【直线轴网】对话框。

04 单击【更多】按钮，完全展开对话框。设置轴线编号 1～5 的轴线参数，如图 3-13 所示。

05 接着设置轴线编号 A～G 的轴线参数，如图 3-14 所示。

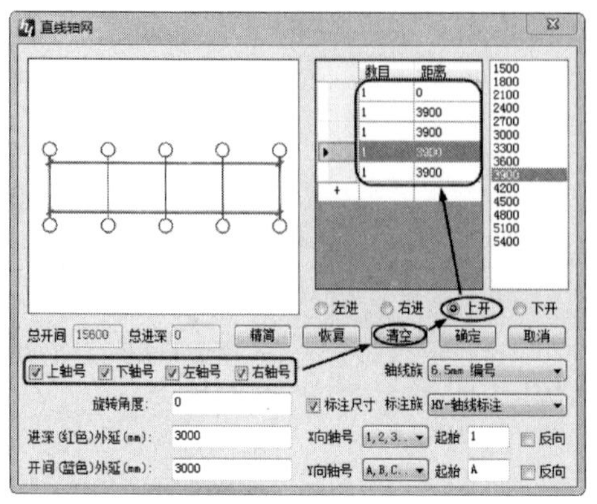

图 3-13　设置 X 方向编号轴线参数

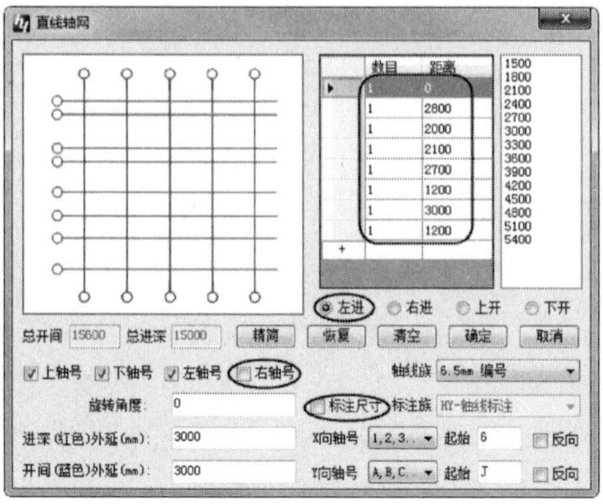

图 3-14　设置 Y 方向编号轴线参数

技术要点	在“数目”列单击空格可以添加数目，双击“距离”列中的数字可以修改轴线距离。

06 单击【直线轴网】对话框的【确定】按钮，自动生成轴网，如图 3-15 所示。

07 将其中一条 Y 向轴线（英文编号轴线）右端端点拖动到与编号 5 轴线相交，如图 3-16 所示。

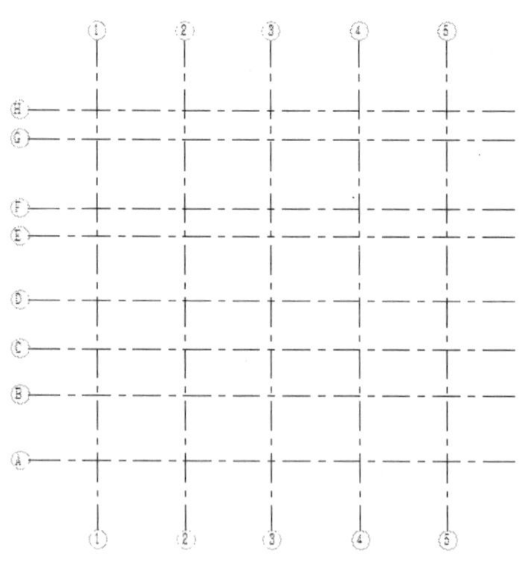

图 3-15　自动生成的轴网

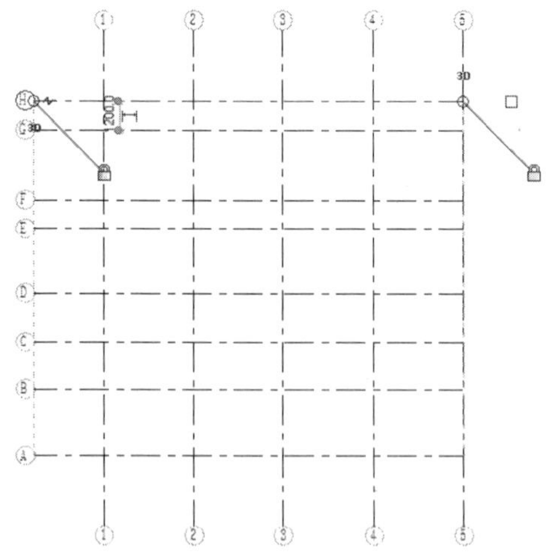

图 3-16　编辑 Y 向轴线端点位置

08 在【轴号编辑】面板单击【主辅转换】按钮，然后选择 Y 向轴线中的 E 编号，将其转换为 1/D 编号，如图 3-17 所示。转换后按 Esc 键结束当前操作。

09 单击【弧线轴网】按钮，弹出【弧线轴网】对话框。在对话框中单击【角度】单选按钮，然后依次列出 10 个数目的角度值，均为 6 度角度，再设置【内弧半径】

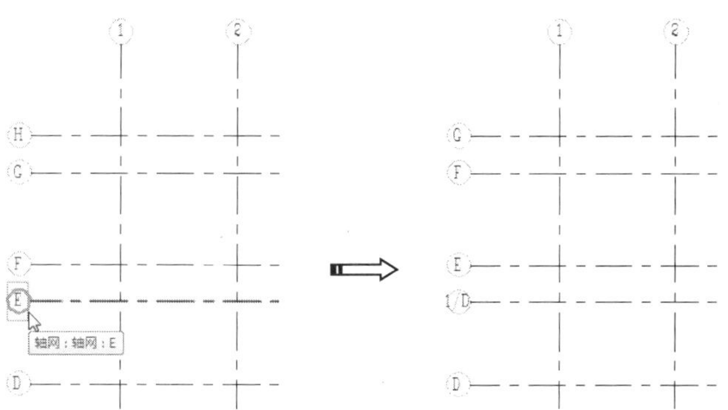

图 3-17　主辅编号转换

为 36200，如图 3-18 所示。

10　勾选【与现有轴网拼接】复选框，单击【确定】按钮，关闭【弧线轴网】对话框，如图 3-19 所示。

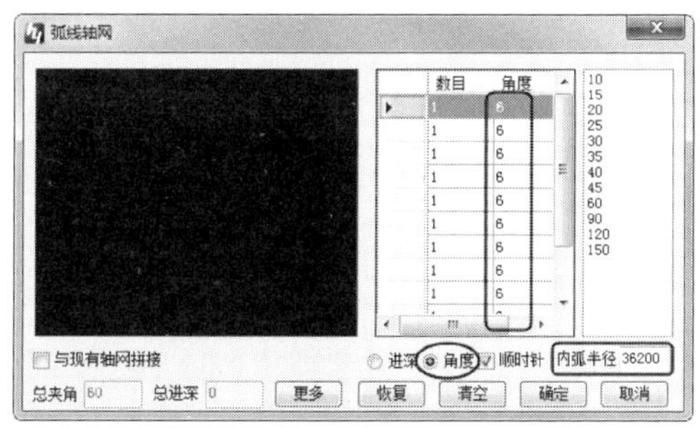

图 3-18　设置弧线轴网参数

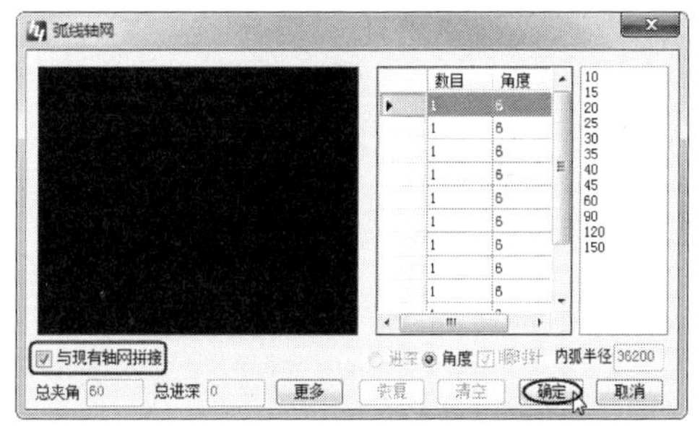

图 3-19　选择轴网放置方式

11　在绘图区拾取公用的轴线（编号为 5 的轴线），拾取后再在公用轴线右侧以单击鼠标的方式来放置弧线轴网，如图 3-20 所示。拼接的弧线轴网如图 3-21 所示。

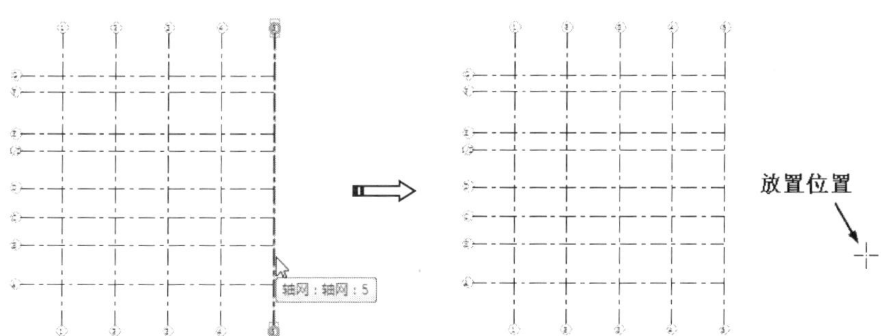

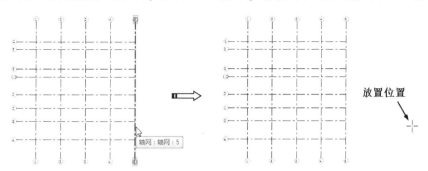

图 3-20　拾取公用轴线并选择轴线放置位置

12　选择编号 6 轴线，然后在属性面板中单击【编辑类型】按钮，弹出【类型属性】对话框。勾选【平面视图轴号端点 1】复选框，随后单击【确定】按钮完成轴线编辑，如图 3-22 所示。

13　同理，选择编号为 A 的轴线，编辑其类型属性，如图 3-23 所示。

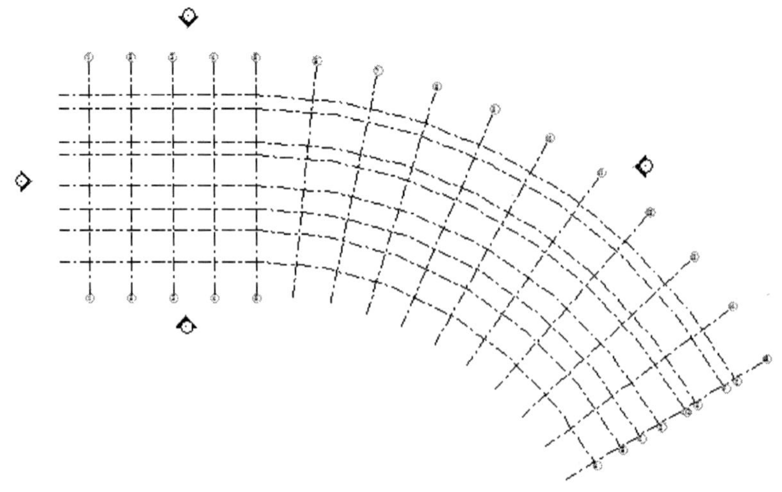

图 3-21　拼接的弧线轴网

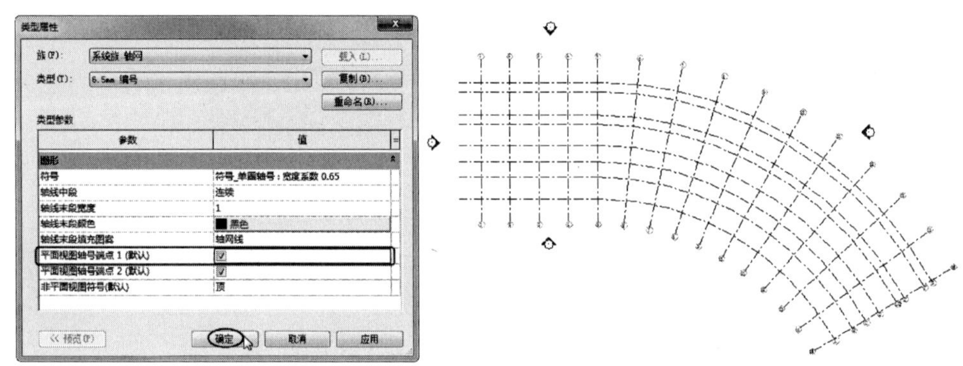

图 3-22　编辑编号 6 轴线

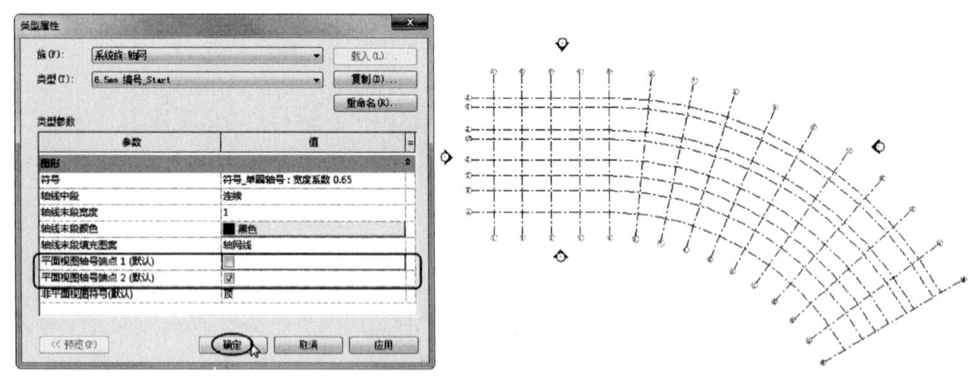

图 3-23　编辑编号 A 轴线

14　参考 CAD 图纸，选择编号 B 的轴线，再单击【修改 | 多段轴网】上下文选项卡的【编辑草图】按钮，然后将弧形草图曲线删除，完成编号 B 轴线的更改，如图 3-24 所示。

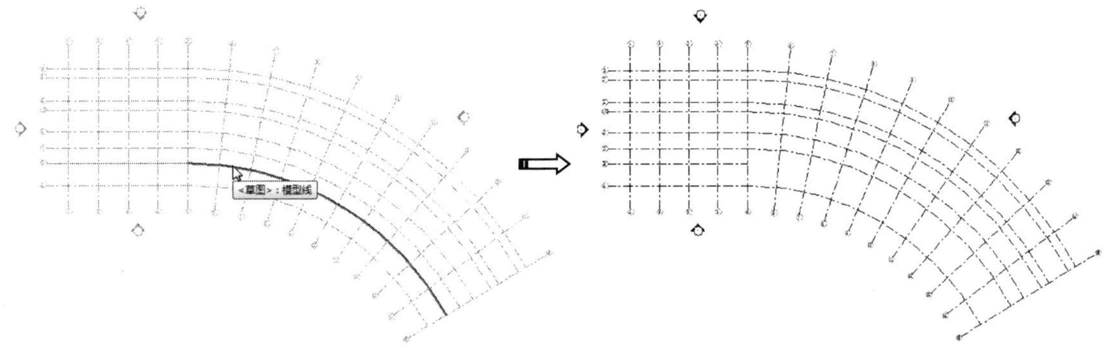

图 3-24　编辑轴线草图

15　同理，继续将编号 C、1/D、E 的轴线进行相同编辑，完成效果如图 3-25 所示。

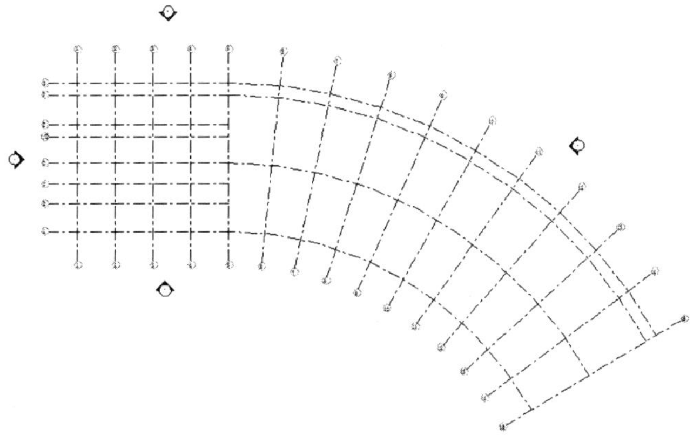

图 3-25　完成其余 Y 向编号的轴线编辑

16　从右下往左上进行窗交选择，选择所有 Y 向编号和 X 向 1 ~4 的编号轴线，然后单击【修改 | 选择多个】上下文选项卡中的【镜像 – 拾取轴】按钮，拾取编号为 10 的轴线作为镜像轴，如图 3-26 所示。随后自动完成镜像，镜像结果如图 3-27 所示。

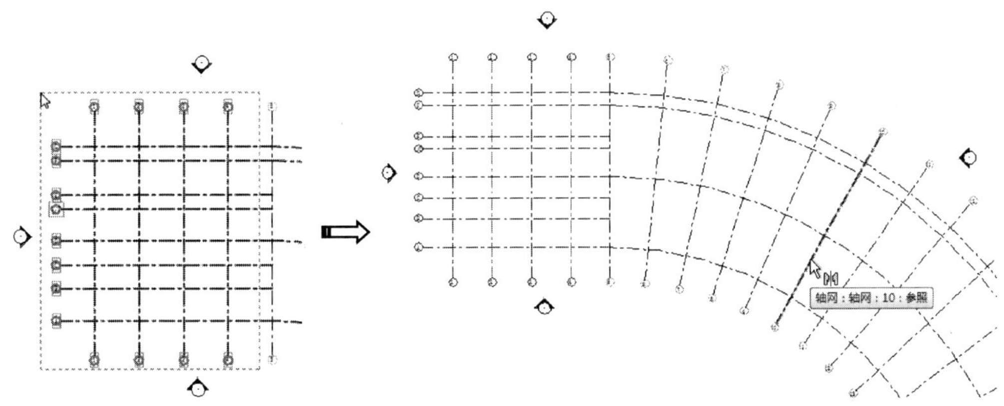

图 3-26　选择多条轴线进行镜像

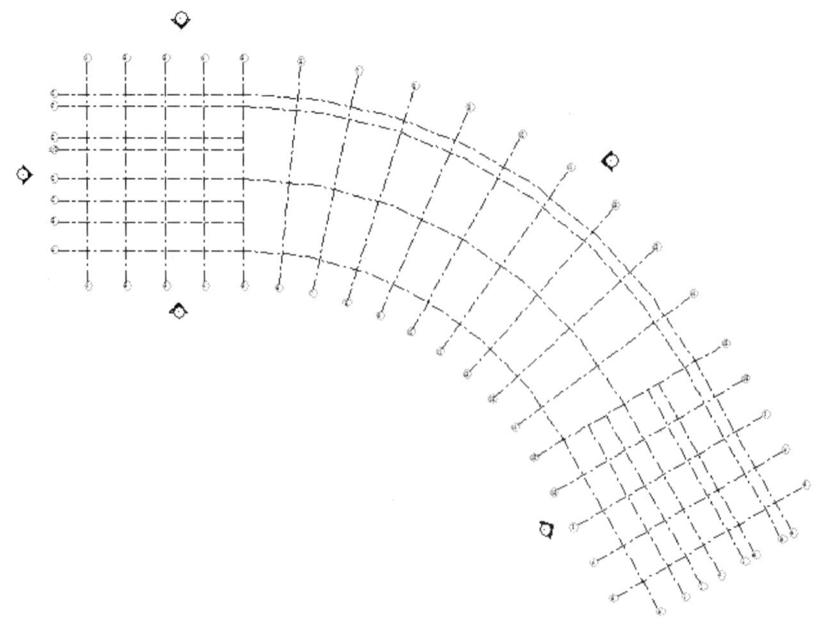

图 3-27　镜像结果

17　将镜像的轴线编号选中并进行修改，最终完成本例图纸的轴网绘制。

3.2　BIMSpace 2020 墙、门窗及建筑柱设计

BIMSpace 鸿业乐建 2020 软件具有快捷的建筑墙、门窗与柱的设计，本节中将详细介绍鸿业乐建 2020 软件相关的设计工具，以帮助建筑设计师高效率完成设计工作。

3.2.1　BIMSpace 墙与墙的编辑

BIMSpace 鸿业乐建 2020 的墙创建工具如图 3-28 所示。

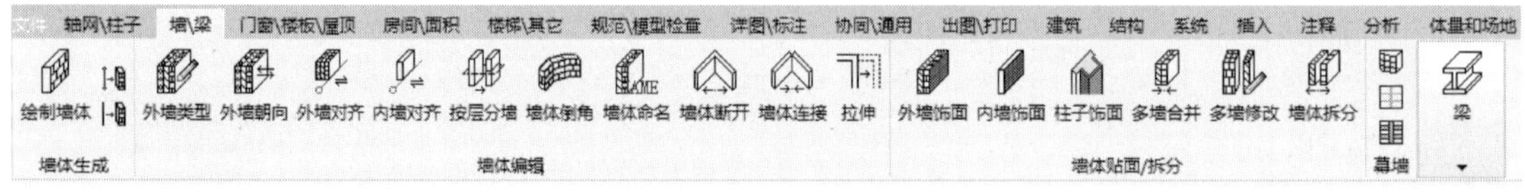

图 3-28　墙创建工具

1. 墙体生成

鸿业乐建 2020 的墙体生成工具包括【绘制墙体】【轴网生墙】和【线生墙】工具。

【绘制墙体】工具与 Revit 的【墙】工具是完全相同的，这里不再赘述。

上机操作　【轴网生墙】工具的应用

【轴网生墙】工具是通过拾取轴线来创建墙体，分外墙体和内墙体，此工具适合形状方正的建筑墙体。

01 打开本例源文件“轴网 . rvt”。

02 切换到首层平面图。单击【轴网生墙】按钮，弹出【轴网生墙】对话框（各选项含义如下），设置图 3-29 所示的参数。

- 【墙族】：需要生成的墙体种类，共有基本墙、层叠墙和幕墙三大种类。
- 【墙类型】：需要生成的墙体具体类型，根据不同的墙体种类有不同的墙类型供选择。
- 【墙顶高】：生成墙体的顶部标高。
- 【新建】：新建一种新的墙体类型，可设置各层厚度，如图 3-30 所示。
- 【偏轴】：外墙的中心线与轴线之间的偏轴厚度。
- 【墙高】：墙顶高未约束时，可输入墙体高度。
- 【分层打断】：按照楼层将生成的墙体进行打断。

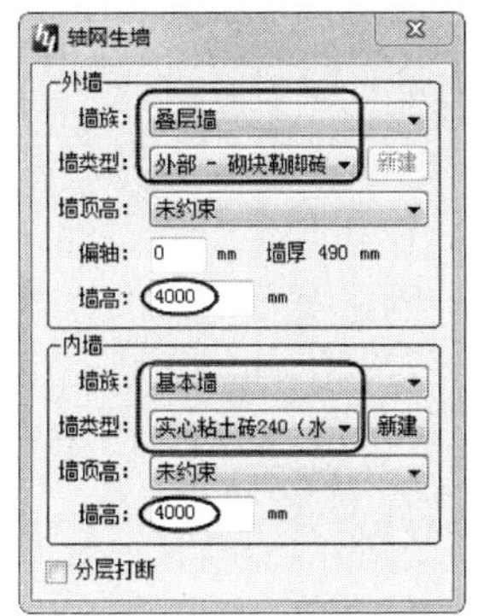

图 3-29　设置墙体参数

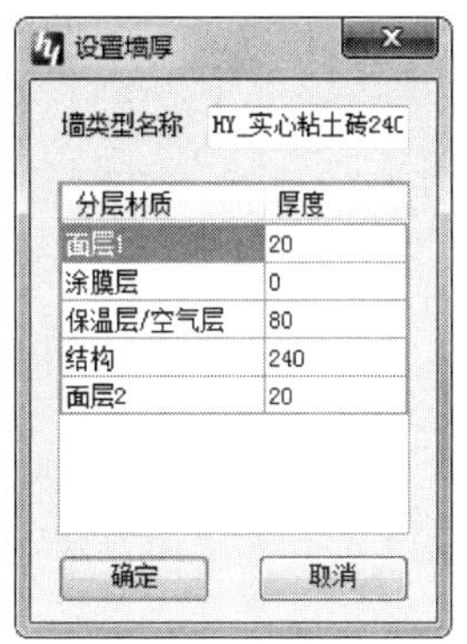

图 3-30　新建墙体厚度

03 在视图中以框选的方式选择所有轴线，然后在视图区域上方的选项栏中单击【完成】按钮，自动创建出墙体，如图 3-31 所示。

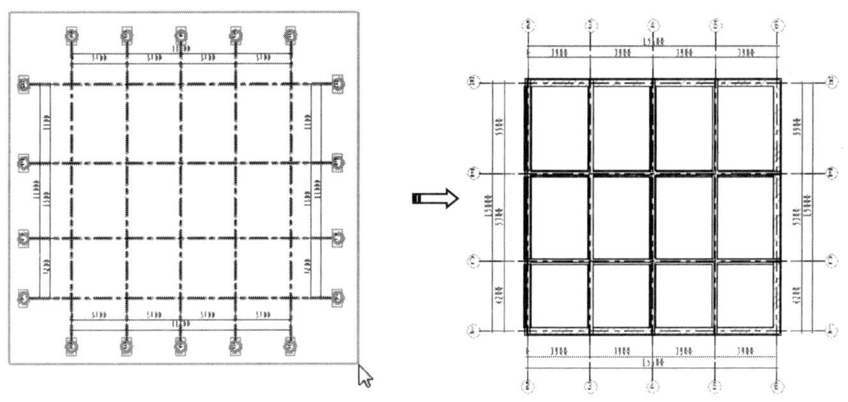

图 3-31　选择轴线生成墙体

技术要点	除此之外，也可以一条一条地选择轴线来生成墙体。

04 不再创建墙体时，关闭【轴网生墙】对话框，生成墙体的三维视图如图 3-32 所示。

图 3-32　轴网生墙的三维视图

上机操作 【线生墙】工具的应用

【线生墙】工具主要是通过拾取 Revit 模型线或详图线来快速生成墙体。例如，用户可以导入 CAD 图纸，利用模型线工具在图纸的轴线上绘制出要创建墙体的部分线，然后利用【线生墙】工具拾取这些模型线即可自动生成墙体。

01 选择 HYBIMSpace 建筑样板创建建筑项目。

02 在 Revit 的【插入】选项卡中单击【导入 CAD】按钮，导入本例源文件“二层住宅平面图 . dwg”图纸。

03 选中图纸，在【修改】上下文选项卡中，单击【解锁】按钮解锁图纸，然后将其平移到立面图标记的中央，如图 3-33 所示。

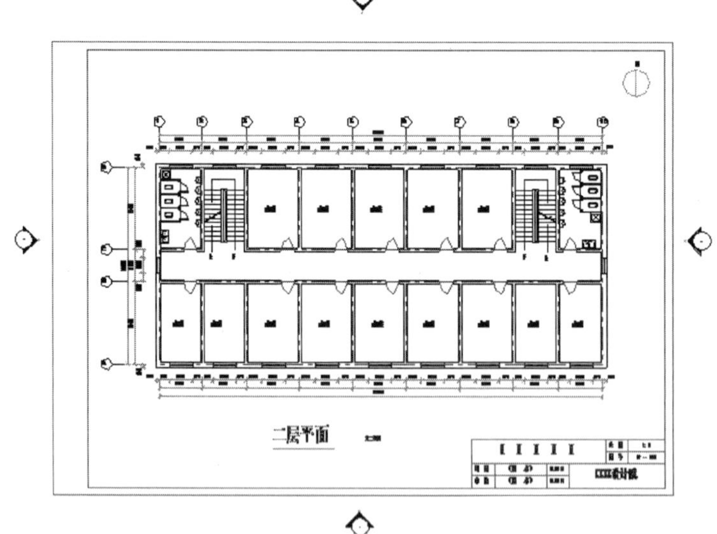

图 3-33　平移图纸

04 在【建筑】选项卡中单击【模型线】按钮，利用【矩形】与【直线】命令，以墙体所在位置的轴线为参考，绘制模型线，如图 3-34 所示。

05 在【墙/梁】选项卡【墙体生成】面板中单击【线生墙】按钮，弹出【线生墙】对话框，设置墙的参数，然后框选所有模型线，如图 3-35 所示。

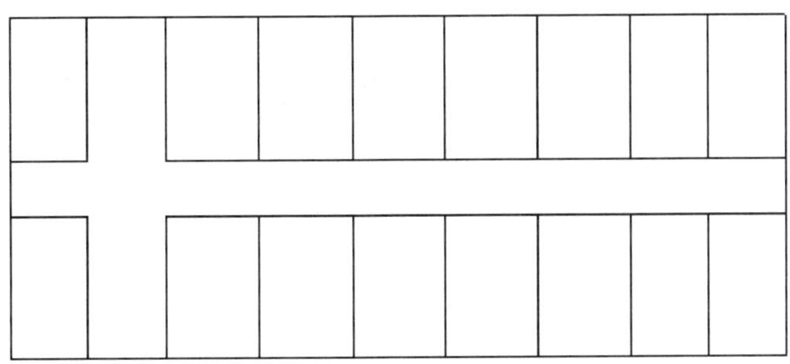

图 3-34　绘制模型线

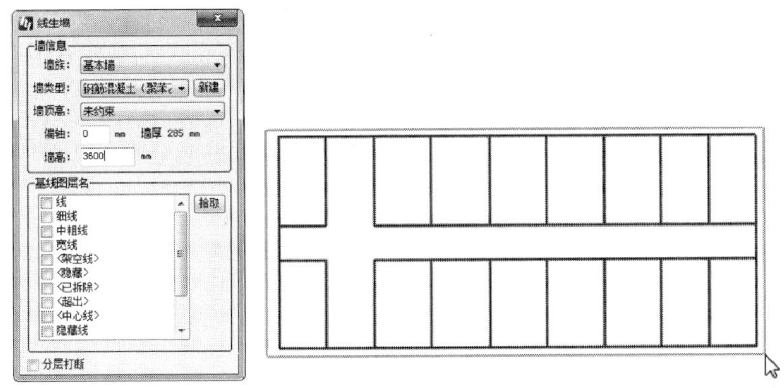

图 3-35　设置墙参数并选取所有模型线

06　单击选项栏中的【完成】按钮，自动生成墙体，如图 3-36 所示。

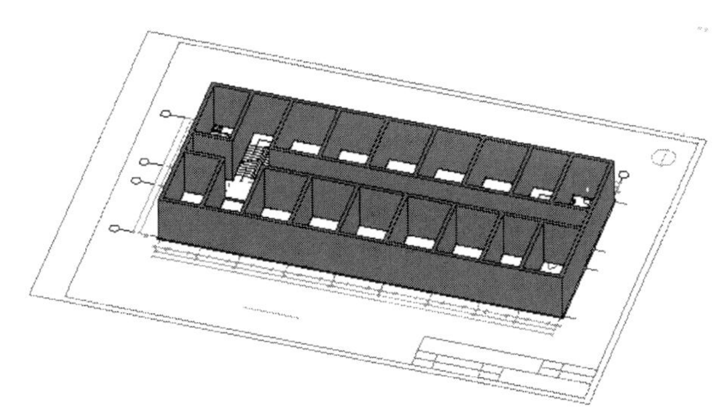

图 3-36　生成的墙体

2. 墙体编辑

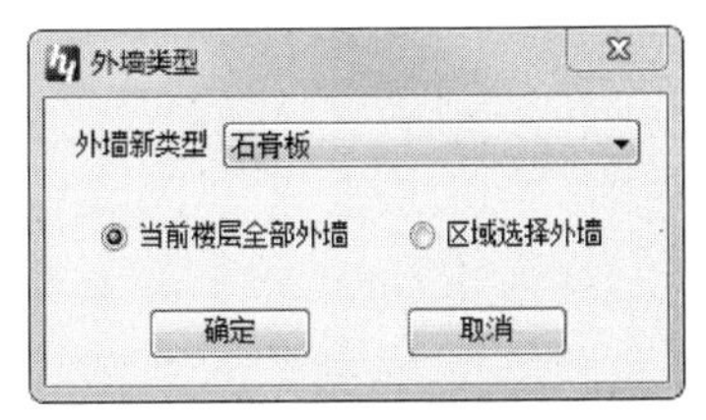

图 3-37　【外墙类型】对话框

通过鸿业乐建 2020 的墙体编辑工具，可对生成的墙体进行编辑。

(1)【外墙类型】工具

利用【外墙类型】工具，可以对项目中的所有墙体或者部分墙体快速地进行墙体类型更改。单击【外墙类型】按钮，弹出【外墙类型】对话框，如图 3-37 所示。选项含义如下：

- 【外墙新类型】：选择需要将外墙设置成的墙体类型。
- 【当前楼层全部外墙】：自动分析搜索当前楼层中的所有外墙。
- 【区域选择外墙】：选择一个区域后，再进行自动分析搜索外墙。

单击【确定】按钮并选择要更改墙类型的墙体后，会弹出【提示】对话框，如图 3-38 所示。单击【是】按钮会全部更改，单击【否】按钮不会更改墙类型。

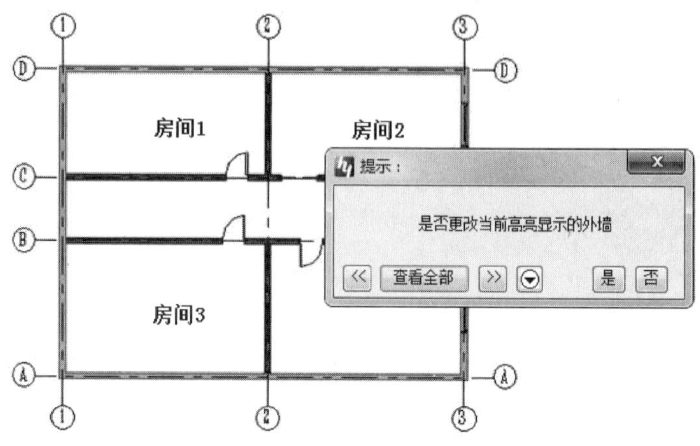

图 3-38　更改墙类型的提示

（2）【外墙朝向】工具

此工具用于自动调整项目中的所有外墙朝向，需要在平面视图中操作。图 3-39 所示的墙体中，部分墙体朝向是反的。切换到楼层平面视图，单击【外墙朝向】按钮，系统自动搜索到需要改变朝向的这部分墙体，如图 3-40 所示。

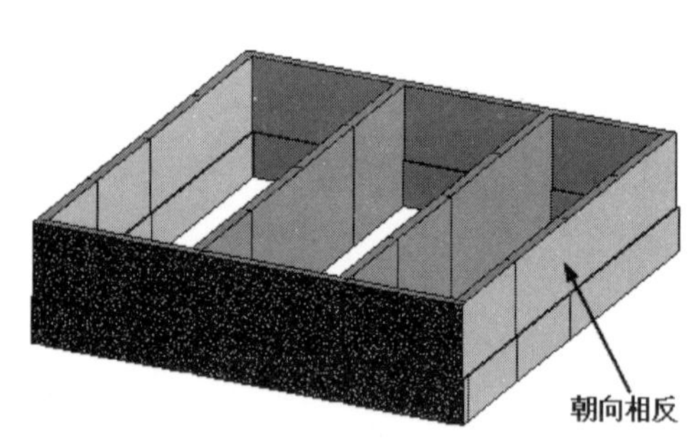

图 3-39　朝向相反的部分墙体

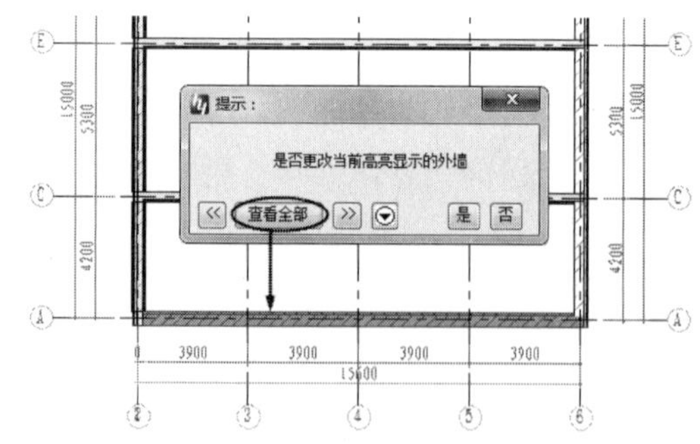

图 3-40　自动搜索朝向相反的墙体

单击【提示】对话框的【是】按钮，自动改变墙体的朝向，如图 3-41 所示。当然我们也可以手动改变墙体朝向，在楼层平面视图中，选中墙体，会显示修改墙的方向箭头，单击箭头可改变墙体朝向，如图 3-42 所示。

（3）【外墙对齐】工具

此工具用来调整项目中的外墙对齐方式和位置，单击【外墙对齐】按钮，弹出【外墙对齐】对话框，如图 3-43 所示。这个功能等同于在创建墙体时，选项栏上的【定位线】

功能，如图 3-44 所示。

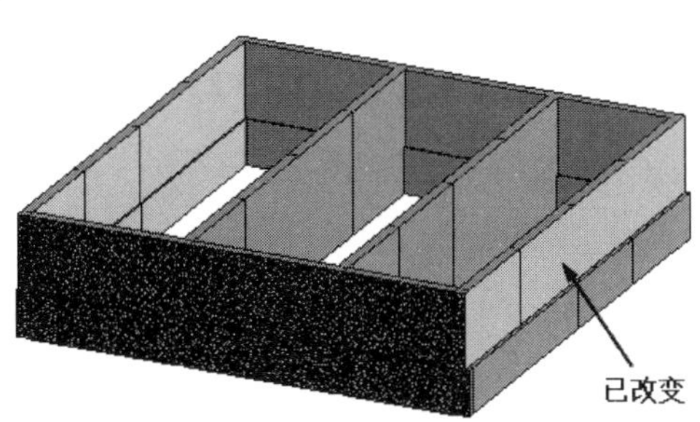

图 3-41　自动改变墙体朝向

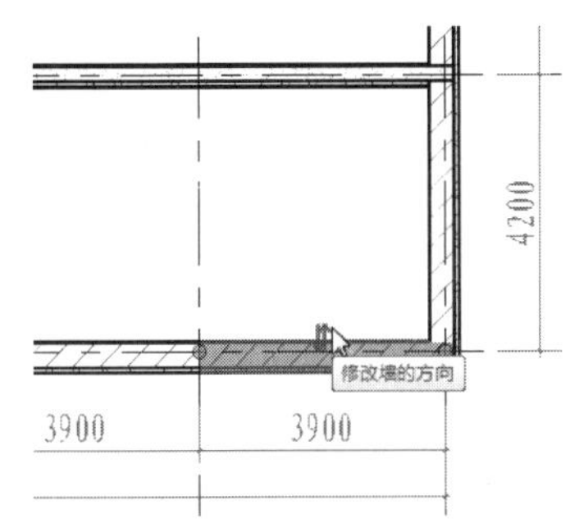

图 3-42　手动改变墙体朝向

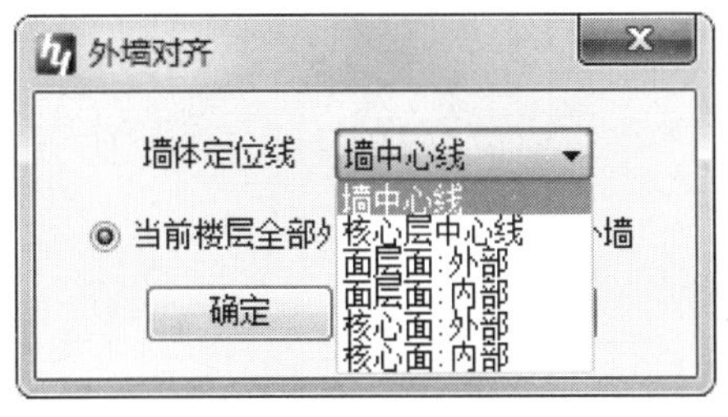

图 3-43　【外墙对齐】对话框

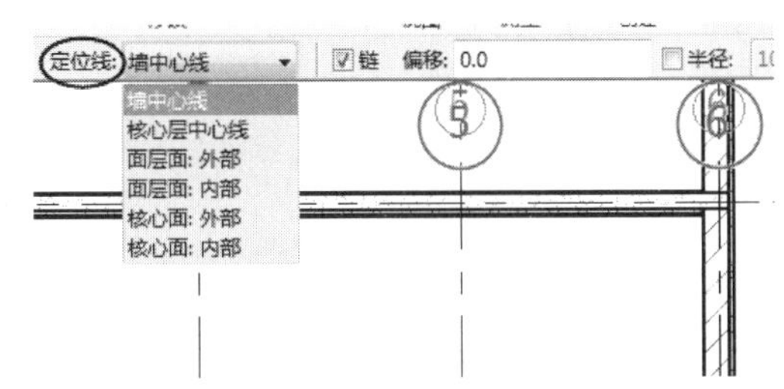

图 3-44　选项栏中的【定位线】选项

两者在使用操作上是完全不同的，【外墙对齐】工具是用于后期墙体的位置更改，而选项栏中的【定位线】是在创建墙体时设定墙体位置，创建后不能再编辑墙体位置了。

【外墙对齐】对话框的选项定义如下：

- 【墙体定位线】：选择需要将外墙设置到的定位线类型。
- 【当前楼层全部外墙】：自动分析搜索当前楼层中的所有外墙。
- 【区域选择外墙】：选择一个区域后，再进行自动分析搜索外墙。

图 3-45 为定线对齐改变外部墙体位置后的前后对比。

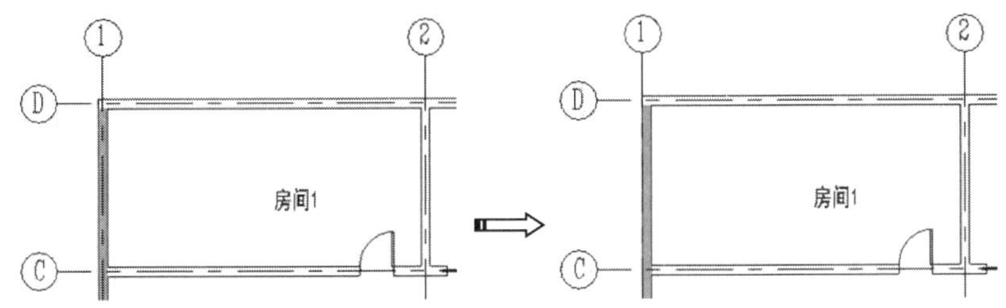

图 3-45　定线对齐改变外部墙体位置的前后对比

（4）【内墙对齐】工具

此工具用来调整项目中的内墙对齐方式和位置，其应用对象和操作方式与【外墙对齐】是完全相同的，图 3-46 为定线对齐改变内部墙体位置后的前后对比。

（5）【按层分墙】工具

此工具可以将墙体按楼层进行拆分。单击【按层分墙】按钮，弹出【按层分墙】对话框。选择类别中的楼层平面视图，再框选要拆分的墙体，自动完成墙体的拆分，如图 3-47 所示。

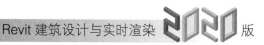

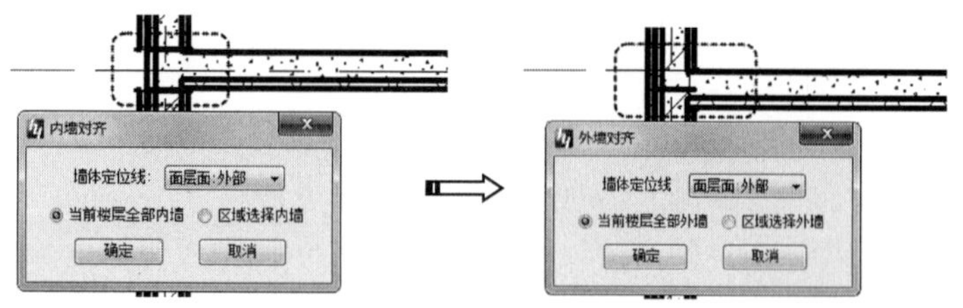

图 3-46　定线对齐改变内部墙体位置的前后对比

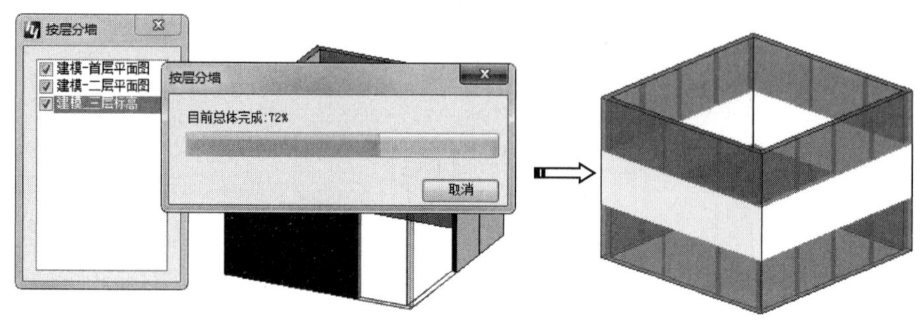

图 3-47　按层分墙

（6）【墙体倒角】工具

此工具可以对直角墙体进行倒角，以此创建出圆角或斜角的墙体。单击【墙体倒角】按钮，弹出【墙体倒角】对话框，如图 3-48 所示。选项含义如下：

图 3-48　【墙体倒角】对话框

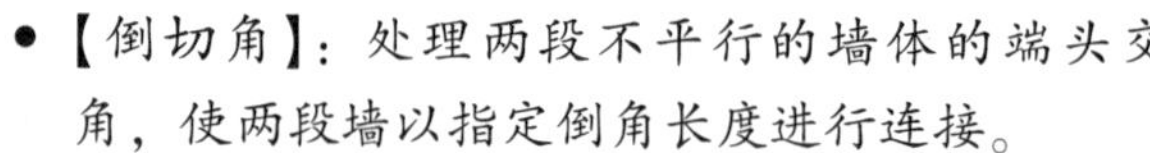

- 【倒切角】：处理两段不平行的墙体的端头交角，使两段墙以指定倒角长度进行连接。
- 【倒圆角】：处理两段不平行的墙体的端头交角，使两段墙以指定圆角半径进行连接。
- 【距离 1】【距离 2】：倒切角时两段墙的倒角距离。
- 【半径】：倒圆角时与两段需倒角的墙连接的圆弧墙的半径。

设定倒角类型及参数后，选择要倒角的两段垂直又相交的墙体，系统自动完成倒角操作，如图 3-49 所示。

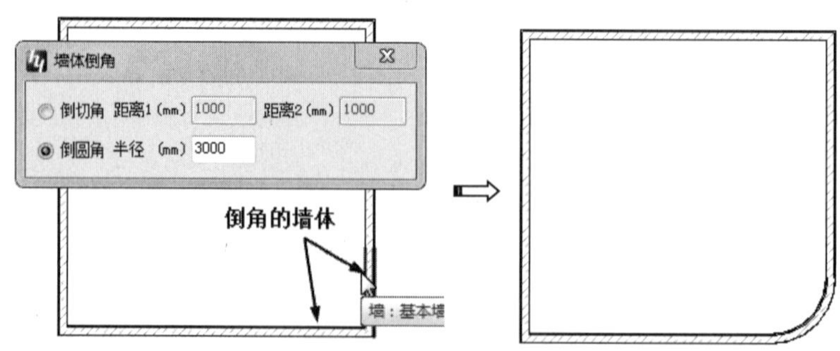

图 3-49　创建墙体倒角

(7)【墙体命名】工具

此工具提供墙体、楼板批量命名和参数修改。单击【墙体命名】按钮，弹出【命名管理】对话框，如图 3-50 所示。对话框左侧为墙体类型选项，可单选或多选，对话框右侧是命名规则和结构信息。

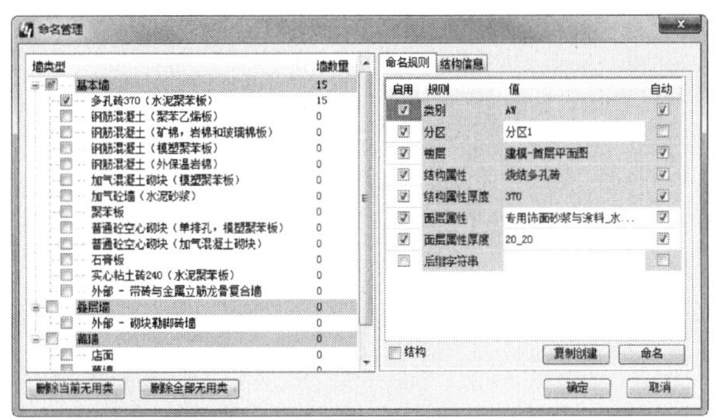

图 3-50　【命名管理】对话框

(8)【墙体断开】工具和【墙体连接】工具

这两个工具主要用于墙体转角处的连接设置。【墙体断开】工具是将本已连接的墙体断开，如图 3-51 所示。【墙体连接】工具是将断开的墙体重新连接，如图 3-52 所示。

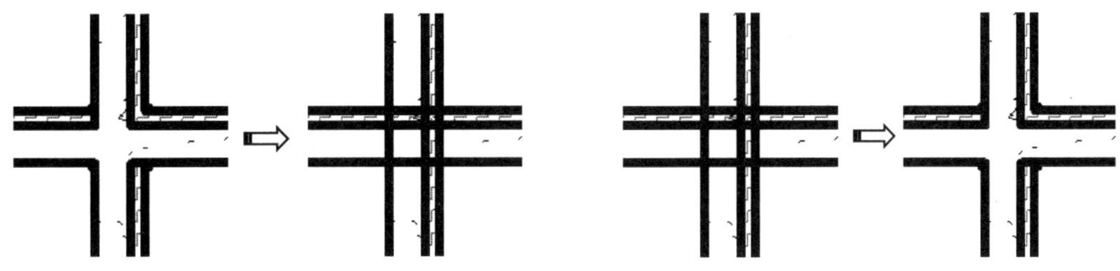

图 3-51　墙体断开　　　　图 3-52　墙体连接

(9)【拉伸】工具

此工具可以将墙体、梁等图元进行拉伸。单击【拉伸】按钮，选取要拉伸的墙体边线，然后拾取拉伸起点和终点，系统会自动完成拉伸操作，如图 3-53 所示。

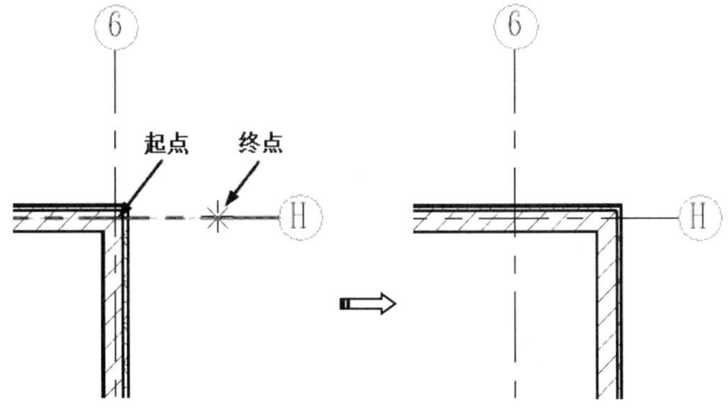

图 3-53　拉伸墙体

3.2.2 BIMSpace 墙体贴面与拆分

BIMSpace 墙体贴面与拆分工具主要是针对墙体的外装饰面与墙体进行的合并及拆分操作，下面以案例说明这些工具的应用。

上机操作 墙体贴面/拆分操作

01 打开本例源文件“食堂 - 1. rvt”，图 3-54 为食堂模型。

02 切换视图到室外地坪楼层平面视图。单击【外墙饰面】按钮，弹出【外墙饰面】对话框。单击对话框底部的【搜索】按钮，系统会自动搜索项目中的所有外墙墙体，如果无法自动识别外墙，可以单击【编辑】按钮，如图 3-55 所示。

03 在弹出的【编辑参考面】工具栏中可以通过绘制线、拾取线或拾取墙体的方式来获取参考面，如图 3-56 所示。

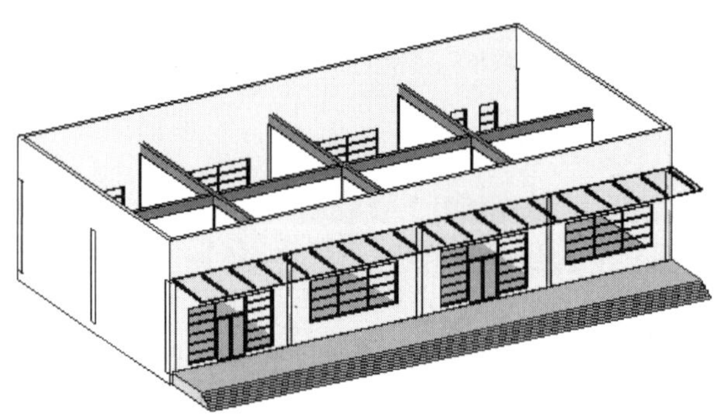

图 3-54 食堂模型

图 3-55 单击【编辑】按钮

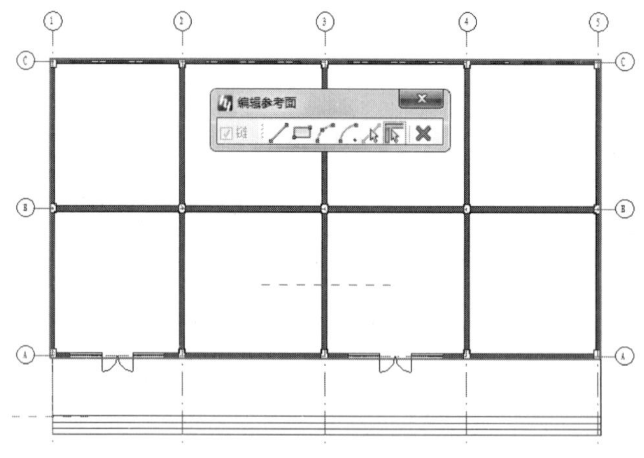

图 3-56 编辑参考面

04 关闭【编辑参考面】工具栏回到【外墙饰面】对话框中，接下来单击【添加】按钮添加饰面层，可以添加一层，也可以添加多层。在弹出的【构造层设置】对话框中单击【按类别】按钮，为面层设置材质，如图 3-57 所示。

05 单击【构造层设置】和【外墙饰面】对话框的【确定】按钮，自动完成外墙饰面的创建，如图 3-58 所示。

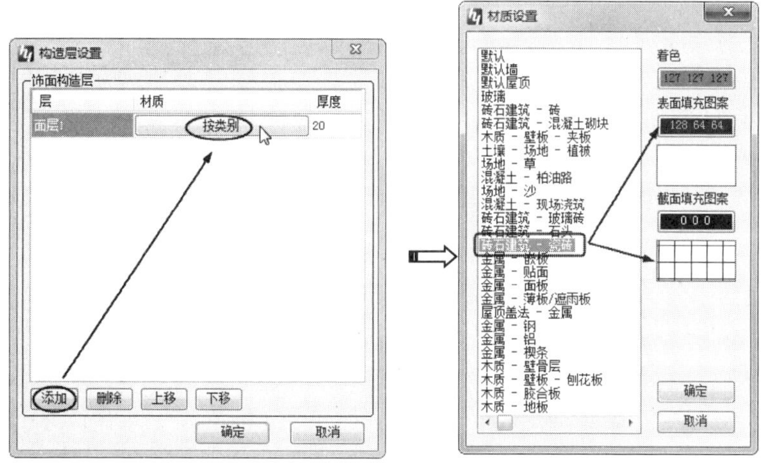

图 3-57　设置面层的材质（颜色和填充图案）

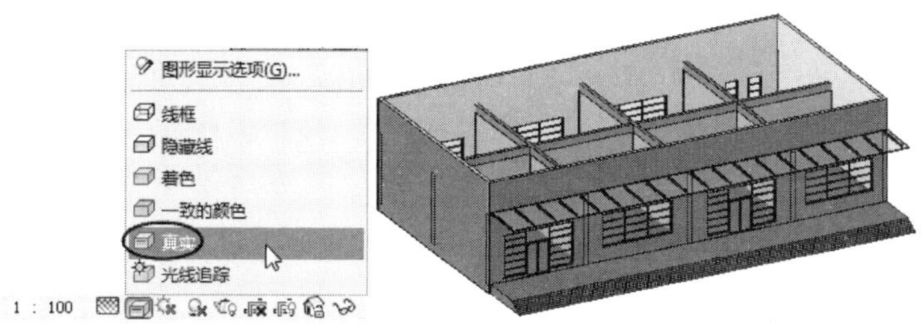

图 3-58　自动完成外墙饰面的创建

技术要点	添加的外墙饰面层需要在“带边框的真实感”视觉样式下才能看见。

06 单击【内墙饰面】按钮，弹出【内墙饰面】对话框。按照前面外墙饰面的创建步骤，完成内墙饰面（内墙的参考面是墙体两侧）的创建，如图 3-59 所示。

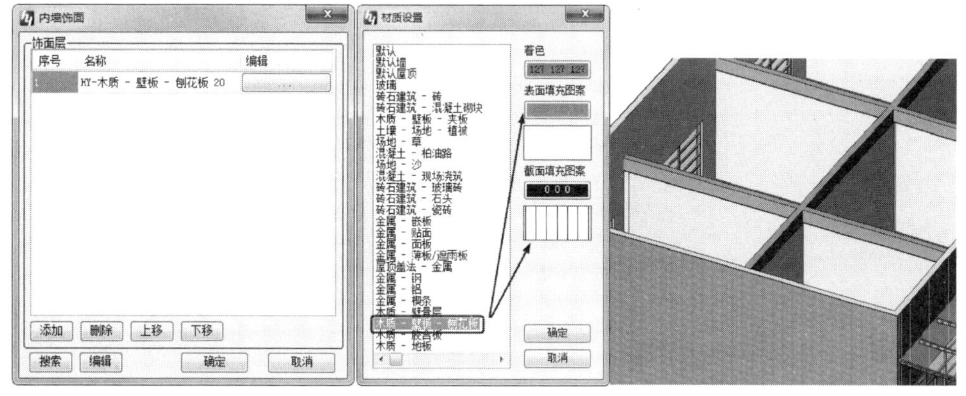

图 3-59　创建内墙饰面

07 删除墙体转角处柱子位置的两个饰面，以便用来创建柱子饰面，如图 3-60 所示。单击【柱子饰面】按钮，弹出【柱子饰面】对话框。同样也是按照外墙饰面的操作步骤来完成柱子饰面，如图 3-61 所示。

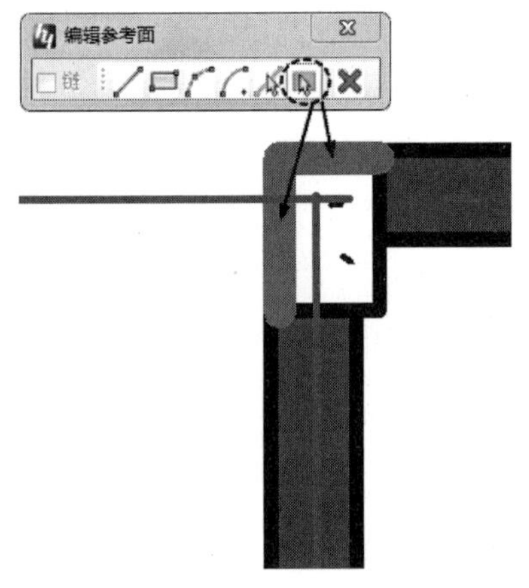

图 3-60　删除饰面

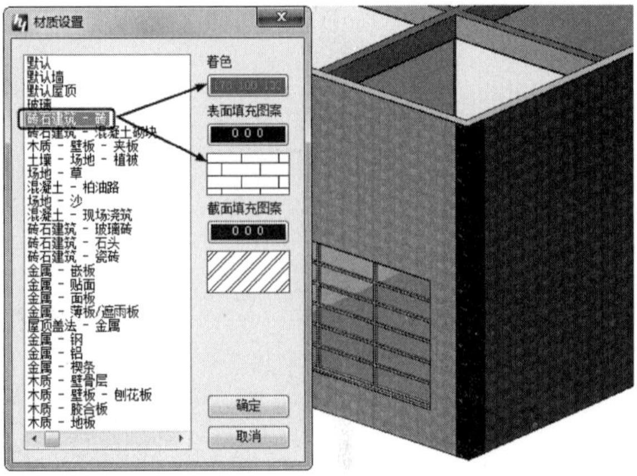

图 3-61　设置柱子饰面的参考面和材质参数

08 单击【多墙合并】按钮，然后选取需要合并的外墙体和墙饰面进行合并，单击选项栏的【完成】按钮后弹出【墙体合并】对话框。单击【一道墙体】按钮，再单击【确定】按钮，完成多墙体的合并，如图 3-62 所示。

- 【不合并】：不合并选择的墙体。
- 【一道墙体】：将选择的墙体合并成一道墙体。
- 【自定义】：将选择的墙体合并成自定义的几部分，可通过“组合”和“解组”进行自由合并。

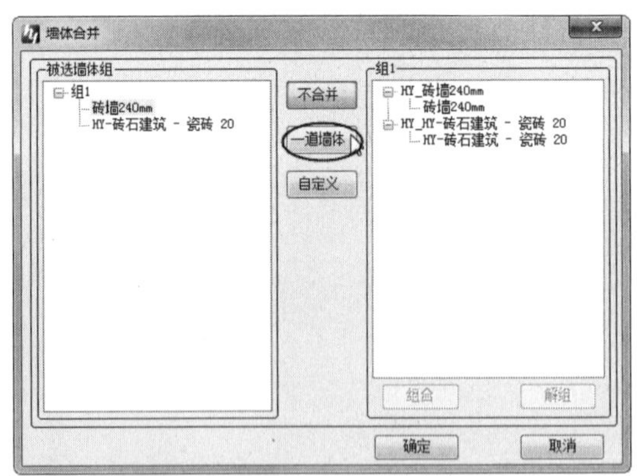

图 3-62　合并外墙体和墙饰面层

技术要点	有门窗的墙体和墙饰面不适合合并，如果强制进行合并，门窗洞位置将不会保留。

09 单击【多墙修改】按钮，按 Ctrl 键选取一个墙饰面和一段墙体，单击选项栏的【完成】按钮，弹出【多墙修改】对话框。在左侧的组节点里，选择一种材质，可

以在右侧的材质列表中单击材质按钮进行修改，也可以修改墙体厚度，如图3-63所示。

10　单击【确定】按钮后，所有同类型的墙体一并完成更新。

11　单击【墙体拆分】按钮，选取前面进行【多墙合并】操作的部分墙体，单击选项栏的【完成】按钮，弹出【墙体拆分】对话框。在左侧将合并的墙体选中，单击【构造层+面层】按钮，再单击【确定】按钮，将合并的墙体拆分，如图3-64所示。

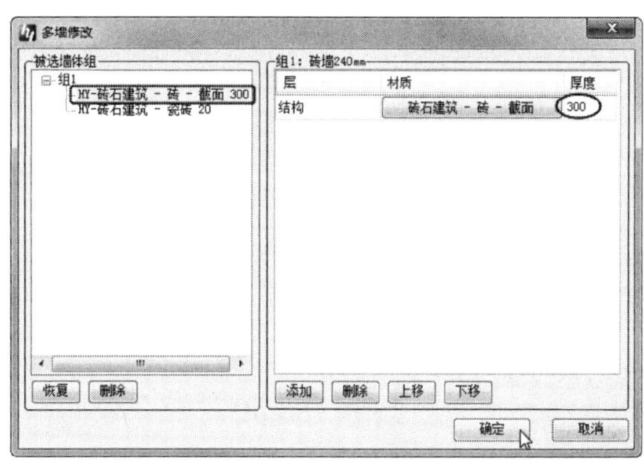

图3-63　多墙修改

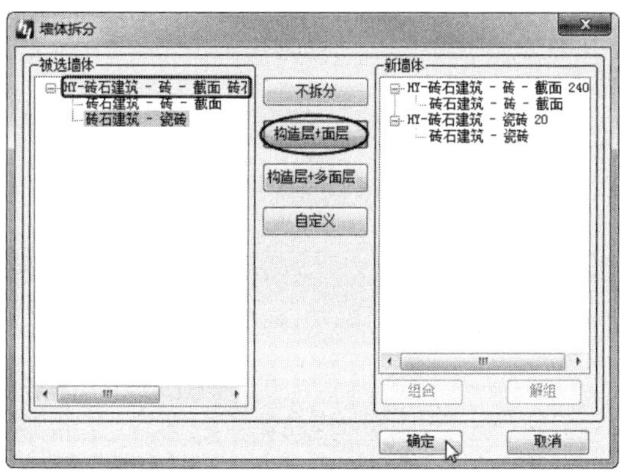

图3-64　墙体拆分

3.2.3　BIMSpace门窗插入与门窗表设计

鸿业乐建2020的门窗及门窗表设计非常便捷高效。创建门窗的工具在【门窗\楼板\屋顶】选项卡中，如图3-65所示。下面我们通过实际操作进行门窗插入的演示。本例也是为某食堂建筑插入门窗并创建门窗表，门窗的创建只能在楼层平面视图中进行。

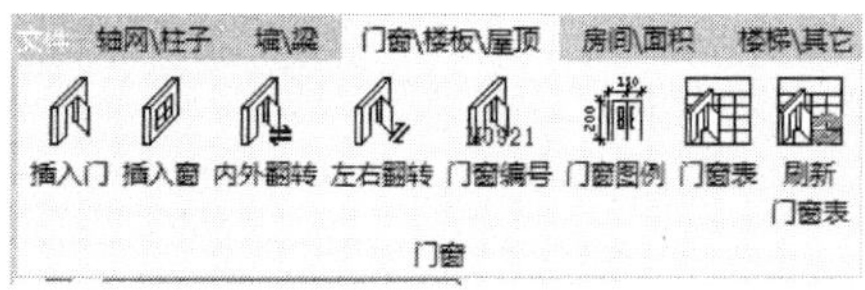

图3-65　【门窗\楼板\屋顶】选项卡

上机操作　门窗插入与门窗表设计

01　打开本例源文件“食堂-2.rvt”，如图3-66所示。

02　切换视图到F1楼层平面视图，在【门窗\楼板\屋顶】选项卡中单击【插入门】按钮，弹出【插入门】对话框。对话框中各选项含义如下：

- 【族库】：可以选择自带族库中的门的类型进行布置，也可以点击门族右键进行新建修改族参数。
- 【当前项目】：对于已载入模型的族可在当前项目下查看，也可在当前项目下进行选择布置。
- 【二维图例】：可查看门族的二维图形表达。
- 【三维预览】：可查看门族的三维图例，可进行旋转等操作。
- 【门槛高】：可设置所选择的门的门槛高度。
- 【垛宽】：可设置所选择的门的门垛宽度。
- 【添加标记】：布置时可选择是否添加标记，门标记的样式和标记的文字可以进行设置。

- 【标记样式】：可设置所选择的门的标记样式。
- 【拾取点插入】：按照用户在墙上拾取的点定位单个插入门。
- 【垛宽插入】：按照固定的垛宽距离顺序插入门。

03 选择【当前项目】选项，然后选择 MLC－2 型门联窗，以【拾取点插入】的方式，单击【放置】按钮放置门族，如图 3-67 所示。

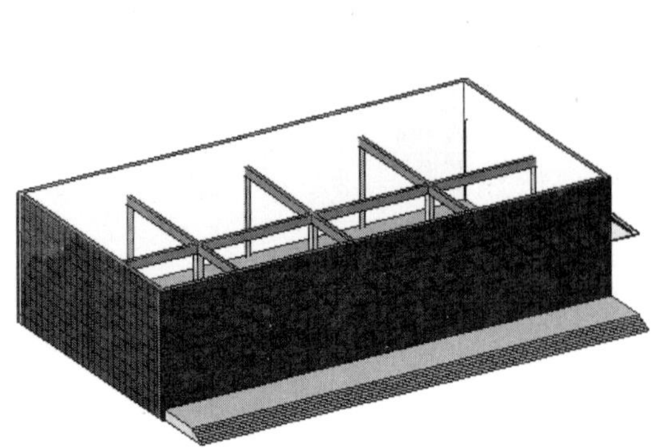

图 3-66 食堂模型

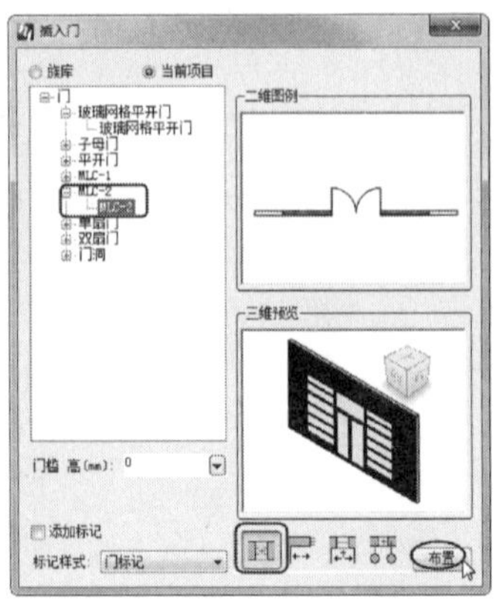

图 3-67 选择门族

04 将门组放置在图 3-68 所示的位置，完成后按 Esc 键退出操作。

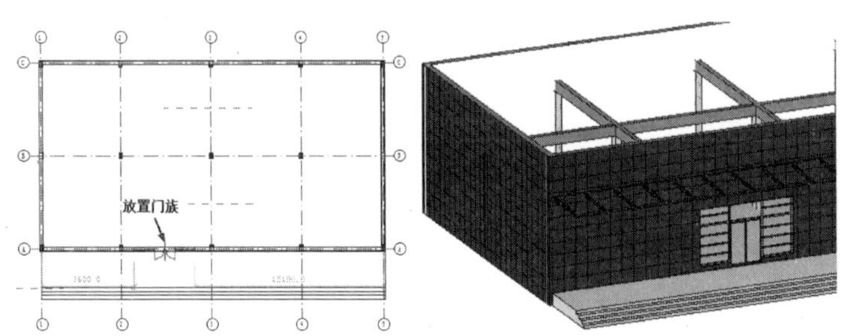

图 3-68 放置门族

05 单击【插入窗】按钮，弹出【插入窗】对话框。仍然是选择当前项目中的窗族（食堂六格窗 C4828），单击【放置】按钮，将其放置在图 3-69 所示的位置。

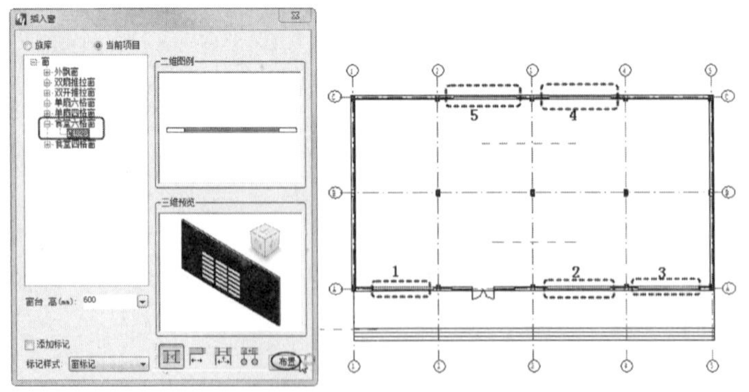

图 3-69 放置窗族

06 按 Esc 键返回到【插入窗】对话框，再选择当前项目中的窗族“单扇六格窗 C0929”，将其放置到图 3-70 的位置。连续按 Esc 键两次，完成插入并结束操作。

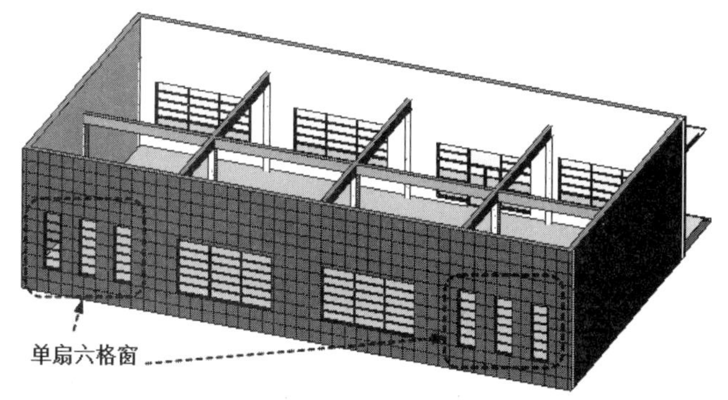

图 3-70　放置单扇窗完成窗族的插入

07 单击【内外翻转】按钮（用以翻转门），然后框选（从右到左的窗交选择）需要翻转的大门，随后自动完成翻转，如图 3-71 所示。

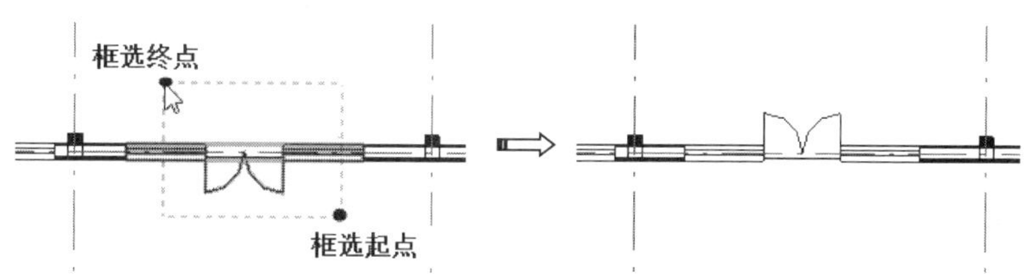

图 3-71　内外翻转大门

08 同理，单击【左右翻转】按钮，可以改变开门方向，如图 3-72 所示。

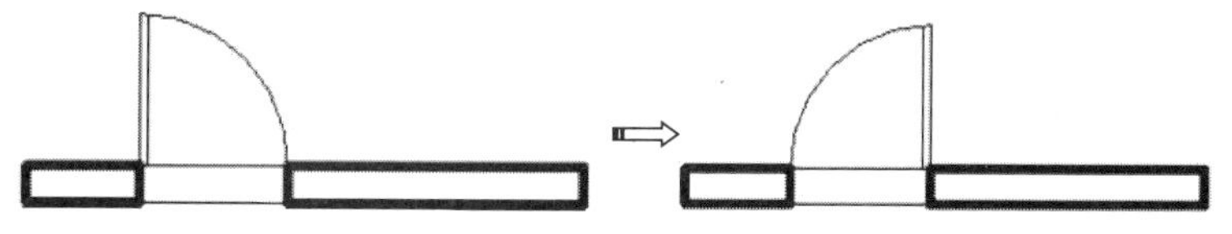

图 3-72　左右翻转

09 单击【门窗编号】按钮，弹出【门窗编号】对话框，可以创建门标记和窗标记，若选择【门】选项，单击【确定】按钮后，选取门族并完成门标记，如图 3-73 所示。

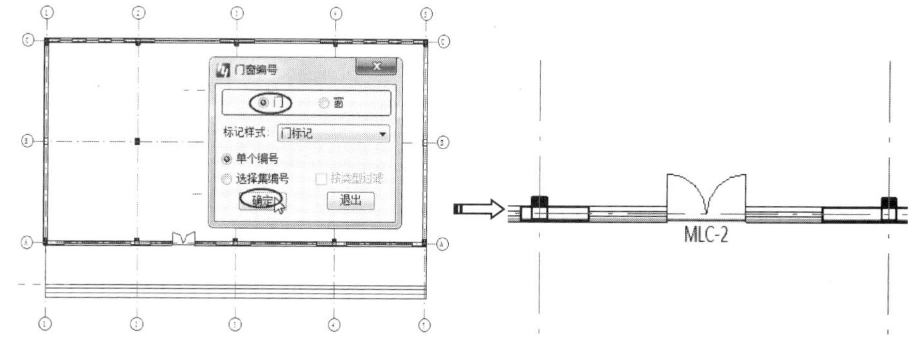

图 3-73　创建门标记

10 按 Ecs 键返回到【门窗编号】对话框，再选择【窗】选项，选择【选择集编号】选项，单击【确定】按钮，在视图中框选所有的窗族，最后单击选项栏的【完成】按钮，自动创建窗标记，如图 3-74 所示。

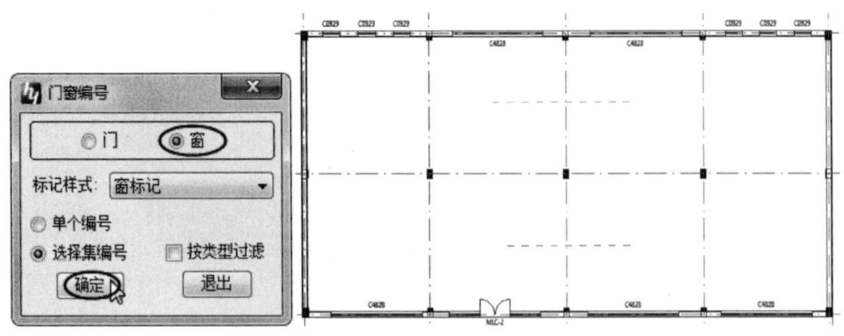

图 3-74　自动创建窗标记

11 单击【门窗图例】按钮，弹出【视图选择】对话框。默认创建“门窗图例表_1”视图，单击【确定】按钮后，在空白窗口中用光标画出一个矩形框区域，此区域用来放置各门窗类型的图例，自动创建的门窗图例如图 3-75 所示。

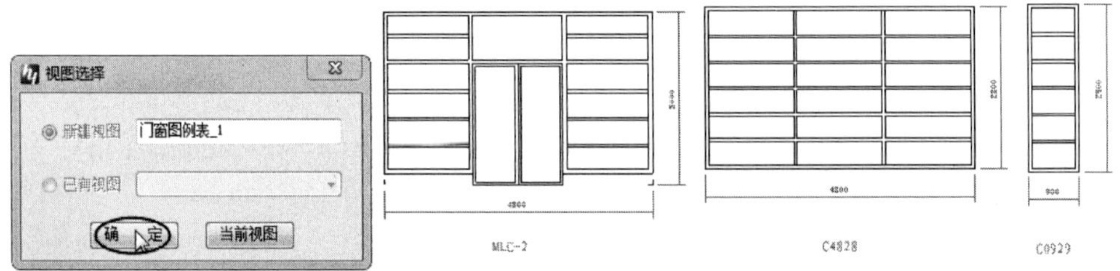

图 3-75　自动创建门窗图例

技术要点	创建的门窗图例表将自动保存在项目浏览器的【绘图视图（详图）】节点下。

12 切换视图回 F1 楼层平面视图。单击【门窗表】按钮，弹出【统计表】对话框。输入表格名称，勾选【创建到新绘图视图】复选框，选择【按项目统计】选项，单击【生成表格】按钮，完成门窗表的创建，如图 3-76 所示。此门窗表用于后期的建筑施工图。

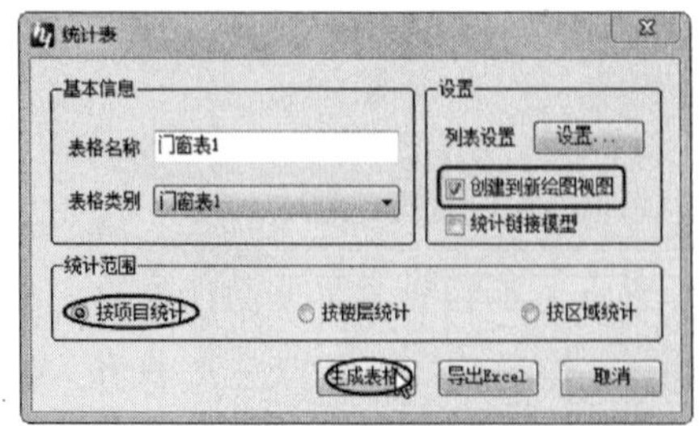

门窗表1

类别	设计编号	洞口尺寸（mm） 宽	洞口尺寸（mm） 高	樘数	采用标准图集及编号 图集代号	采用标准图集及编号 编号	备注
门	MLC-2	4800	3000	1			
窗	C0929	900	2900	6			
	C4828	4800	2800	5			

图 3-76　创建门窗表

13　当修改门窗类型或者门窗尺寸后，可单击【刷新门窗表】按钮完成门窗表的数据更新。

3.2.4　BIMSpace 建筑柱设计

使用鸿业乐建 2020 的柱子插入和编辑功能，可以快速创建建筑柱和结构柱，并对创建后的柱子进行分割与对齐操作。鸿业乐建 2020 的柱子创建工具在【轴网/柱子】选项卡中，如图 3-77 所示。

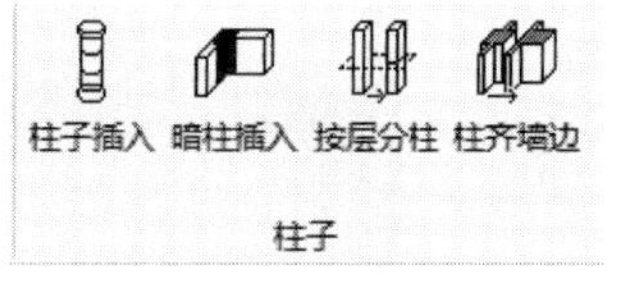

图 3-77　柱子创建工具

下面以实际案例来演示操作步骤，本例是在食堂模型中添加暗柱和墙垛子装饰柱。

上机操作　BIMSpace 建筑柱设计

01　打开本例源文件“食堂 – 3. rvt”，切换视图到 F1 楼层平面视图。

02　单击【柱子插入】按钮，弹出【插入柱子】对话框。设置图 3-78 所示的柱子参数，单击【选取轴网插入柱子】按钮，在视图中用框选方式（从右向左框选）拾取两个相交的轴线，即可自动插入建筑柱，如图 3-79 所示。

图 3-78　设置柱子参数

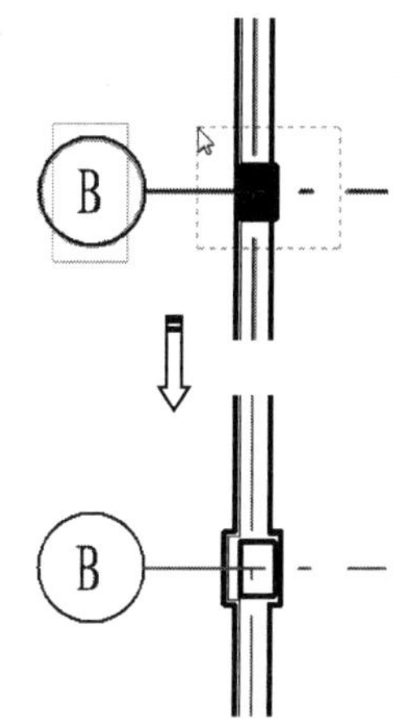

图 3-79　框选轴网插入建筑柱

03　同理，继续在有结构柱的位置框选轴网，完成建筑柱的插入，如图 3-80 所示。

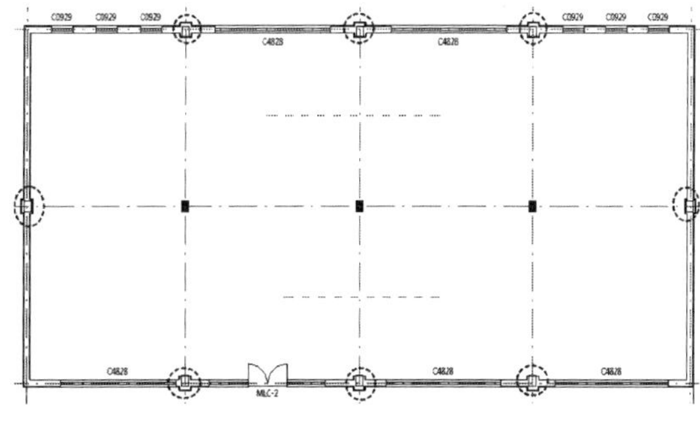

图 3-80　插入其余建筑柱

04 将以上插入的建筑柱，靠墙内一侧对齐墙面，不要凸出。单击【柱齐墙边】按钮，首先选取要对齐的墙边（选取外墙内侧边），接着框选要对齐的建筑柱，再拾取柱子边，随后自动完成对齐，如图 3-81 所示。

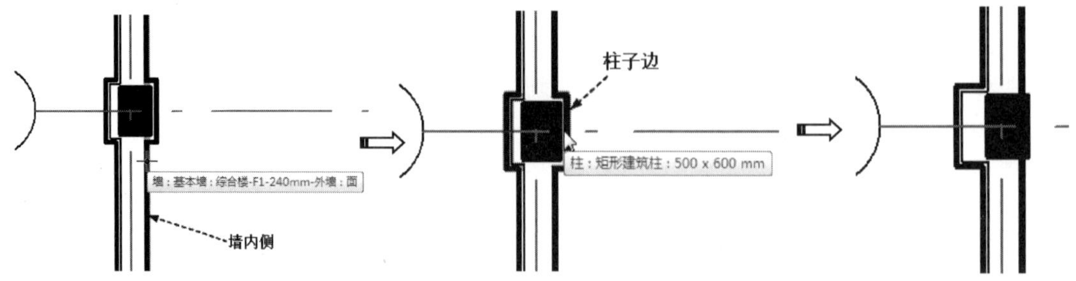

图 3-81　拾取墙边、柱子边进行对齐操作

05 同理，完成其余建筑柱的墙边对齐操作。

06 单击【暗柱插入】按钮，用框选的方式选择一组相交的墙，这里选择食堂四大角之一的一组墙体，如图 3-82 所示。

07 随后弹出【暗柱插入】对话框，设置暗柱的长度为 500，单击【确定】按钮自动插入暗柱，如图 3-83 所示。

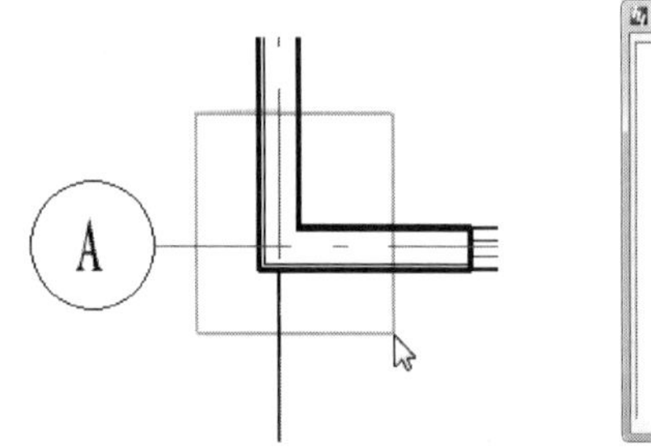

图 3-82　框选一组相交墙体

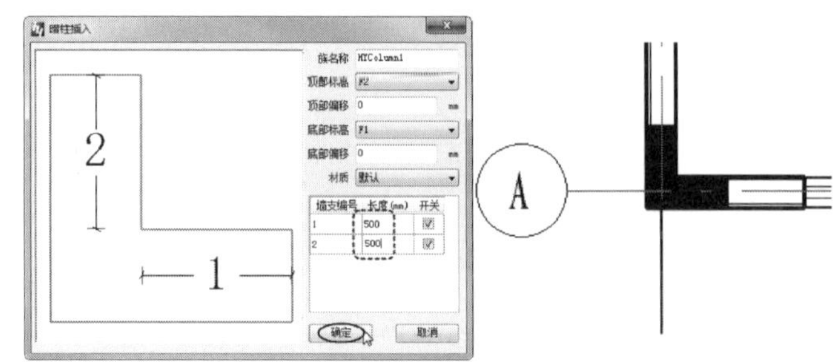

图 3-83　设置暗柱参数并插入暗柱

08 同理，完成其他三处转角位置的暗柱插入。

3.3 BIMSpace 2020 楼地层设计

BIMSpace 鸿业乐建 2020 的楼板与屋顶工具，通常在楼层平面视图中创建使用，用户可以快速创建整层楼板，也可以拾取某个房间来创建楼板。

鸿业乐建 2020 的楼板与屋顶工具在【门窗 \ 楼板 \ 屋顶】选项卡中，如图 3-84 所示。

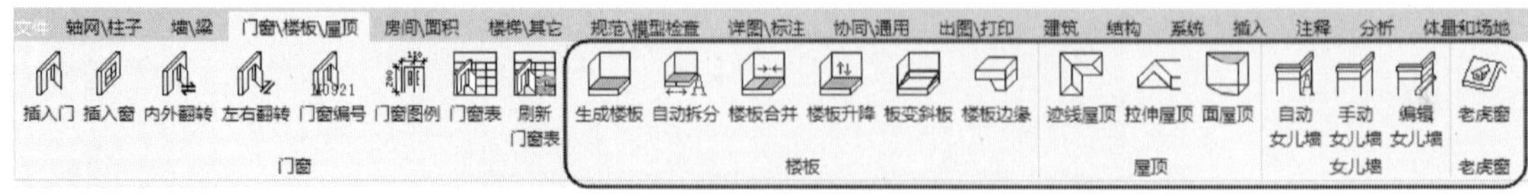

图 3-84　【门窗 \ 楼板 \ 屋顶】选项卡

【屋顶】面板和【老虎窗】面板的工具与 Revit【建筑】选项卡的工具用法是相同的，本节着重介绍【楼板】面板和【女儿墙】面板中的工具。

3.3.1 楼地层设计概述

在建筑物中除了楼板层还有地坪层，楼板层和地坪层统称为楼地层。

楼板层建立在二层及二层以上的楼层平面中。为了满足使用要求，楼板层通常由面层（建筑楼板）、楼板（结构楼板）和顶棚（屋顶装修层）3 部分组成。多层建筑中楼板层往往还需设置管道敷设、防水隔声和保温等各种附加层，图 3-85 为楼板层的组成示意图。

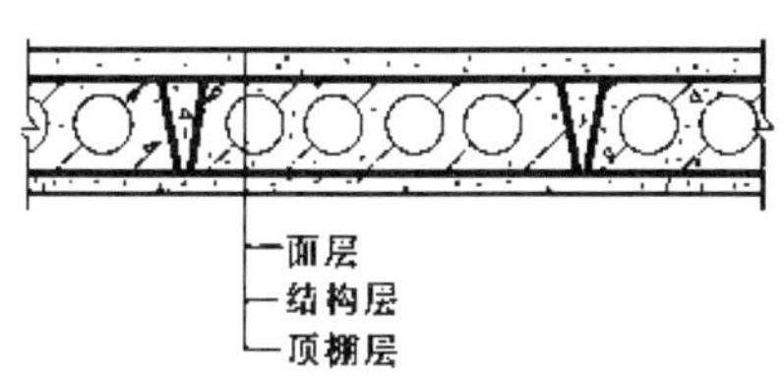

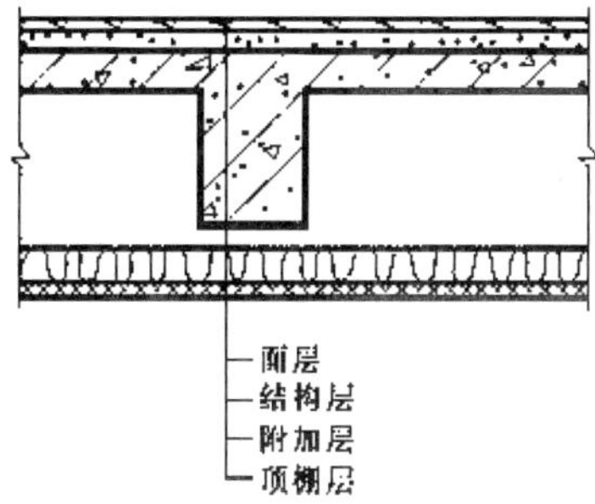

图 3-85　楼板层的组成

- 面层（Revit 中称“建筑楼板”），又称楼面或地面，起着保护楼板、承受并传递荷载的作用，同时对室内有很重要的清洁及装饰作用。
- 楼板（Revit 中称“结构楼板”）是楼盖层的结构层，一般包括梁和板，主要功能在于承受楼盖层上的全部静、活荷载，并将这些荷载传给墙或柱，同时还对墙身起水平支撑的作用，增强房屋刚度和整体性。
- 顶棚（Revit 中称“天花板”）是楼盖层的下面部分。根据其构造的不同，分为抹灰顶棚、粘贴类顶棚和吊顶棚 3 种。

根据使用的材料不同，楼板分为木楼板、钢筋混凝土楼板、压型钢板组合楼板等。

- 木楼板是在由墙或梁支承的木搁栅上铺钉木板，木搁栅间是由设置增强稳定性的剪刀撑构成的。木楼板具有自重轻、保温性能好、舒适、有弹性、节约钢材和水泥等优点。但是易燃、易腐蚀、易被虫蛀、耐久性差，特别是需耗用大量木材。所以，此种楼板仅在木材采区使用。
- 钢筋混凝土楼板具有强度高、防火性能好、耐久、便于工业化生产等优点。此种楼板形式多样，是我国应用广泛的一种楼板。
- 压型钢板组合楼板是用截面为凹凸形压型钢板与现浇混凝土面层组合形成整体性很强的一种楼板结构。压型钢板的作用既为面层混凝土的模板，又起结构作用，从而增加楼板的侧向和竖向刚度，使结构的跨度加大，梁的数量减少，楼板自重减轻，加快施工进度，在高层建筑中得到广泛的应用。

在 Revit 中可以使用建筑楼板或结构楼板工具创建楼板层与地坪层。

地坪层主要由面层、垫层和基层组成，如图 3-86 所示。

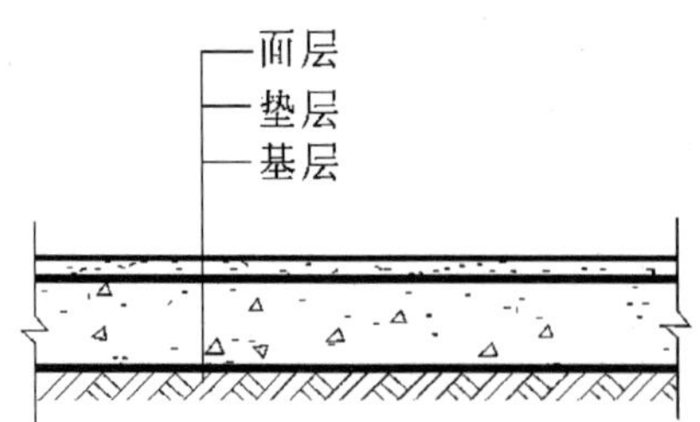

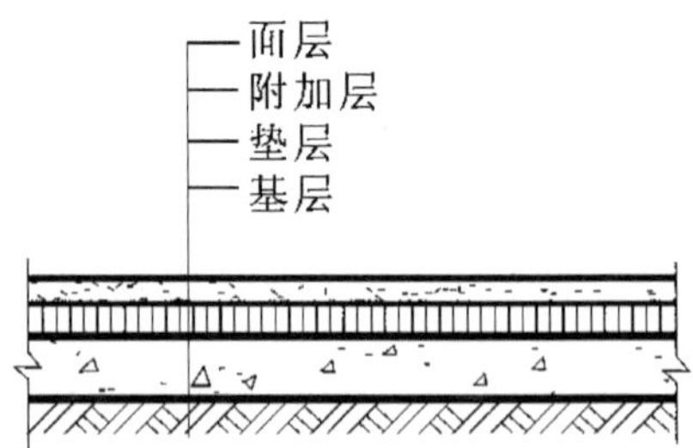

图 3-86　地坪层的组成

3.3.2　BIMSpace 楼板设计

鸿业乐建 2020 的楼板工具是智能化的，去除了 Revit 手动绘制楼板轮廓曲线的烦琐操作，同时使得楼板的编辑与操作变得轻松起来。

楼板工具包括【生成楼板】【自动拆分】【楼板合并】【楼板升降】【板变斜板】【楼板边缘】等。

- 【生成楼板】工具：此工具是根据用户选定的边界条件自动生成楼板，可以整体拾取楼层边界创建所有房间的楼板，也可以按照房间分区进行选择来创建独立房间的楼板。
- 【自动拆分】工具：利用选定的房间边界自动将该房间楼板从整体楼板中拆分。
- 【楼板合并】工具：将相邻房间的楼板进行合并。
- 【楼板升降】工具：可轻松地完成楼板的标高设置。
- 【板变斜板】工具：可将水平楼板倾斜放置，可绕边旋转形成倾斜和单边高度升降完成倾斜。
- 【楼板边缘】工具：创建楼板边缘，与 Revit 的【楼板：楼板边】相同。

下面用上机操作案例来演示这些楼板工具的应用。

上机操作　利用 BIMSpace 创建与编辑楼板

01　打开本例源文件“工厂厂房 . rvt”，该项目由两部分独立的主体建筑构成，两建筑底层高度落差 1. 2m 左右，如图 3-87 所示。

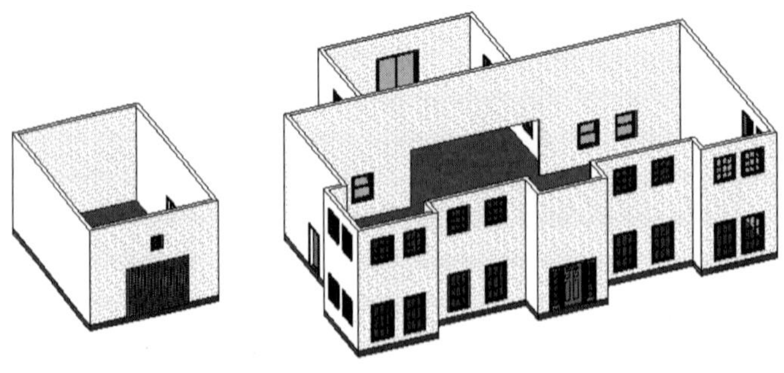

图 3-87　工厂厂房模型

02 切换视图到F2楼层平面视图。在【门窗\楼板\屋顶】选项卡的【楼板】面板中单击【生成楼板】按钮，弹出【楼板生成】对话框，如图3-88所示。对话框个选项含义如下：

- 【板类型】：板类型列表中列出当前项目中的所有板类型。若是当前项目中没有板类型，可提前利用云族360下载相关的建筑楼板。
- 【新建】：单击【新建】按钮，可以创建新的板类型，如图3-89所示。

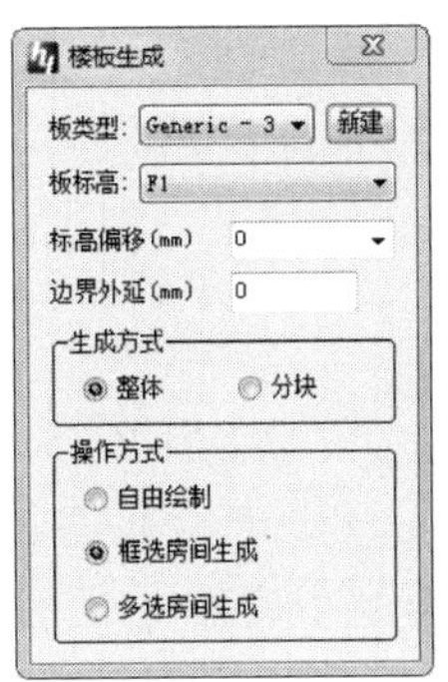

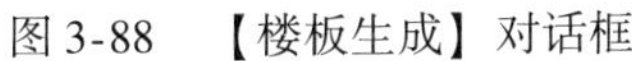
图3-88　【楼板生成】对话框

图3-89　新建楼板类型

- 【板标高】：选择当前项目中的标高来放置楼板。
- 【标高偏移】：调整楼板在标高位置上的上下偏置。
- 【边界外延】：设置楼板向墙体外延伸的距离。
- 【生成方式】：包括【整体】和【分块】，【整体】是创建所有房间的楼板，【分块】是选取部分房间创建楼板。
- 【操作方式】：选取房间的方式。【自由绘制】是通过区域绘制的方式来确定楼板大小，如图3-90所示。【框选房间生成】是通过框选方式确定要创建楼板的房间。【多选房间生成】是通过选取一个或多个房间的方式来确定楼板。对于后面两种操作方式，前提是要先创建房间。

03 选择【自由绘制】的操作方式，弹出【区域绘制】工具条。利用矩形命令绘制房间的楼板边界，如图3-91所示。

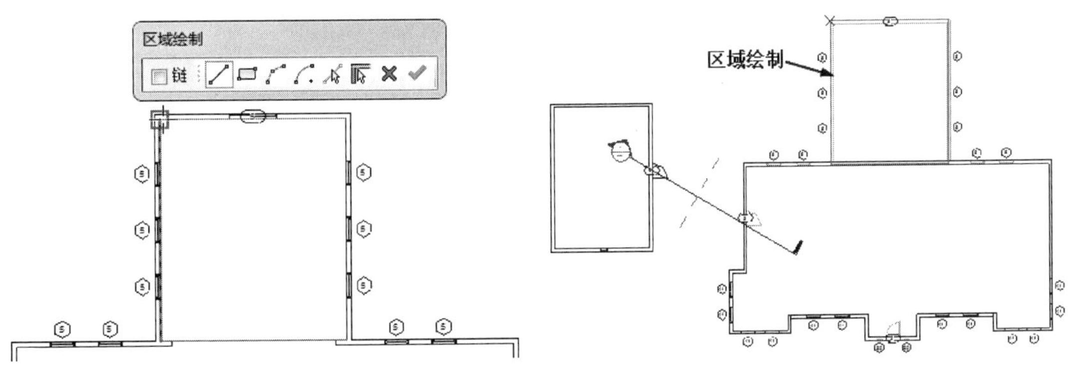

图3-90　区域绘制方式

图3-91　绘制楼板边界

04 单击【区域绘制】工具条的【完成绘制】按钮，弹出信息提示，表示楼板创建成功，如图3-92所示。

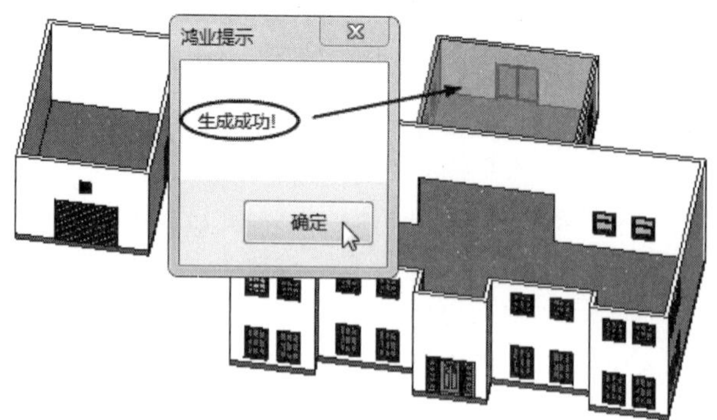

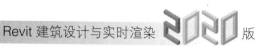

图 3-92　自动生成楼板

05 对于另两种操作方式，需要提前创建房间。在鸿业乐建 2020 的【房间＼面积】选项卡下单击【生成房间】按钮，然后在厂房二楼创建房间，如图 3-93 所示。

06 单击【生成楼板】按钮，弹出【楼板生成】对话框，选择【分块】生成方式，选择【多选房间生成】操作方式，然后选择创建的房间以生成楼板，如图 3-94 所示。须单击选项栏的【完成】按钮并提示“楼板生成成功”，才可生成楼板，否则按 Esc 键退出不会创建楼板。

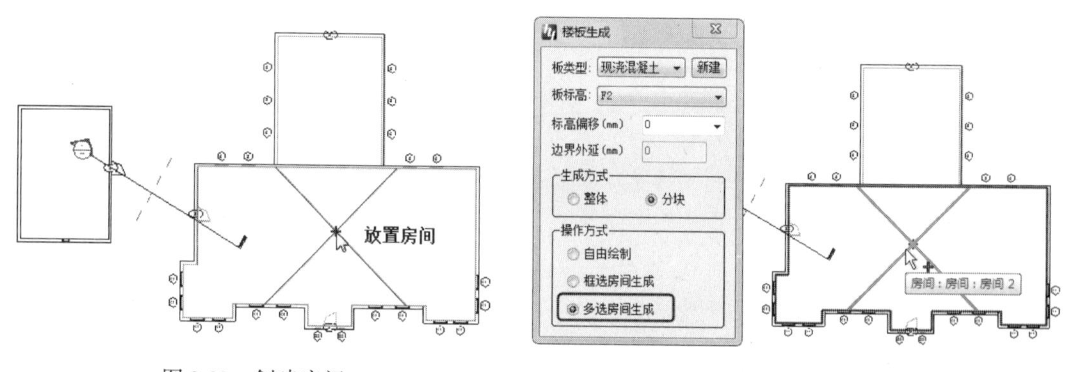

图 3-93　创建房间　　　　图 3-94　选择房间以生成楼板

07 单击【墙＼梁】选项卡下的【绘制墙体】按钮，在主厂房的二楼添加墙体，如图 3-95 所示。

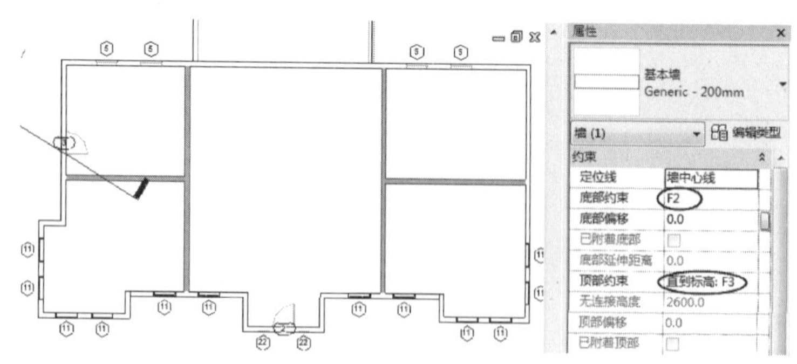

图 3-95　绘制墙体

08 切换视图到 F3 楼层平面，再利用【生成楼板】工具，在两个房间中以【自由绘制】的操作方式生成楼板，如图 3-96 所示。

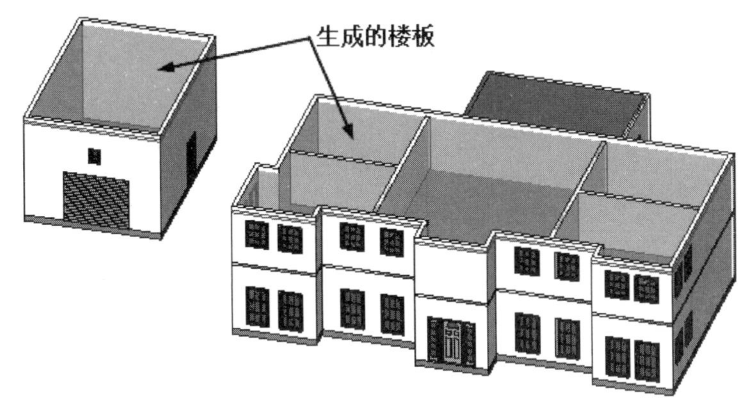

图 3-96　创建两个房间的楼板

09 由于前面创建的楼板边界均是外墙边界，可以利用【自动拆分】工具将楼板边界改为在墙体内侧或轴线位置上。单击【自动拆分】按钮，弹出【楼板自动拆分】对话框。保留默认的边界组成条件选项，选择要拆分的楼板为左边建筑的楼板，如图 3-97 所示。随后提示自动拆分成功，结果如图 3-98 所示。

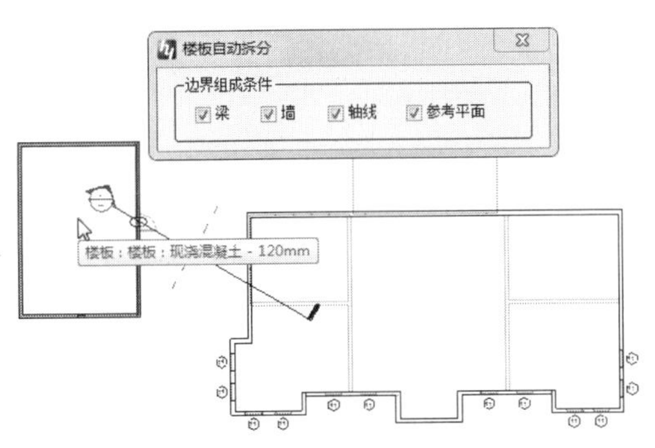

图 3-97　选择要拆分的楼板

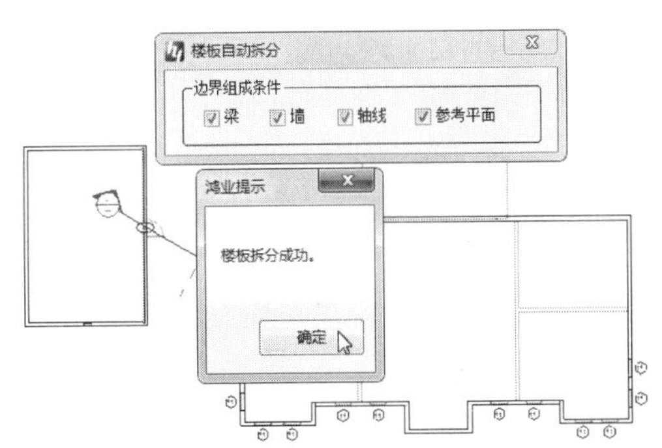

图 3-98　自动拆分完成

10 图 3-99 为自动拆分楼板的前后对比图。

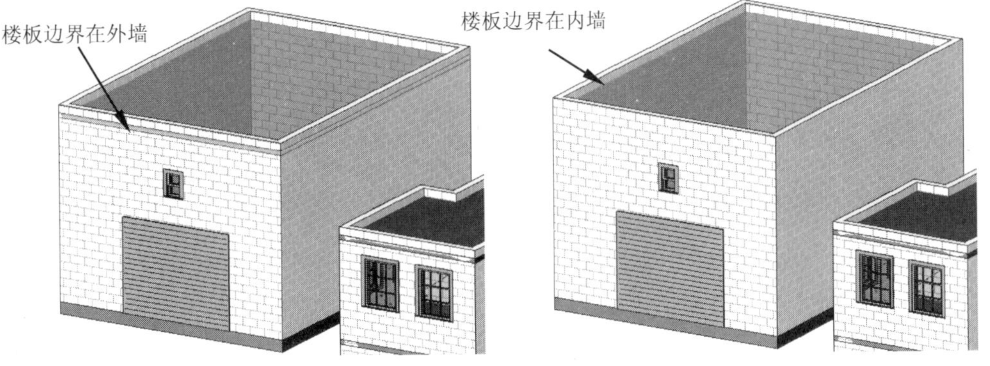

图 3-99　自动拆分楼板的前后对比图

11 单击【楼板升降】按钮，弹出【楼板升降】对话框。设置楼板偏移值 200，然后选择要升降的楼板，再单击选项栏的【完成】按钮，完成升降，如图 3-100 所示。

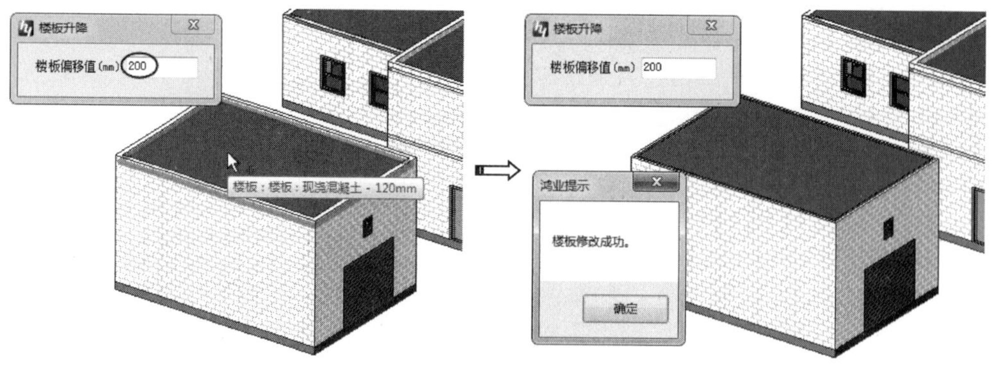

图 3-100　楼板升降操作

12 单击【楼变斜板】按钮，弹出【板变斜板】对话框。设置 Z 向偏移量的值为 −50，选择【选边倾斜】选项，然后选择要变斜的楼板，如图 3-101 所示。接着选择要倾斜的楼板边，如图 3-102 所示。随后自动完成楼板的倾斜。

图 3-101　选择要倾斜的楼板

图 3-102　选择要倾斜的楼板边

13 【楼板边缘】工具主要应用在砖混结构的悬挑和雨遮设计上。下面先创建雨遮，切换视图到 F2 视图平面，单击【生成楼板】按钮，弹出【楼板生成】对话框。设置楼板参数，然后绘制矩形区域，矩形的一条长边与大门同宽度，如图 3-103 所示。

14 单击【区域绘制】工具条的【完成绘制】按钮，自动生成楼板，如图 3-104 所示。

15 单击【楼板升降】按钮，弹出【楼板升降】对话框。设置楼板偏移值 −500，然后选择要升降的楼板，再单击选项栏的【完成】按钮，完成升降，如图 3-105 所示。

16 由于楼板升降工具对一次的升降高度有限制要求（从 500 到 −500 之间），因此需要再次升降该楼板，楼板偏移值为 −320，完成最终的升降，此块楼板即为雨遮板。

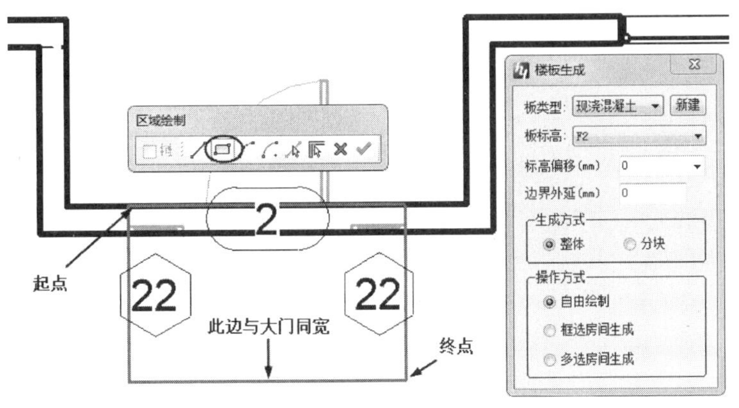

图 3-103　绘制矩形区域

图 3-104　自动生成楼板

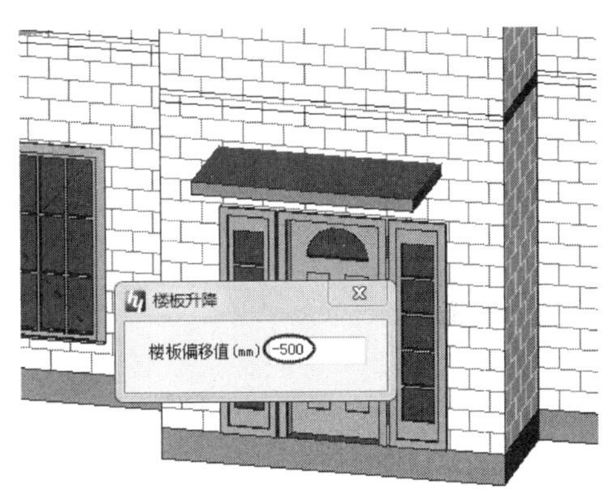

图 3-105　自动升降楼板

17　在此楼板与大门门框之间的距离仅有 150mm，刚好可以在雨遮板底部添加楼板边缘。将视觉样式设为【线框】，单击【楼板边缘】按钮，然后选择雨遮板在墙内一侧的边，随后自动添加楼板边缘，如图 3-106 所示。

18　通过使用【修改】选项卡的【对齐】工具，将楼板边缘底部面与大门框顶部面对齐，再将楼板边缘外部面与外墙面对齐，如图 3-107 所示。

图 3-106　拾取楼板边添加楼板边缘

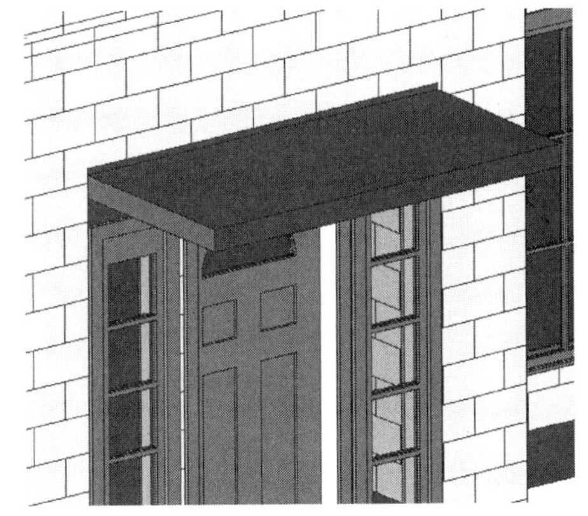

图 3-107　将楼板边缘与门框顶和外墙面对齐

19 使用【修改】选项卡的【连接】工具，将楼板边缘和墙体进行连接。

3.3.3 BIMSpace 女儿墙设计

女儿墙（又名：孙女墙）是建筑物屋顶四周围的矮墙，主要作用除维护安全外，亦会在底处施作防水压砖收头，以避免防水层渗水，或是屋顶雨水漫流。依国家建筑规范规定，可以上人的建筑屋面女儿墙高度一般不得低于1.1m，最高不得大于1.5m，以起到很好的安全保护作用。

上机操作 自动女儿墙设计

01 打开本例的源文件“宿舍楼.rvt”，如图3-108所示。

02 单击【自动女儿墙】按钮，弹出【自动创建女儿墙】对话框，如图3-109所示。各选项含义如下：

- 【名称】：可设置女儿墙的名称。
- 【墙体高度】：可设置墙体的高度。
- 【墙体厚度】：可设置墙体的厚度。
- 【载入轮廓】：可载入用户自建的轮廓族。
- 【压顶】：可设置女儿墙是否有压顶，可选择压顶形式。

图3-108 宿舍楼模型

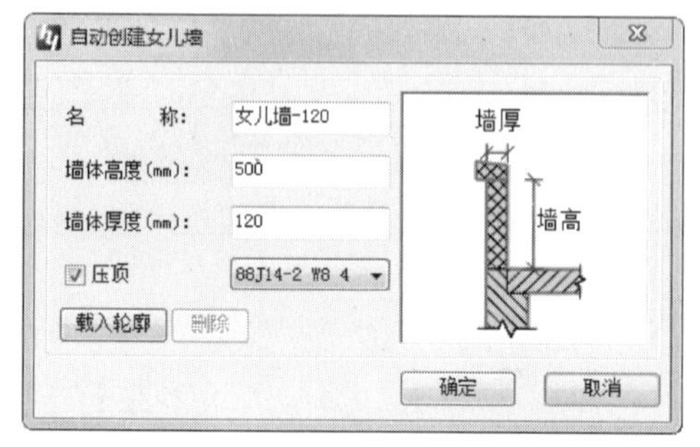

图3-109 【自动创建女儿墙】对话框

03 单击【载入轮廓】按钮，从本例源文件夹中载入“女儿墙饰条.rfa”族文件，加载后选择“女儿墙饰条”作为新的压顶形式，重新设置墙体高度和墙体厚度，单击【确定】按钮，自动创建女儿墙。从创建的女儿墙看，饰条面应朝向外，另外还有断口，都需要重新进行编辑，如图3-110所示。

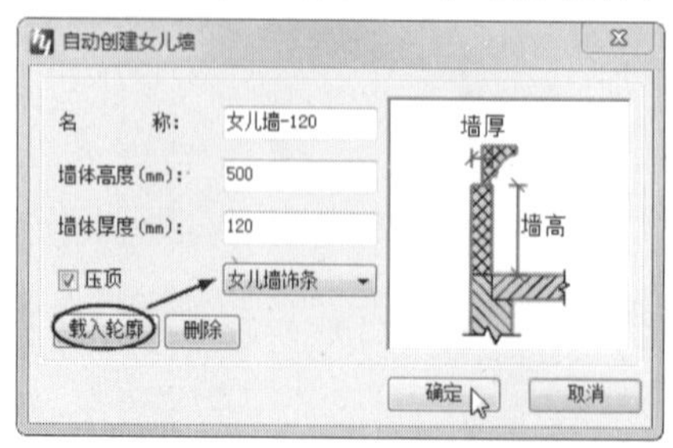

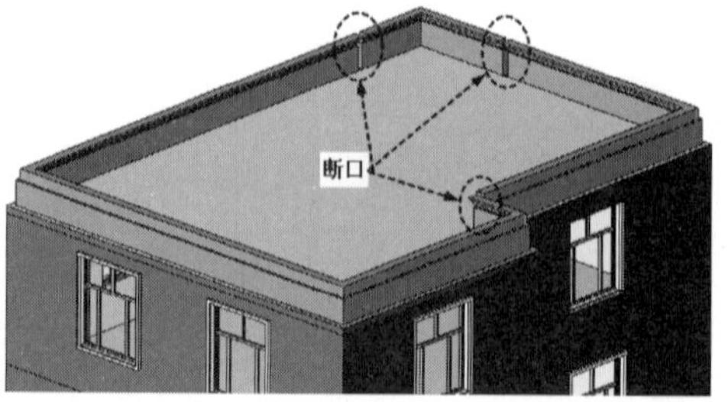

图3-110 自动创建女儿墙

04 改变女儿墙的朝向，切换到F5楼层平面视图。选择每一段女儿墙，单击【修改墙的方向】箭头，改变墙体朝向，如图3-111所示。

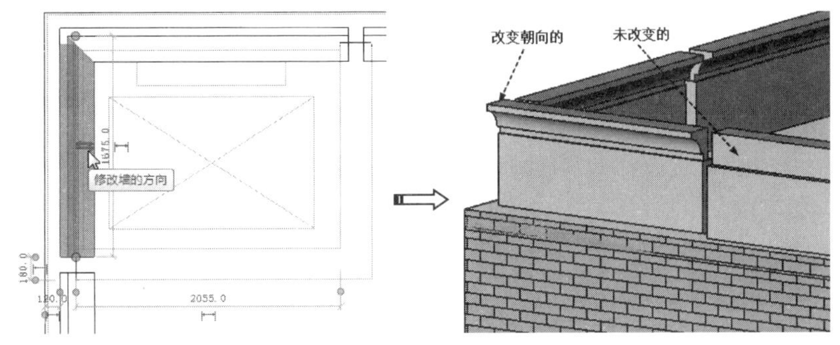

图3-111 修改女儿墙的朝向

05 在3D视图中通过使用【修改】选项卡中的【对齐】工具，将女儿墙的面与砖墙面对齐，如图3-112所示。

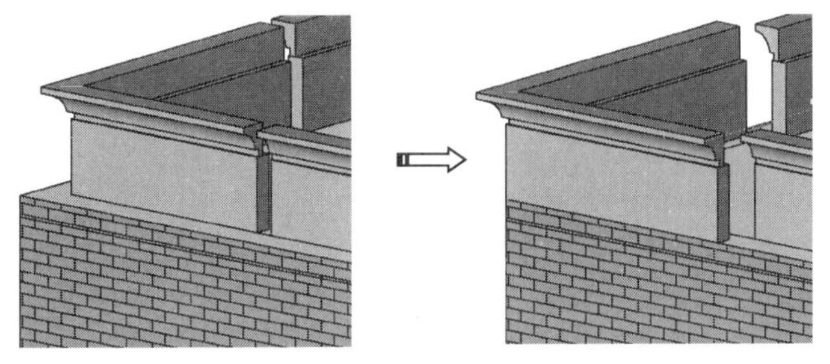

图3-112 对齐墙面

06 同理，用对齐方式对将断开地方的女儿墙进行修补，如图3-113所示。

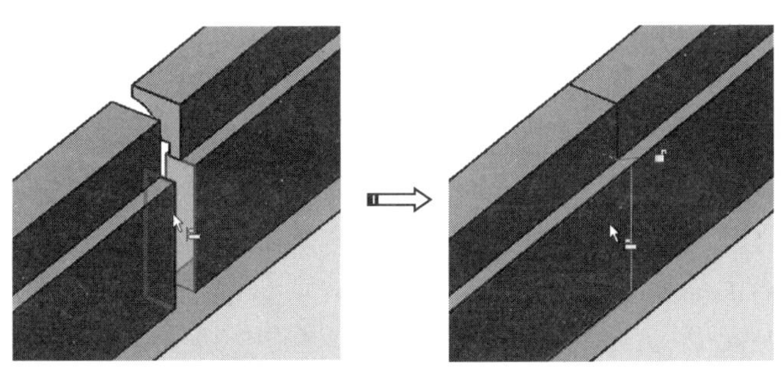

图3-113 修改断开的缺口

上机操作 手工女儿墙设计

01 如果是顶层墙体中还有内墙，就不太适合自动创建女儿墙，可以使用【手动女儿墙】工具，这里删除前面创建的自动女儿墙，再切换到F5平面视图中。

02 单击【手动女儿墙】按钮，弹出【手工创建女儿墙】对话框。保留前面创建自动女儿墙时的墙参数，单击【编辑定位线】按钮，通过直线命令绘制定位线，如图 3-114 所示。

03 这里绘制的定位线中间出现了一个方向箭头，此箭头是用来改变女儿墙朝向的，如图 3-115 所示。

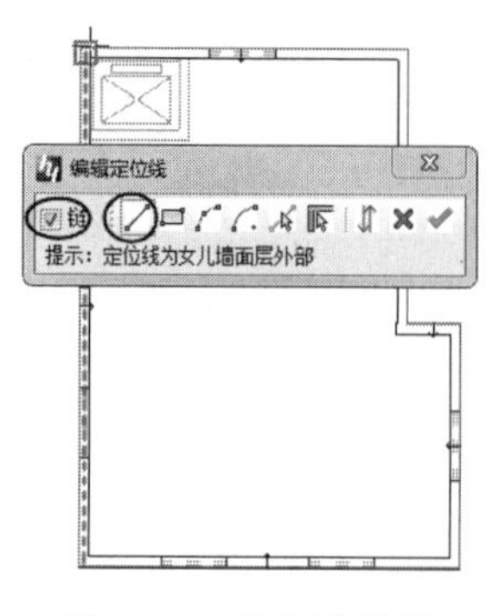

图 3-114　绘制定位线

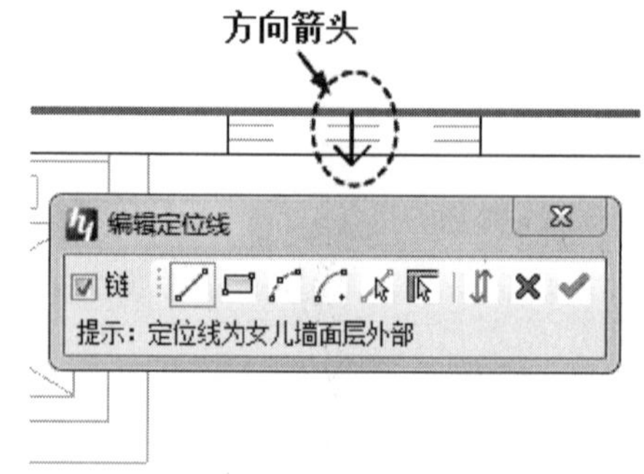

图 3-115　改变朝向的方向箭头

04 默认情况下，女儿墙的朝向是向内的，从自动女儿墙就可以看出，因此需要更改朝向。在【编辑定位线】工具条单击【朝向翻转】按钮，然后用框选的方式选取方向箭头，完成朝向更改，如图 3-116 所示。

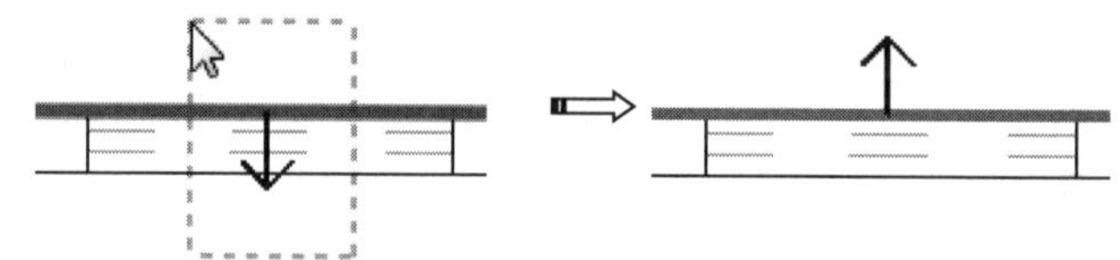

图 3-116　改变朝向

05 同理，其余定位线也改变其朝向。单击【编辑定位线】工具条的【绘制完成】按钮，返回到【手工创建女儿墙】对话框，再单击【确定】按钮，完成女儿墙的创建，如图 3-117 所示。

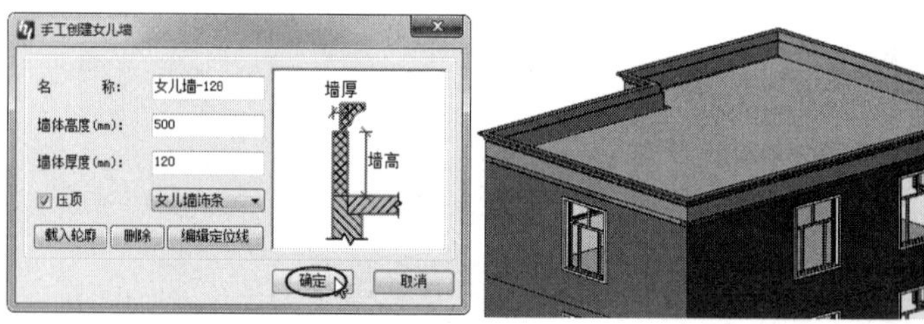

图 3-117　完成女儿墙的手工创建

06 保留建筑项目文件。

技术要点	从自动创建女儿墙和手工创建女儿墙的效果来看，自动生成的女儿墙有一定的限制，墙体必须是只有外墙不能有内墙，且容易产生断开及缺口，而且女儿墙的朝向也是需要更改的，手工创建女儿墙正好完美解决了自动创建问题。此外，加载的女儿墙饰条族，可以创建轮廓自定义的轮廓族。

第 4 章

房间与楼梯坡道设计

案例展现

案　例　图	描　　述	案　例　图	描　　述
	建筑物中有各种各样常见的“井”，例如天井、电梯井、楼梯井、通风井、管道井等		老虎窗也叫屋顶窗，最早在我国出现，其作用是透光和加速空气流通。
	房间中包括房间编号、房间面积和房间图例		房间创建后，可以在房间中计算面积，根据房间使用功能的不同，绘制房间功能图例、防火分区及图例等

案　例　图	描　　述
	楼梯设计采用何种结构类型，关键取决于楼梯间的空间尺寸，如长、宽和标高。既要保证楼梯结构设计的合理性，更要保证人走梯步的舒适性
	台阶工具用于绘制矩形单面和矩形三面的台阶，可根据用户自定义的底标高和顶标高绘制台阶。坡道工具包括【入门坡道】工具和【无障碍坡道】两种。坡道是楼梯的一种简易结构形式

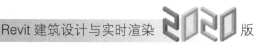

本章导读

建筑墙体、楼板、屋顶及天花板创建完成后，可以创建房间和房间面积。房间是对建筑模型中的空间进行细分，便于在室内装修设计中进行材料计算和室内建筑平面图的绘制。楼梯、坡道及雨篷是建筑物中不可或缺的重要组成单元，因使用功能不同，其设计细则也是不同的。

4.1 Revit 洞口设计

在 Revit 软件里，我们不仅可以通过编辑楼板、屋顶、墙体的轮廓来实现开洞口，软件还提供了专门的“洞口”命令来创建面洞口、垂直洞口、竖井洞口、老虎窗洞口等，如图 4-1 所示。

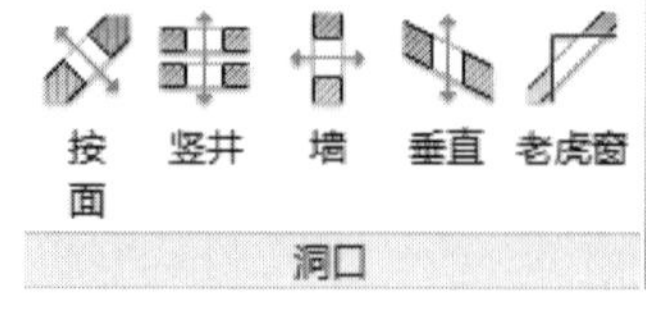

图 4-1　洞口工具

此外，对于异型洞口造型，我们还可以通过创建内建族的空心形式，应用剪切几何形体命令来实现。

4.1.1 楼梯竖井设计

建筑物中有各种各样常见的“井”，例如天井、电梯井、楼梯井、通风井、管道井等。这类结构的井，在 Revit 中可以通过【竖井】洞口工具来创建。

下面以某乡村简约别墅的楼梯井创建为例，详解【竖井】洞口工具的应用。别墅模型中已经创建了楼梯模型，按建筑施工流程来说，每一层应该是先有洞口后有楼梯，如果是框架结构，楼梯和楼板则一起施工与设计。在本例中，先创建楼梯是为了便于能看清洞口的所在位置，起参照作用。

上机操作 创建楼梯井

01 打开本例源文件“简约别墅.rvt”项目文件，如图 4-2 所示。

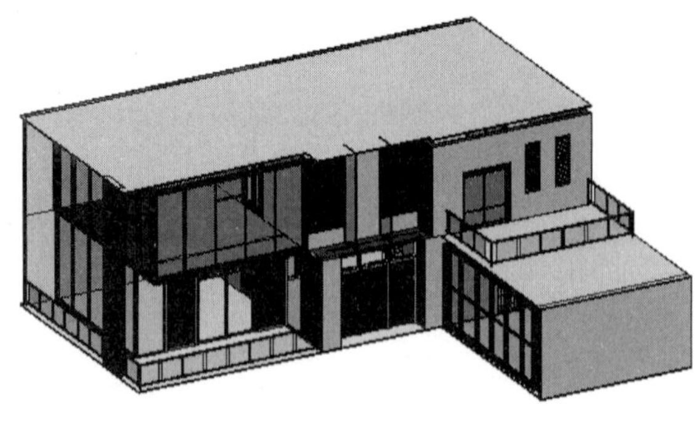

图 4-2　简约别墅

技术要点	楼梯间的洞口大小由楼梯上、下梯步的宽度和长度决定，当然也包括楼梯平台或和中间的间隔。多数情况下，实际工程中楼梯洞口周边要么是墙体，要么是结构梁。

02 楼层总共是两层，也就是在第一层楼板和第二层楼板上创建楼梯间洞口，如图 4-3 所示。

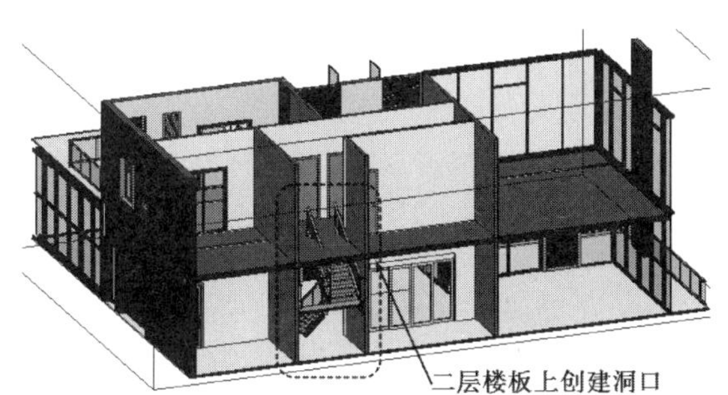

图 4-3　洞口创建示意图

03 切换视图到标高 1 楼层平面视图，在【建筑】选项卡的【洞口】面板中单击【竖井】按钮，激活【修改 | 创建竖井洞口草图】上下文选项卡。

04 在属性选项板设置相关属性和参数，如图 4-4 所示。

05 利用【矩形】命令绘制洞口边界（轮廓草图），如图 4-5 所示。

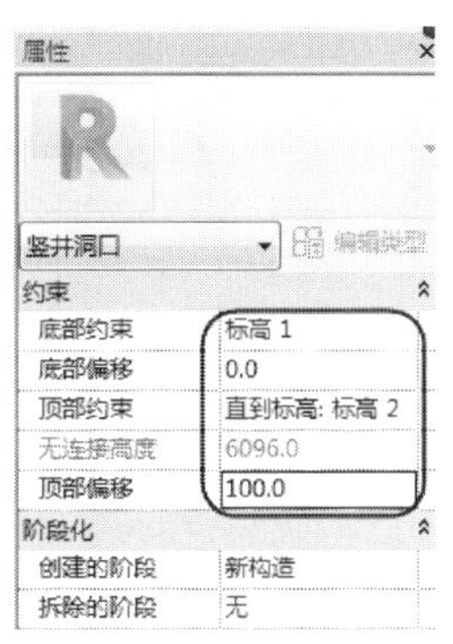

图 4-4　设置属性和参数

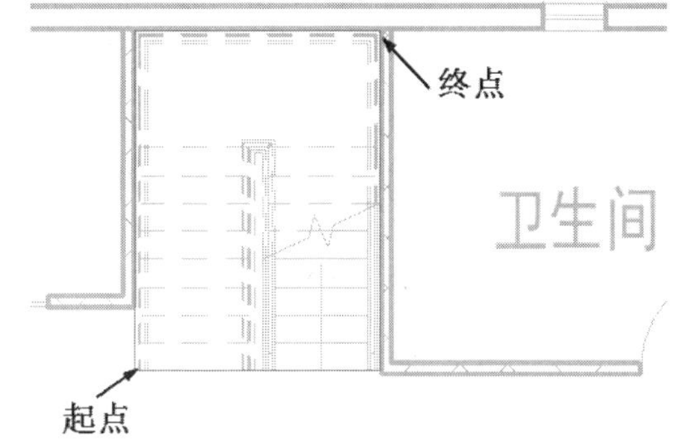

图 4-5　绘制洞口草图

06 单击【完成编辑模式】按钮，完成楼梯间竖井洞口的创建，如图 4-6 所示。

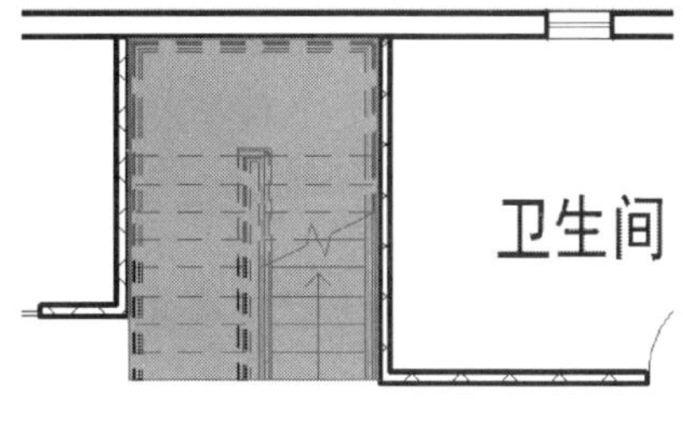

楼层平面图

三维视图

图 4-6　创建完成的楼梯间竖井洞口

07 保存项目文件。

4.1.2 老虎窗设计

老虎窗也叫屋顶窗，其作用在我国是透光和加速空气流通。后来在上海的洋人带来了西式建筑风格，其顶楼也开设了屋顶窗，英文的屋顶窗叫 Roof，译音跟“老虎”近似，所以有了“老虎窗”一说。

中式的老虎窗主要在中国农村地区的建筑中存在，如图 4-7 所示。西式的老虎窗像别墅之类的建筑都有开设，如图 4-8 所示。

图 4-7 中式农村建筑老虎窗

图 4-8 西式别墅的老虎窗

上机操作 创建老虎窗

图 4-9 为添加老虎窗前后的对比效果。

图 4-9 添加老虎窗前后对比

01 打开本例项目文件“小房子 . rvt”（图 4-9 中左图），切换视图到 F2 楼层平面视图。

02 在【建筑】选项卡的【构建】面板中单击【墙】按钮，打开【修改 | 放置墙】上下文选项卡。在【属性】选项面板的类型选择器中选择【混凝土 125mm】墙体类型，并设置约束参数，如图 4-10 所示。

03 在【修改 | 放置墙】上下文选项卡的【绘制】面板中单击【直线】按钮，绘制出图 4-11 所示的墙体。绘制墙体后连续按两次 Esc 键结束绘制。

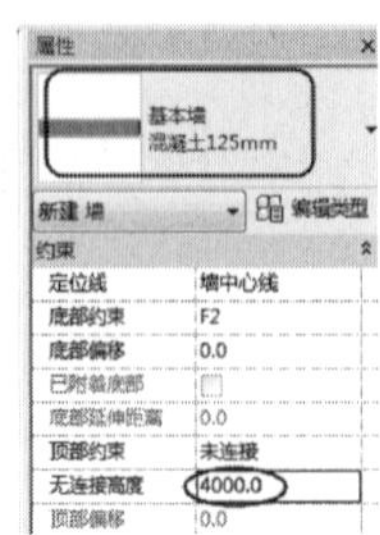

图 4-10 选择墙体类型

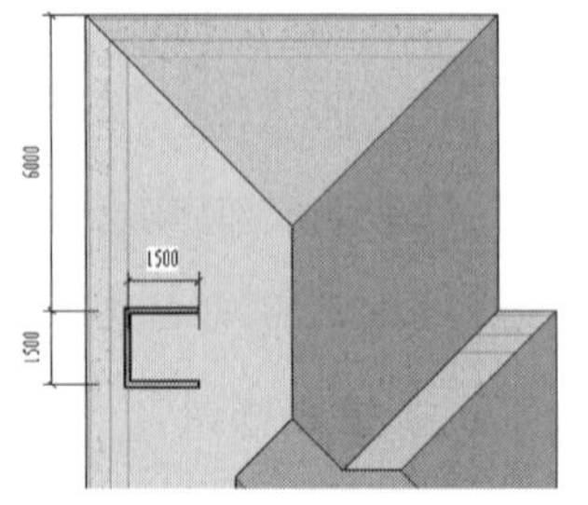

图 4-11 绘制墙体

04 选中创建的墙体，在【修改墙】面板中单击【附着墙：顶部/底部】按钮，在选项栏中选中【底部】选项，再选择坡度迹线屋顶作为附着对象，完成修剪操作，如图 4-12 所示。

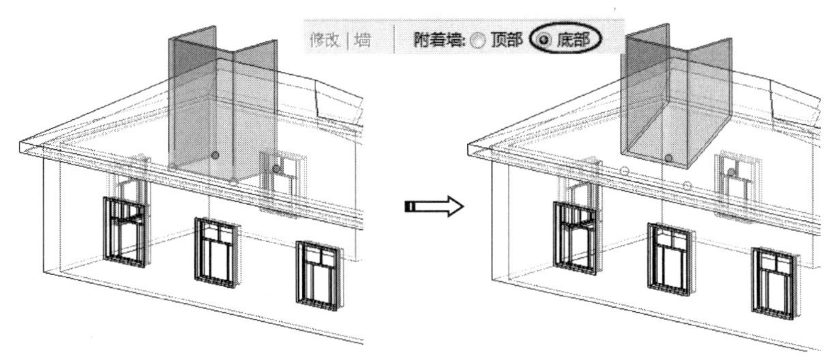

图 4-12　修剪墙体

05 切换至【建筑】选项卡【构建】面板中，单击【屋顶】命令下拉菜单中的【拉伸屋顶】命令，弹出【工作平面】对话框，保留默认选项单击【确定】按钮，拾取工作平面，如图 4-13 所示。

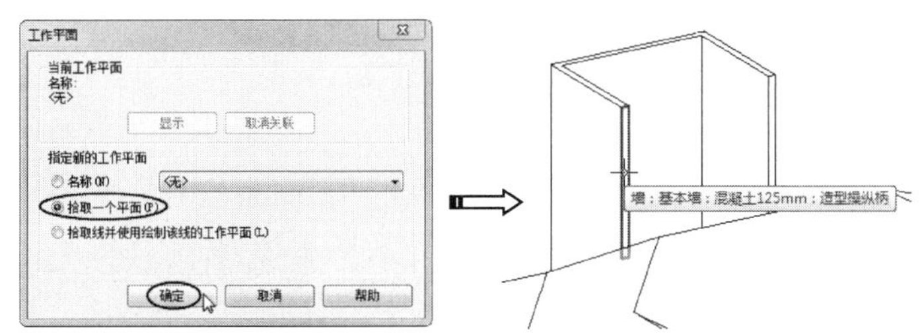

图 4-13　拾取工作平面

06 在弹出的【屋顶参照标高和偏移】对话框中保留默认选项并单击【确定】按钮，关闭此对话框，然后绘制图 4-14 所示的人字形直线。

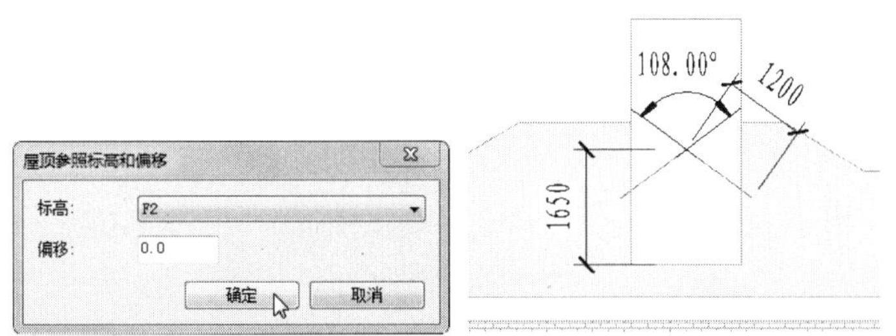

图 4-14　绘制人字形屋顶曲线

07 在【属性】选项面板中选择基本屋顶类型为“架空隔热保温屋顶 – 混凝土”，设置拉伸终点为 –2000，如图 4-15 所示。

08 单击【编辑类型】按钮，打开【类型属性】对话框，再单击结构栏的【编辑】按钮，设置屋顶结构参数（多余的层删除），如图 4-16 所示。

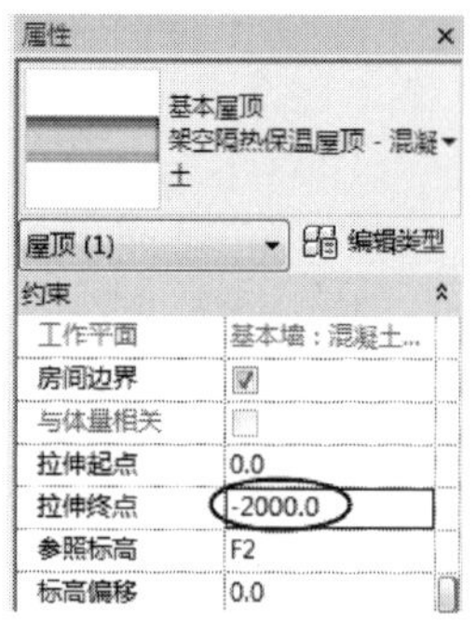

图 4-15　选择基本屋顶类型

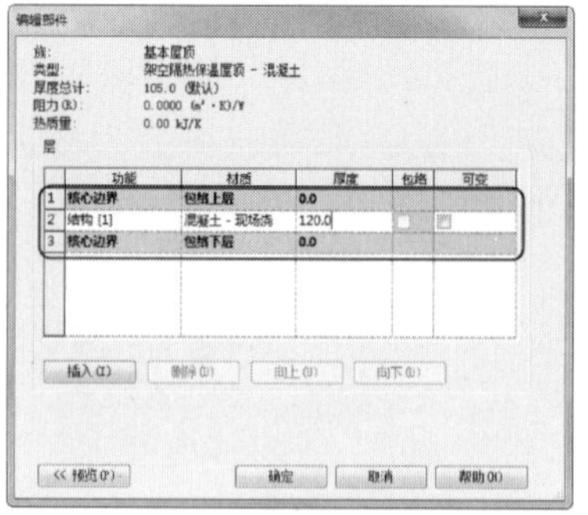

图 4-16　编辑屋顶结构

09 在【修改 | 创建拉伸屋顶轮廓】上下文选项卡的【模式】面板中单击【完成编辑模式】按钮，完成人字形屋顶的创建，结果如图 4-17 所示。

10 选中 3 段墙体，在【修改墙】面板中单击【附着墙：顶部/底部】按钮，在选项栏选中【顶部】选项，接着再选择拉伸屋顶作为附着对象，完成修剪操作，如图 4-18 所示。

图 4-17　创建人字形屋顶

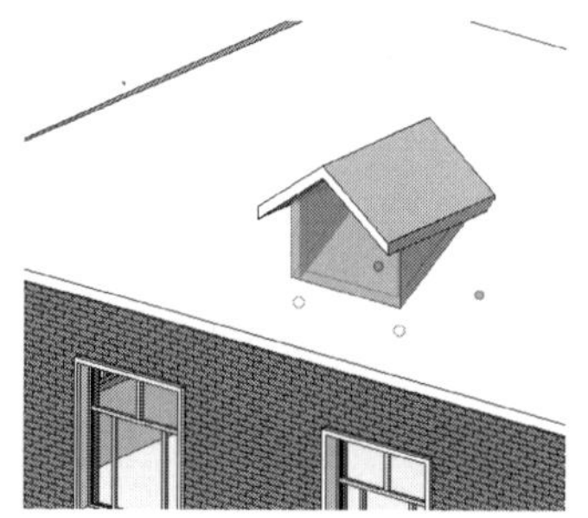

图 4-18　修剪墙体

11 编辑人字形屋顶部分。首先选中人字形屋顶使其变成可编辑状态，同时打开【修改 | 屋顶】上下文选项卡。

12 在【几何图形】面板中单击【连接/取消连接屋顶】按钮，按信息提示先选取人字形屋顶的边以及大屋顶斜面作为连接参照，随后自动完成连接，结果如图 4-19 所示。

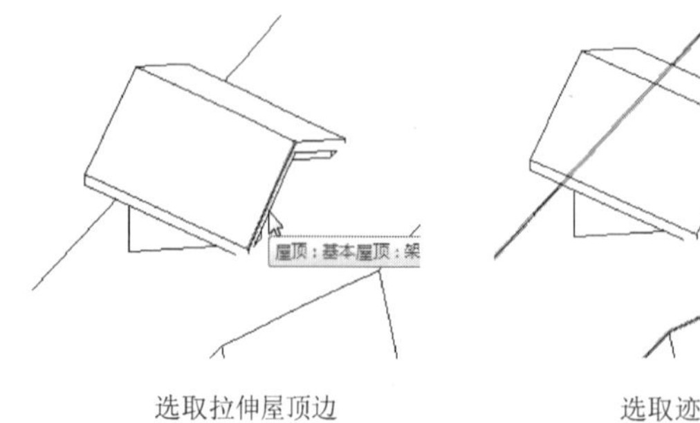

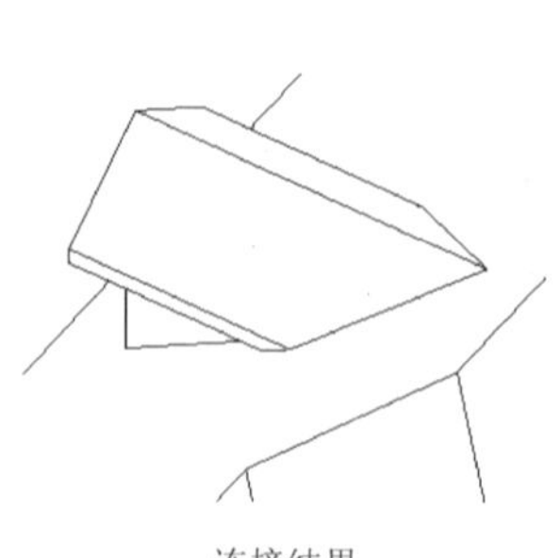

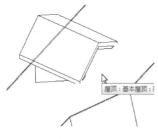

选取拉伸屋顶边　　选取迹线屋顶面　　连接结果

图 4-19　编辑人字形屋顶的过程

13　创建大老虎窗洞口。在【建筑】选项卡的【洞口】面板中单击【老虎窗】按钮，再选择迹线大屋顶作为要创建洞口的参照。将视觉样式设为【线框】，然后选取老虎窗墙体内侧的边缘，如图 4-20 所示。通过拖动线端点来修剪和延伸边缘，结果如图 4-21 所示。

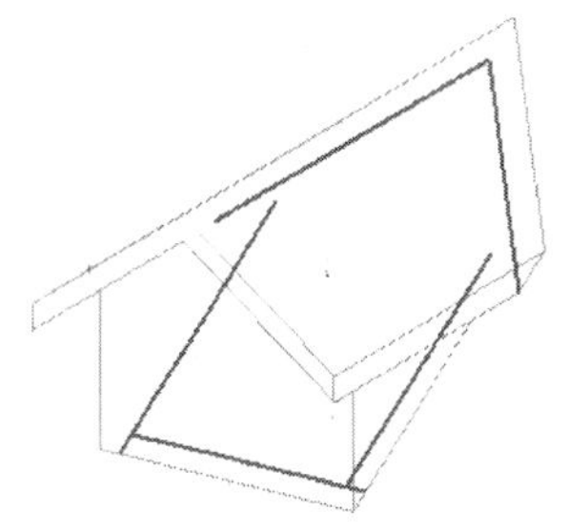

图 4-20　选取老虎窗墙体内侧边缘

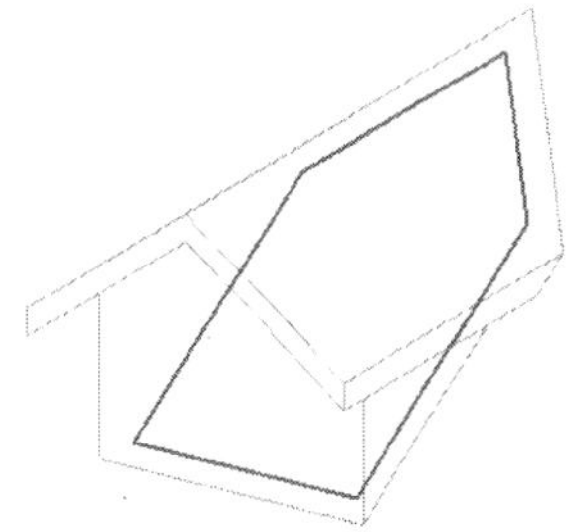

图 4-21　修剪选取的边缘

14　单击【完成编辑模式】按钮，完成老虎窗洞口的创建。隐藏老虎窗的墙体和人字形屋顶图元，查看老虎窗洞口，如图 4-22 所示。

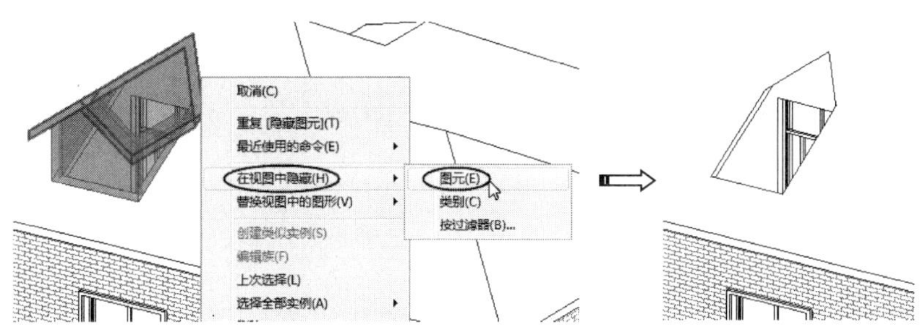

图 4-22　查看老虎窗洞口

15　添加窗模型。在【插入】选项卡单击【载入族】按钮，从 Revit 系统中载入【建筑】|【窗】|【装饰窗】|【西式】|【弧顶窗 2】窗族，如图 4-23 所示。

16　切换视图为左视图，在【建筑】选项卡单击【窗】按钮，然后在【属性】选项面板中选择【弧顶窗 2】窗族，单击【编辑类型】按钮，编辑此窗族的尺寸，如图 4-24 所示。

图 4-23　载入族

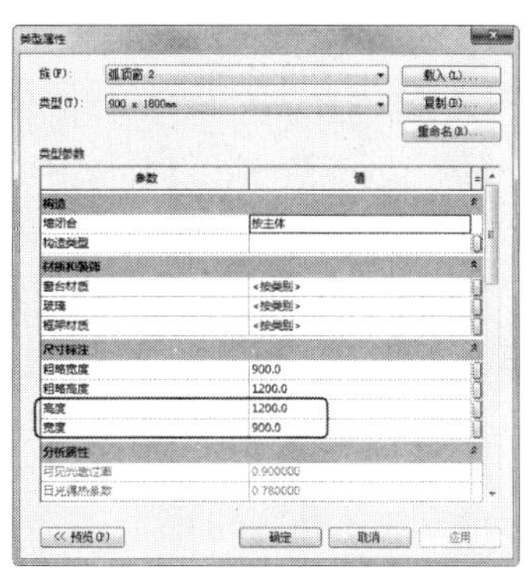

图 4-24　编辑族尺寸

17 将上一步创建的窗模型添加到老虎窗墙体中间，如图 4-25 所示。

图 4-25 添加窗族

18 添加窗模型后，按 Esc 键结束操作，至此完成了老虎窗的添加。

4.1.3 其他洞口工具

1. 【按面】洞口工具

利用【按面】洞口工具可以创建出与所选面法向垂直的洞口，如图 4-26 所示。创建过程与【竖井】洞口工具相同。

图 4-26 用【按面】工具创建的洞口

2. 【墙】洞口工具

利用【墙】洞口工具可以在墙体上开出洞口，如图 4-27 所示。墙体不管是常规墙（直线墙）还是曲面墙，其创建过程都大致相同。

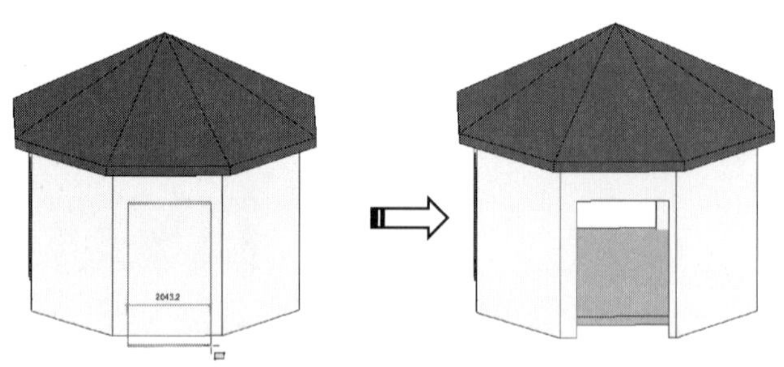

图 4-27 创建【墙】洞口

3. 【垂直】洞口工具

【垂直洞口】工具也是用来创建屋顶天窗的工具。垂直洞口和按面洞口所不同的是洞口的切口方向。垂直洞口的切口方向为面的法向，按面洞口的切口方向为楼层竖直方向，图 4-28为【垂直】洞口工具在屋顶上开洞的应用。

垂直洞口

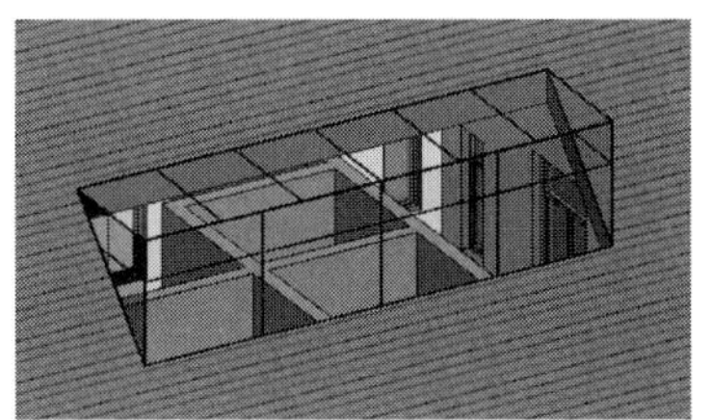

添加幕墙

图 4-28　【垂直】洞口工具的应用

4.2 BIMSpace 房间设计

房间是基于图元（例如，墙、楼板、屋顶和天花板）对建筑模型中的空间进行细分的部分。使用“房间”工具在平面视图中创建房间，或将其添加到明细表内便于以后放置在模型中，图 4-29 为楼层平面视图中创建房间。

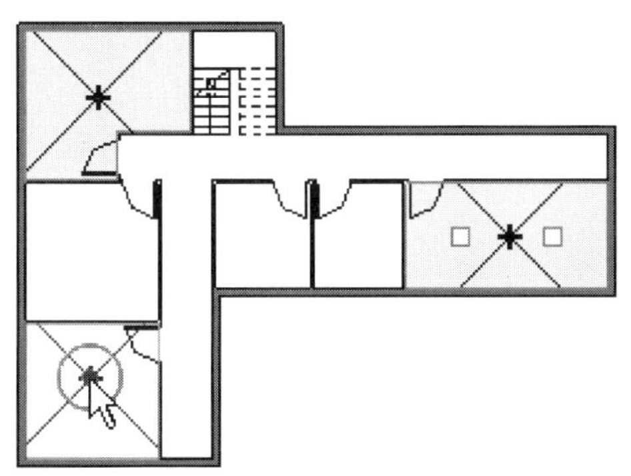

图 4-29　在楼层平面视图中创建房间

BIMSpace 鸿业乐建 2020 的房间设计工具如图 4-30 所示。

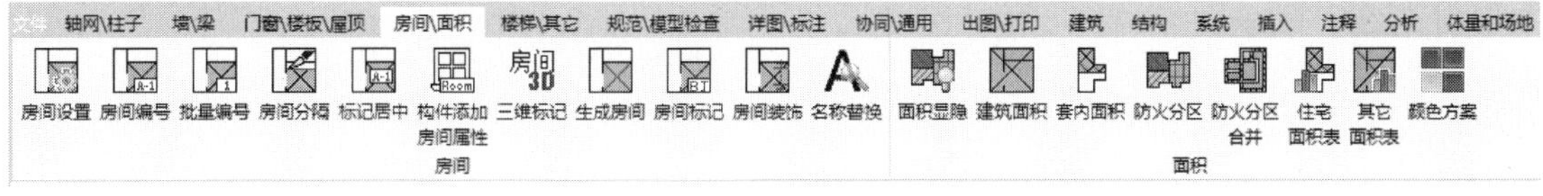

图 4-30　房间设计工具

4.2.1 房间设置

【房间设置】工具对当前项目楼层平面视图中各房间的房间名称、户型名称和编号、房间编号、前后缀、房间面积、面积符号等进行显示设置。

单击【房间设置】按钮，弹出【房间设置】对话框，如图 4-31 所示。可以勾选是否标注房间名称、房间的编号和房间面积，另外也可以勾选是否更改已经添加好的房间标记。

4.2.2 创建房间

【房间】面板中的房间工具介绍如下：

- 【房间编号】：通过房间设置之后可以采取框选或者点选的方式对房间进行标记。
- 【批量编号】：可对所选房间进行批量的相同编号。
- 【房间分隔】：使用“房间分隔”工具可添加和调整房间边界。房间分隔线是房间边界。在房间内指定另一个房间时，分隔线十分有用，如起居室中的就餐区，此时房间之间不需要墙。房间分隔线在平面视图和三维视图中可见。
- 【标记居中】：使用此工具使房间标记居于房间中心。
- 【构件添加房间属性】：批处理把全部模型中的族实例赋予其所在的房间名称和房间编号信息。
- 【三维标记】：生成包含任意房间参数值三维房间名称。
- 【生成房间】：根据参数在平面视图批量生成房间。
- 【房间标记】：自动生成房间标记。
- 【房间装饰】：可对所选房间添加装饰墙、天花板、楼地面和踢脚等构件。
- 【名称替换】：在指定视图快速地完成房间名称查找与替换的工作。

下面通过办公楼的项目案例进一步说明房间编号及相关操作，本案例是某政府行政办公楼建筑项目，如图 4-32 所示。

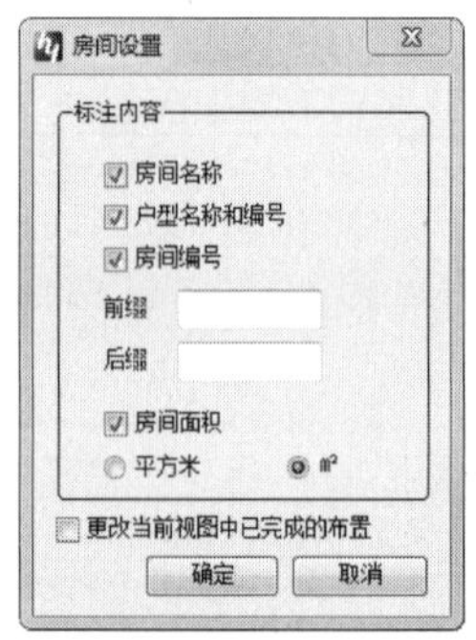

图 4-31 【房间设置】对话框

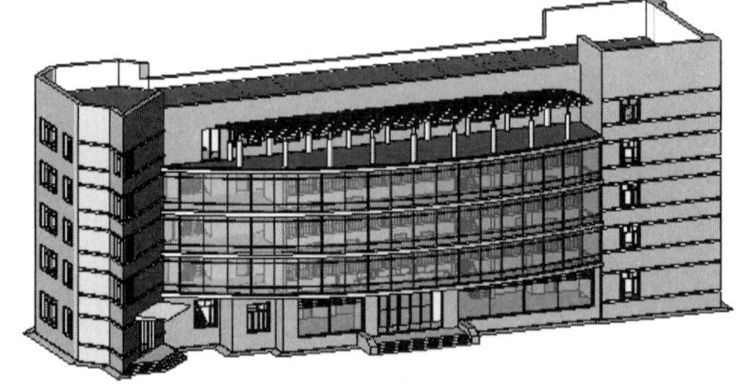

图 4-32 办公楼模型

上机操作 房间编号

01 打开本例源文件“办公楼 . rvt”，切换视图到 F1 楼层平面视图。

02 单击【房间编号】按钮，弹出【房间编号】对话框。在对话框【办公】标签当中首先单击【开敞办公区】按钮，然后对该房间重标注名称为【办证大厅】，房间编号、面积系数和楼号等保留默认，如图 4-33 所示。

- 【设置】按钮：单击此按钮，可以打开【房间设置】对话框，设置标注内容的显示。
- 【框选】按钮：单击此按钮，可以框选的方式选择要进行编号的房间。
- 【点选】按钮：单击此按钮，可以通过选取房间编号的具体位置来放置编号。

03 单击【点选】按钮，然后在视图中放置房间编号，并自动生成房间，如图 4-34 所示。

图 4-33　设置房间编号参数

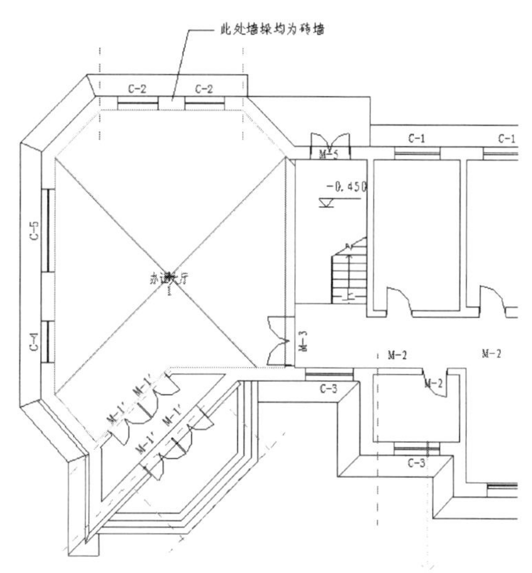

图 4-34　放置房间编号

04 同理，继续创建“休息厅”“办公室”“档案室”“配电间”“车库”“值班室”“卫生间”及“管理室”等房间编号（仅留下 1 个大厅不创建），如图 4-35 所示。

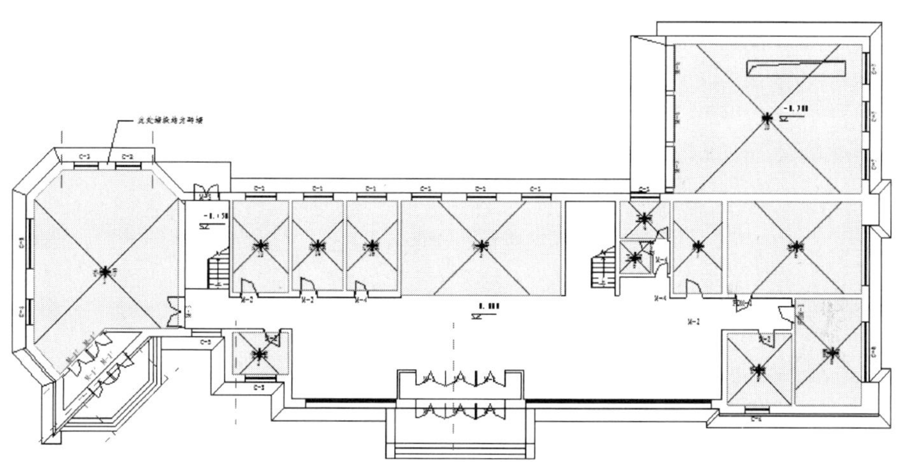

图 4-35　创建其余房间的编号

05 在休息厅旁边是 3 间办公室，可以单击【批量编号】按钮，在弹出的【房间批量编号】对话框中设置房间编号、编号前缀、后缀等，单击【选择房间】按钮，选择 3 间办公室进行编号，单击选项栏的【完成】按钮完成操作，如图 4-36 所示。

06 F1 楼层中还有大厅和两个楼梯间没有编号，主要是大厅与楼梯间没有隔开。单击【房间分割】按钮，然后利用直线命令绘制两条直线，绘制后自动完成房间的分割，如图 4-37 所示。

07 利用【房间编号】工具，对楼梯间和大厅进行编号，如图 4-38 所示。

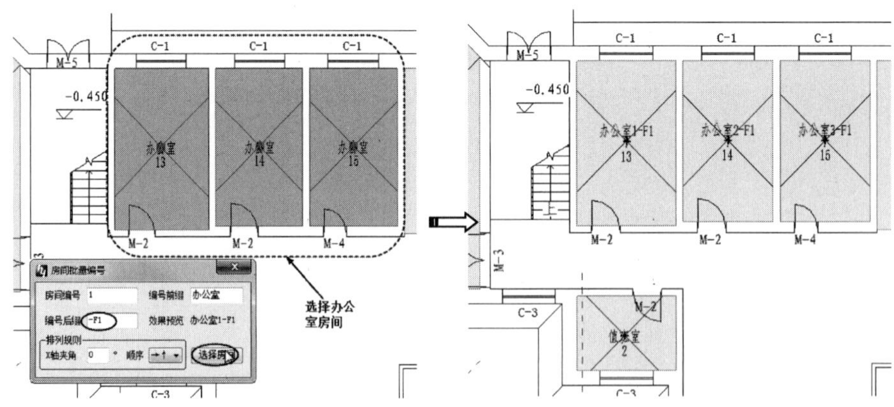

图 4-36　批量编号房间

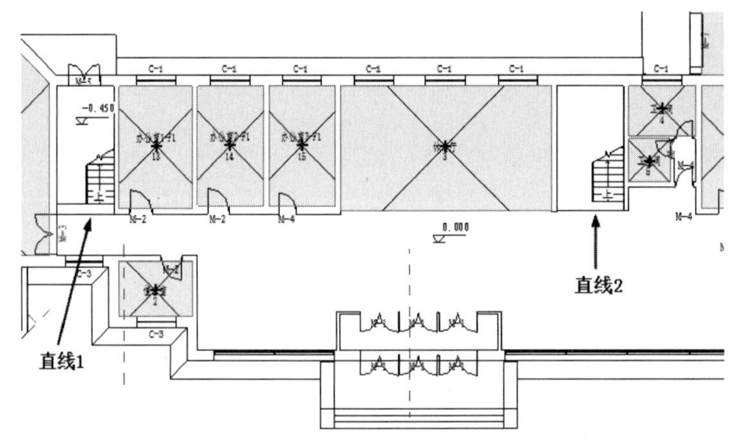

图 4-37　房间分割

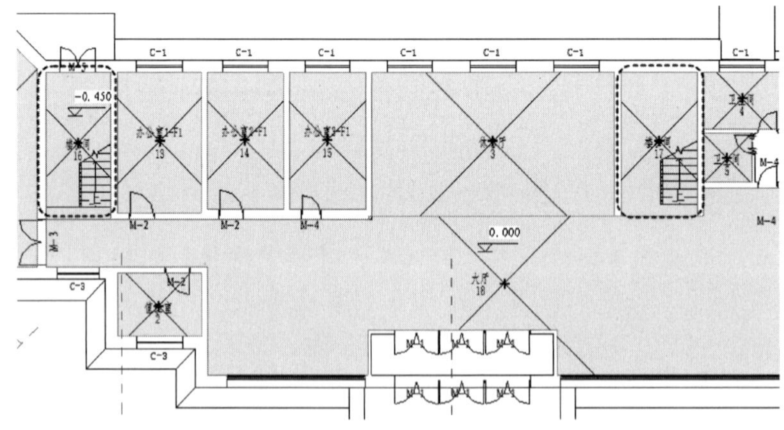

图 4-38　给楼梯间和大厅编号

08 单击【标记居中】按钮，框选要居中的房间标记，使房间标记居于房间的中央，如图 4-39 所示。

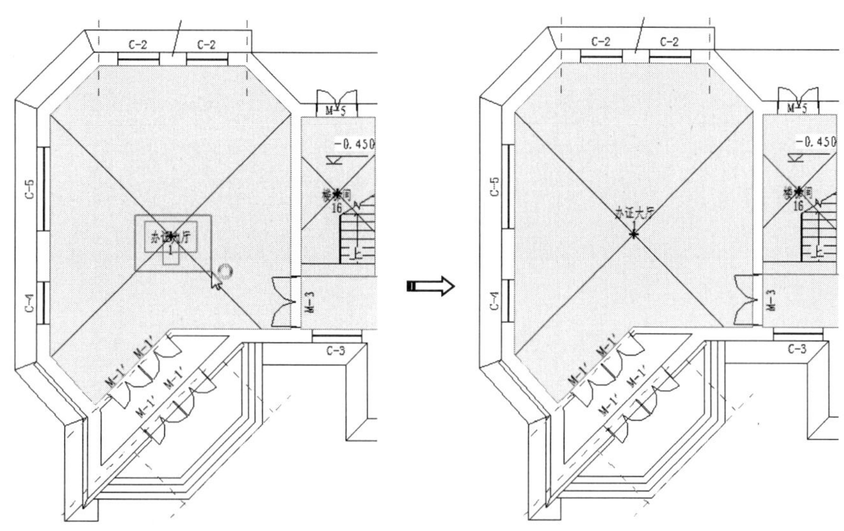

图 4-39　房间标记居中

上机操作 生成房间

除了通过房间编号来创建房间外，还可以通过【生成房间】工具来创建房间，再添加房间标记、房间装饰等。

01 继续前面的案例，切换视图到 F2 楼层平面视图。

02 F2 楼层中有两处位置分区不明显，需要进行房间分割，利用【房间分割】工具，绘制 4 条分割线来分割房间，如图 4-40 所示。

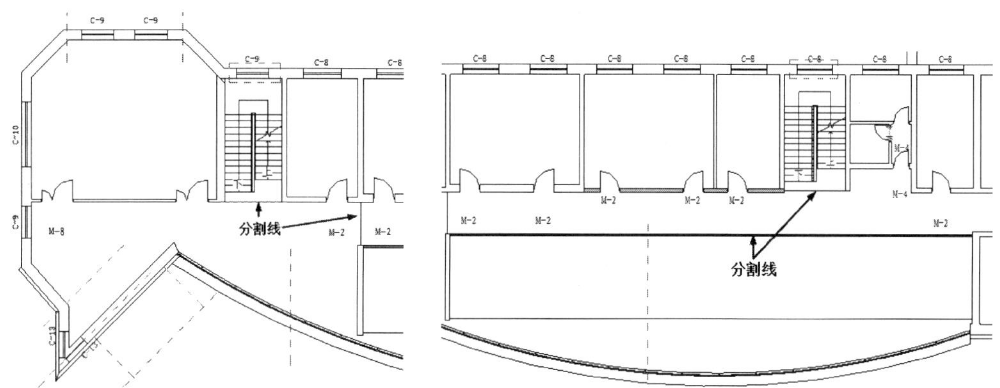

图 4-40　绘制 4 条分割线分割房间

03 单击【生成房间】按钮，依次选择位置来放置房间，如图 4-41 所示。按 Esc 键结束操作。

04 单击【房间标记】按钮，在属性面板中选择【名称_ 无编号_ 面积_ 无单元】房间标记类型，然后为所有创建的房间添加标记，如图 4-42 所示。

05 单击【名称替换】按钮A，弹出【查找和替换】对话框。在【查找内容】一栏单击【拾取查找内容】按钮，然后拾取房间标记，如图 4-43 所示。

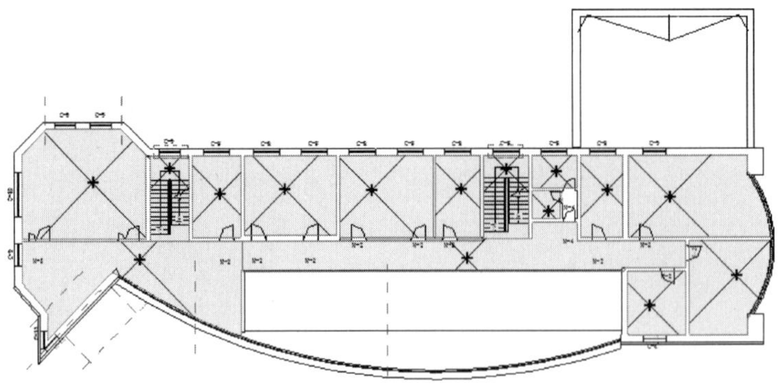

图 4-41　放置房间

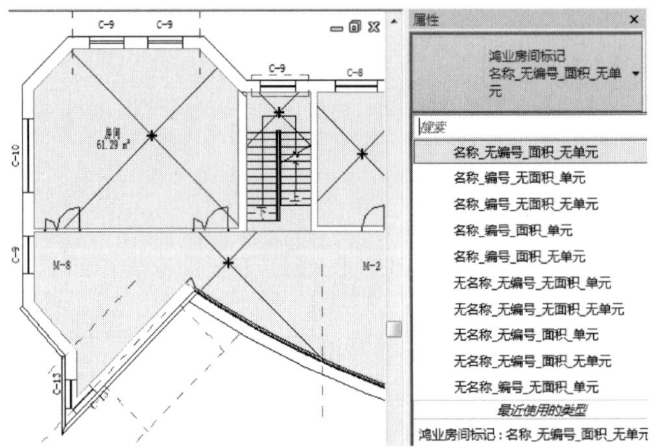

图 4-42　添加房间标记

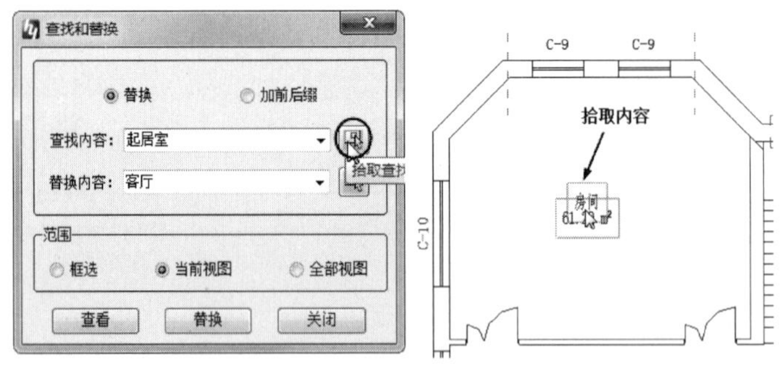

图 4-43　拾取查找内容

06　输入替换内容为“主会议室”，选择【框选】模式，再到视图中框选要替换名称的房间标记，随后自动完成房间名称的替换，如图 4-44 所示。

技术要点	【名称替换】工具主要还是适用于替换同名的多个房间，对于不同名的单个房间，建议还是用双击修改方法，即直接双击房间标记中的房间名，来完成单一修改，如图 4-45 所示。

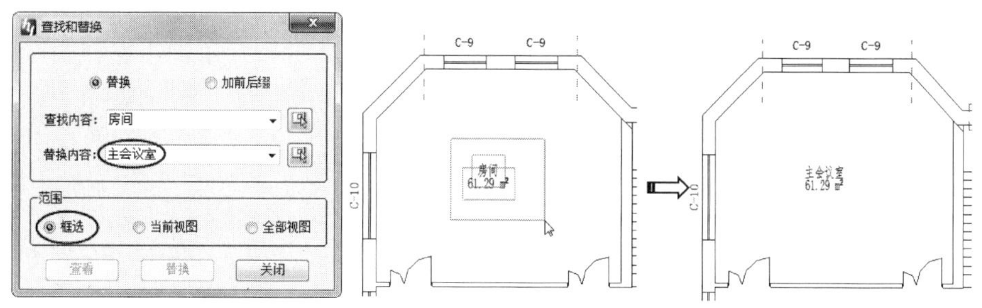

图 4-44　框选房间标记以完成替换

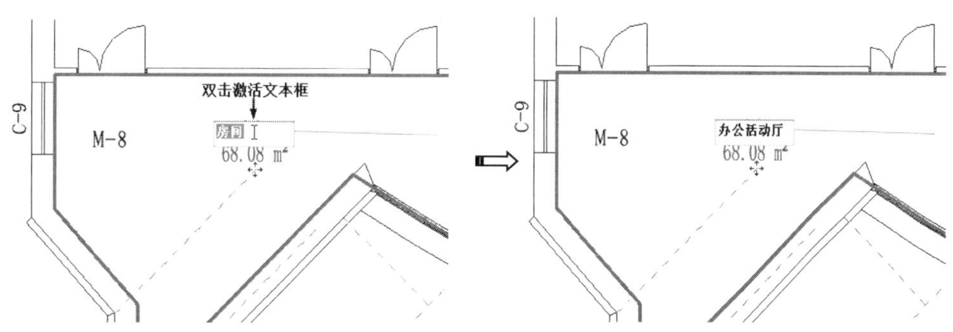

图 4-45　双击房间名进行修改

07　F2 楼层中有多个房间的功能都是用来办公，可以统一替换为相同的房间名。单击【名称替换】按钮A，弹出【查找和替换】对话框。在【查找内容】列表中找到前面拾取的【房间】，在替换内容一栏中输入办公室，选择【当前视图】选项，最后单击【替换】按钮，统一替换命名为【房间】的所有房间，如图 4-46 所示。

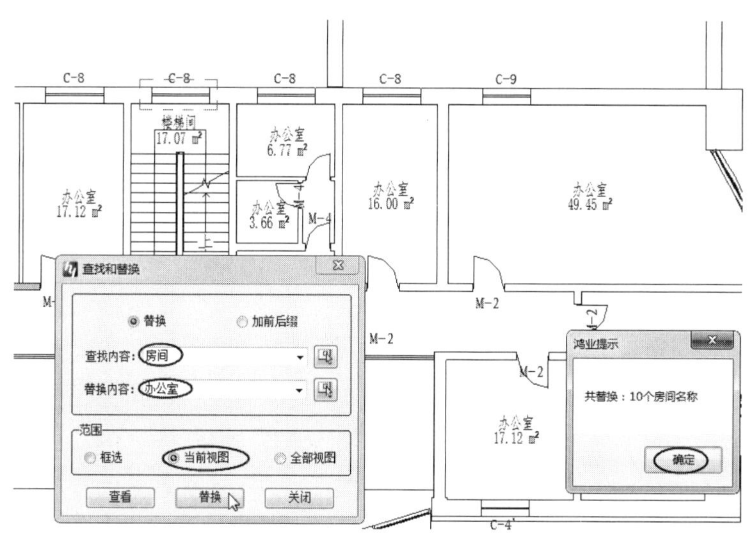

图 4-46　统一替换房间名

上机操作　创建房间图例

01　切换视图到 F1 楼层平面视图。

02 单击【面积】面板中的【颜色】按钮，然后在建筑上方放置房间颜色图例，如图 4-47 所示。

03 在弹出的【选择空间类型和颜色方案】对话框中选择空间类型为【房间】，单击【确定】按钮，如图 4-48 所示。

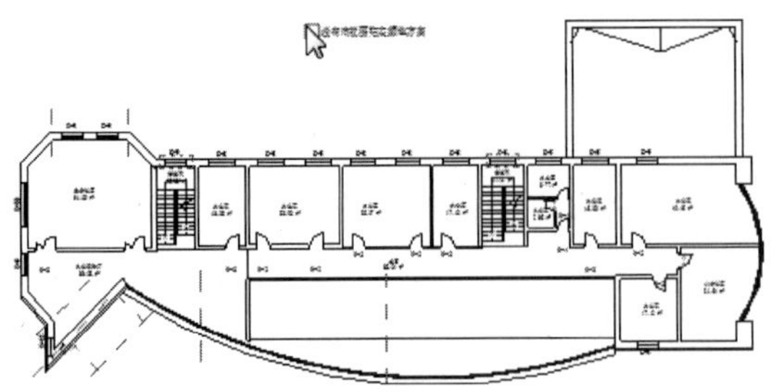

图 4-47　放置房间颜色图例

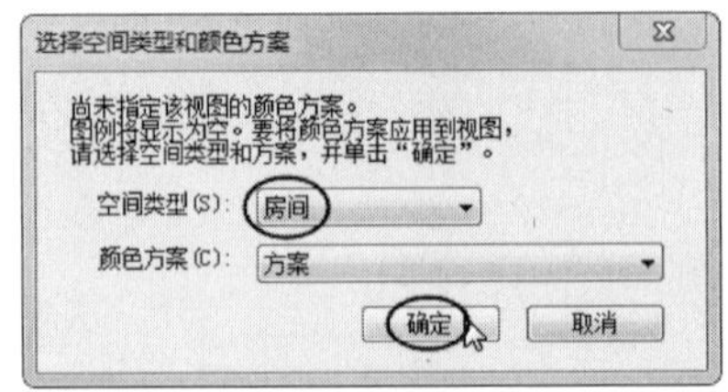

图 4-48　选择空间类型

04 选中放置的颜色图例，在弹出的【修改】上下文选项卡中单击【编辑方案】按钮，弹出【编辑颜色方案】对话框。

05 输入新的标题名为“F1－房间图例”，选择颜色下来列表中的【名称】选项，并弹出【不保留颜色】对话框，单击【确定】按钮，如图 4-49 所示。

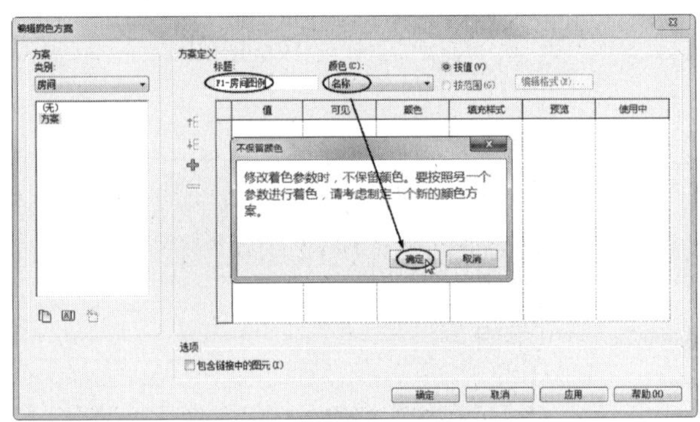

图 4-49　设置颜色方案

06 系统自动为房间进行颜色的匹配，如图 4-50 所示。单击【确定】按钮，完成房间图例的颜色方案编辑。

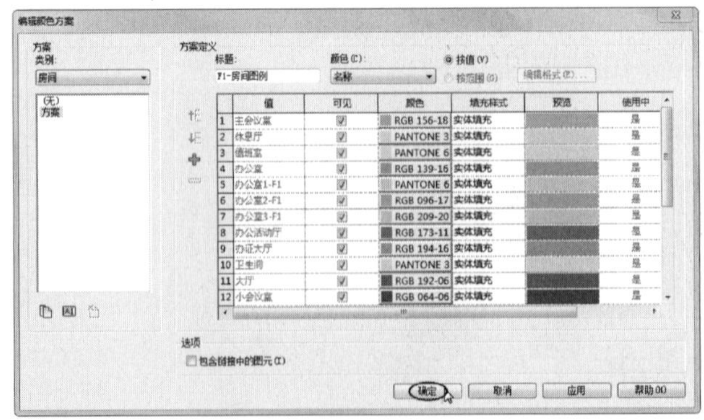

图 4-50　为房间名匹配颜色

07 完成的房间图例如图4-51所示。

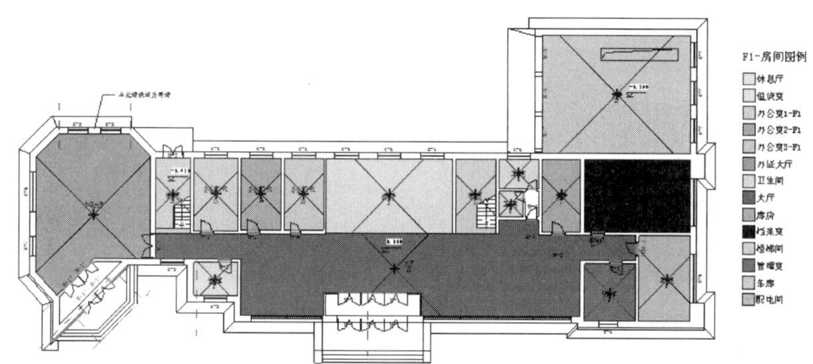

图4-51 创建完成的房间图例

4.3 BIMSpace面积与图例

房间创建后，我们就可以在房间中计算面积、生成建筑总面积，还可以根据房间使用功能的不同绘制房间功能图例，防火分区及图例等。

4.3.1 面积平面视图

要计算建筑总面积、室内净面积和创建房间图例，必须要创建面积平面视图。

上机操作 创建面积平面视图

01 打开本例源文件“办公楼-1.rvt”，如图4-52所示。

02 在Revit【视图】选项卡的【创建】面板中单击【平面视图】|【面积平面】按钮，弹出【新建面积平面】对话框。首先创建“净面积”平面视图，再在标高列表中选择F1，单击【确定】按钮创建“净面积”平面视图，如图4-53所示。

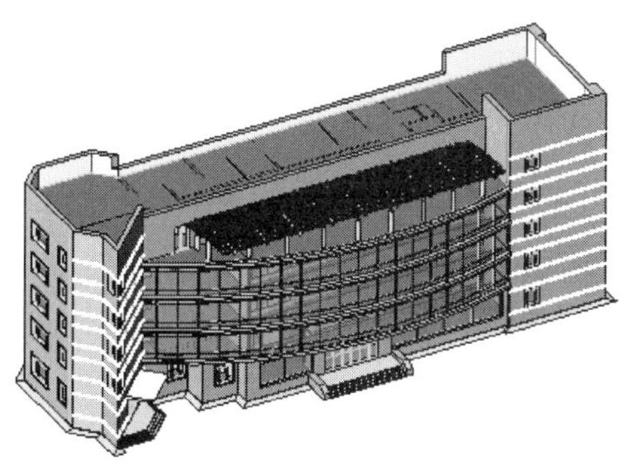

图4-52 办公楼模型

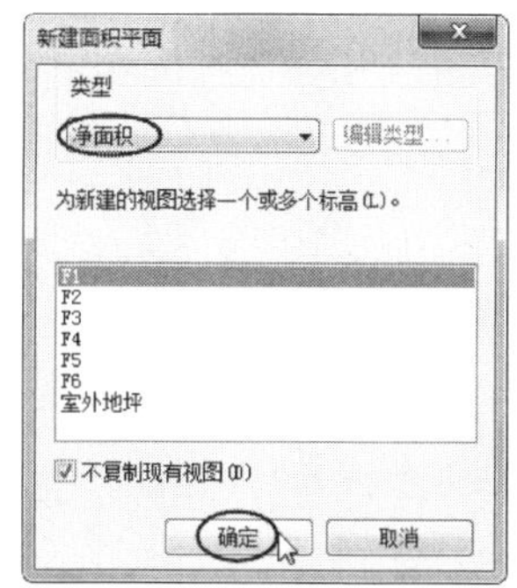

图4-53 创建【净面积】平面视图

03 创建的“净面积”面积平面视图，如图4-54所示。

04 同理，按Enter键可继续创建F2~F5的“净面积”的其他面积平面视图。

05 创建“防火分区面积”和“建筑总平面”等面积平面视图，如图4-55所示。

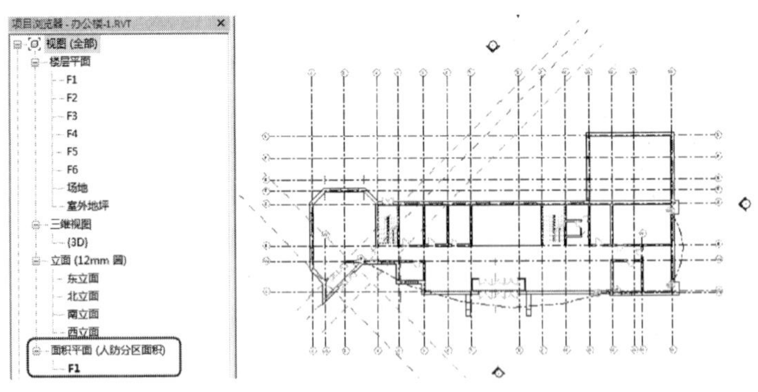

图 4-54　创建面积平面视图

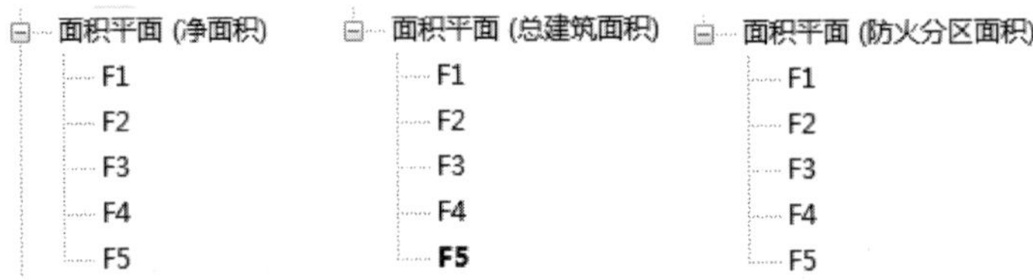

图 4-55　创建其余面积平面视图

4.3.2 建筑总面积

在【房间\ 面积】选项卡中，单击【建筑平面】按钮，可以框选楼层中的所有房间，生成建筑外轮廓构成的总建筑面积。建筑总面积包括房间净面积和墙体平面面积。

上机操作 生成建筑总面积

01 切换视图到“面积平面（总建筑面积）”下的 F1 平面视图。

02 在【房间/面积】选项卡【面积】面板中单击【建筑平面】按钮，弹出【设置总建筑面积】对话框。

03 在对话框中输入“F1－建筑总面积”，然后框选整个视图平面，如图 4-56 所示。

04 单击选项栏中的【完成】按钮，会弹出提示对话框，显示没有创建建筑总面积的计算与创建，如图 4-57 所示。

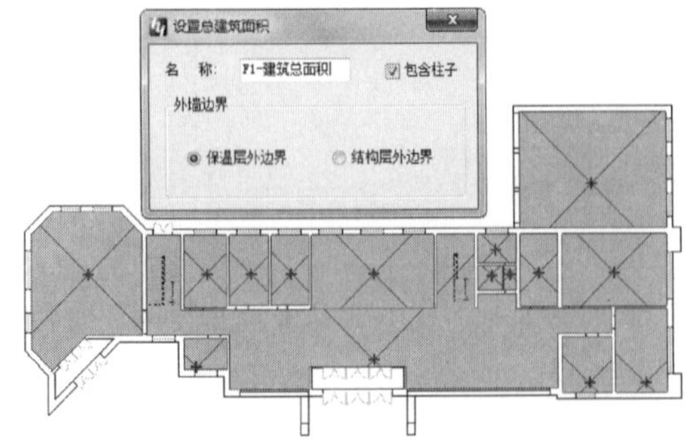

图 4-56　设置总建筑面积并框选整个视图

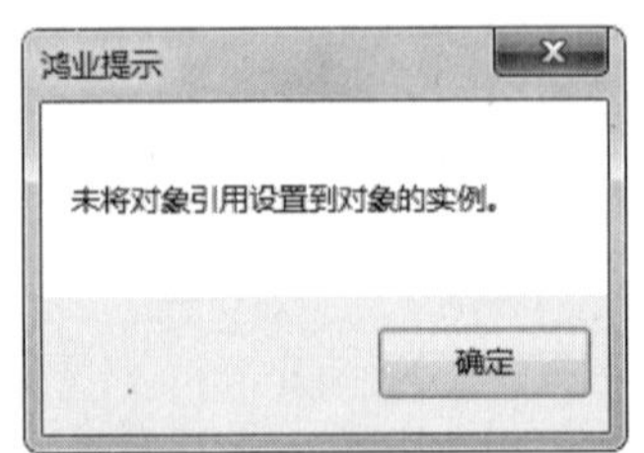

图 4-57　未创建成功的提示

05 这说明了此建筑在建模时楼板有间隙，不能形成完整的封闭区域。我们可以退出当前操作，重新执行【建筑面积】命令后，先框选一间房间来创建建筑面积，如图 4-58 所示。

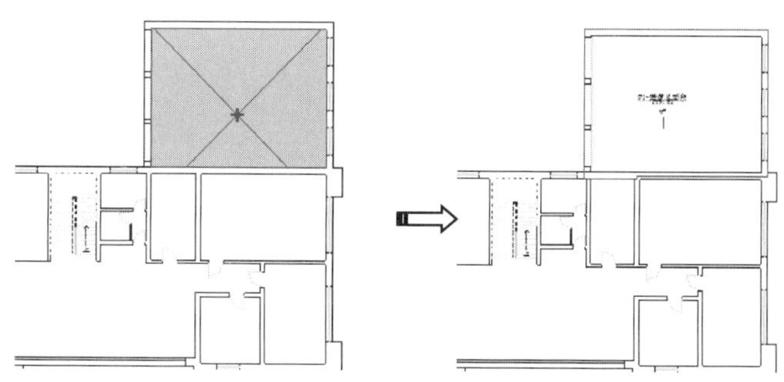

图 4-58　创建一间房间的建筑面积

06 待退出操作后，通过单击【建筑】选项卡【面积边界】按钮，修改面积边界线，部分边界线将重绘，形成完整的封闭区域，如图 4-59 所示。同理，其他楼层也按此方法创建建筑总面积。

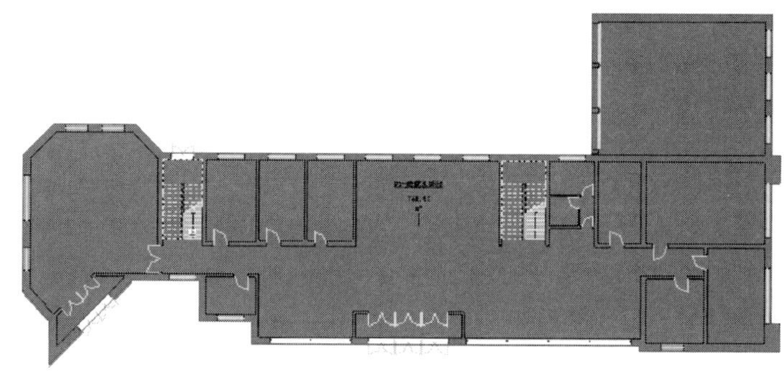

图 4-59　编辑面积边界线

07 要为建筑总面积添加颜色图例，则首先在【房间\面积】选项卡中单击【颜色方案】按钮，将图例放置在建筑上方，随后弹出【选择空间类型和颜色方案】对话框，如图 4-60 所示。

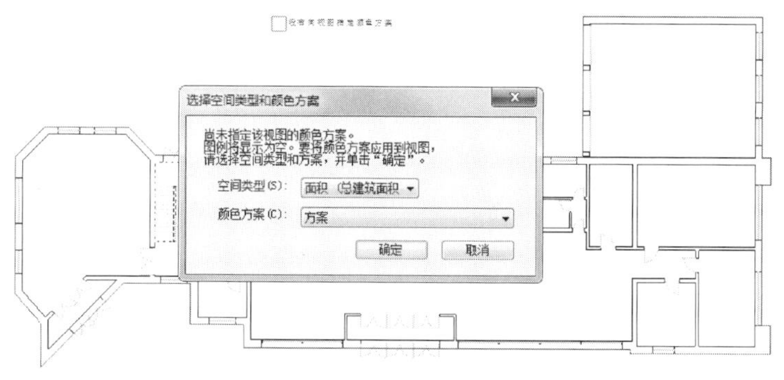

图 4-60　放置图例

08 单击【确定】按钮，完成建筑总面积图例的创建。选择颜色填充图例，再单击【修改 | 颜色填充图例】上下文选项卡的【编辑方案】按钮，弹出【编辑颜色方案】对话框。在该对话框中可以删除旧方案，复制并重命名新方案，然后给新方案设置颜色、填充样式等，如图 4-61 所示。

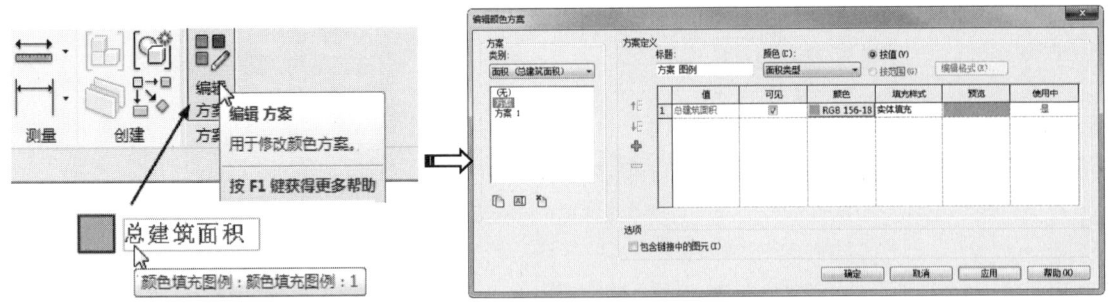

图 4-61　编辑图例颜色

4.3.3　套内面积

套内面积也就是房间的净面积，主要用在一层中存在多套户型的建筑平面。要创建套内面积，必须先利用【房间编号】工具进行房间编号，并标注出户型名称、户型编号、房间编号、单元及楼号等信息。

上机操作　创建套内面积

01 打开本例源文件“江湖别墅 . rvt”，如图 4-62 所示。

02 切换视图到“面积平面（净面积）”视图，单击【套内面积】按钮，弹出【生成套内面积】对话框。

03 系统自动拾取整个户型的所有房间边界，可以在对话框中设置新的户型信息，设置信息后需要重新框选房间，单击【取消】按钮完成套内面积的生成，如图 4-63 所示。

图 4-62　江湖别墅

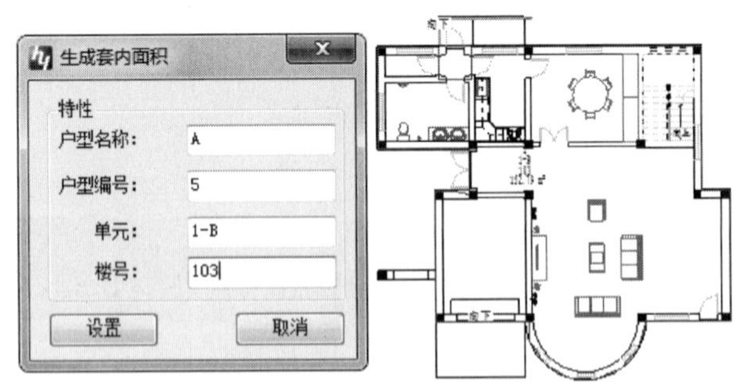

图 4-63　生成套内面积

04 单击【颜色方案】按钮，选择“方案 1”作为本例的图例颜色方案，创建的颜色图例，如图 4-64 所示。

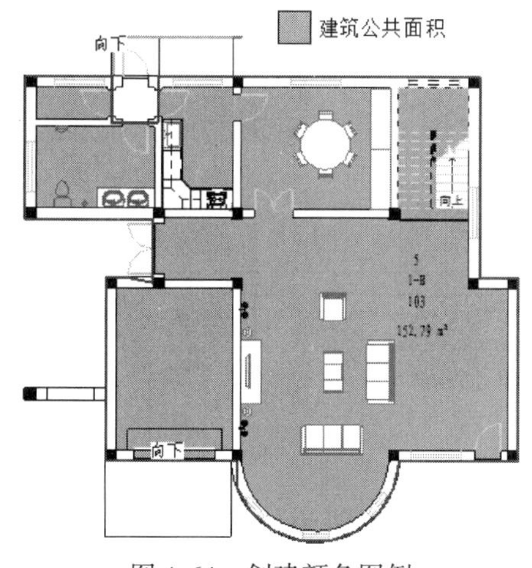

图 4-64　创建颜色图例

4.3.4　防火分区

一般来说防火分区的耐火等级划分是按照建筑面积进行划分的。本例的建筑别墅中，我们分别用 3 种颜色去表示：灰色表示厨房、紫色表示卧室、红色表示客厅餐厅。

上机操作　创建防火分区

01 在【视图】选项卡单击【面积平面】命令创建 F1 的“面积平面（防火分区面积）”面积平面视图。

02 切换到“面积平面（防火分区面积）”面积平面视图。

03 再单击【防火分区】按钮，弹出【生成防火分区】对话框。首先框选厨房及卫生间区域的房间，以此生成防火分区，如图 4-65 所示。

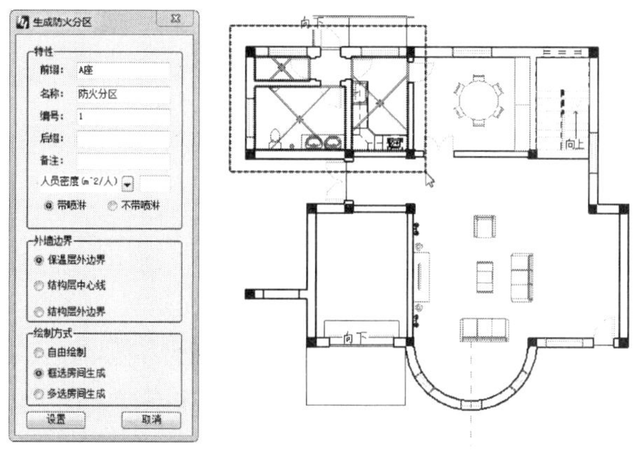

图 4-65　框选房间防火分区

04 依次框选其他区域进行防火分区，按 Esc 键完成防火分区。

05 单击【颜色方案】按钮，在视图中放置图例，并弹出【选择空间类型和颜色方案】对话框，单击【确定】按钮。

06 选择颜色图例编辑颜色方案，在弹出的【编辑颜色方案】对话框中输入标题名

"F1－防火分区图例"，在颜色列表中选择【区域编号】选项，随后对 3 种自动生成的颜色图例编辑其颜色，如图 4-66 所示。

07 单击【确定】按钮，完成防火分区的创建，如图 4-67 所示。

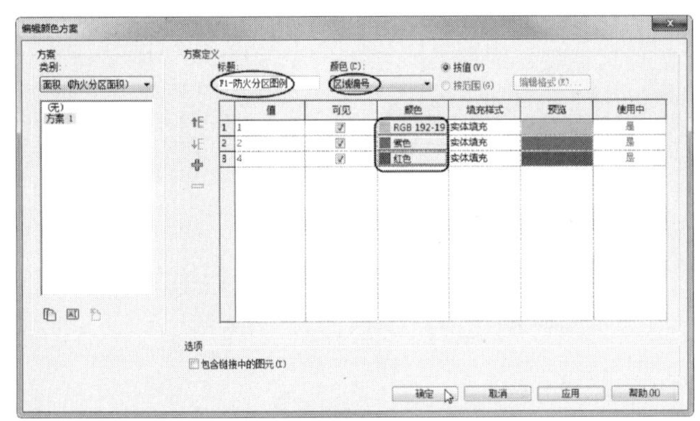

图 4-66 编辑图例颜色方案

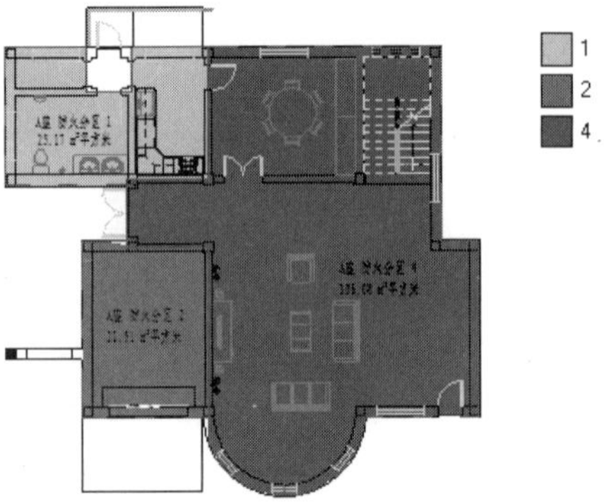

图 4-67 创建完成的图例

4.4 BIMSpace 楼梯、坡道及雨篷设计

BIMSpace 鸿业乐建 2020 中【楼梯\其他】选项卡里的工具可以帮助用户快速有效的设计出楼梯、电梯、阳台、台阶、车库、坡道和散水等建筑构件，还可以使用构件布置来放置室内摆设构件和卫浴构件。

4.4.1 楼梯设计

BIMSpace 的楼梯设计完全是采用构件的搭建方式来完成的，通过一键设置楼梯参数，自动生成楼梯，楼梯设计工具如图 4-68 所示。

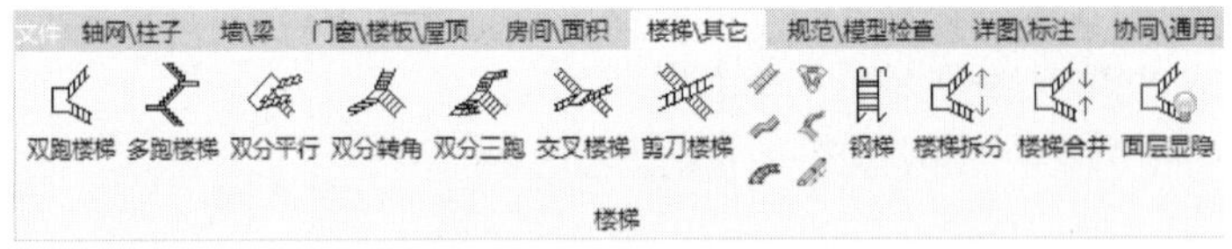

图 4-68 楼梯设计工具

面对这么多的楼梯设计工具，应该如何选择呢？楼梯设计采用何种结构类型，关键取决于楼梯间的空间尺寸，如长、宽和标高。既要保证楼梯结构设计合理性，更要保证人走梯步的舒适性。鸿业乐建 2020 中的楼梯设计工具丰富且好用，下面仅以几种典型的楼梯作为介绍对象，其他的楼梯设计举一反三照搬模式即可。

1. 双跑楼梯设计

双跑楼梯适用于楼梯间进深尺寸较小、标高较低的套内住宅空间，双跑楼梯主要由层间平板、踏步段和楼层平板构成，且平台仅有一个，如图 4-69 所示。

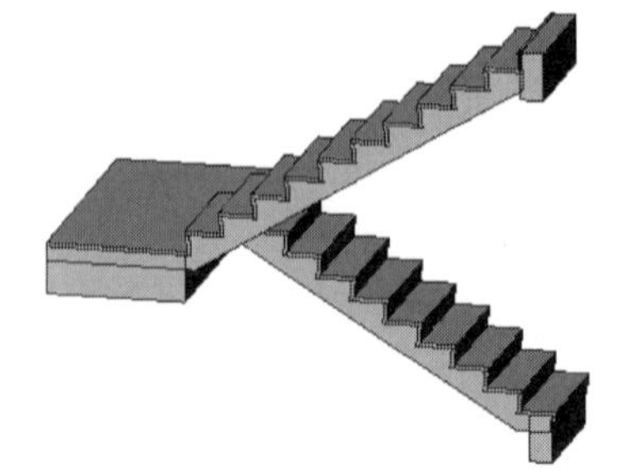

图 4-69 双跑楼梯

上机操作 创建双跑楼梯

01 打开本例源文件“办公楼-2. rvt”，如图4-70所示。办公大楼有两处位置需要设计楼梯。

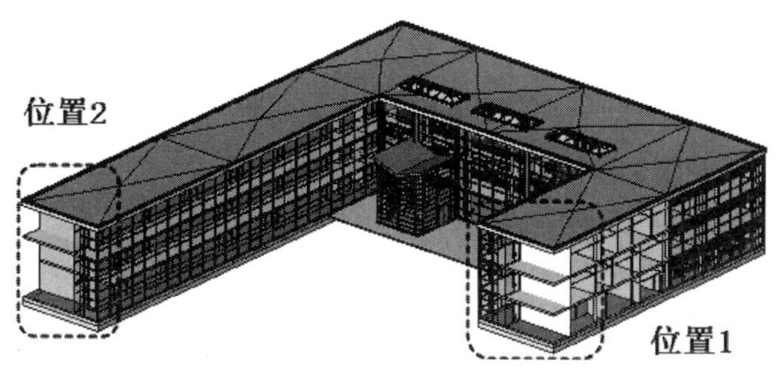

图4-70 办公大楼

02 看下位置1，此处楼梯间没有开洞，说明是在楼梯设计之后才创建洞口。因此计算楼梯的时候可以忽略楼梯间长度，按照标准来设定此处即可。接下来测量一下楼梯间宽度和标高，如图4-71所示。

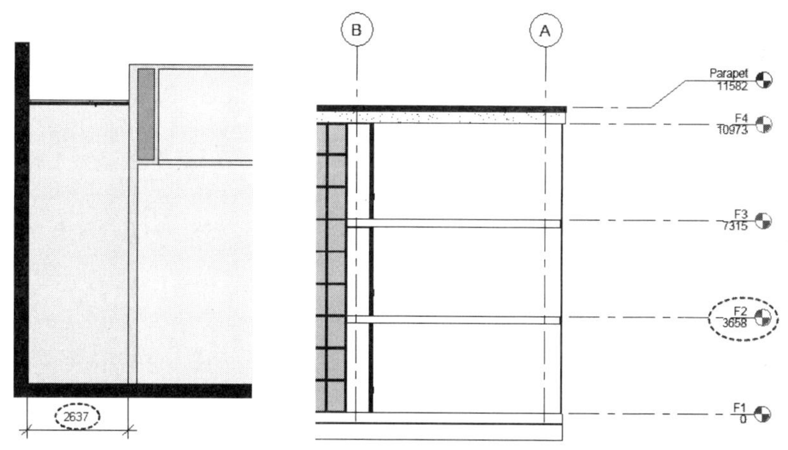

图4-71 测量楼梯间

03 从楼梯间宽度（2637mm）和标高（3658mm）看，单跑梯段宽度（踏步宽）可以设计为1200mm，按标准踏步高度（150mm）计算的话，一层可以设计出24. 386步，由于梯步数不能为小数只能取整，所以应该是设计24个梯步，每步约高152. 42mm，上下跑各12踏步，踏步深度按照标准来设计为300mm。

技术要点	值得注意的是，“梯步”跟“踏步”的区别。“梯步”是整层的楼梯踢面数，除了中间单跑梯段上的踢面，还包括了平台面和上层楼面。“踏步”仅仅指的是单跑梯段上的步数。所以说，设计24个梯步，实际上踏步仅有22个。

04 切换视图到F1楼层平面视图，单击【双跑楼梯】按钮，弹出【双跑楼梯】对话框。设置好楼梯参数后，单击【确定】按钮，如图4-72所示。

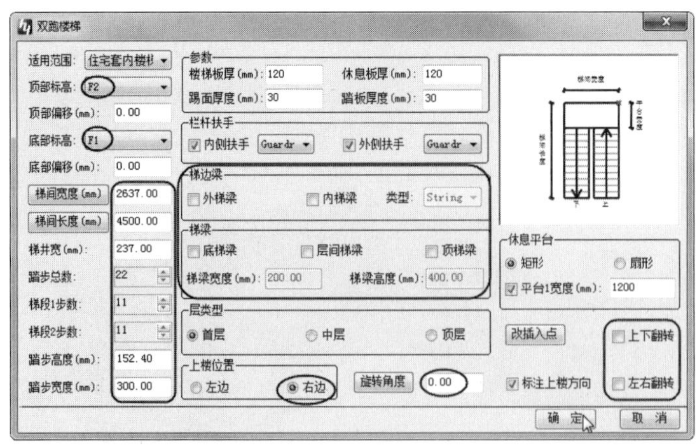

图 4-72　设置楼梯参数

05 将楼梯构件放置在平面视图中，如图 4-73 所示。如果放置的时候没有参考，可以利用【修改】选项卡的【对齐】工具，进行对齐操作。

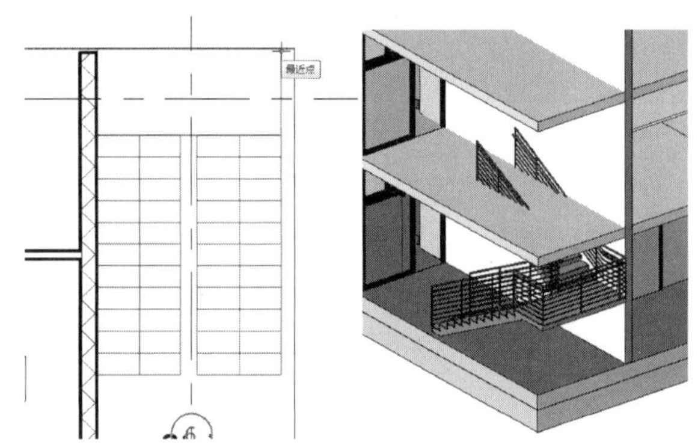

图 4-73　放置楼梯

06 切换视图到 F2 楼层平面视图。同样的操作方法，设置相同的楼梯参数，将二层楼梯放置在相同位置，并进行对齐操作，结果如图 4-74 所示。

07 创建楼梯间洞口，利用【建筑】选项卡【洞口】面板的【竖井】工具，创建两层楼梯的楼梯井，如图 4-75 所示。

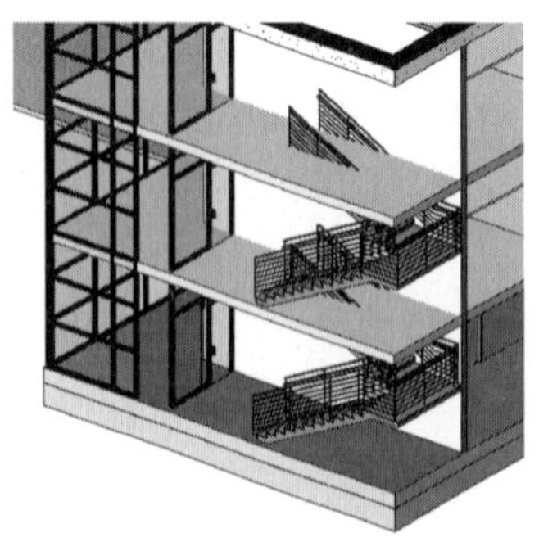

图 4-74　创建二层楼梯

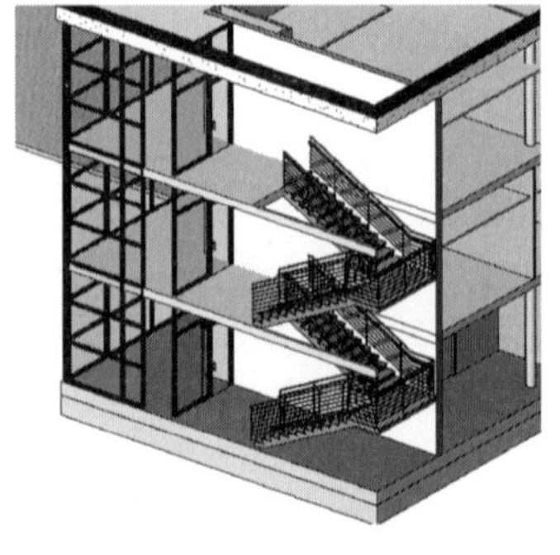

图 4-75　创建楼梯井

2. 多跑楼梯设计

多跑楼梯也是常见的一种楼梯，是双跑楼梯的其中一种发展型式。多跑楼梯是在单层中创建的多跑，而非在多层中创建多跑楼梯，常用在有底商的公寓楼建筑中。有些底商的商铺空间高度少则 4、5 米，多则 6、7 米。

上机操作 创建多跑楼梯

01 接上一案例。查看位置 2，此处楼层单层标高就是 7315mm，等同于位置 1 的两层标高。二楼梯间的长和宽都是相同的。

02 切换视图为 F1 楼层平面视图，单击【多跑楼梯】按钮，弹出【多跑楼梯】对话框，然后设置多跑楼梯参数，如图 4-76 所示。

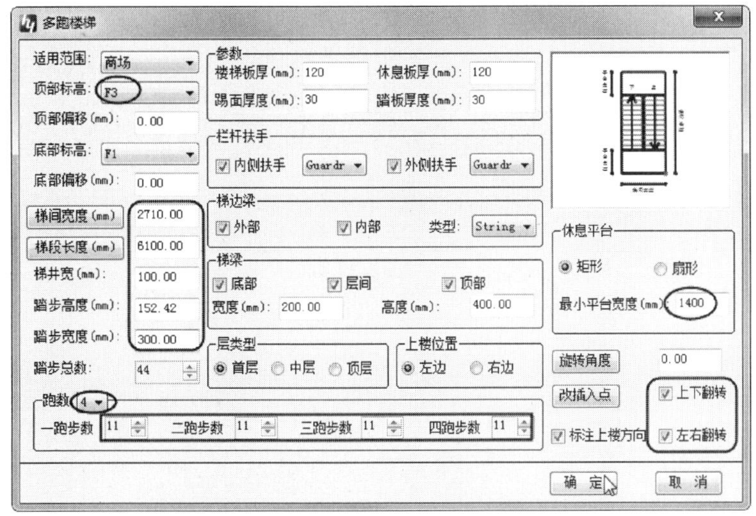

图 4-76　设置多跑楼梯参数

03 单击【确定】按钮后，将楼梯放置在图 4-77 所示的位置。

04 三维效果图如图 4-78 所示。

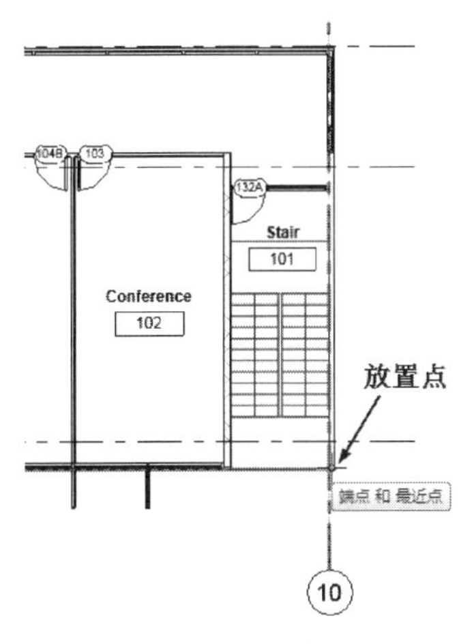

图 4-77　放置楼梯

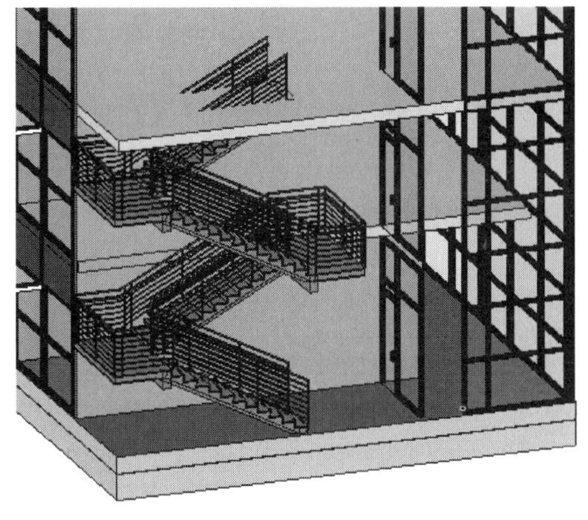

图 4-78　楼梯三维效果

4.4.2 台阶、坡道与散水设计

1. 绘制台阶

【绘制台阶】工具用于绘制矩形单面和矩形三面的台阶，可根据用户自定义的底标高和顶标高绘制台阶，并可以快速创建单边矩形台阶、双边矩形台阶、三边矩形台阶、弓形台阶和自由边台阶。

要创建台阶，只能在楼层平面视图中进行操作。单击【绘制台阶】按钮，弹出【绘制台阶】对话框，如图 4-79 所示。对话框中各选项及按钮的含义如下：

- 【顶标高】：绘制台阶时参照的顶标高，可以是已有标高值，也可以是自定义值。
- 【底标高】：绘制台阶时参照的底标高，可以是已有标高值，也可以是自定义值。
- 【踏步数】：台阶所含的踏步数。
- 【踏步高度】：每一级台阶的高度，自动根据踏步数及台阶总高度计算。
- 【踏步宽度】：除顶层外，每阶台阶的宽度，默认为 300 mm 单位。
- 【平台宽度】：最顶层台阶的宽度，默认为 5000 mm 单位。
- 【材质】：设置台阶的材质，如图 4-80 所示。

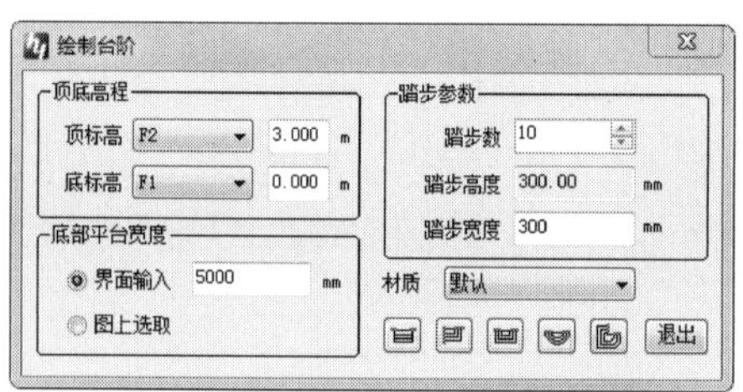

图 4-79 【绘制台阶】对话框

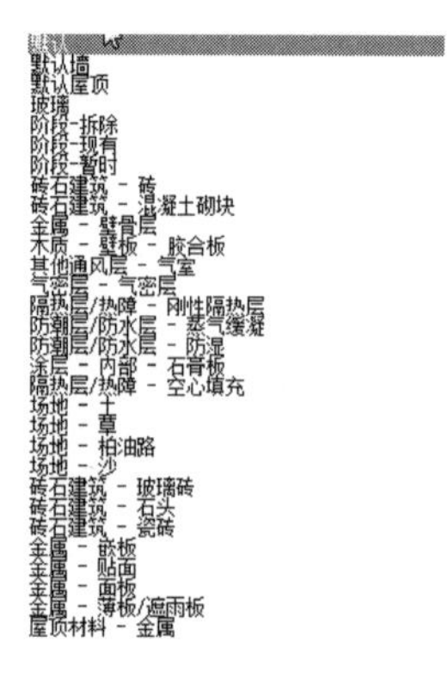

图 4-80 台阶材质

> **技术要点** 顶标高的值必须大于底标高的值，否则无法绘制台阶。如果当前选择的平面为最低标高，则需要手动修改【底标高】中的值。

上机操作 创建台阶

01 打开本例的源文件“江湖别墅 –2. rvt”，如图 4-81 所示。

02 切换视图为“室外地坪”，利用【建筑】选项卡的模型线工具，绘制图 4-82 所示的矩形，此矩形用作台阶的放置参考。

03 利用【注释】选项卡【尺寸标注】面板的【对齐】标注工具，标注几个尺寸，用作台阶的尺寸参考，如图 4-83 所示。

04 在【楼梯\其他】选项卡单击【绘制台阶】按钮，弹出【绘制台阶】对话框。在对话框中设置顶底高程、底部平台宽度、踏步参数及台阶类型等参数，单击【创建双边矩形台阶】按钮，如图 4-84 所示。

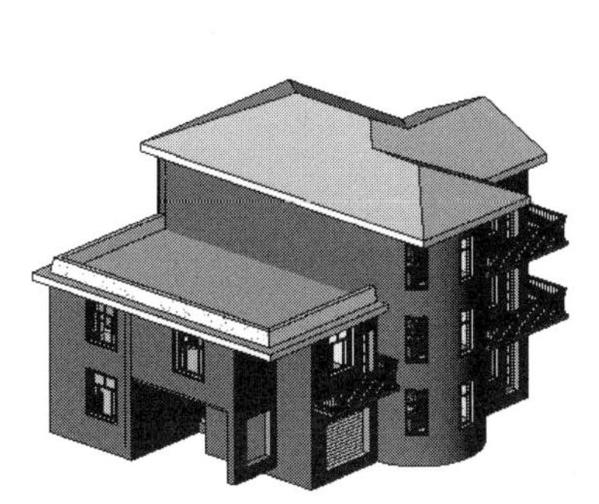

图 4-81　江湖别墅模型

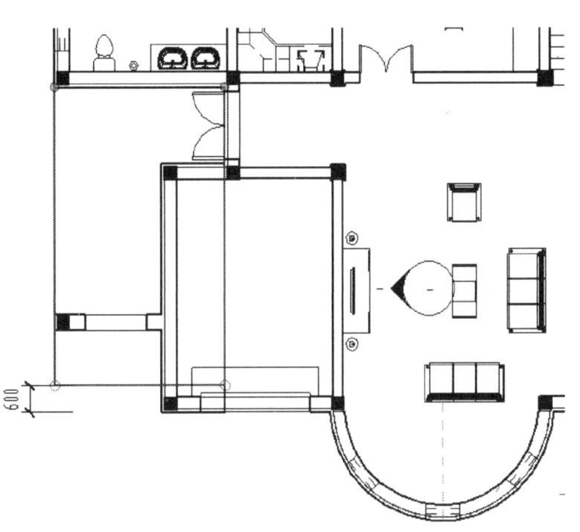

图 4-82　绘制模型线

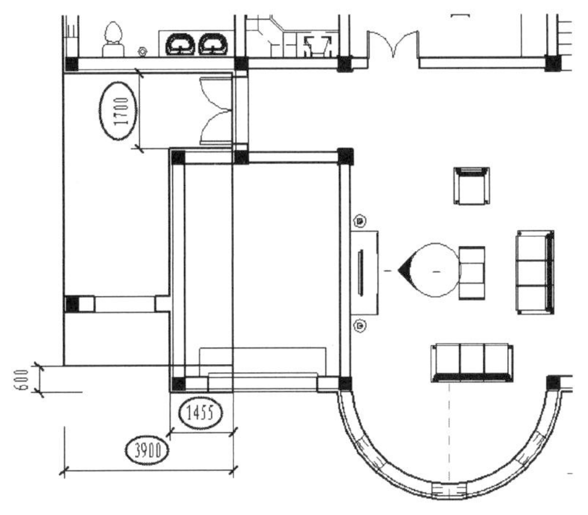

图 4-83　创建标注

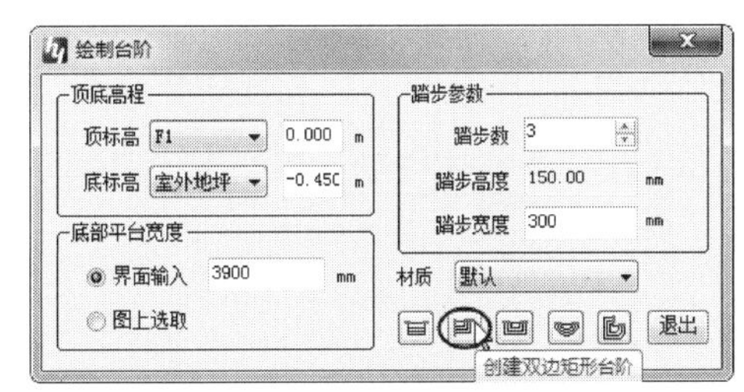

图 4-84　设置台阶参数

05　按照提示首先选择参照边起点、终点，如图 4-85 所示。

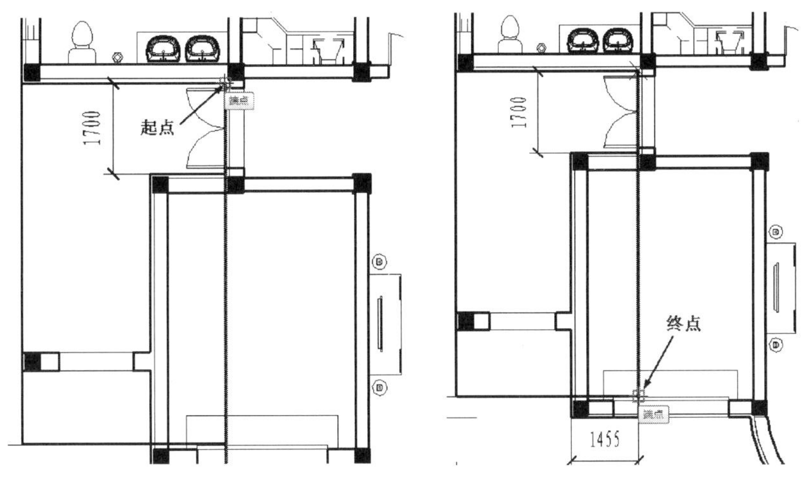

图 4-85　选择参照边的起点与终点

06 选择宽度方向和另一侧台阶的布置方向，如图 4-86 所示。

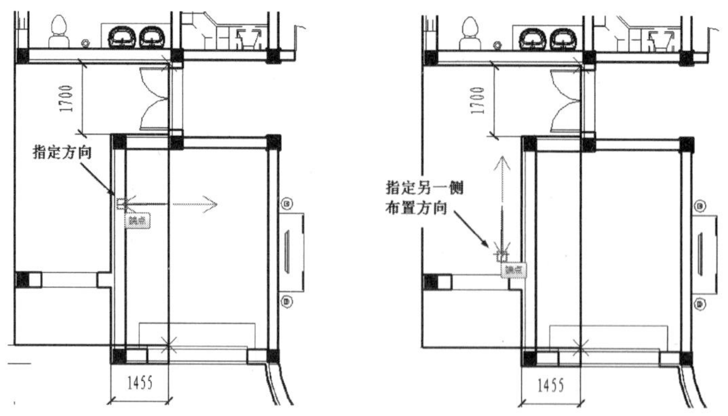

图 4-86 指定宽度方向和另一侧布置方向

07 完成操作后自动放置台阶构件，如图 4-87 所示。单击【退出】按钮，关闭【绘制台阶】对话框。

08 从结果看，部分台阶超出墙边界到建筑内，需要对这个台阶构件族就行修改。双击此台阶族进入到族编辑器模式中，然后根据标注的尺寸，在族编辑器模式中先编辑一层台阶的轮廓，如图 4-88 所示。

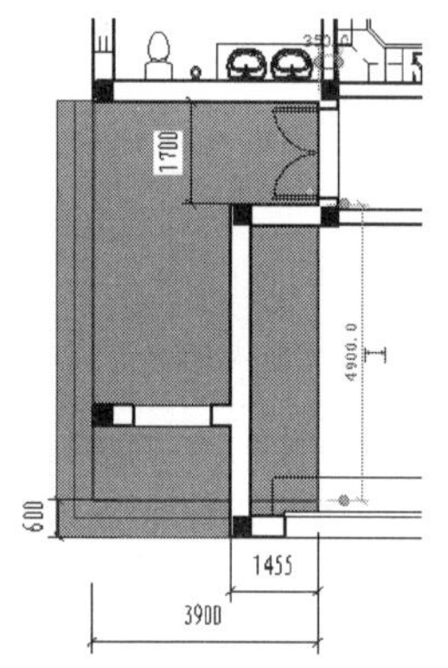

图 4-87 放置的台阶构件

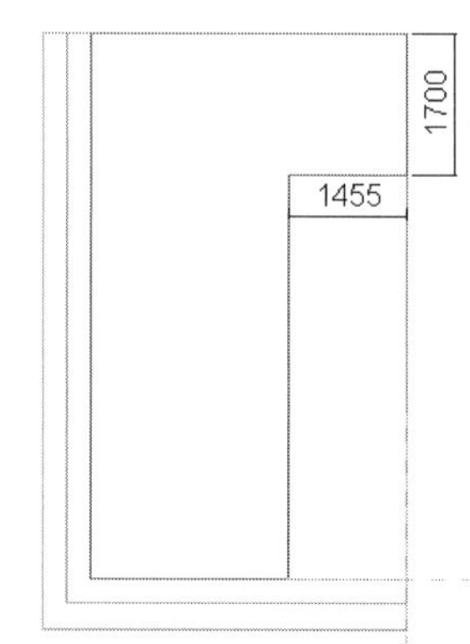

图 4-88 编辑台阶族并修改一层的轮廓

09 同理，再编辑第二层和第三层的轮廓，如图 4-89 所示。

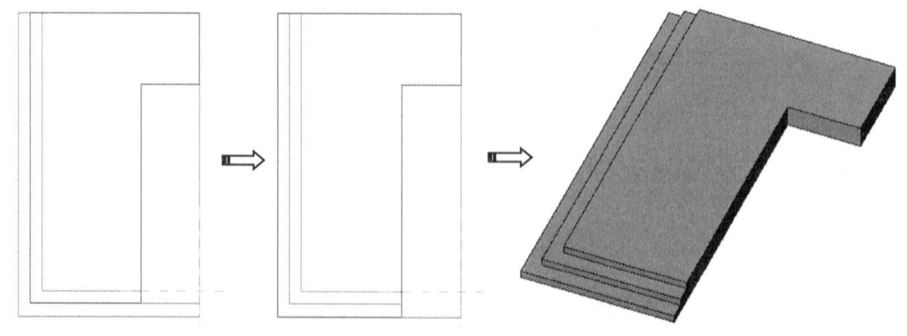

图 4-89 编辑另两层的轮廓

10 完成族的轮廓编辑后，单击【载入到项目并关闭】按钮，返回到建筑项目环境中。创建完成的台阶三维视图，如图 4-90 所示。

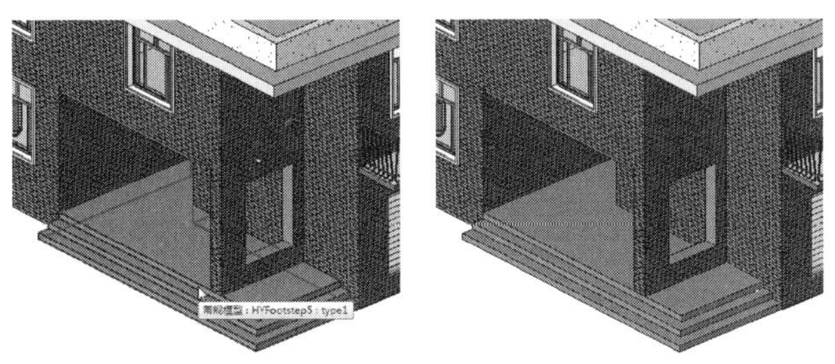

图 4-90 创建完成的台阶

2. 坡道

坡道工具包括【入门坡道】和【无障碍坡道】两种。接下来继续操作本例，在江湖别墅中创建入门坡道和无障碍坡道。

上机操作 创建入门坡道和无障碍坡道

01 切换到“室外地坪”视图。单击【入门坡道】按钮，弹出【入门坡道】对话框。

02 在对话框中设置图 4-91 所示的坡道参数。

03 设置参数后选择视图中的车库门族作为放置参照，如图 4-92 所示。

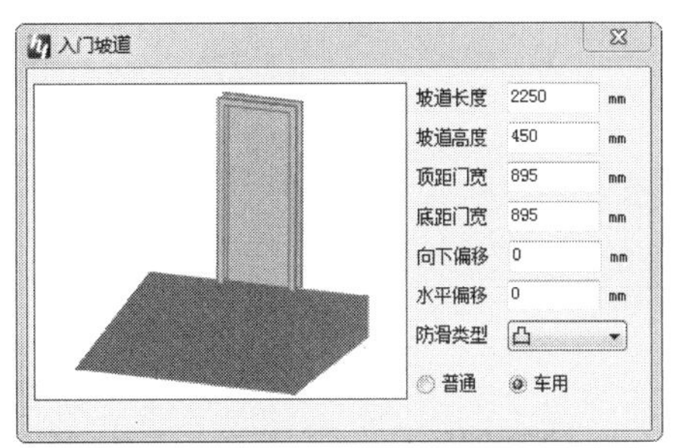

图 4-91 设置入门坡道参数

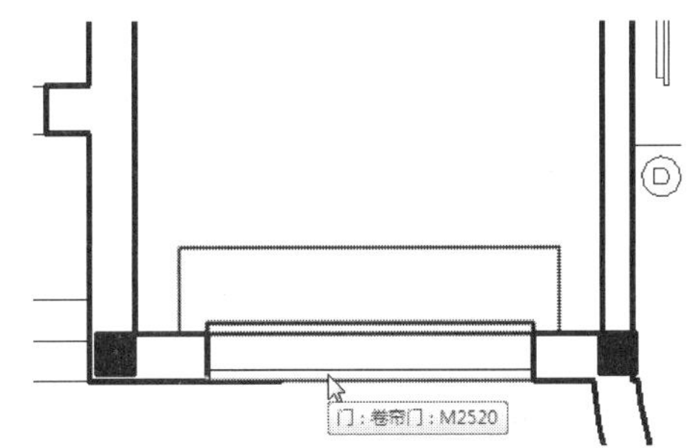

图 4-92 选择坡道放置参照

04 创建完成的入门坡道，如图 4-93 所示。

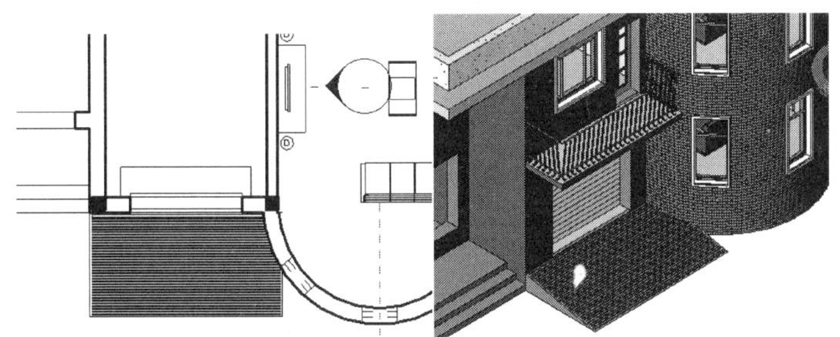

图 4-93 入门坡道

05 创建无障碍坡道，首先单击【无障碍坡道】按钮，弹出【无障碍坡道】对话框。各选项含义如下：

- 【顶部偏移值】：设置以参照面的顶部偏移数值。
- 【扶手】：选择是否添加内外侧扶手。
- 【结构形式】：选择坡道的结构形式，有两种，一个是整体式，另一个是结构板。
- 【坡道厚度】：设置坡道的厚度。
- 【坡道坡度】：根据需要选择坡度。
- 【最大高度】：设置坡道的最大高度，这里提供了规范检查的最大高度为 1200mm。
- 【平台宽度】：设置坡道的宽度，直线型默认为 1500mm。
- 【坡道净宽】：坡道除去扶手的净宽。
- 【坡道材质】：选择坡道的材质。
- 【坡道类型】：这里提供了多种类型进行选择，包括直线型、直角型、折返型 1 和折返型 2 四种。
- 【坡段长度】：设置不同坡段的长度大小。
- 【坡段对称】：勾选坡段对称则折返形坡道的对应坡段尺寸对称一致。
- 【改插入点】：选择插入点，参考界面“示意图”中的红色叉形标记。
- 【旋转角度】：选择楼梯的旋转角度。
- 【上下\左右翻转】：是否进行上下或者左右翻转。

06 在【无障碍坡道】对话框中设置图 4-94 所示的参数，单击【确定】按钮后，在【室外地坪】视图中拾取一个参考点放置坡道。

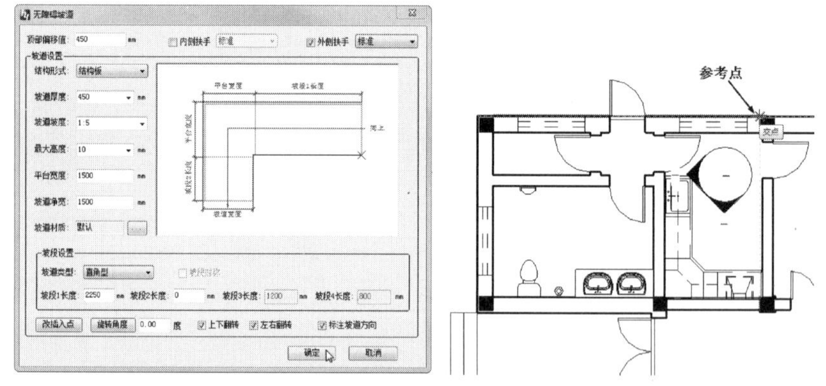

图 4-94　设置坡道参数并拾取参考点

07 创建完成的无障碍坡道如图 4-95 所示。

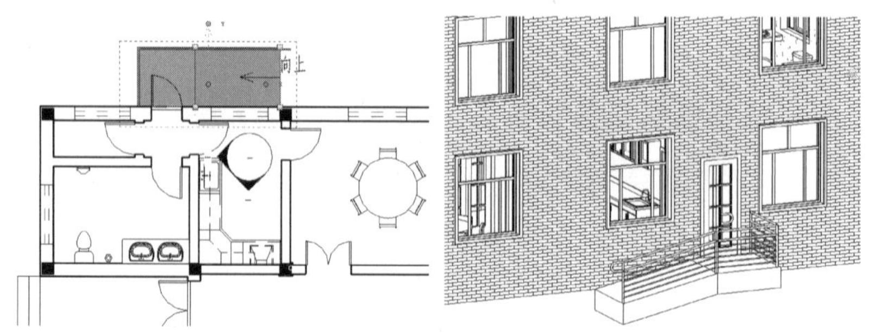

图 4-95　创建完成的无障碍坡道

上机操作　创建散水

01　切换到“室外地坪”平面视图。

02　单击【创建散水】按钮，弹出【创建散水】对话框，如图 4-96 所示。

03　设置散水参数，然后单击【编辑】按钮，绘制或者拾取要创建散水的墙边，如图 4-97 所示。

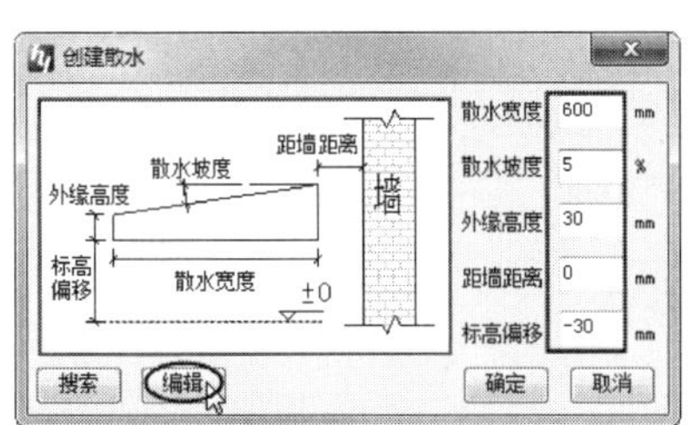

图 4-96　【创建散水】对话框

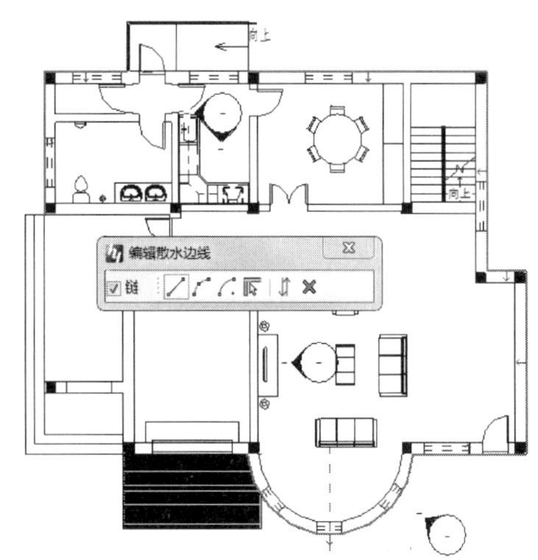

图 4-97　设置散水参数并绘制边界

04　保证所有的边界上，朝向一致向墙外，若不是，请单击【编辑散水边线】工具条的【边线朝向翻转】按钮，然后拾取要改变朝向的边线，如图 4-98 所示。

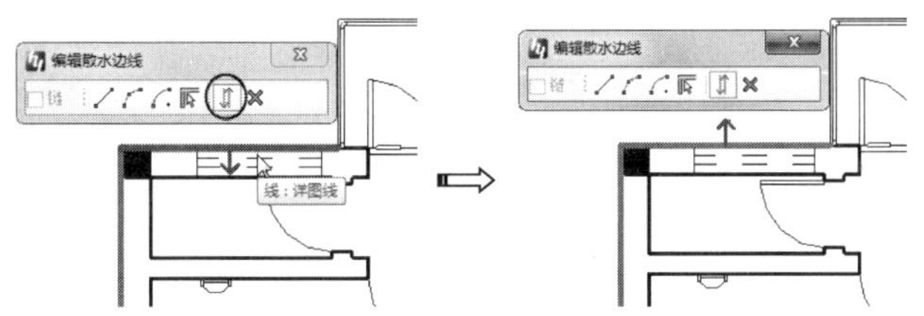

图 4-98　改变边线朝向

05　关闭【编辑散水边线】工具条，再单击【创建散水】对话框的【确定】按钮，完成散水的创建，如图 4-99 所示。

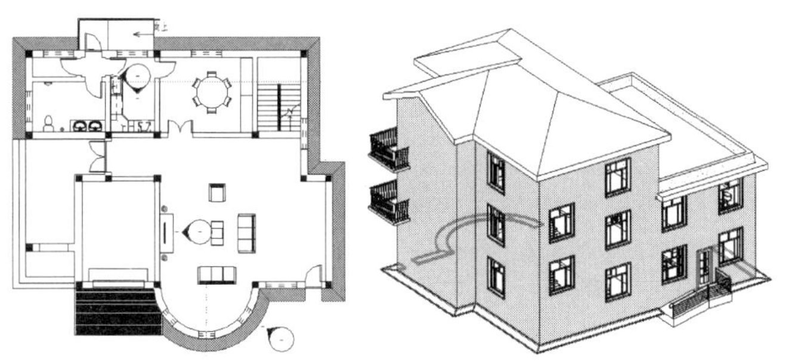

图 4-99　完成散水的创建

4.4.3 雨篷设计

本小节中通过云族 360 加载雨篷族放置雨篷构件，下面举例说明悬挂式雨篷创建方法及过程。

上机操作 创建悬挂式雨篷

本例是利用鸿业云族 360 来设计悬挂式雨篷。

01 打开本例练习模型“阳光酒店 . rvt”，如图 4-100 所示。在大门创建玻璃铝合金骨架的悬挂式雨篷。

图 4-100 阳光酒店模型

02 切换视图到 F2，从云族 360 的【族管理】工具，在云族 360 库中搜索“雨棚”，随即显示雨篷族，将其下载到当前项目中，如图 4-101 所示。

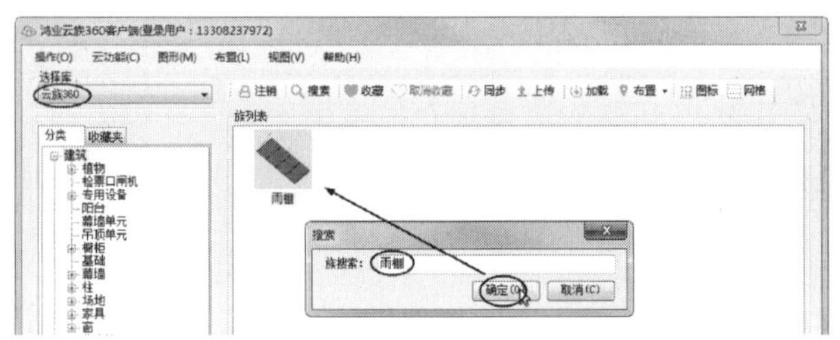

图 4-101 搜索并下载雨篷族

03 单击【单点布置】按钮，在 F2 视图中放置雨篷构件，如图 4-102 所示。

技术要点	“雨篷”属于比较大的构件，除挡雨还能遮阳，有顶柱或者拉索，相当于简易的建筑物，主要是指悬挂式雨篷。族库中的“雨篷”更为具体的是指悬挑式雨篷，构件体积较小、结构较单一。

图 4-102 放置雨篷

04 选中雨篷，然后在属性面板上设置雨篷属性参数，如图 4-103 所示。将其对齐到墙边和建筑的中轴线上，如图 4-104 所示。

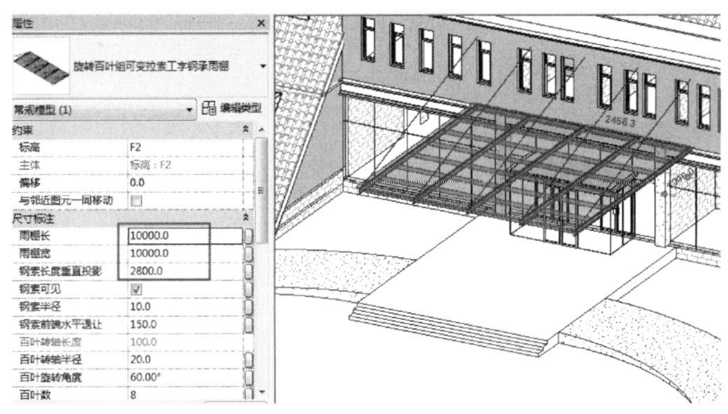

图 4-103　修改雨篷参数

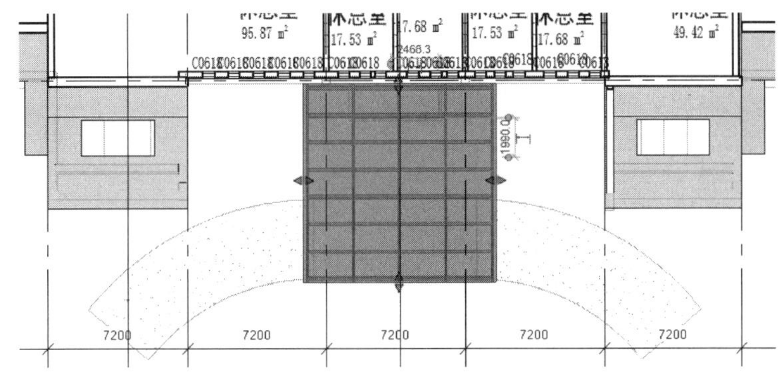

图 4-104　对齐雨篷

05 通过鸿业云族 360 设计的雨篷效果图如图 4-105 所示。

图 4-105　雨篷效果图

第5章

日照分析与场地设计

本章导读

整体建筑模型创建完成后，我们会在该建筑中或者周围进行场地及构件设计。本章将详细介绍 Revit 的场地设计和日照分析全过程。

案例展现

案 例 图	描 述	案 例 图	描 述
	在设计项目图纸时，为了绘制和捕捉的方便，一般按上北下南左西右东的方位设计项目		阴影也是真实渲染必不可少的环境元素
	日光和灯光等光源都是渲染场景中不可缺少的渲染元素，统称为“照明”。日光主要是应用在白天渲染环境		动态日光研究可以动态模拟（可以生成动画）一天或者多天当中指定时间段内阴影的变化过程

案 例 图	描 述
	地形表面的创建方式包括：放置点（设置点的高程）和通过导入创建
	建筑地坪是在沙地、土壤地基础之上浇注的一层砂浆与碎石或与其他建渣的混合物，室内外均可铺设地砖、木地板等装饰材料

5.1 阴影分析

为了表达真实环境下的逼真场景，必须添加阴影效果，阴影也是日光研究中不可缺少的元素。下面详解项目方向设置和阴影设置方法。

5.1.1 设置项目方向

在设计项目图纸时，为了绘制和捕捉的方便，一般按上北下南左西右东的方位设计项目，此即项目北。默认情况下项目北即指视图的上部，但该项目在实际的地理位置中却未必如此。

Revit Architecture 中的日光研究模拟的是真实的日照方向，因此生成日光研究时，建议将视图方向由项目北修改为正北方向，以便为项目创建精确的太阳光和阴影样式。

上机操作　设置项目方向为正北

01 打开本例源文件“别墅 . rvt”文件，如图 5-1 所示。

02 在项目浏览器中切换视图为“－1F－1”场地平面视图。

03 在属性选项板的【图形】选项组下，其中【方向】参数的默认值为【项目北】，如图 5-2 所示。

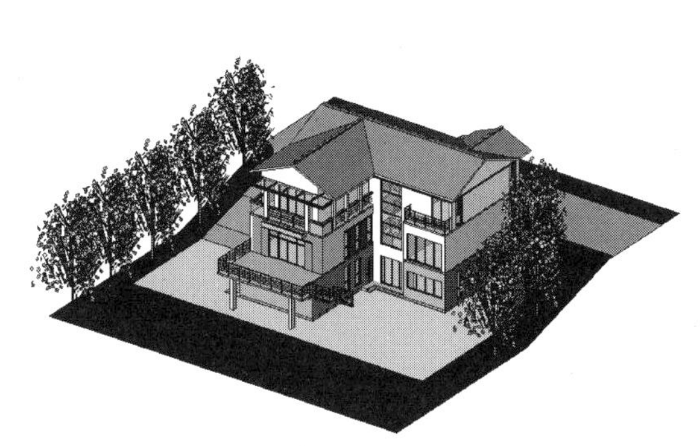

图 5-1　别墅模型

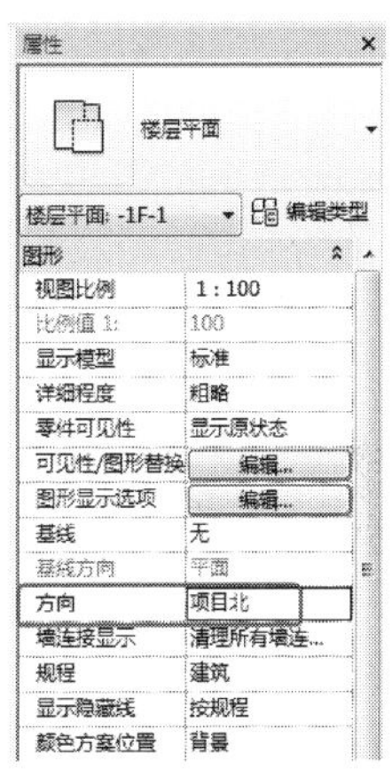

图 5-2　查看场地平面视图的方向

04 单击【项目北】选项，显示下拉三角箭头，然后选择【正北】选项，如图 5-3 所示，单击【应用】按钮。

05 这里需要旋转项目使其与真正地理位置上的正北方向保持一致，并且提前设置阳光。在图形区下方的状态栏中单击【关闭日光路径】按钮，并选择菜单中的【日光设置】选项，如图 5-4 所示。

06 打开【日光设置】对话框，在【日光研究】选项组选择【静止】单选选项，【设置】选项组下单击【地点】栏的浏览按钮，然后查找项目的地理位置，例如“成都”，如图 5-5 所示。

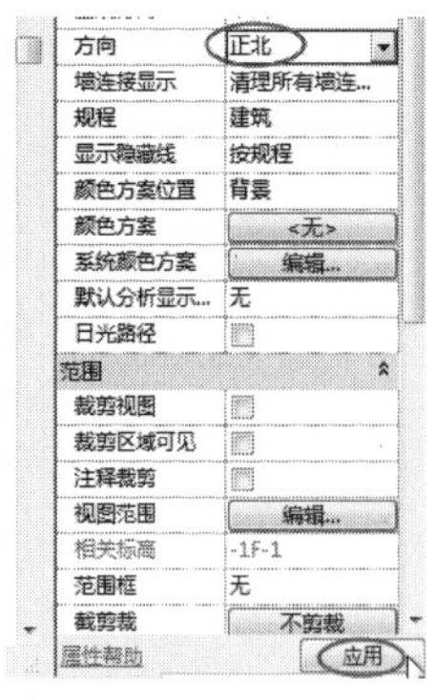

图 5-3　设置视图方向

图 5-4　选择【日光设置】选项

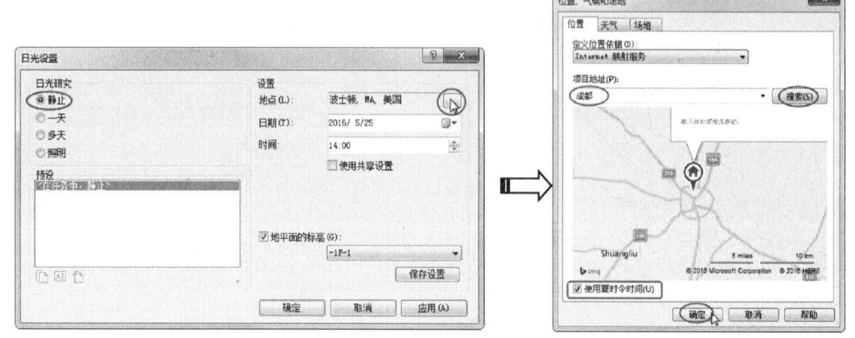

图 5-5　搜索项目的地理位置

07　在【日光设置】对话框中设置当天的日光照射日期以及时间，时间最好是设置为中午 12 点，阴影要短些，角度测量才准确，如图 5-6 所示。

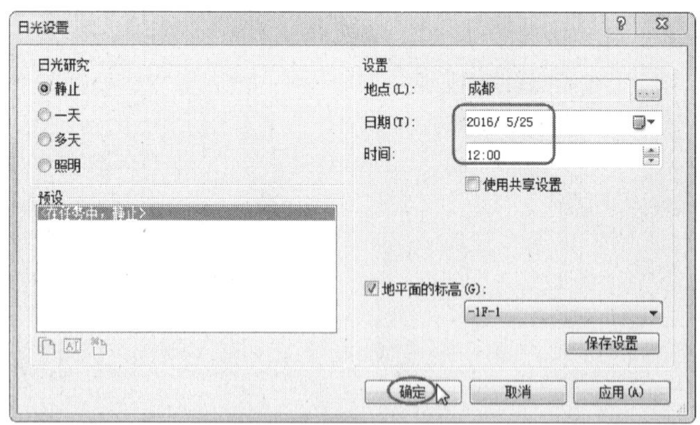

图 5-6　设置日期和时间

08　切换视图为三维视图，并设置为上视图，如图 5-7 所示。

09　在状态栏中单击【关闭阴影】按钮，开启阴影。从阴影效果中可以看出，太阳是自东向西的，理论上讲项目中的阴影只能是左东右西的水平阴影，但是三维视图中可以看出在南北朝向上也有阴影，如图 5-8 所示。

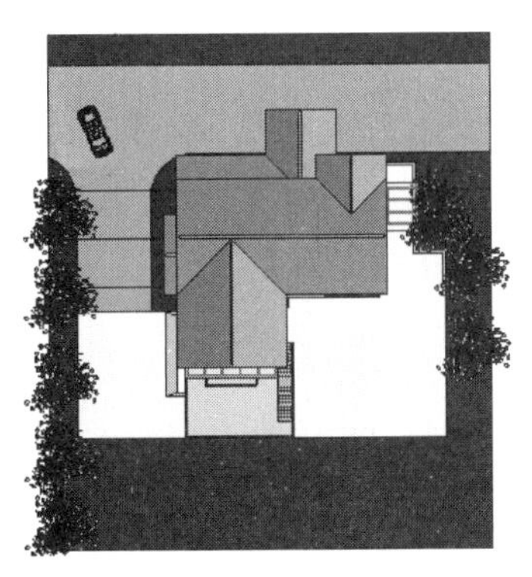
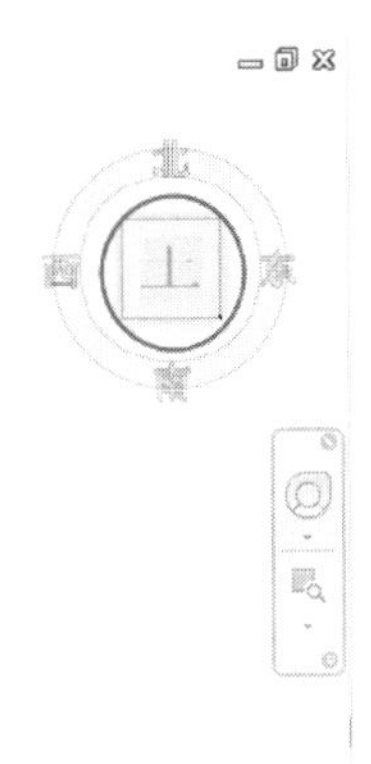

图 5-7　设置视图

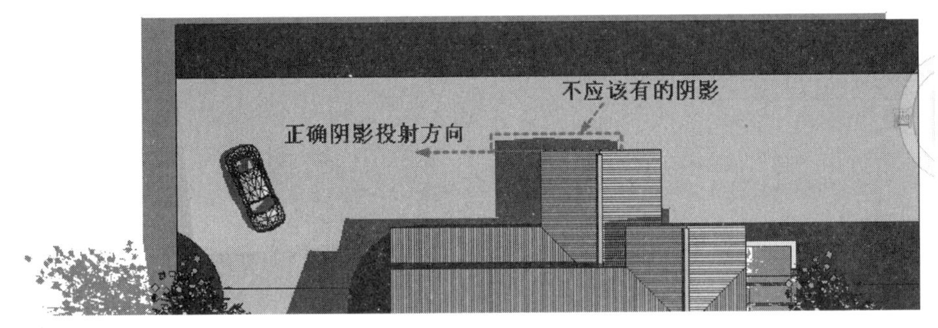

图 5-8　阴影查看

10　这说明了项目北（场地视图中的正北）与实际地理上正北是有偏差的，需要旋转项目。利用模型线的【直线】工具，绘制两条参考线，并测量角度，如图 5-9 所示。测量的角度就是我们要进行项目旋转的角度为 13. 28°。

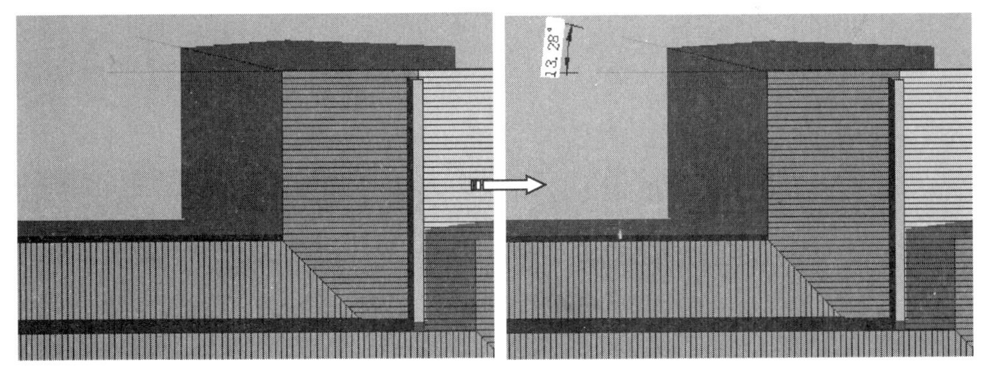

图 5-9　绘制参考线并测量角度

11　切换视图为 -1F-1。在【管理】选项卡【项目位置】面板中单击【位置】|【旋转正北】命令，视图中将出现旋转中心点和旋转控制柄，如图 5-10 所示。

12　如果旋转中心不在项目中心位置，可在旋转中心的旋转符号上按住鼠标左键并移动光标，拖曳至新的中心位置后松开鼠标即可，如图 5-11 所示。

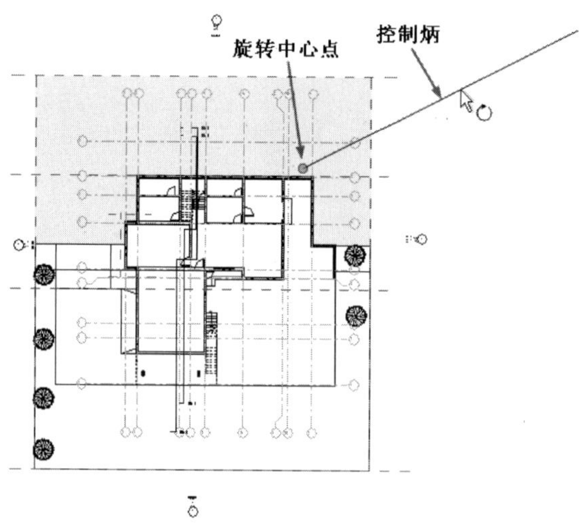

图 5-10　显示旋转中心点和控制柄

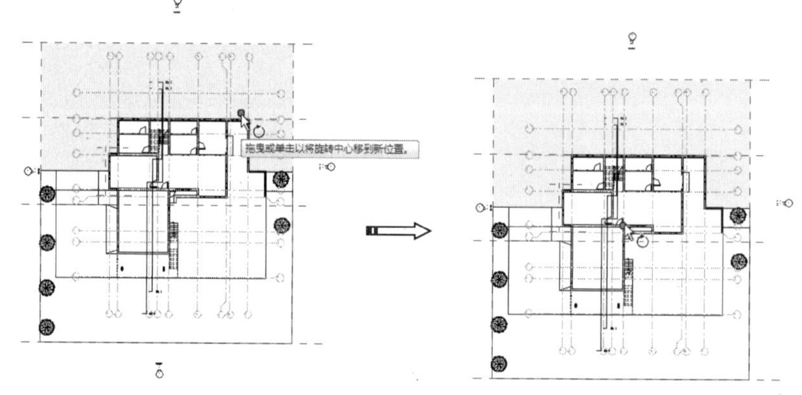

图 5-11　移动项目旋转中心点

13　移动光标在旋转中心右侧水平方向任意位置单击捕捉一点作为旋转起始点，顺时针方向移动光标，将出现角度临时尺寸标注。在键盘直接输入要旋转的角度值13.28，按 Enter 键确认后项目自动旋转到正北方向，如图 5-12 所示。

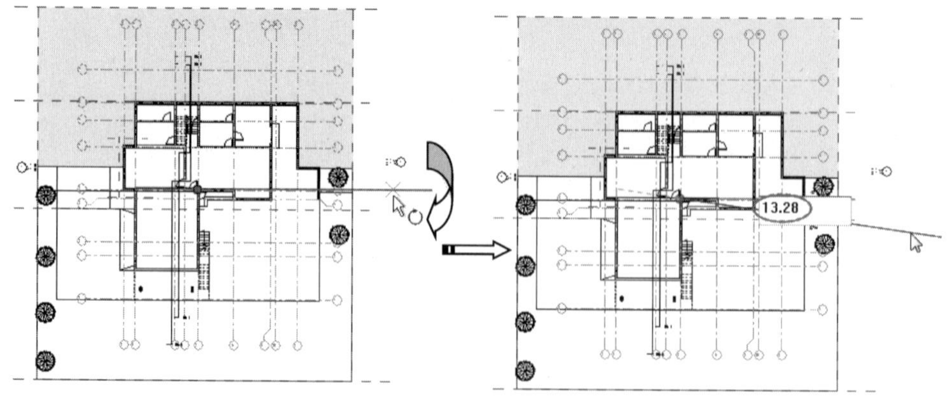

图 5-12　旋转项目视图

14　旋转项目正北后的视图如图 5-13 所示。

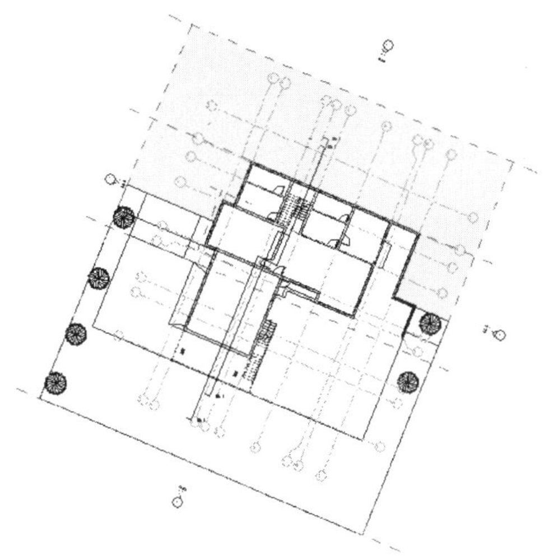

图 5-13　旋转项目正北方向

> **技术要点**
>
> 上面的操作是直接旋转正北，也可以在选项栏的【逆时针旋转角度】栏中直接输入“－13.28”度，按 Enter 键确认后自动将项目旋转到正北，如图 5-14 所示。 
>
> 从项目到正北方向的角度: 0° 0' 0"　西　逆时针旋转角度: -13.28
>
> 图 5-14　设置选项栏上的旋转角度

15　设置了项目正北后，再来通过三维视图中的阴影显示检验视图中的项目北与实际地理上的项目正北是否重合，如图 5-15 所示。从阴影效果看，完全重合。

图 5-15　检验项目旋转正北后的效果

5.1.2　设置阴影效果

在上一小节的案例中不难发现阴影的作用，其也是真实渲染必不可少的环境元素。下面介绍阴影的基本设置。

上机操作 设置阴影

01 继续上一案例，换视图为三维视图。

02 单击绘图区域左下角的视图控制栏的【图形显示选项】命令，打开【图形显示选项】对话框，如图 5-16 所示。

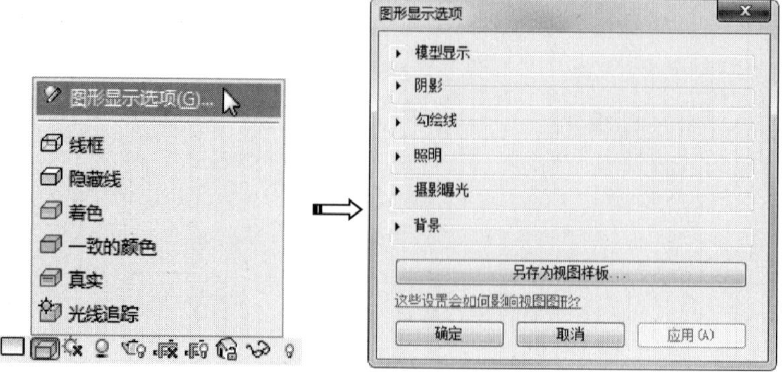

图 5-16 打开【图形显示选项】对话框

03 展开对话框中的【阴影】选项组，包含两个选项，如图 5-17 所示。【投射阴影】选项用于控制三维视图中是否显示阴影，【显示环境光阴影】选项控制是否显示环境光源的阴影。环境光源是除了阳光以外的其他物体折射或反射的自然光源。

04 展开【照明】选项组，该选项组下包括日光设置和阴影设置的选项，如图 5-18 所示。拖动阴影滑动块或输入值可以调整阴影的强度，如图 5-19 所示。

图 5-17 【阴影】选项组

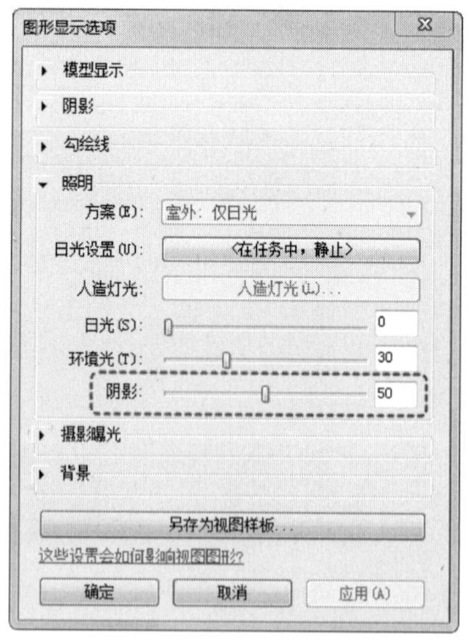

图 5-18 【照明】选项组

05 在状态栏中单击【打开阴影】按钮或者单击【关闭阴影】按钮，也可以开启阴影或关闭阴影的显示。

强度为50

强度为100

图 5-19　阴影强度设置后的前后对比

5.2 日照分析

Revit 场景中的日光可以模拟真实地理环境下日光照射的情况，分静态模拟和动态模拟。模拟前可以对日光的具体参数进行设置。

通过创建日光研究，可以看到来自地势和周围建筑物的阴影对于场地有怎样的影响，或者自然光在一天和一年的特定时间会从哪些位置射入建筑物内。

日光研究通过展示自然光和阴影对项目的影响，来提供有价值的信息，帮助支持有效的被动式太阳能设计。

5.2.1 日光设置

日光和灯光等光源都是渲染场景中不可缺少的渲染元素，统称为“照明”。日光主要是应用在白天渲染环境中。

上机操作　照明设置

01　单击绘图区域左下角的视图控制栏的【图形显示选项】命令，打开【图形显示选项】对话框。

02　展开【照明】选项组。该选项组下包括日光设置选项，如图 5-20 所示。

03　【照明】选项组可以设置日光、环境光源的强度和日光研究类型选项。强度的设置跟研究当天的天气情况有关，晴朗天气阳光强度大一些，阴雨天气阳光强度要小一些，晚上的阳光强度基本为 0。

04　单击【日光设置】的设置按钮，可打开【日光设置】对话框，如图 5-21 所示。

技术要点	该对话框也可以在状态栏打开或关闭，在阳光路径的菜单中选择【日光设置】命令打开。

05　要进行何种类型的日光研究，在此对话框中就选择相应的研究类型。日光研究类型包括静止、一天、多天和照明。

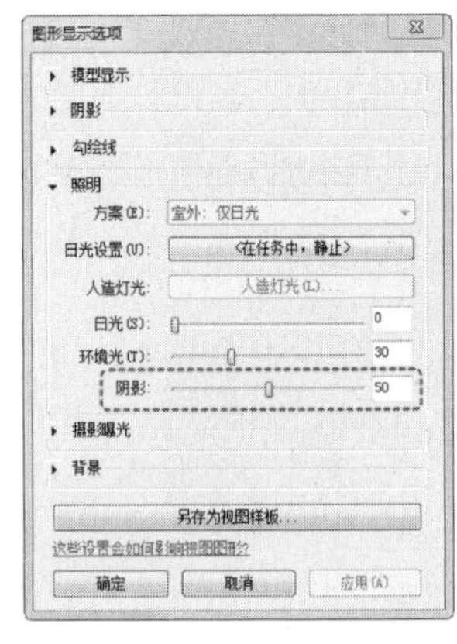

图 5-20 【照明】选项组

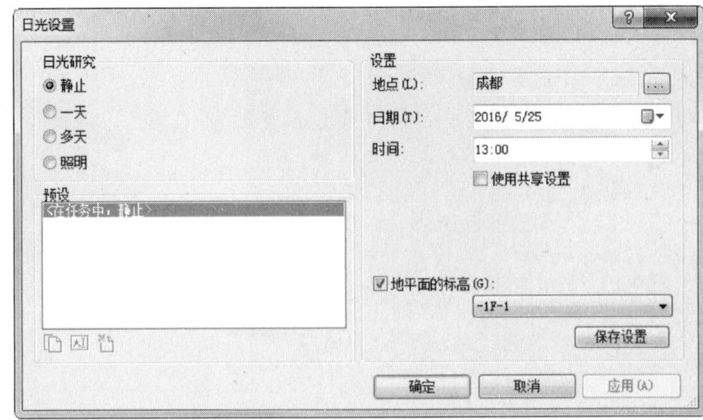

图 5-21 【日光设置】对话框

06 阳光设置完成后，接下来就可以进行日光研究操作了。

5.2.2 静态日光研究

静态日光研究包括静止研究和照明研究。

1. 静止日光研究

静止日光研究类型是在某个时间点的静态的日光照射情况分析。正如我们在设置项目方向时的案例中，静止的日光研究可以为我们获得某个时刻阳光照射下的阴影长短、投射方向等信息，便于我们及时地调整地理中项目的正北。

静止日光研究操作就不再赘述了。

2. 照明日光研究

照明日光研究是生成单个图像，来显示从活动视图中的指定日光位置（而不是基于项目位置、日期和时间的日光位置）投射的阴影。

例如，可以在立面视图上投射 45 度的阴影，这些立面视图之后可以用于渲染。

上机操作 照明日光研究

继续前面的案例进行操作。

01 打开【日光设置】对话框。在对话框中【日光研究】选项组下选择【照明】类型，对话框右边显示【照明】类型的设置选项，如图 5-22 所示。

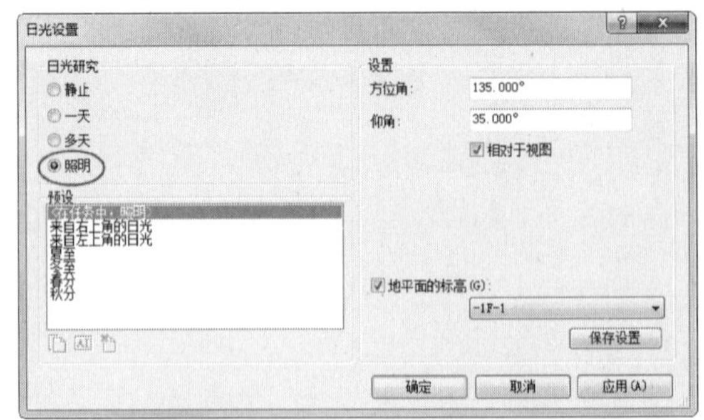

图 5-22 选择【一天研究】类型

02 这里解释一下什么是方位角和仰角，如图 5-23 所示。

> **技术要点** 方位角控制照明在建筑物周围的位置，仰角则是控制阴影的长短。仰角越小，阴影越长，反之仰角越大则阴影越短。从图 5-23 中可以看出，方位角 0°位置在地理正北（不是最初的项目北），所以在调整方位角的时候，一定要注意，仰角是从地平面（地平线）开始的。

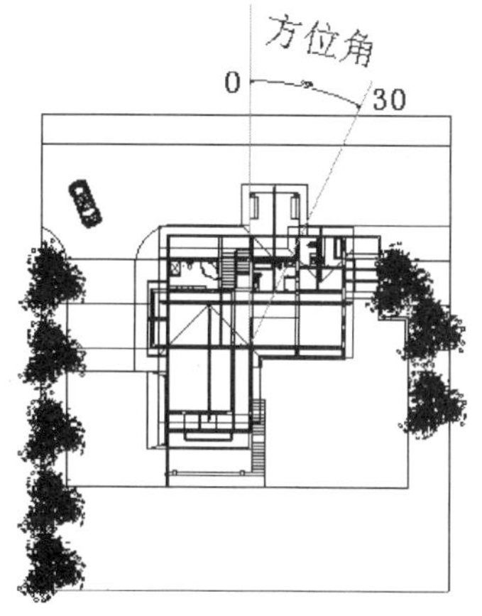

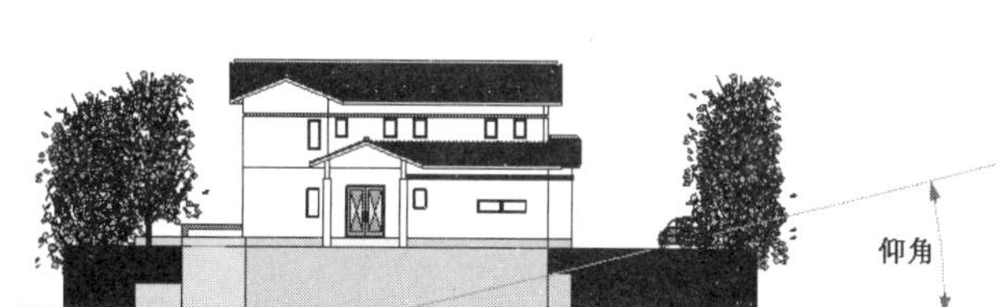

图 5-23　方位角和仰角示意图

03 【相对于视图】复选框用来控制照明光源的照射方向，如果勾选该复选框，仅仅针对视图进行照射，照射范围相对集中，如图 5-24 所示。取消勾选该复选框，则相对于整个建筑模型的方向来照射，照射范围相对扩散，如图 5-25 所示。

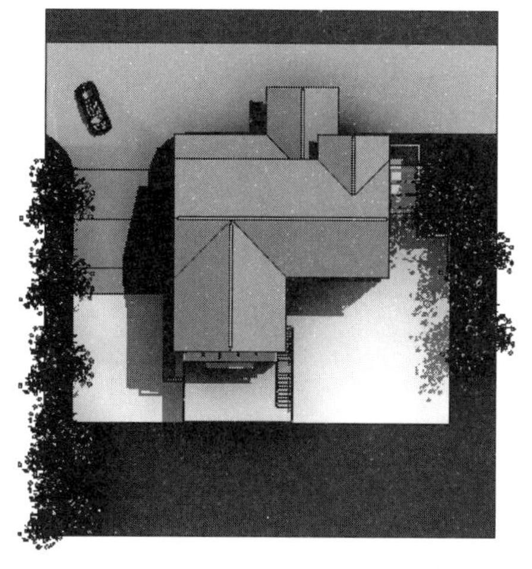

图 5-24　相对于视图

图 5-25　相对于模型

04 对话框中的【地平面的标高】复选框控制仰角的计算起始平面，如果选择 2F 楼层，意味着 2 层及 2 层以上的楼层将会有照明阴影。当然 2 层平面也是仰角的计算起始平面，如图 5-26 所示，如果取消勾选【地平面的标高】复选框，将对视图中所有标高层投影。

图 5-26 【地平面的标高】的设置

5.2.3 动态日光研究

动态日光研究包括一天日光研究和多天日光研究，可以动态模拟（可以生成动画）一天或者多天当中指定时间段内阴影的变化过程。

1. 一天日光研究

一天日光研究是动态的，可以模拟日出到日落时阳光照射下的建筑物阴影的动态变化。

上机操作 一天日光研究

继续前面的案例进行操作。

01 打开【日光设置】对话框。在对话框中【日光研究】选项组下选择【一天】类型，对话框右边显示【一天】类型的设置选项，如图 5-27 所示。

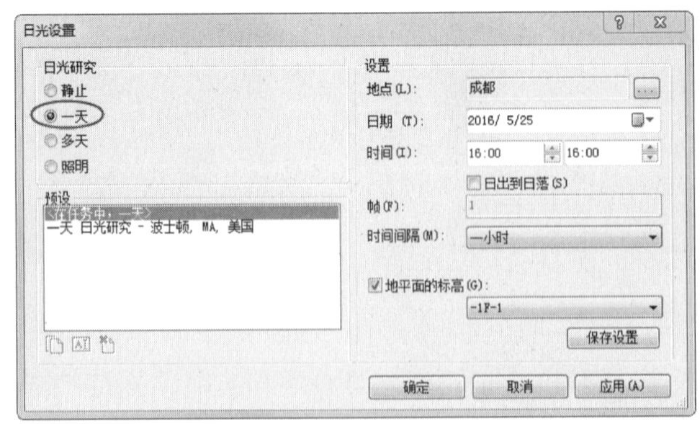

图 5-27 选择【一天研究】类型

02 设置项目地点和日期后，根据设计者需要，可以设置时间段来创建阴影动画，当然也可以勾选【日出到日落】复选框。

03 设置动画帧（一帧就是一副静止图片）的时间间隔，设置为 1 小时，那么系统会计算得出从日出到日落的所需帧数为 14，如图 5-28 所示。

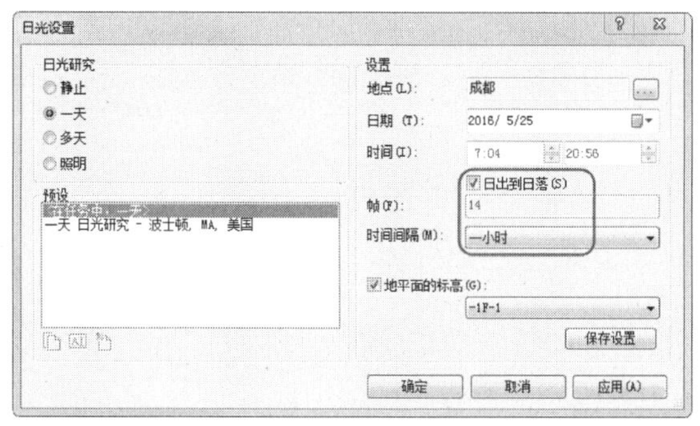

图 5-28　设置动画帧

04 地平面的标高一般是建筑项目中的场地标高，本项目的场地标高就是 -1F-1。此选项控制是否在地平面标高上投射阴影，如图 5-29 所示。

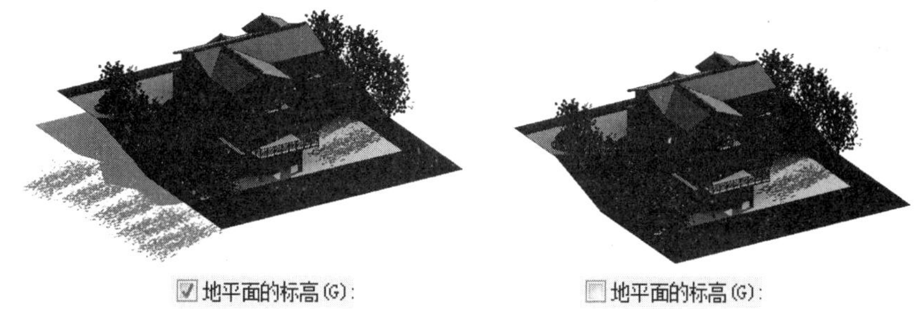

图 5-29　控制是否在地平面标高上投影

05 单击【确定】按钮完成一天日光研究的设置。在状态栏中开启阴影，同时打开日光路径，如图 5-30 所示。

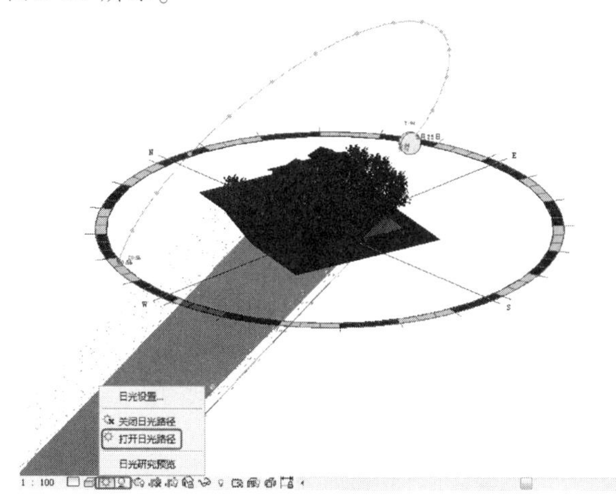

图 5-30　开启阴影和日光路径

06 在选择【打开日光路径】选项时，会发现菜单中增加了【日光研究预览】选项，这个选项也只有在【日光设置】对话框中设置了动画帧以后才会存在。

07 选择【日光研究预览】选项后，可以在选项栏中演示阴影动画了，如图 5-31 所示。

图 5-31 选项栏中的动画选项

08 单击【播放】按钮，三维视图中开始播放一个小时一帧的阴影动画，如图 5-32 所示。

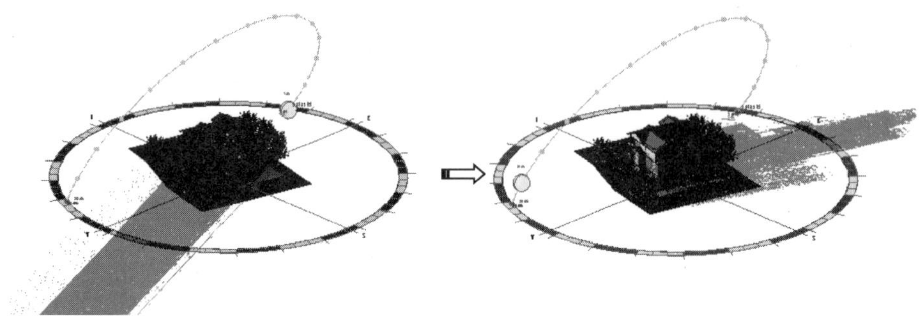

图 5-32 播放阴影动画帧

2. 多天日光研究

多天日光研究可以连续多天的动态模拟日光照射和生成阴影动画，其操作过程与一天日光研究是完全相同的，不同的是日期由一天设置成多天，如图 5-33 所示。

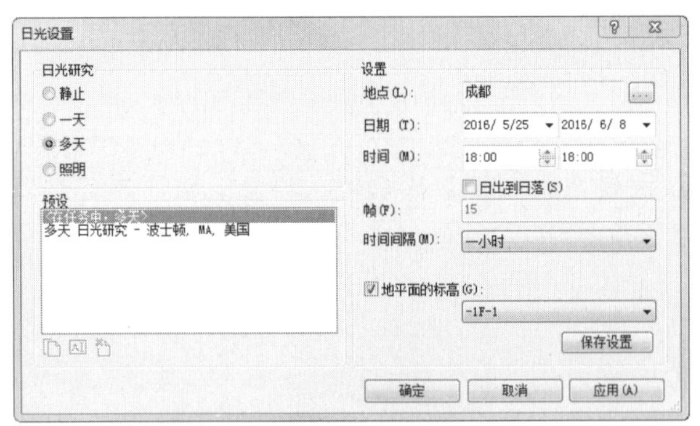

图 5-33 多天日光研究的设置

5.2.4 导出日光研究

在 Revit Architecture 中，除了可以在项目文件中预览日光研究外，还可以将日光研究导出为各种格式的视频或图像文件。导出文件类型包括 AVI、JPEG、TIFF、BMP、GIF 和 PNG。

AVI 文件是独立的视频文件，而其他导出文件类型都是单帧图像格式，这允许用户将动画的指定帧保存为独立的图像文件。

上机操作 导出日光研究

接上节练习，准备导出一天日光研究动画。

01 切换为三维视图。开启阴影，按 16.2.3 小节中的案例操作完成一天日光研究。

02 单击菜单栏浏览器【导出】|【图像和动画】|【日光研究】命令，弹出【长度/格式】对话框，如图 5-34 所示。

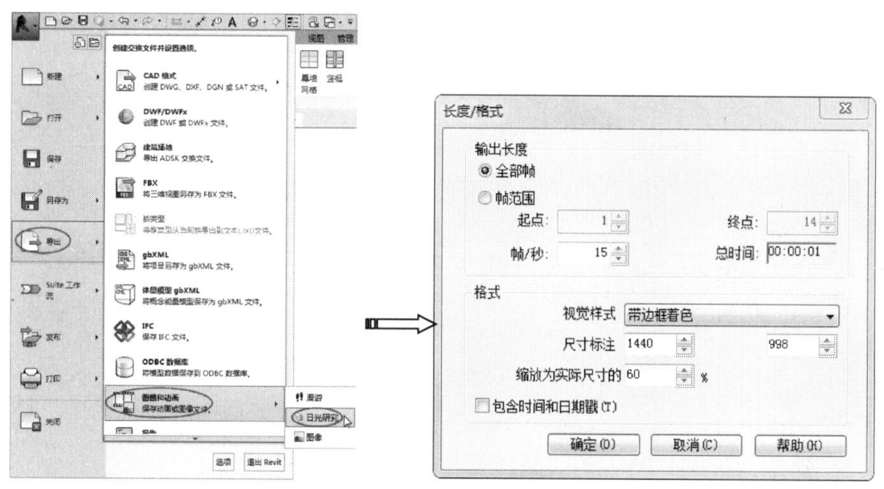

图 5-34　执行导出命令

03 其中【帧/秒】项设置导出后漫游的速度为每秒多少帧，默认为 15 帧，播放速度会比较快，建议设置为 3 – 4 帧，速度比较合适。单击【确定】按钮后弹出【导出动画日光研究】对话框，输入文件名，并设置路径，单击【保存】按钮，如图 5-35 所示。

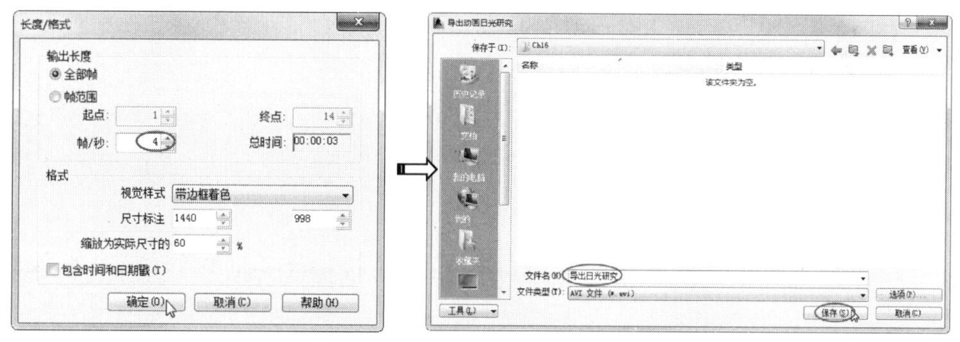

图 5-35　导出设置

技术要点	注意【导出动画日光研究】对话框中的文件类型默认为 AVI，单击后面的下拉箭头，可以看到下拉列表中除了 AVI 还有一些图片格式，如：JPEG、TIFF、BMP、GIF 和 PNG，只有 AVI 格式导出后为多帧动画，其他格式导出后均为单帧图片，如图 5-36 所示。

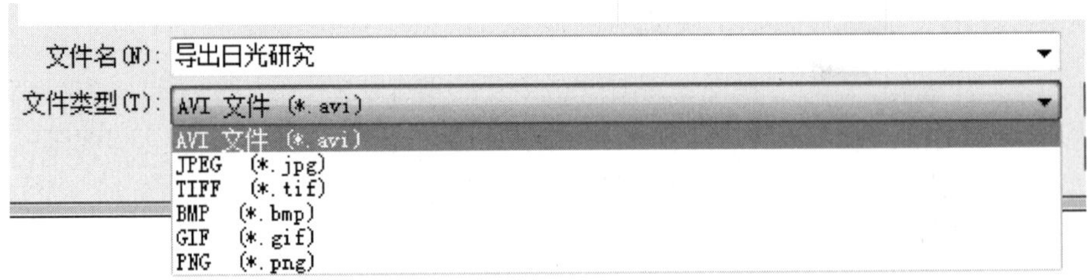

图 5-36 导出文件类型

04 随后弹出【视频压缩】对话框，如图 5-37 所示。默认的压缩程序为【全帧（非压缩的）】，产生的文件容量会非常大，建议在下拉列表中选择压缩模式为【Microsoft Video 1】，此模式为大部分系统可以读取的模式，同时可以减少文件大小。单击【确定】完成日光研究导出为外部 AVI 文件的操作。

图 5-37 视频压缩程序设置

05 保存项目文件。

5.3 确定项目位置

Revit 提供了可定义项目地理位置、项目坐标和项目位置的工具。

【地点】工具用来指定建筑项目的地理位置信息，包括位置、天气情况和场地。此功能对于后期渲染时进行日光研究和漫游很有用。

上机操作 设置项目地点

01 单击功能区【管理】选项卡【项目位置】面板中的【地点】按钮，弹出【位置、气候和场地】对话框，如图 5-38 所示。

02 设置【位置】标签。【位置】标签下的选项可设置本项目在地球上的精确地理位置。定义位置的依据包括【默认城市列表】和【Internet 映射服务】。

03 图 5-38 中显示的是【Internet 映射服务】位置依据。可以手工输入地址位置，如输入重庆，即可利用内置的 bing 必应地图进行搜索，得到新的地理位置，如图 5-39 所示。搜索到项目地址后，会显示图标，光标靠近该图标将显示经纬度和项目地址信息提示。

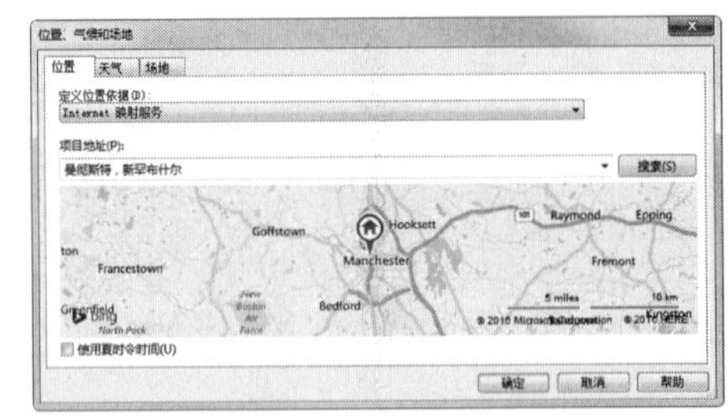

图 5-38 【位置、气候和场地】对话框

04 若选择【默认城市列表】选项，用户可以从城市列表中选择一个城市作为当前项目的地理位置，如图 5-40 所示。

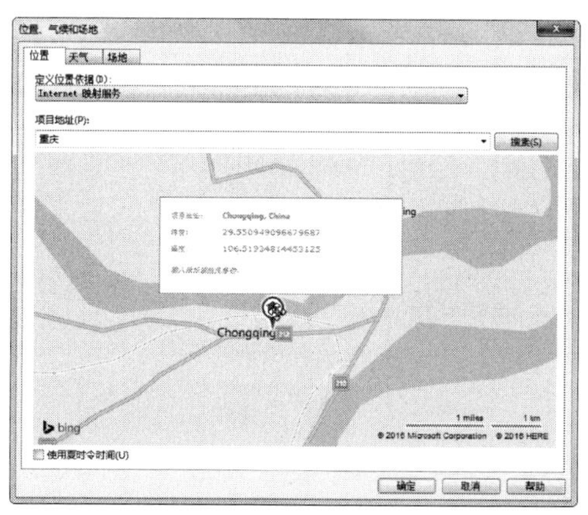

图 5-39　Internet 映射服务

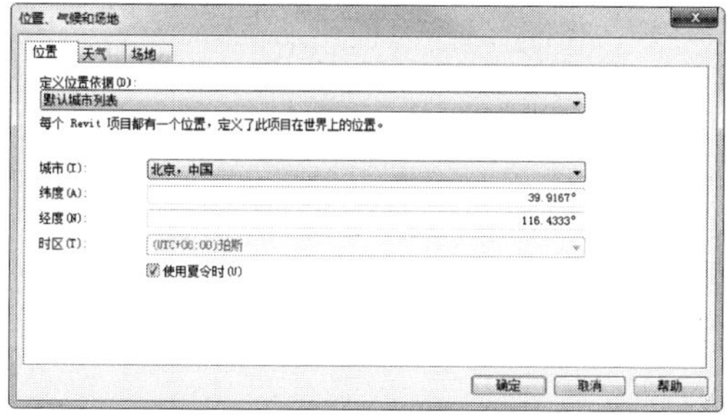

图 5-40　选择【默认城市列表】选项

05 设置【天气】标签。【天气】标签中的天气情况是 MEP 系统设计工程师最重要的气候参考条件。默认显示的气候条件是参考了当地气象站的统计数据，如图 5-41 所示。

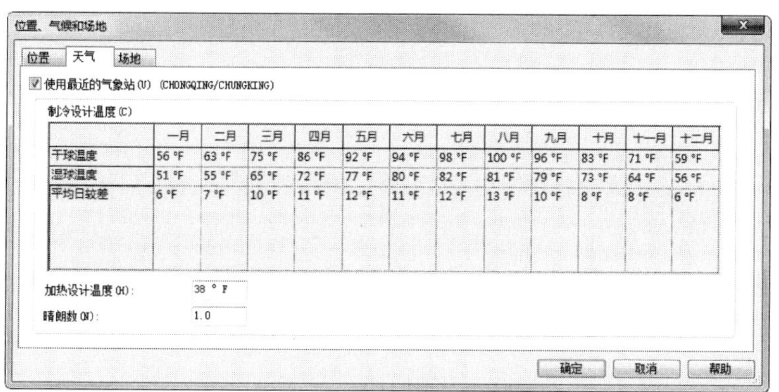

	一月	二月	三月	四月	五月	六月	七月	八月	九月	十月	十一月	十二月
干球温度	56 °F	63 °F	75 °F	86 °F	92 °F	94 °F	98 °F	100 °F	96 °F	83 °F	71 °F	59 °F
湿球温度	51 °F	55 °F	65 °F	72 °F	77 °F	80 °F	82 °F	81 °F	79 °F	73 °F	64 °F	56 °F
平均日较差	6 °F	7 °F	10 °F	11 °F	12 °F	11 °F	12 °F	13 °F	10 °F	8 °F	8 °F	6 °F

图 5-41　【天气】标签中的天气条件

06 如果需要更精准的气候数据，通过在本地亲测获取真实天气情况后，可以取消【使用最近的气象站】复选框，手工修改这些天气数据，如图 5-42 所示。

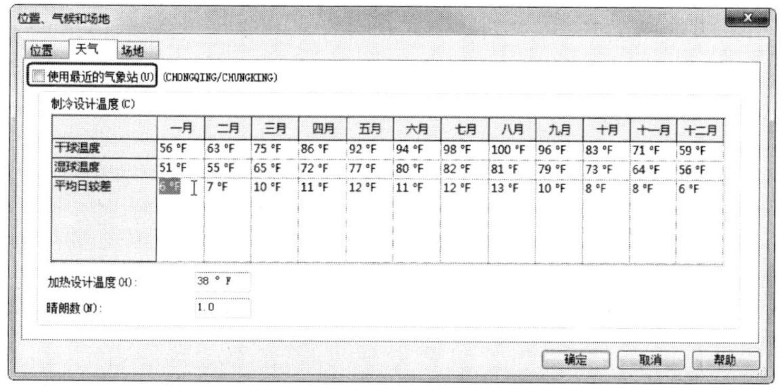

	一月	二月	三月	四月	五月	六月	七月	八月	九月	十月	十一月	十二月
干球温度	56 °F	63 °F	75 °F	86 °F	92 °F	94 °F	98 °F	100 °F	96 °F	83 °F	71 °F	59 °F
湿球温度	51 °F	55 °F	65 °F	72 °F	77 °F	80 °F	82 °F	81 °F	79 °F	73 °F	64 °F	56 °F
平均日较差	6 °F	7 °F	10 °F	11 °F	12 °F	11 °F	12 °F	13 °F	10 °F	8 °F	8 °F	6 °F

图 5-42　手工修改天气数据

07 设置【场地】标签。【场地】标签用于确定项目在场地中的方向和位置，以及相对于其他建筑的方向和位置，在一个项目中可能定义了许多共享场地，如图 5-43 所示，单击【复制】按钮可以新建场地，新建场地后再为其指定方位。

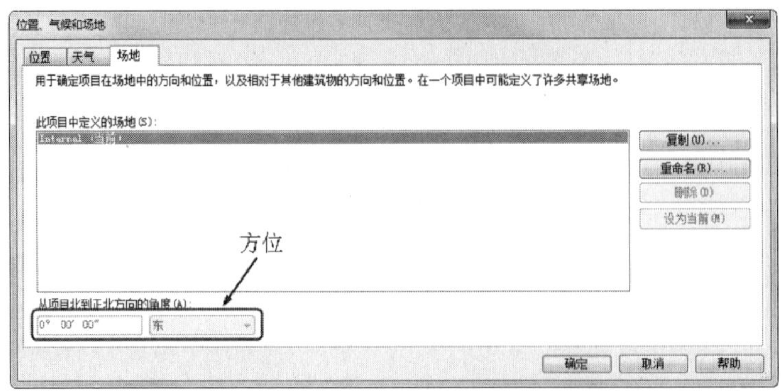

图 5-43 【场地】标签

5.4 场地地形设计

使用 Revit Architecture 提供的场地工具，可以为项目创建场地三维地形模型、场地红线和建筑地坪等构件，完成建筑场地设计。

5.4.1 场地设置

单击【体量与场地】选项卡【场地建模】面板下【场地设置】按钮，弹出【场地设置】对话框，如图 5-44 所示。设置等高线间隔值、经过高程、添加自定义等高线、剖面填充样式、基础土层高程和角度显示等项目全局场地设置。

图 5-44 【场地设置】对话框

5.4.2 构建地形表面

地形表面的创建包括放置点（设置点的高程）和通过导入创建这两种方式。

1. 放置高程点构建地形表面

放置点的方式允许手动放置地形轮廓点并指定放置轮廓点的高程。Revit Architecture 将根据指定的地形轮廓点，生成三维地形表面。这种方式由于必须手动绘制地形中每一个轮廓点并设置每个点的高程，所以适合用于创建简单的地形地貌。

上机操作　利用【放置点】工具绘制地形表面

01　新建一个基于中国建筑项目样板文件的建筑项目，如图 5-45 所示。

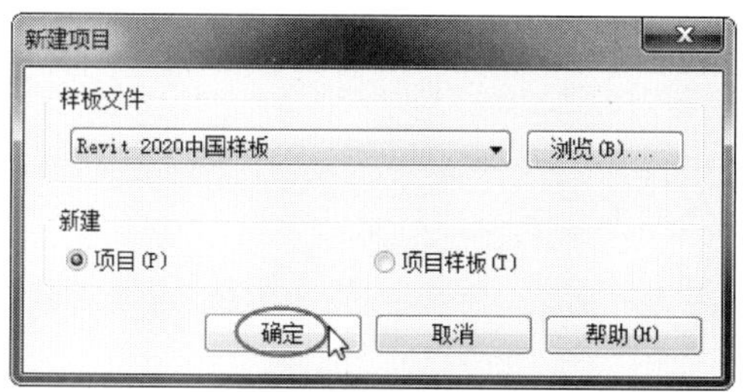

图 5-45　创建建筑项目

02　在项目浏览器中【视图】|【楼层平面】节点下双击【场地】子项目，切换至场地视图，如图 5-46 所示。

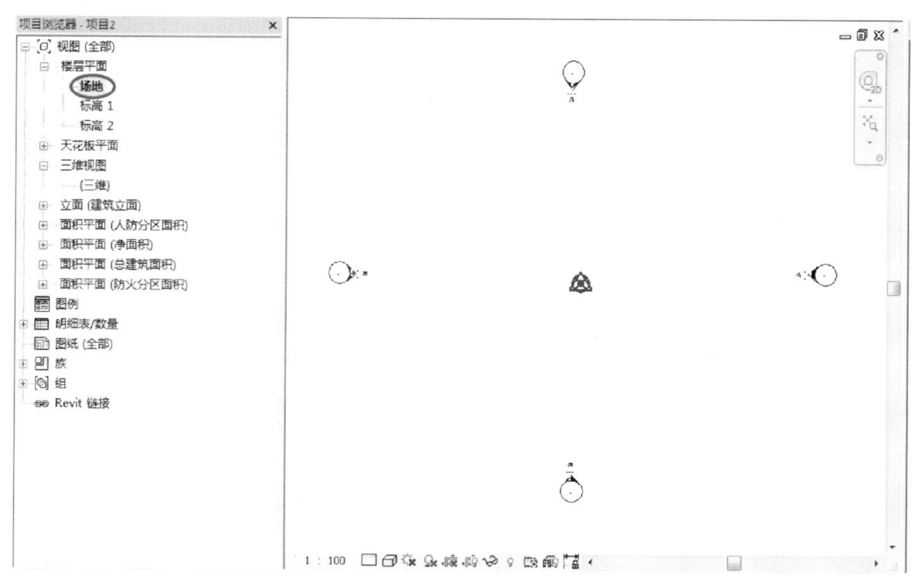

图 5-46　切换到场地视图

03　在【体量和场地】选项卡【场地建模】面板中单击【地形表面】按钮，然后在场地平面视图中放置几个点，作为整个地形的轮廓，几个轮廓点的高程均为 0，如

图 5-47 所示。

04 继续在 5 个轮廓点围成的区域内放置 1 个点或者多个点，这些点是地形区域内的高程点，如图 5-48 所示。

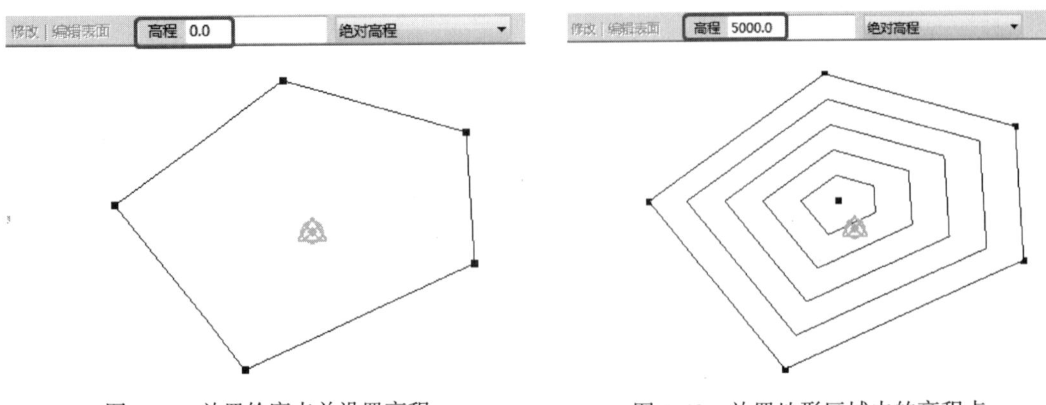

图 5-47　放置轮廓点并设置高程　　　　图 5-48　放置地形区域内的高程点

05 在项目浏览器中切换到三维视图，可以看见创建的地形表面如图 5-49 所示。

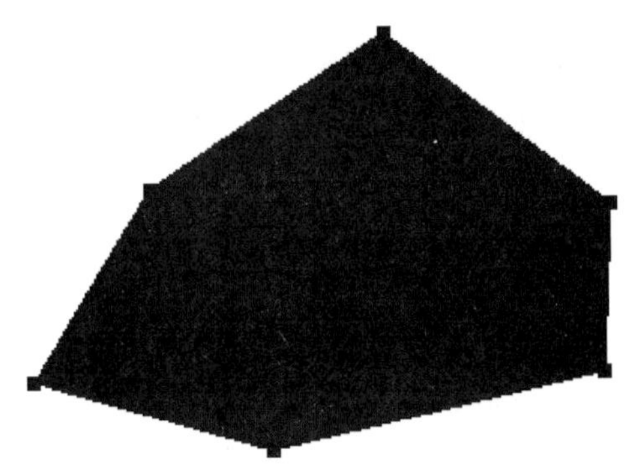

图 5-49　地形表面

2. 通过导入测量点文件建立地形表面

还可以通过导入测量点文件的方式，根据测量点文件中记录的测量点 X、Y、Z 值创建地形表面模型。通过下面的练习，学习使用测量点文件创建地形表面的方法。

上机操作　导入测量点文件建立地形表面

01 新建中国样板 2020 的建筑项目文件。

02 切换至三维视图。单击【地形表面】按钮切换至【修改 | 编辑表面】上下文选项卡。

03 在【工具】面板【通过导入创建】下拉工具列表中选择【指定点文件】命令，弹出【选择文件】对话框。设置文件类型为【逗号分隔文本】，然后浏览至本例源文件夹中的【指定点文件 . txt】文件，如图 5-50 所示。

04 单击【打开】按钮导入该文件，弹出【格式】对话框，如图 5-51 所示，设置文件中的单位为【米】，单击【确定】按钮继续导入测量点文件。

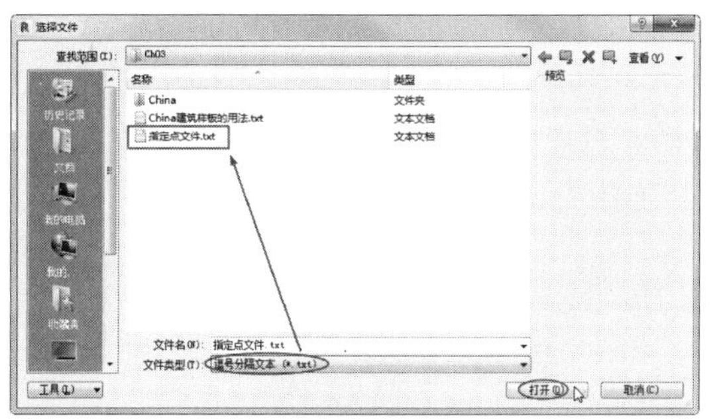

图 5-50　选择测量点文件

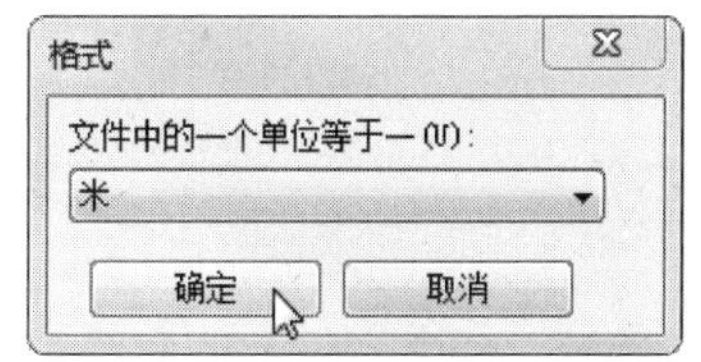

图 5-51　设置导入文件的单位格式

05　随后 Revit 自动生成地形表面高程点及高程线，如图 5-52 所示。

图 5-52　自动生成地形表面

06　保存项目文件。

> **技巧点拨**
>
> 导入的点文件必须使用逗号分隔的文件格式（可以是 CSV 或 TXT 文件），且必须以测量点的 X、Y、Z 坐标值作为每一行的第一组数值，点的任何其他数值信息必须显示在 X、Y 和 Z 坐标值之后。Revit Architecture 忽略该点文件中的其他信息（如点名称、编号等），如果该文件中存在 X 和 Y 坐标值相等的点，Revit Architecture 会使用 Z 坐标值最大的点。

5.4.3　修改场地

当地形表面设计后，有时还要依据建筑周边的场地用途，对地形表面进行修改。比如园区道路的创建（拆分表面）、创建建筑红线、土地平整等。

下面以修改园区路及健身场地区域为例，讲解如何修改场地。

上机操作　创建园路和健身场地

01　打开本例练习模型“别墅 – 1. rvt”，如图 5-53 所示。

02　进入三维视图，再切换到上视图，如图 5-54 所示。

03　单击【修改场地】面板中的【拆分表面】按钮，选择已有的地形表面作为拆分对象。利用【修改 | 拆分表面】上下文选项卡的曲线绘制命令，绘制图 5-55 所示

的封闭轮廓。

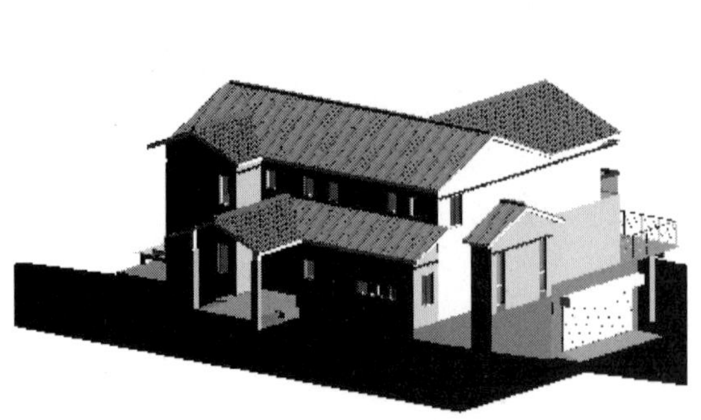

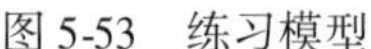

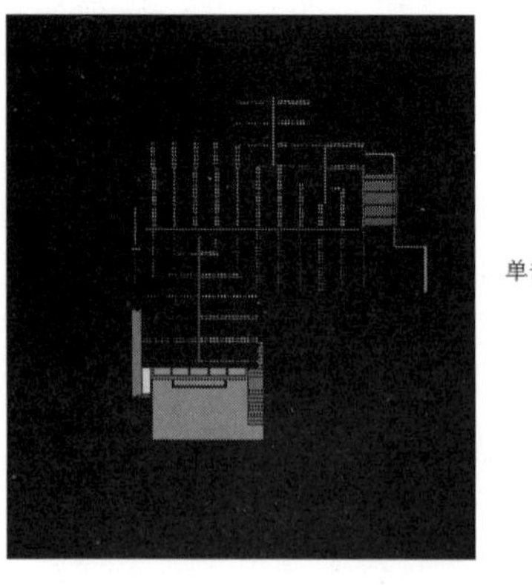

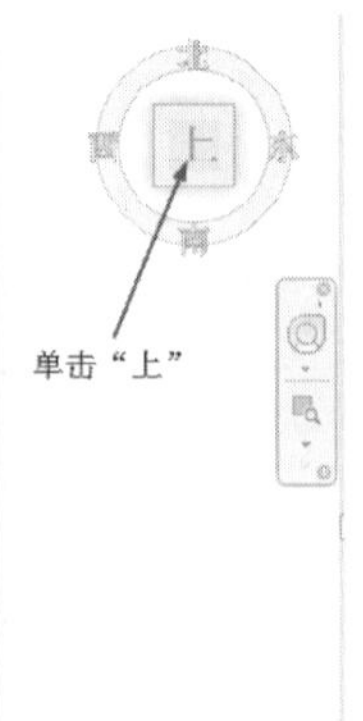

图 5-53　练习模型　　　图 5-54　切换视图方向

04 单击【完成编辑模式】按钮，完成地形表面的分割，如图 5-56 所示。如果发现拆分的地形不符合要求，可以直接删除拆分的部分地形表面，或者单击【合并表面】按钮合并拆分的两部分地形表面，再重新拆分即可。

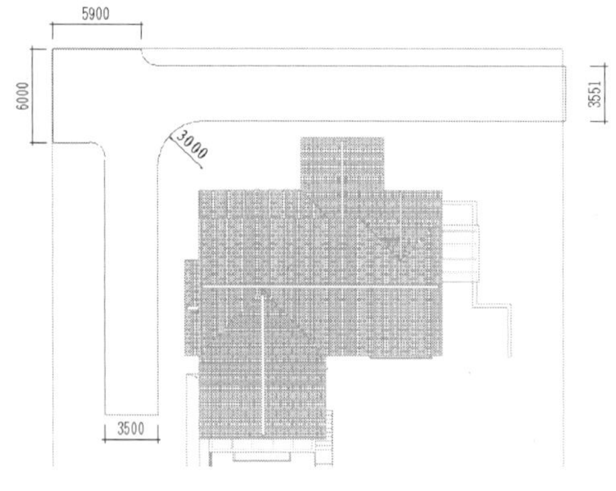

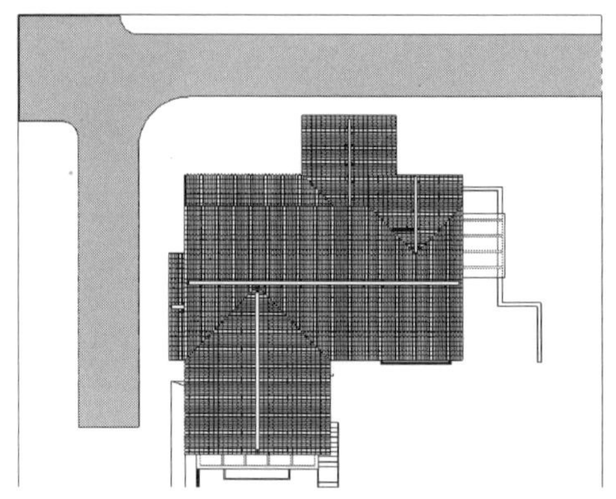

图 5-55　绘制草图　　　图 5-56　拆分的地形表面

05 选中拆分出来的部分地形表面，在属性面板中设置材质为【场地 – 柏油路】，如图 5-57 所示。

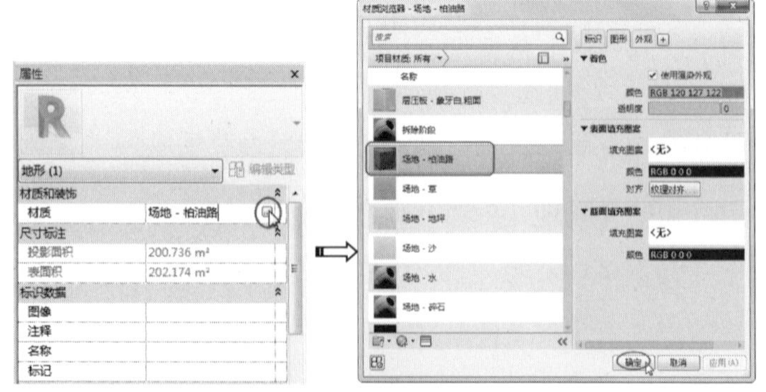

图 5-57　设置园路材质

06　要在院内一角拆分一块表面出来，作为健身场地。单击【子面域】按钮，然后绘制一个矩形，单击【完成编辑模式】按钮，完成子面域的创建，如图 5-58 所示。

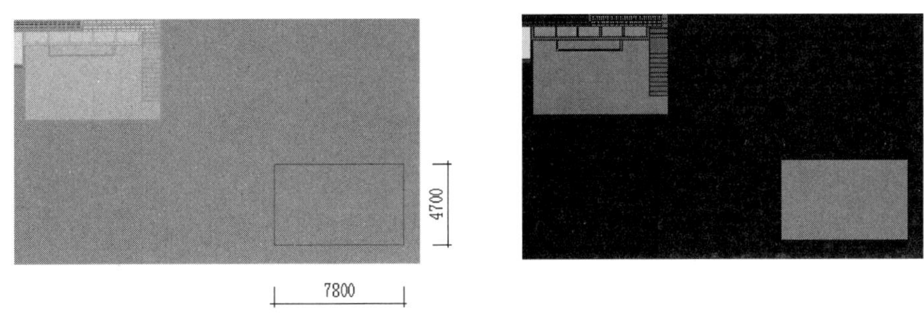

图 5-58　创建子面域

07　选中子面域，在属性面板中重新选择材质为【场地 – 沙】，如图 5-59 所示。

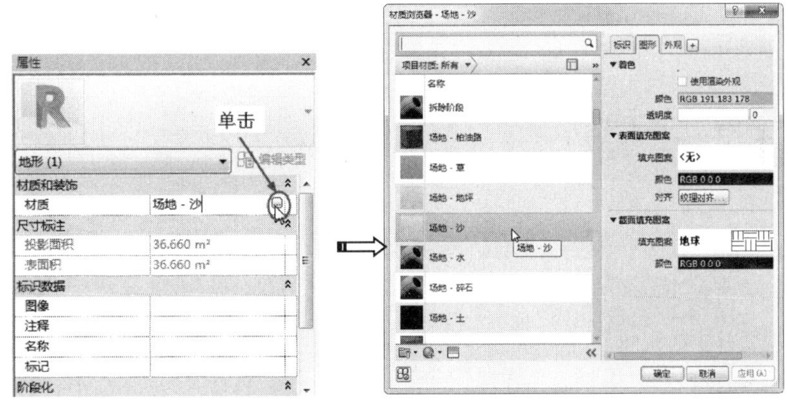

图 5-59　为子面域选择材质

5.5　应用云族 360 添加场地构件

场地地形设计完成后，可以在场地中添加植物、停车场等场地构件，以丰富场地表现。下面继续以独栋别墅的场地设计为例，详解景观布置设计过程。

5.5.1　建筑地坪设计

建筑地坪是在沙地、土壤的基础之上浇注的一层砂浆与碎石或与其他建渣的混合物，室内外均可铺设地砖、木地板等装饰材料。建筑地坪只能在场地上建立。

上机操作　创建建筑地坪

01　继续前一个案例，切换视图为 –1F – 1。

02　在【场地建模】面板单击【建筑地坪】按钮，弹出【修改 | 创建建筑地坪边界】

上下文选项卡。

03 利用【拾取墙】命令和【直线】命令绘制地坪边界，如图 5-60 所示。

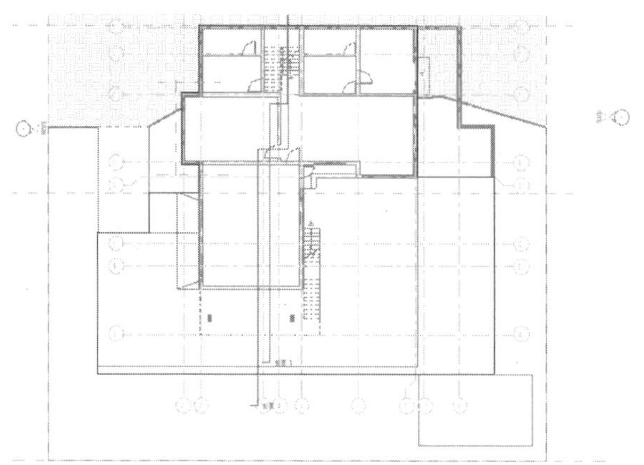

图 5-60 绘制的地坪边界

04 单击【完成编辑模式】按钮，完成建筑地坪的创建，如图 5-61 所示。

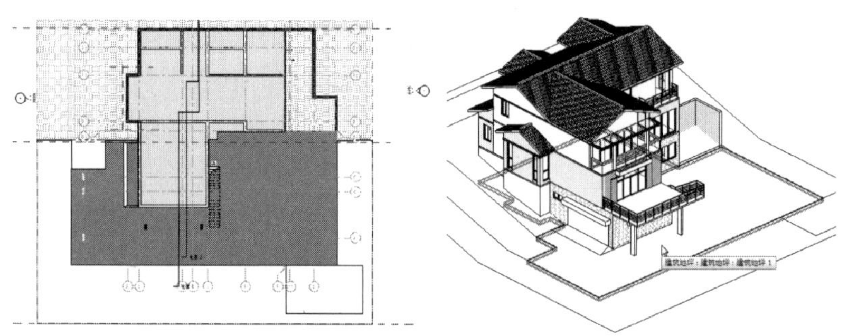

图 5-61 完成地坪的创建

5.5.2 场地构件设计

场地构件包含了园林景观的所有景观小品、植物、体育设施和公共交通设施等。这些场地构件完全可以使用云族 360 族库管理器去添加。

上机操作 添加场地构件

01 切换三维视图的上视图方向。

02 单击【公共/个人库】按钮，打开【鸿业云族 360 客户端】对话框。通过搜索查找【法拉利 – 车】族，如图 5-62 所示。

03 在右侧族列表中选择【法拉利 – 车】族，再单击【加载】按钮加载，将构件先载入到当前项目中。再单击【单点布置】按钮，将构件族放置到项目中，如图 5-63 所示。

04 通过搜索、加载将【车棚】构件族放置到地坪上（因为车棚、停车位等只能放置到有厚度的地坪上），如图 5-64 所示。在属性面板设置停车位的偏移值 2850，提升到车道高度，然后将其移动到左上角，如图 5-65 所示。

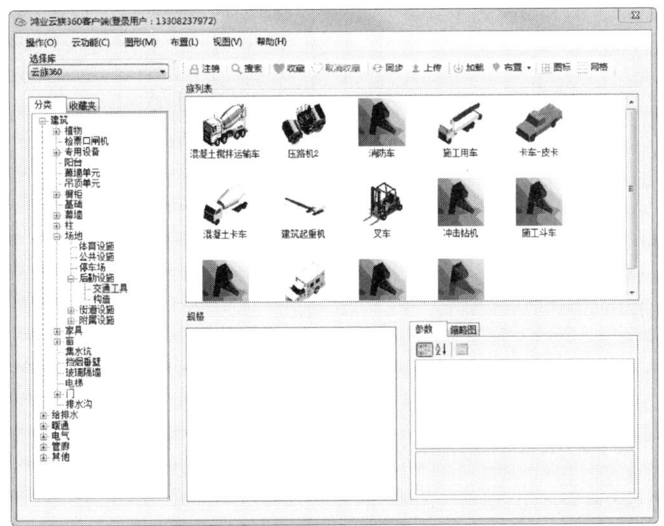

图 5-62　显示所有交通工具构件族

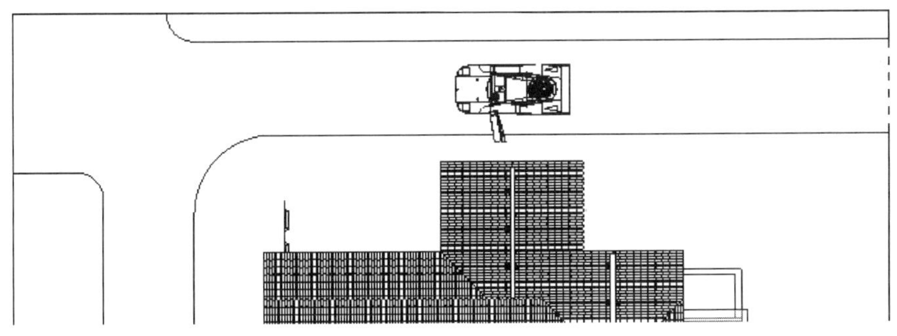

图 5-63　放置车构件到项目中

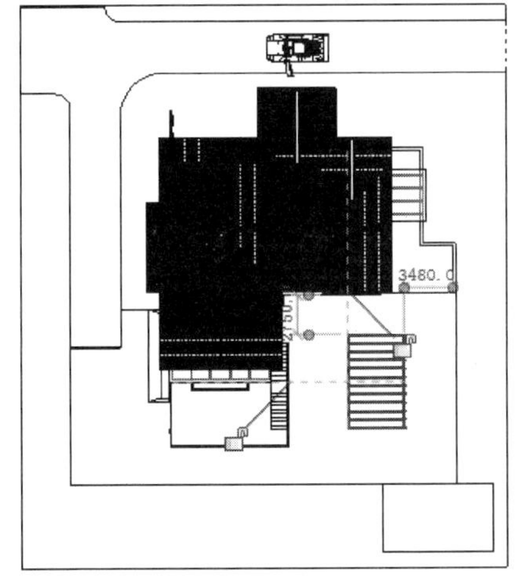

图 5-64　放置车棚构件

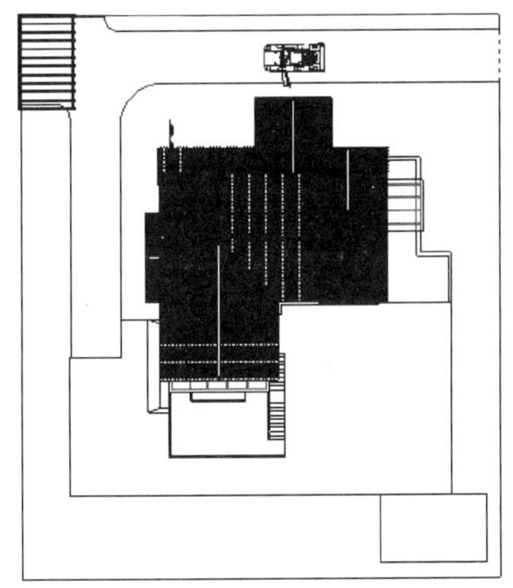

图 5-65　提升并移动车棚

05 将儿童滑梯、二位腹肌板、单人坐拉训练器和吊桩等构件放置在沙地上，如图 5-66 所示。

06 在云族 360 族库管理器中，载入【喷泉水池】族放置到地坪一侧，如图 5-67 所示。

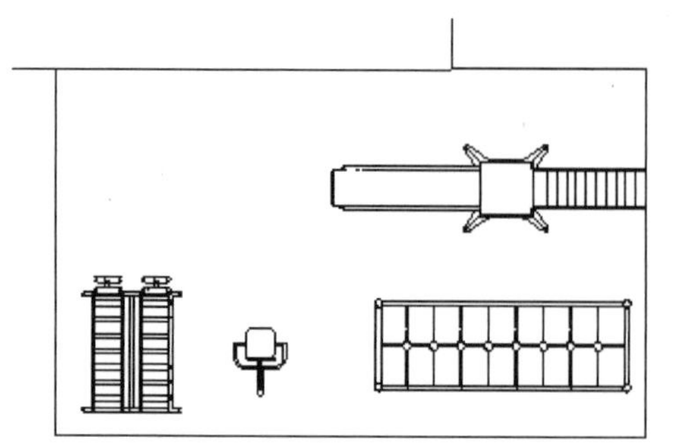

图 5-66　添加健身器材到沙地上

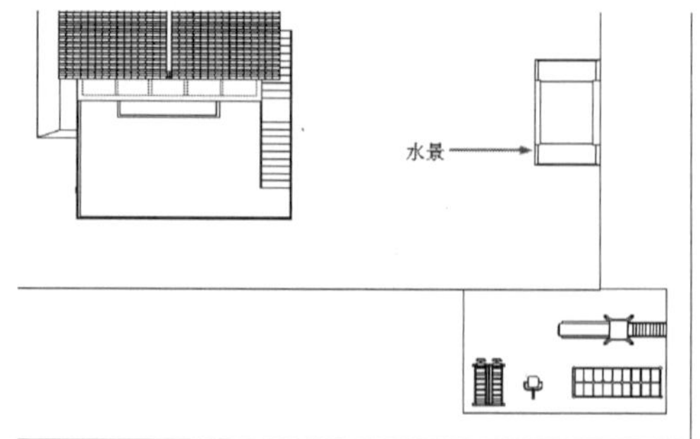

图 5-67　添加水景族

07 将云族 360 的【植物】节点选项下的植物族一一添加到场地周边，如乔木、白杨、热带树、花钵、RPC 树、灌木及草等，如图 5-68 所示。

图 5-68　依次添加植物族到场地中

第 6 章

BIMSpace 快速建模

本章导读

在 Revit 中进行建筑、结构及系统设计，是一项操作比较烦琐的工作。因为涉及大量的建模工具和技巧的应用，故需要消耗大量的时间去完成。国内越来越多的 Revit 插件商均注意到这个建模效率的提升问题，各自推出快速翻模工具，鸿业 BIMSpace 也不例外，推出了"快模"工具，与 BIMSpace 的其他工具结合使用，有效提高设计师的建模效率。本章主要介绍"快模"工具的土建快模应用。

案例展现

案 例 图	描 述
	目前结构设计部分还没有完整的快模功能，主要是通过盈建科的结构设计软件来实现。但是 BIMSpace 快模工具可以转换结构梁和结构柱，所以结构基础的转换，本章节就不介绍了 结构设计包括基础结构设计和 1F～4F 结构设计两大部分。基础结构设计部分采用 Revit 的结构基础设计方法。楼层结构设计使用快模工具来创建
	BIMSpace 快模工具包括了土建、给排水、暖通和电气等行业在内的多类型构件的批量创建、编辑和调整功能。建筑部分主要是墙体设计、门窗设计和房间设计

6.1 鸿业 BIMSpace 快模介绍

在 BIMSpace 2020 中，鸿业科技为用户提供了方便、快捷的快速翻模工具（快模）。快模工具就是基于 CAD 建筑图纸而进行定位、数据识别的实体拉伸的快速翻模工具。

BIMSpace 快模工具包括了土建、给排水、暖通和电气等行业在内的多类型构件的批量创建、编辑和调整功能。BIMSpace 快模工具在【快模】选项卡中，如图 6-1 所示。

图 6-1 【快模】选项卡中的快模工具

本章仅介绍【快模】选项卡【土建】面板中的建筑部分快模工具，其余的给排水、暖通和电气部分的快模工具将在介绍“MEP 机电设计”一章中进行详细的介绍。

【土建】面板中的建筑部分快模工具可以创建楼层、轴网、墙体、柱、梁及门窗等构件类型。

6.1.1 通用工具

【快模】选项卡【通用】面板中的工具，主要用于建筑、结构和机电设计行业快速建模的预设，如图纸预处理、链接 CAD 和快模转化。

1. 【图纸预处理】工具

【图纸预处理】工具的作用是，当一个 CAD 工程图图纸文件中出现所有楼层的建筑与机电设计图纸时，可以使用此工具按楼层来拆分图纸。

单击【图纸预处理】按钮，通过【打开】对话框打开一建筑总图图纸，BIMSpace 快模工具会根据图纸名称及楼层来拆分图纸，拆分的结果在【图纸拆分】对话框中，如图 6-2 所示。

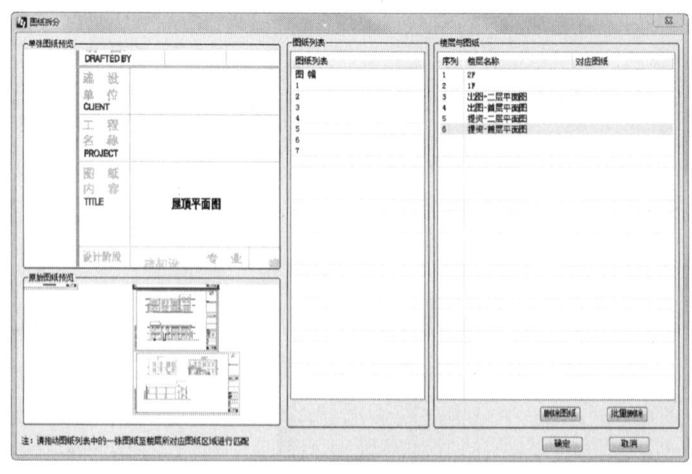

图 6-2 拆分图纸

从拆分的效果来看，总图中无论有多少图纸图幅，都会被提取出来。只是有些图纸中没有图纸名称，拆分出来的图纸也是没有楼层名称的，所以最好是通过 AutoCAD 软件打开图纸，把图纸先进行清理，再到 Revit 中进行图纸预处理操作。

如果觉得拆分的图纸是不需要的，可以单击【删除图纸】或【批量删除】按钮，删除不需要的图纸，最后单击【图纸拆分】对话框的【确定】按钮，将拆分出来并且需要的图纸进行保存。

2.【链接 CAD】工具

【链接 CAD】是将 CAD 图纸链接到当前项目中，此工具其实是 Revit 的模型链接工具。链接 CAD 是在图纸文件和项目模型之间保持连接，可以让 CAD 文件用作底图或将其包含在施工图文档集中。

可以链接的文件格式包括 AutoCAD 的 dwg/dxf 文件格式、sat 文件格式和 SketchUP 的 skp 文件格式。

3.【块模转化】工具

【块模转化】工具主要用于将云族 360 中下载的建筑族和机电族参照链接的 CAD 建筑图纸快速插入到当前项目中。目前能转化的建筑族包括管道附件、卫浴装置、专用设备（体育设施）及家具等。

单击【块模转化】按钮，弹出【块模转化】对话框。各选项含义如下：

- 族类别：可以转化的族类型，包括管道附件、卫浴装置、专用设备和家具等族类别。
- 族名称：当从云族 360 中下载可转化的族类别后，会在【族名称】列表中显示相关分类的族。
- 相对标高：要转化的族在当前项目中的相对楼层标高。
- 块中心点 - 族中心：以 CAD 图纸中的“块”中心点对应族的中心点（族的重心），来放置族。

提示	在 CAD 图纸中，建筑设计中常用或重复使用的那些图例，通常要做成“块”的形式，这便于在 AutoCAD 中插入，如果在 CAD 图纸中这些图例不是以“块”的形式存在，必须先做成块，否则不能在 Revit 中正确转化为族。

- 块中心点 - 族基点：以 CAD 图纸中的“块”中心点对应族的基点，来放置族。
- 块插入点 - 族基点：以 CAD 图纸中的“块”插入点对应族的基点，来放置族。

提示	CAD 图纸中的“块”的放置有两种：插入点和中心点。插入点是系统默认的放置点，中心点是用户定义的放置点，族的基点也是用户定义的点。

- 整层转换：是系统默认的转换方式。自动将整层中的块转化为族。
- 区域转换：选择此选项，框选要转化的区域，区域内的块自动转化为族。

6.1.2 土建工具

【土建】面板中的快模工具用于建筑设计，包括轴网设计、墙、柱、梁、门窗及房间的设计。

1. 【轴网快模】工具

【轴网快模】工具用于识别 CAD 图纸中的轴线及轴线编号，并转换成 Revit 中的轴网图元。单击【轴网快模】按钮，弹出【轴网快模】对话框，如图 6-3 所示。

各选项含义如下：

- 请选择轴线：选取要进行转换的 CAD 轴线。
- 请选择轴号和轴号圈：选取要进行转换的轴线编号和编号圆框。
- 轴网类型：选择 Revit 中的轴网族类型。
- 整层识别：根据所选设置，识别链接 dwg 图纸中的当前楼层平面全部对象，并将识别到的对象，直接转换为轴网族。
- 局部识别：根据所选设置，识别链接 dwg 图纸中当前楼层平面指定范围内的对象，并将识别到的对象，直接转换为轴网族。

2. 【主体快模】工具

【主体快模】工具可以转换墙体、柱及门窗等构件。单击【主体快模】按钮，弹出【主体快模】对话框，如图 6-4 所示。

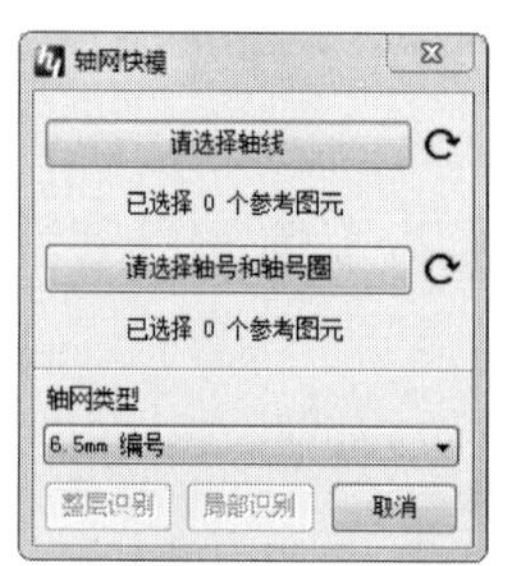

图 6-3 【轴网快模】对话框

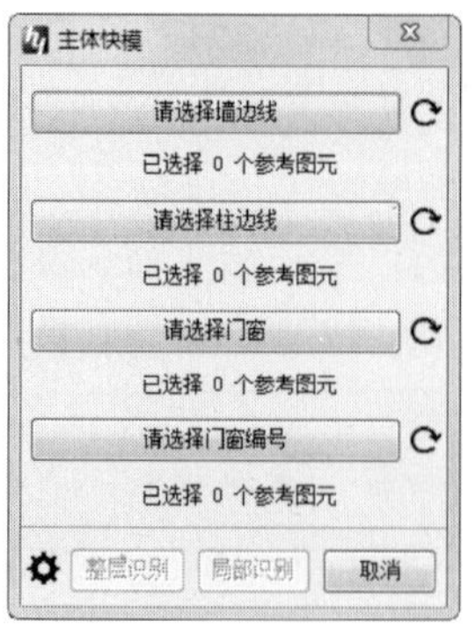

图 6-4 【主体快模】对话框

【主体快模】对话框中各选项含义如下：

- 请选择墙边线：在 CAD 图纸中选取要转换成墙体构件的墙边线（选取一条边线即可）。
- 请选择柱边线：在 CAD 图纸中选取要转换成柱构件的柱边线（选取一条边线即可）。
- 请选择门窗：在 CAD 图纸中选取要转换成门窗构件的门窗线（选取一条边线即可）。
- 请选择门窗编号：在 CAD 图纸中选取要转换成门窗构件族编号的门窗编号（选取一个编号即可）。

3. 【梁快模】工具

【梁快模】工具可以将 CAD 图纸中的梁边线转换为 Revit 中的梁构件。单击【梁快模】按钮，弹出【梁快模】对话框，如图 6-5 所示。

【梁快模】对话框中各选项含义如下：

- 拾取梁线：在 CAD 图纸中选取要转换成梁构件的梁边线。
- 拾取柱：在 CAD 图纸中选取柱图块，作为梁构件放置参考。
- 梁参数：包括梁高和梁顶偏移。梁宽由图纸中的梁边线决定，梁高在【梁高】文本框内输入。梁顶偏移指的是梁顶与楼层标高的偏移距离。

4. 【房间快模】工具

【房间快模】工具可以搜索由墙面、柱、门和窗等构件合围起来的闭合区域，并创建房间。单击【房间快模】按钮，弹出【房间快模】对话框，如图 6-6 所示。

图 6-5　【梁快模】对话框

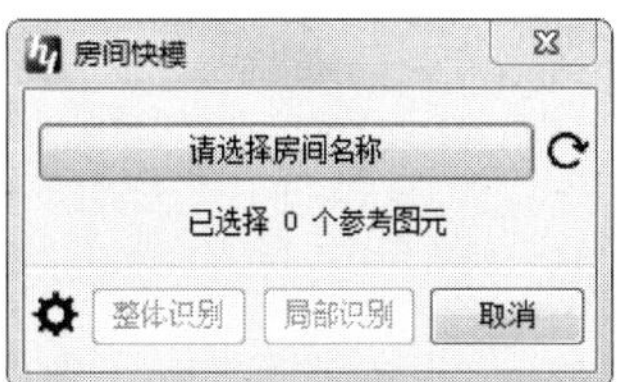

图 6-6　【房间快模】对话框

【房间快模】对话框中各选项含义如下：

- 请选择房间名称：在 CAD 图纸中选取房间文本图块。
- 【设置】按钮：单击此按钮，会弹出【房间快模设置】对话框，如图 6-7 所示。通过该对话框，可以在不同建筑用途的建筑中重命名房间名称。修改房间名时双击房间名即可，如图 6-8 所示。

图 6-7　【房间快模设置】对话框

图 6-8　重命名房间

6.2 建筑快模设计案例

从本节开始，将完整地介绍某中学的教学楼建筑设计全流程。本例教学楼模型包括建筑设计和结构设计两大部分，如图 6-9 所示。

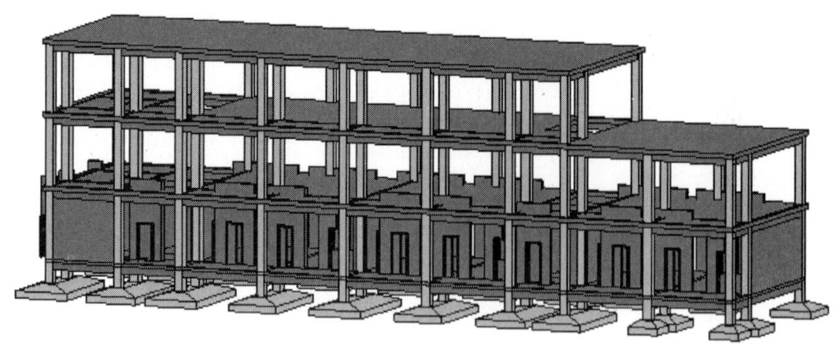

图 6-9　某中学教学楼模型

6.2.1 结构快模设计

目前结构设计部分还没有完整的快模功能，主要是通过盈建科的结构设计软件来实现。但是 BIMSpace 快模工具可以转换结构梁和结构柱，所以结构基础的转换本小节就不介绍了。

结构设计包括基础结构设计和 1F～4F 结构设计两大部分。基础结构设计部分采用 Revit 的结构基础设计方法。楼层结构设计使用快模工具来创建。

上机操作 基础结构设计

01 启动 Revit 2020，在主页界面的【模型】组中单击【新建】按钮，在弹出的【新建项目】对话框的【样板文件】列表中选择【Revit 2020 中国样板】样板文件，单击【确定】按钮进入建筑项目环境。

02 在【视图】选项卡【创建】面板中单击【平面视图】命令菜单中的【结构平面】按钮，弹出【新建结构平面】对话框。取消勾选【不复制现有视图】复选框，再单击【确定】按钮完成结构平面视图的创建，如图 6-10 所示。

图 6-10　创建结构平面视图

03 在项目浏览器中双击【立面（建筑立面）】视图节点下的【东】立面视图，切换到东立面视图中（后续操作中将直接简述为切换到 XXX 视图平面），如图 6-11

所示。

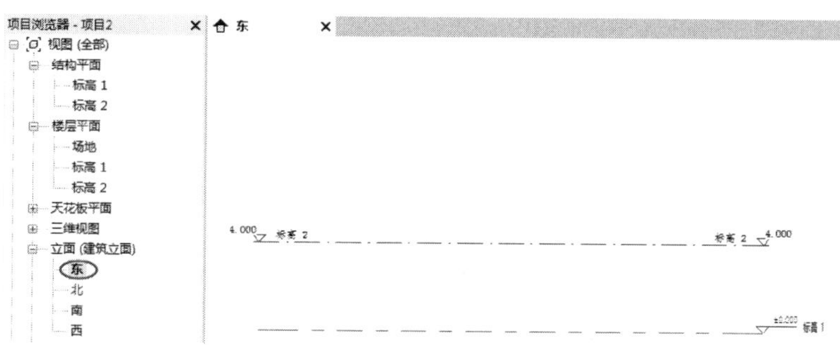

图 6-11　切换到东立面图

04 通过 AutoCAD 软件打开本例源文件夹中的“教学楼 – 总图 . dwg”图纸文件，参考其中的 1 ~ 10 立面图图纸，创建建筑与结构楼层标高，如图 6-12 所示。

图 6-12　创建建筑与结构标高

05 在【视图】选项卡【创建】面板中单击【平面视图】命令菜单中的【建筑平面】按钮，弹出【新建楼层平面】对话框。在视图列表中选取室外地坪、标高 3 和标高 4 视图，再单击【确定】按钮完成楼层平面视图的添加，如图 6-13 所示。

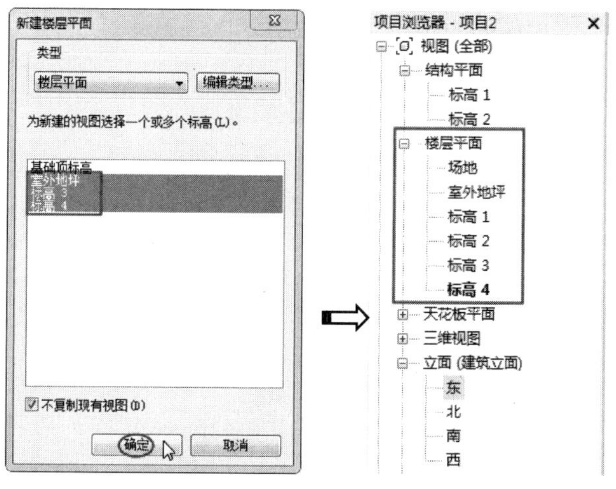

图 6-13　添加楼层平面视图

06 同理，添加图 6-14 所示的结构平面视图。在项目浏览器中选择结构平面和楼层平面来重命名，比如标高 1 重命名为 1F，其他依次类推。

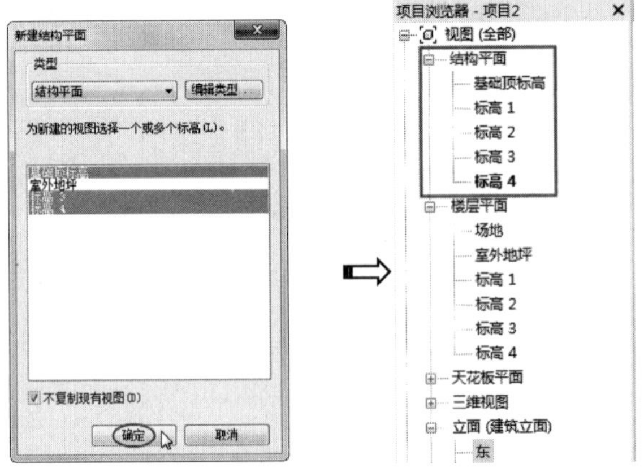

图 6-14 添加结构平面视图

07 切换到基础顶标高结构平面视图中。在【快模】选项卡【通用】面板中单击【链接 CAD】按钮，从本例源文件夹中打开【结构图纸\基础平面布置图.dwg】图纸文件，如图 6-15 所示。

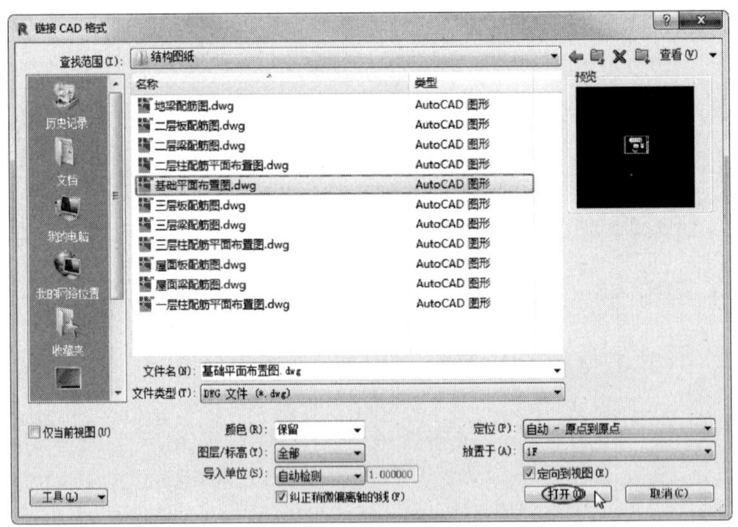

图 6-15 链接 CAD 图纸

08 链接 CAD 图纸后挪动立面图标记，结果如图 6-16 所示。

09 在【快模】选项卡【土建】面板中单击【轴网快模】按钮，弹出【轴网快模】对话框。单击【请选择轴线】按钮，然后到视图中选取一条轴线（实际上是选取两条轴线，因为一条轴线被分成了两个部分：内部轴线和外部轴线），然后按 Esc 键确认，选取的轴线信息被提取到【轴网快模】对话框中，如图 6-17 所示。

10 单击【请选择轴号和轴号圈】按钮，再到视图中选取轴线编号及轴号圈，按 Esc 键或返回到【轴网快模】对话框中，如图 6-18 所示。

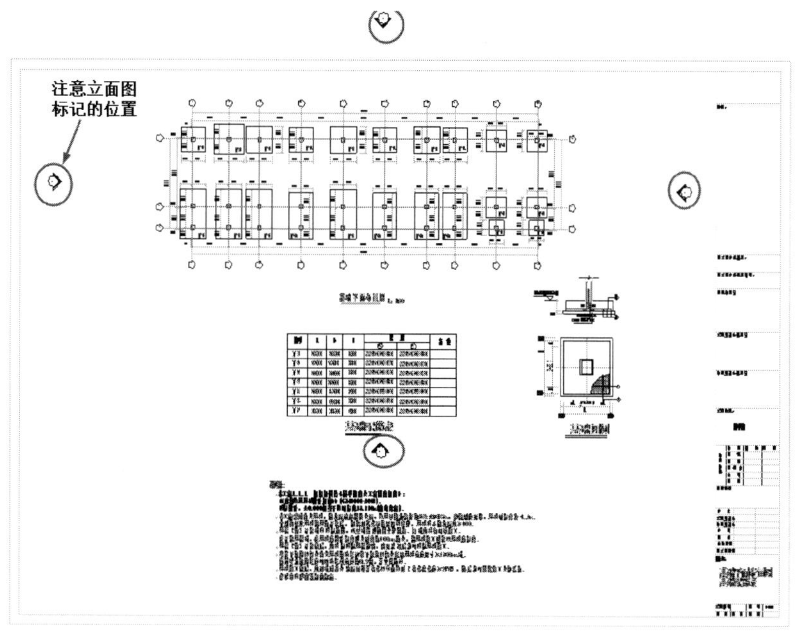

图 6-16　链接 CAD 图纸并挪动立面图标记

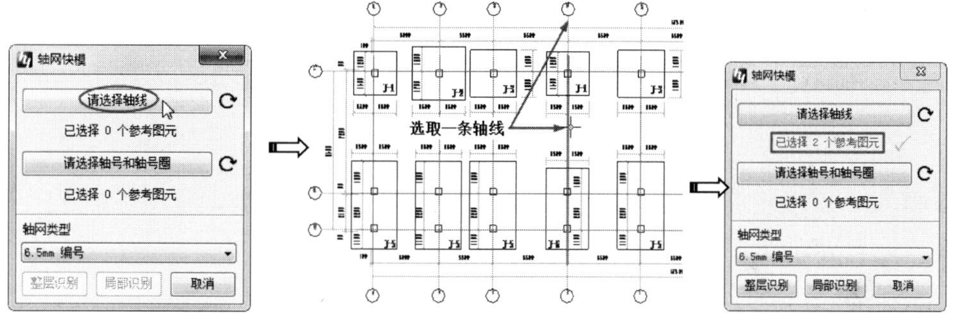

图 6-17　选取轴线

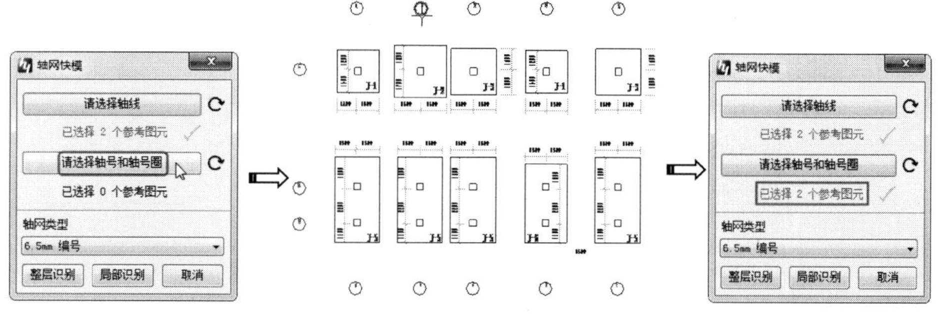

图 6-18　选取轴线编号和轴号圈

11　保留默认的轴网类型，最后在【轴网快模】对话框中单击【整层识别】按钮，自动创建轴网（隐藏图纸后才能看见），如图 6-19 所示。

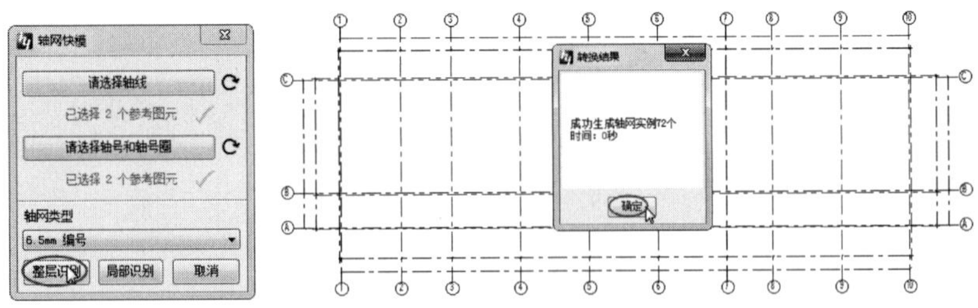

图 6-19　自动创建轴网

12 在【结构】选项卡【基础】面板中单击【独立】按钮，根据提示从族库文件夹（结构\基础）中载入“独立基础 – 坡形截面 . rfa”基础族，如图 6-20 所示。

图 6-20　载入基础族

13 将载入的基础族放置在图纸外，然后在【属性】面板中单击【编辑类型】按钮，弹出【类型属性】对话框。单击【复制】按钮，在弹出的【名称】对话框中重命名为 J–1，单击【确定】按钮。接着参考基础平面布置图图纸，设定 J–1 独立基础的参数，完成后单击【确定】按钮，如图 6-21 所示。

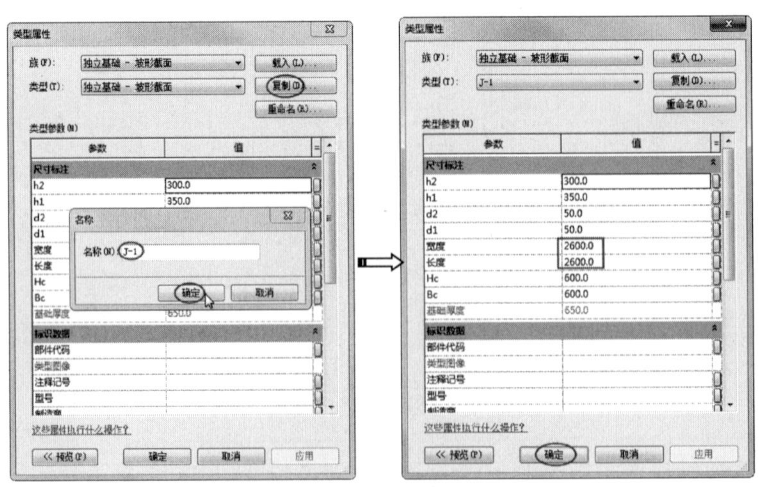

图 6-21　复制基础族并修改属性参数

14 同理，再参考图纸中的基础配筋表表格，复制出名称为 J－2、J－3、J－4、J－5、J－6 和 J－7 的独立基础族，并完成各基础族的参数设置。

15 参考着基础平面布置图，将复制的基础族一一放置在各自编号的位置上，结果如图 6-22 所示。

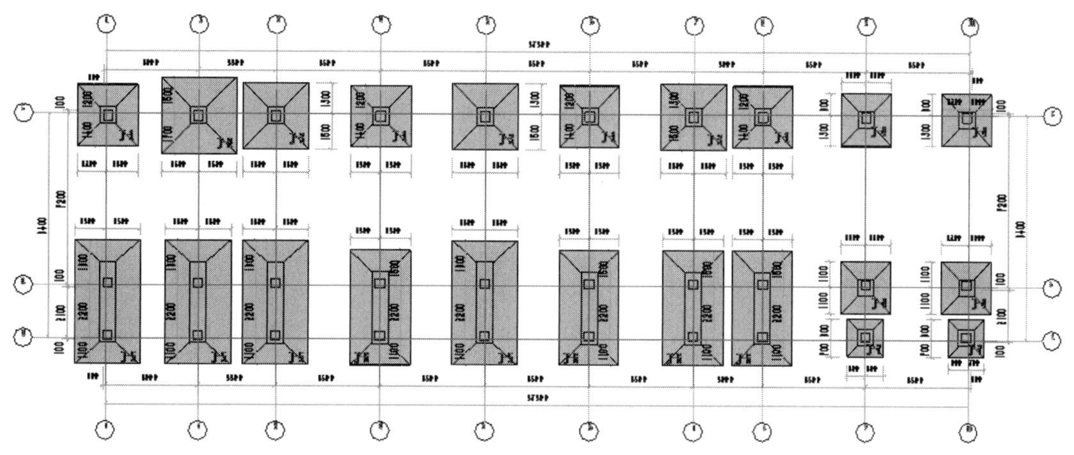

图 6-22　放置独立基础族

16 独立基础上的结构柱是从基础一直到顶层的，所以可以插入结构柱族后统一修改其顶部标高为 4F，也可以在每一层的标高位置修改结构柱的顶部标高。结构柱的编号为 KZ1～KZ8，除 KZ5 和 KZ6 的结构柱截面尺寸为 450×450，其余结构柱尺寸均为 400×400。

17 将基础平面布置图图纸删除。切换到 1F 结构平面视图，并重新链接【一层柱配筋平面布置图 . dwg】CAD 图纸。

18 在【结构】选项卡【结构】面板中单击【柱】按钮，从族库文件夹中载入“混凝土 － 矩形 － 柱 . rfa”结构柱族。然后参考独立基础的创建方法，将结构柱放置在各自编号的位置上，如图 6-23 所示。

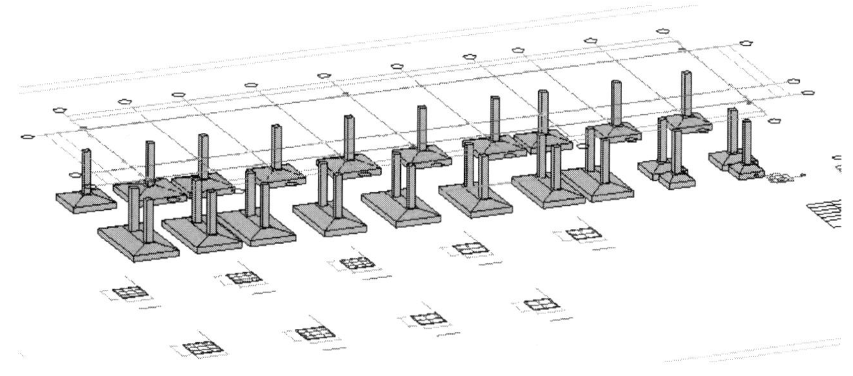

图 6-23　创建结构柱

19 选中所有的结构柱，然后在【属性】面板中修改底部偏移值和顶部标高，修改的结果如图 6-24 所示。

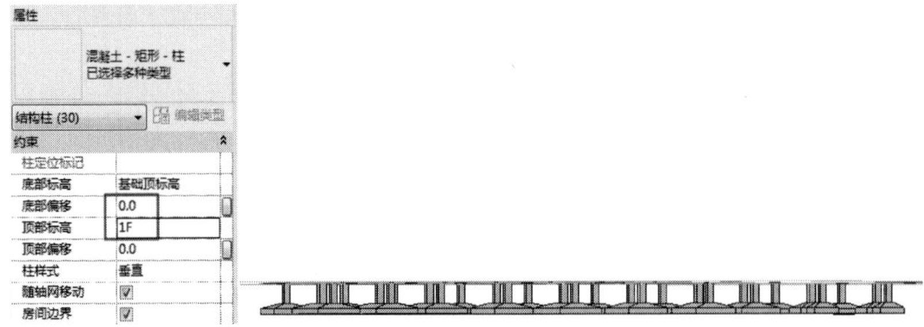

图 6-24　修改结构柱的底部偏移和顶部标高

20 切换到基础顶标高视图中。重新链接 CAD 文件“地梁配筋图 . dwg”，如图 6-25 所示。

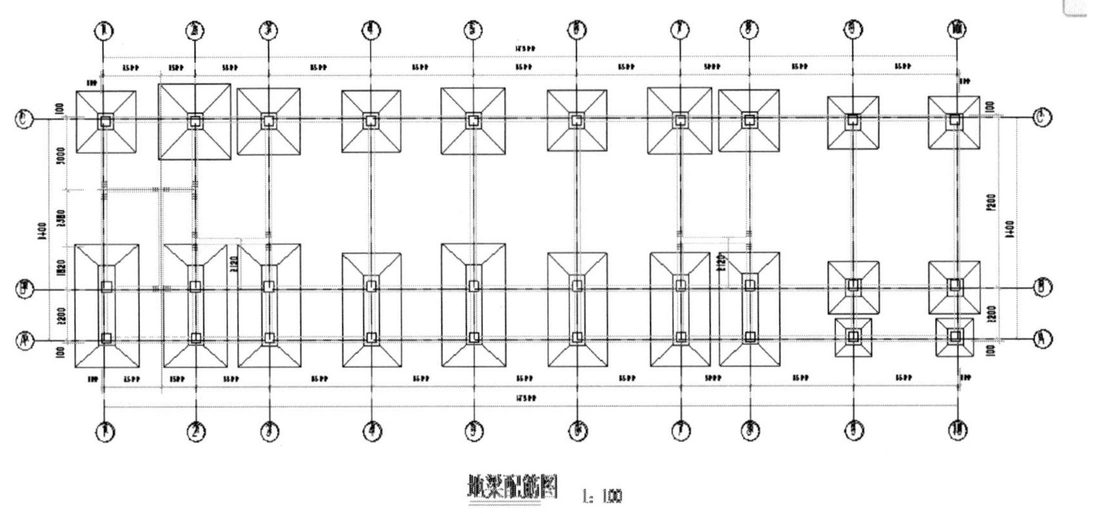

图 6-25　链接“地梁配筋图 . dwg”图纸文件

21 在【快模】选项卡【土建】面板中单击【梁快模】按钮，弹出【梁快模】对话框。单击【拾取梁线】按钮，然后在视图中选取一条梁边线（无须按 Esc 键结束选取），随后自动返回到【梁快模】对话框中，如图 6-26 所示。

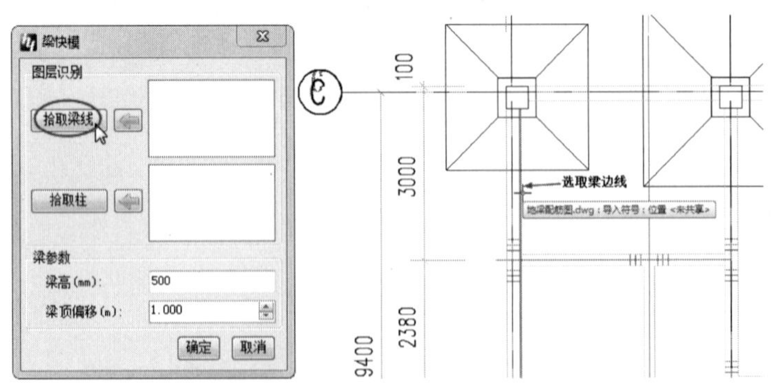

图 6-26　选取梁边线

22 单击【拾取柱】按钮，然后在视图中选取结构柱图块，并按 Esc 键返回到【梁快模】对话框，如图 6-27 所示。

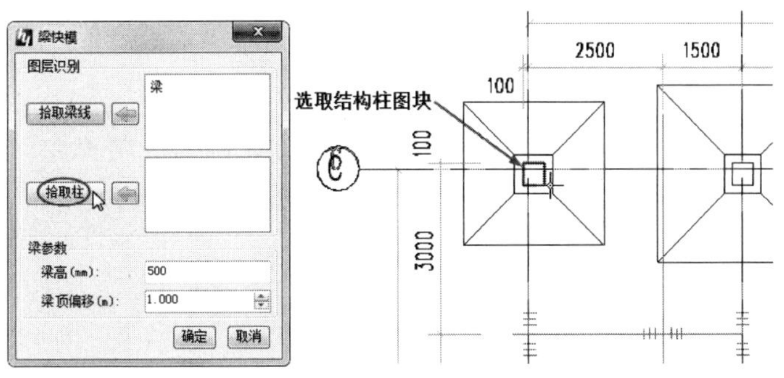

图 6-27　选取柱图块

23 在【梁快模】对话框中设置梁参数，最后单击【确定】按钮完成地梁的设计，如图 6-28 所示。

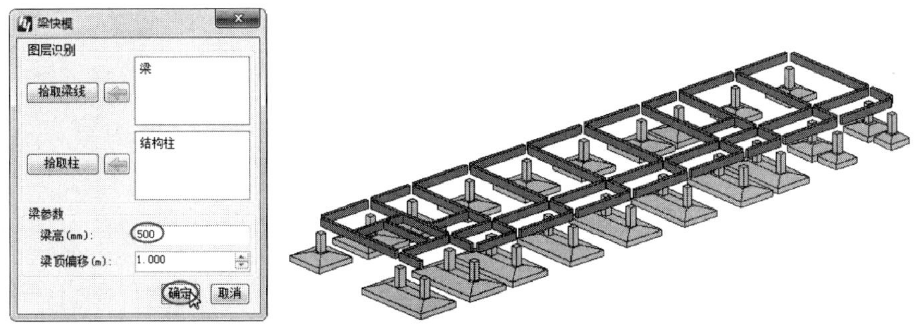

图 6-28　转换结构梁

技术要点	要自动转换结构梁，须提前使用云族 360 下载梁族到当前项目中，或者到 Revit 族库文件夹中载入梁族（结构\框架\混凝土\混凝土 - 矩形梁），否则不能正确转换梁。

24 选取所有结构梁，然后在【属性】面板中修改结构梁的起点标高偏移和终点标高偏移的值均为 0，结果如图 6-29 所示。

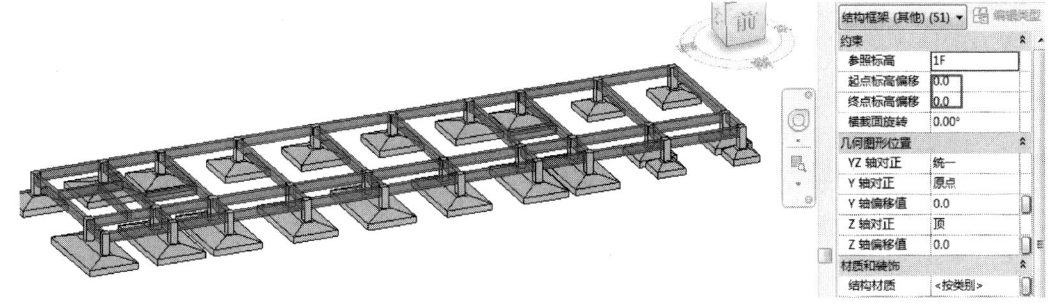

图 6-29　修改结构梁的起、终点标高偏移值

上机操作 1F～4F 结构设计

01 切换视图到三维视图。1F 楼层的结构柱就是基础柱的延伸，选中一根 400×400 的结构柱再单击右键，并选择右键菜单中的【选择全部实例】|【在整个项目中】命令，将会自动选取所有同规格的结构柱，如图 6-30 所示。然后在【属性】面板【约束】选项组中修改结构柱的顶部标高为 2F，如图 6-31 所示。

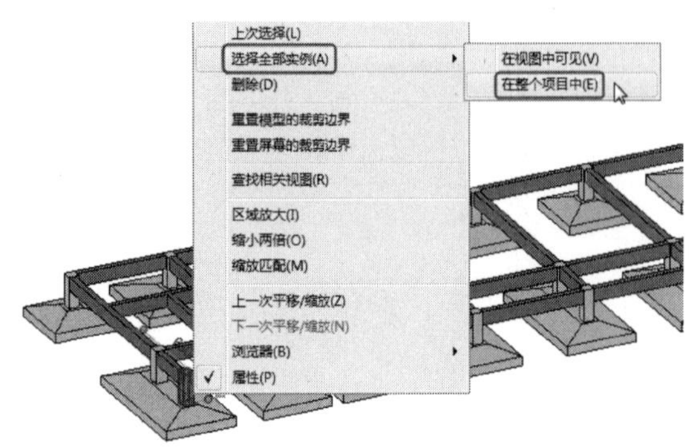

图 6-30　选取所有 400×400 的结构柱

图 6-31　修改结构柱的顶部标高

02 同理，选取所有 450×450 的结构柱，修改其顶部标高为 2F，修改顶部标高后的结构柱如图 6-32 所示。

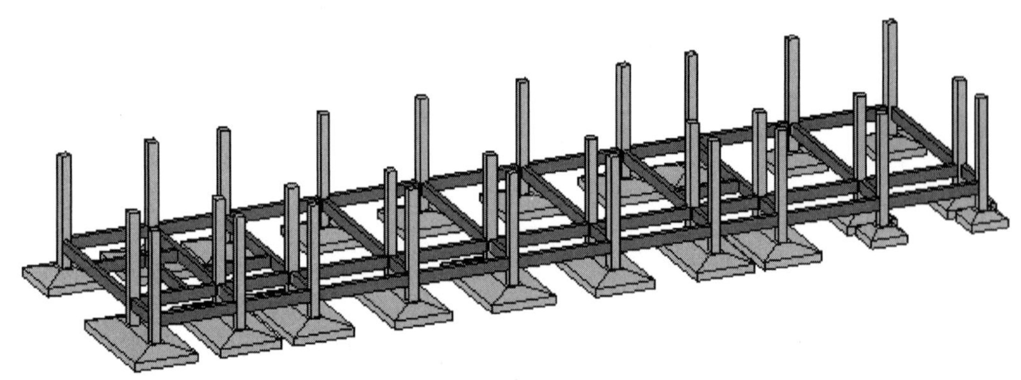

图 6-32　修改顶部标高后的结构柱

03 一层的地板基本上采用建筑楼板，也就是没有钢筋的砂、石及水泥的混合物。切换到 1F 结构平面，在【建筑】选项卡【构建】面板中单击【楼板】按钮，然后绘制建筑楼板的边界线，单击【修改 | 创建楼层边界】上下文选项卡中的【完成编辑模式】按钮，完成一层建筑楼板的创建，如图 6-33 所示。

04 切换到 2F 结构平面视图。在【快模】选项卡【通用】面板中单击【链接 CAD】按钮，将【二层梁配筋图 . dwg】图纸链接到当前项目中，如图 6-34 所示。

05 单击【梁快模】按钮，弹出【梁快模】对话框。单击【拾取梁线】按钮，然后在视图中选取一条梁的边线并自动返回到【梁快模】对话框中，如图 6-35 所示。

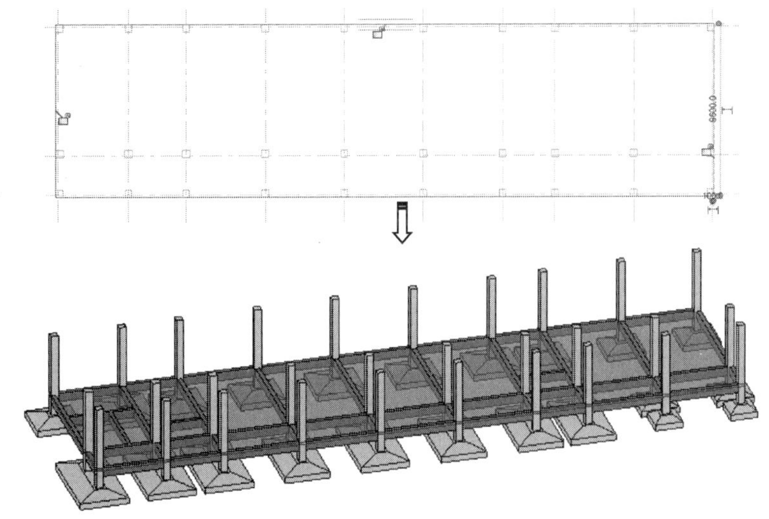

图 6-33　创建一层的建筑楼板

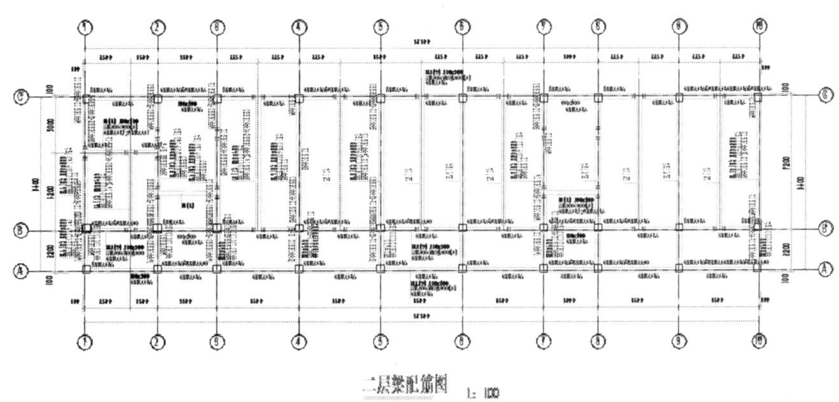

图 6-34　链接 CAD 图纸

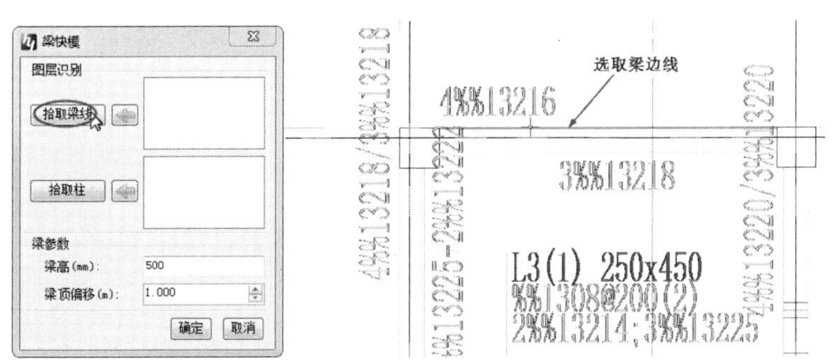

图 6-35　选取梁边线

06　单击【拾取柱】按钮，在视图中选取一个结构柱图块后自动返回到【梁快模】对话框中，设置梁高为 550，单击【确定】按钮完成二层结构梁的创建，如图 6-36 所示。

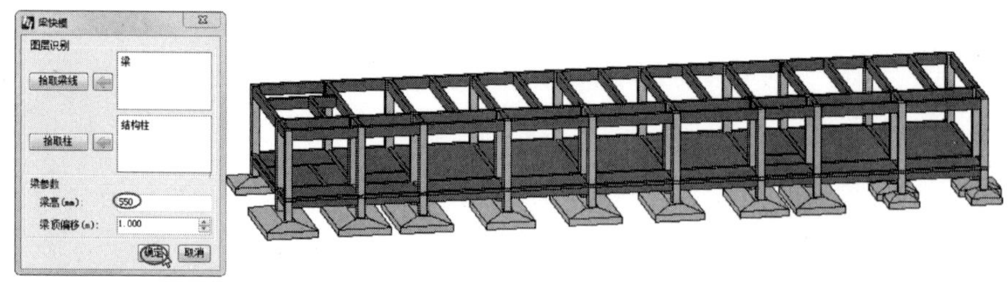

图 6-36　创建二层结构梁

07 结构梁创建后，接着创建二层的结构楼板。单击【链接 CAD】按钮，将【二层板配筋图 . dwg】图纸链接到当前项目中，如图 6-37 所示。

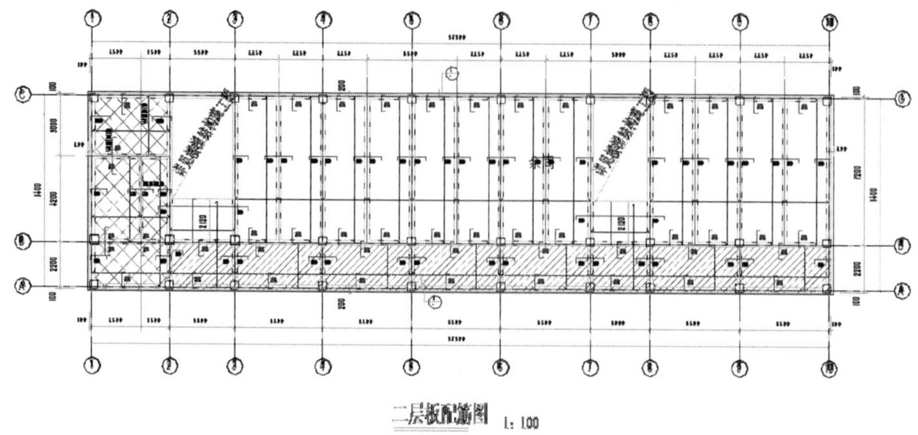

图 6-37　链接“二层板配筋图 . dwg”图纸

08 从二层板配筋图 . dwg 图纸中可以看出，有三种结构楼板：（表示室内普通房间楼板）、（表示为阳台楼板，标高 = 2F - 20mm）和（表示厕所、盥洗池的楼板，标高 = 2F - 50mm）。这三种楼板需要逐一创建，此外，楼梯间不能创建楼板。在【结构】选项卡【结构】面板中单击【楼板】按钮，首先绘制普通房间（教室）的楼板边界并创建结构楼板（在【属性】面板中选择【现场浇注混凝土 225mm】楼板类型），如图 6-38 所示。

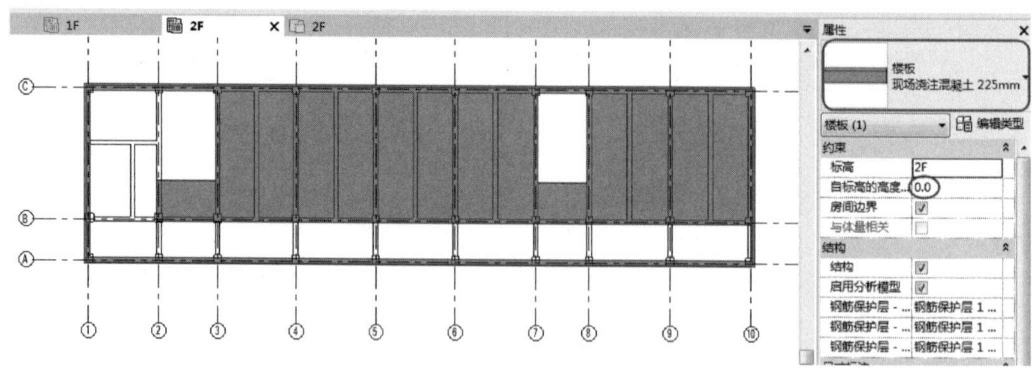

图 6-38　创建教室的结构楼板

09　创建阳台的结构楼板，如图 6-39 所示。

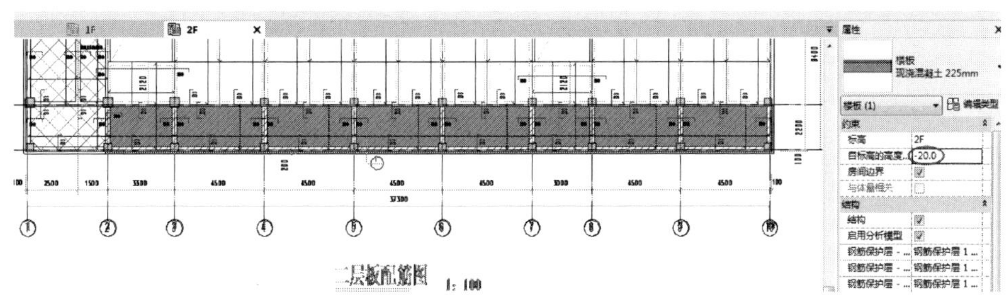

图 6-39　创建阳台结构楼板

10　创建厕所及盥洗池的室内结构楼板，如图 6-40 所示。

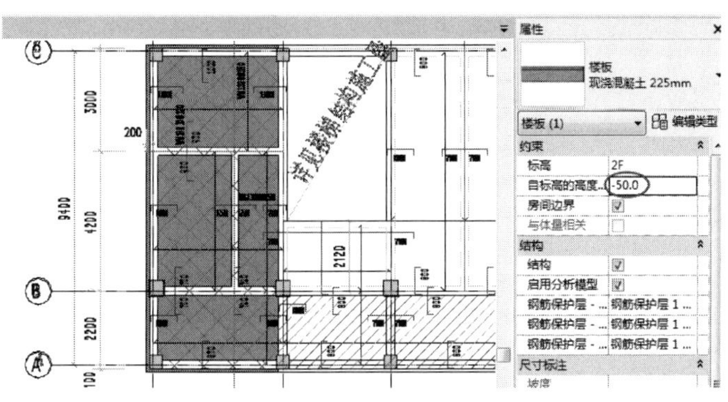

图 6-40　创建厕所及盥洗池的结构楼板

11　创建 3F 楼层的结构。3F 与 2F 楼层的结构完全相同，只是阳台部分的结构楼板需要改动一下，所以采用复制的方法来创建 3F 的结构梁和结构楼板。首先选取所有的结构柱，在【属性】面板中修改结构柱的顶部标高为 3F，如图 6-41 所示。

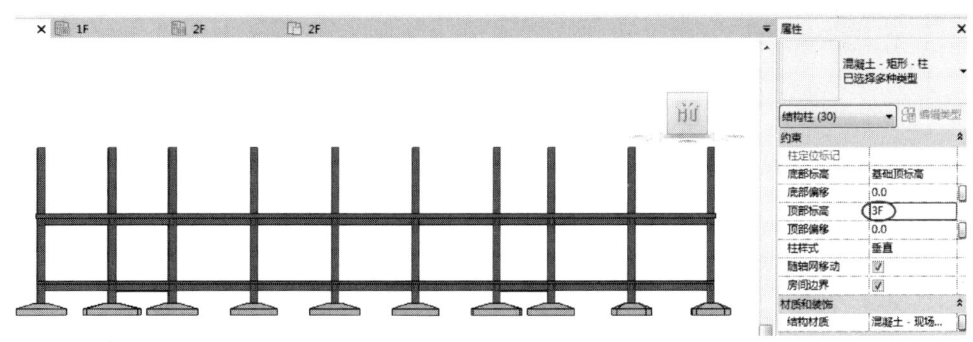

图 6-41　修改结构柱的标高

12　切换到三维视图，并且设为前视图方向。框选 2F 楼层的结构楼板和结构梁，在【修改 | 选择多个】上下文选项卡中单击【复制】按钮，拾取复制的起点和终点，即可完成结构梁、结构楼板的复制，如图 6-42 所示。

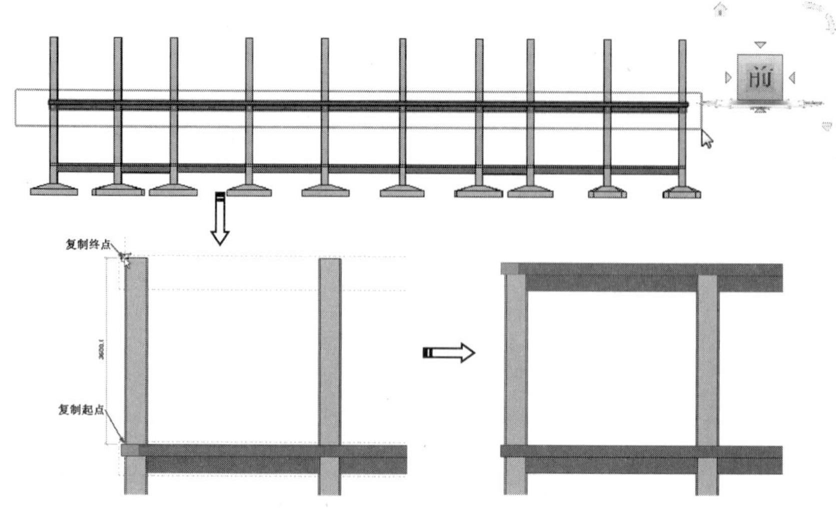

图 6-42　复制结构梁与结构楼板

13　复制后修改阳台部分的结构楼板，双击阳台楼板进入到楼板边界编辑状态。拖动楼板边界到新位置，再单击【完成编辑模式】按钮✔完成楼板的修改，如图 6-43 所示。

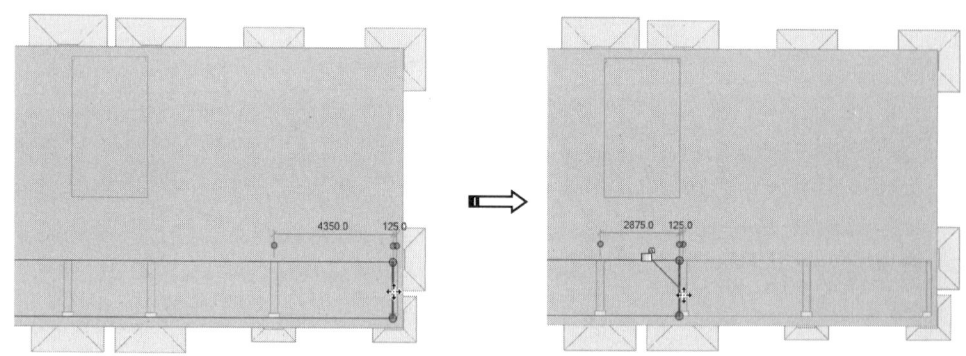

图 6-43　编辑楼板边界

14　同理，再修改普通教室的楼板边界，教室楼板修改完成的前后效果对比如图 6-44 所示。

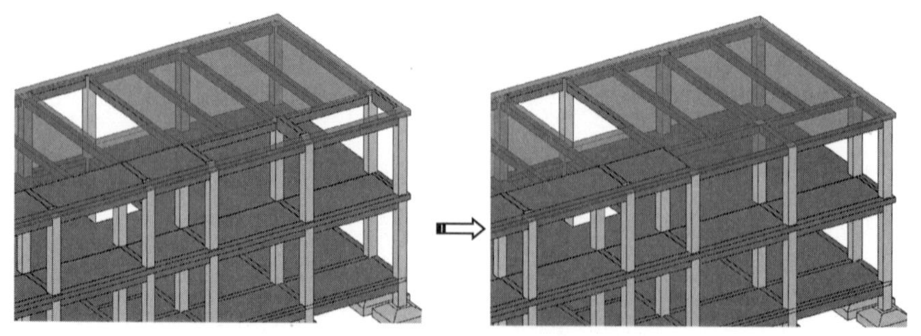

图 6-44　修改楼板边界后教室楼板的前后对比

15 创建顶层4F楼层的结构。在三维视图的前视图方向，从右往左框选要修改顶部标高的结构柱，然后在【属性】面板中设置顶部标高为4F，如图6-45所示。

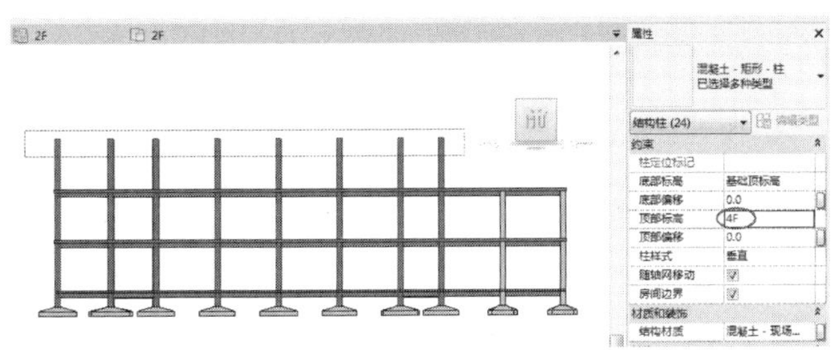

图6-45 修改部分结构柱顶部标高

16 从左向右框选3F楼层中的部分结构梁，将其复制到4F中，如图6-46所示。

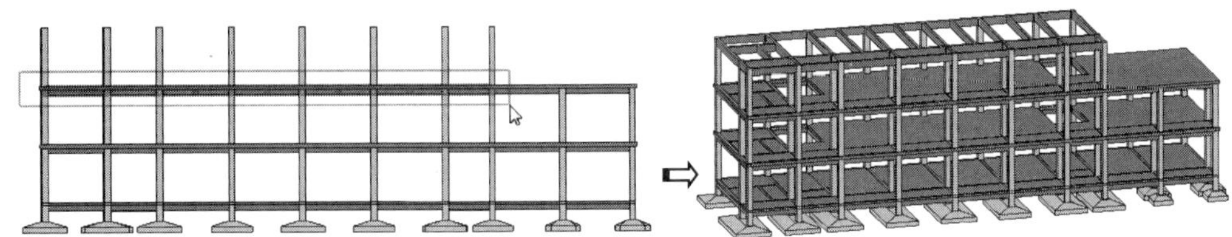

图6-46 复制结构梁

17 切换到4F结构平面视图。利用【结构】选项卡中的【楼板】工具，创建4F楼层中的结构楼板，如图6-47所示。至此完成了教学楼的结构设计。

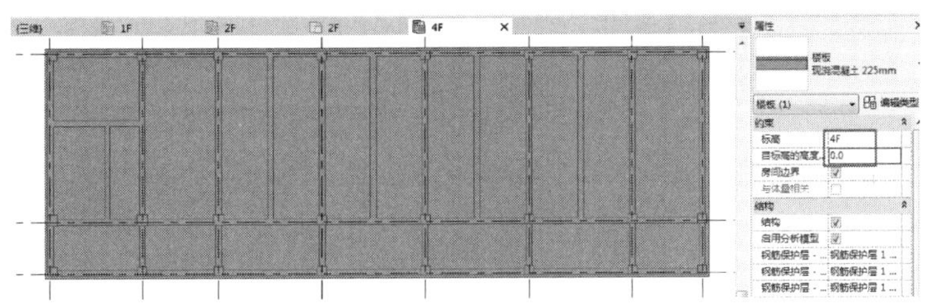

图6-47 创建4F楼层的结构楼板

6.2.2 建筑快模设计

建筑部分主要是墙体设计、门窗设计和房间设计。一层、二层和三层的墙体和门窗设计过程都是相同的，下面仅介绍一层中的墙体设计、门窗设计和房间设计过程。

上机操作 一层建筑设计

01 在项目浏览器中【视图】|【楼层平面】视图节点下双击【1F】，切换到1F楼层平面视图。

02 单击【链接CAD】按钮，将本例源文件中的“建筑图纸\一层平面图.dwg”图纸链接到当前项目中（需要移动图纸与项目中的轴线重合），如图6-48所示。

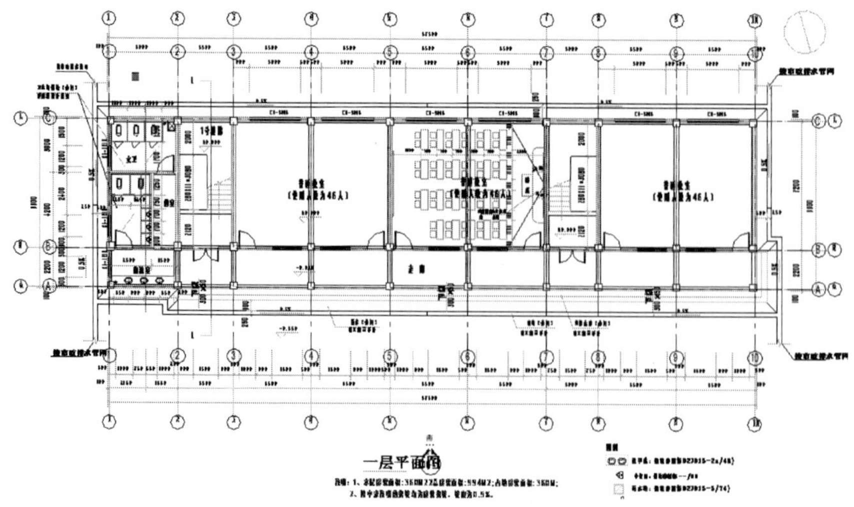

图 6-48 链接“一层平面图 . dwg”图纸

03 在【土建】面板中单击【主体快模】按钮，弹出【主体快模】对话框。单击【请选择墙边线】按钮，然后在视图中选取一条墙边线，按 Esc 键返回到【主体快模】对话框中，如图 6-49 所示。

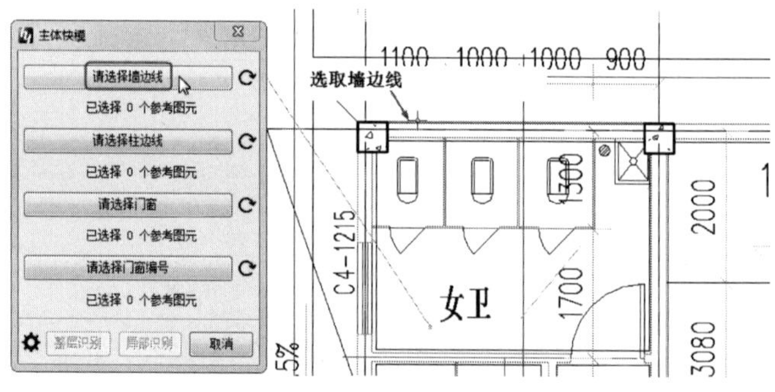

图 6-49 选取墙边线

04 单击【请选择柱边线】按钮，然后在视图中选取结构柱的图块，按 Esc 键返回到【主体快模】对话框中，如图 6-50 所示。

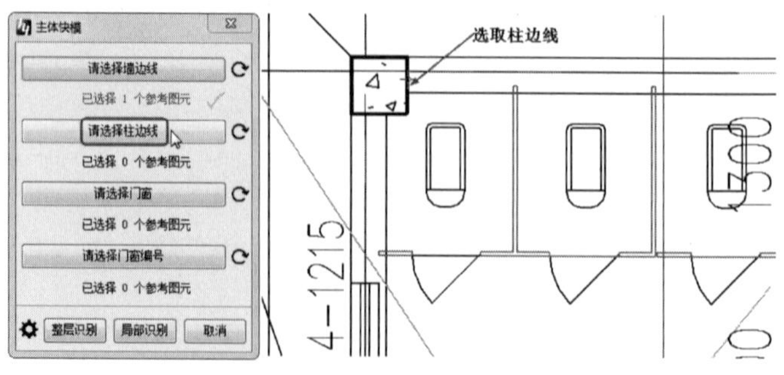

图 6-50 选取柱边线

05 同理，继续单击【请选择门窗】按钮和【请选择门窗编号】按钮，分别选取图纸中的门窗图块和门窗编号图块，最后单击【整层识别】按钮，弹出【墙】【柱】和【门窗】等参数设置标签。【墙】标签和【门窗】标签的参数设置，如图 6-51 所示。

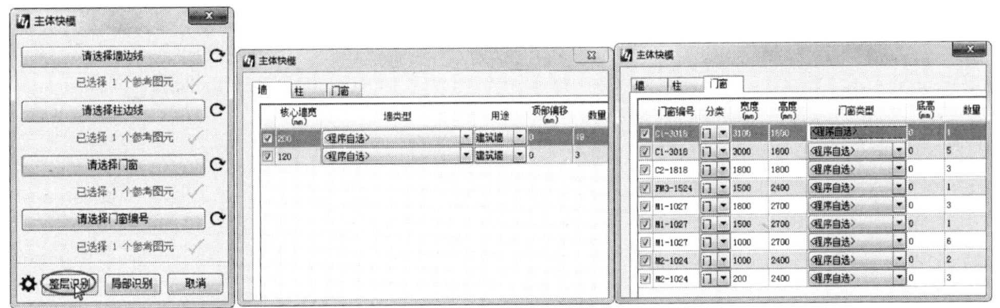

图 6-51　设置墙【标签】和【门窗】标签

> **提示**
>
> 在【门窗】标签中，一般是先通过云族 360 下载所需的门窗族，然后在此标签的【门窗类型】列中依次选择载入的族，这样才能保证墙体和门窗都同时创建成功，如果采用“程序自选”方式，墙体中会留下门窗洞，却不会加载门窗族。切记！

06 在【主体快模】对话框中单击【转换】按钮，完成墙体及门窗的创建，如图 6-52 所示。

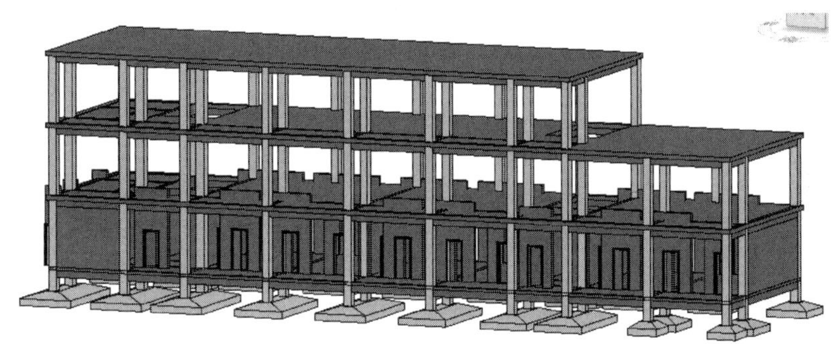

图 6-52　创建完成的墙体及门窗

第 7 章

建筑 3D 实时可视化

本章导读

在传统二维模式下进行方案设计时，无法很快地校验和展示建筑的外观形态，对于内部空间的情况更是难以直观地把握。在 Revit 中，我们可以实时查看模型的透视效果、创建漫游动画、进行日光分析等，并且方案阶段的大部分工作均可在 Revit 中完成。由于 Revit 自带的渲染器并非专业渲染器，无法实时表达建筑 3D 的渲染及可视化，为此要将模型导出到 Lumion 这种可以进行实时渲染及可视化的软件中进行全景渲染及视角漫游，使设计师在与甲方进行交流时能充分表达其设计意图。

案例展现

案 例 图	描 述
	以 Revit 中创建的别墅模型作为可视化范例的源模型，并从两个方面为大家介绍 Lumion 8.5 的场景可视化操作及渲染流程。第一个方面的操作包括场地的创建、材质的更换，植物模型的插入及其他设施设备的插入等。第二个方面主要是介绍室内的装饰设计与场景渲染，包括室内硬装及软装的材质添加、场景灯光的创建等
	在 Lumion 8.5 中，用户可以立即设置 Revit 模型的实时可视化。同样，在 Revit 中编辑建筑 CAD 模型的形状时，将看到这些变化实时体现在 Lumion 令人惊叹的逼真的环境中 要进行模型同步操作，须安装 Lumion LiveSync for Revit 插件

7.1 Lumion 软件简介

从前面使用 Revit 软件自带的渲染器渲染的场景效果来看，整体效果是比较差的，毕竟 Revit 不是专业的渲染软件。那么在本节我们将为读者推荐一款最为出色的建筑可视化渲染软件——Lumion。

Lumion 是一款实时渲染软件，具有真实环境的渲染效果，深受建筑设计师、室内设计师的喜爱。Lumion 可以从 Revit、3ds Max、SketchUp、AutoCAD、Rhino 或 ArchiCAD 以及许多其他三维建模程序中导入设计师所创建的模型，Lumion 通过逼真的景观和城市环境、时尚效果以及数千种物体和材料，立即为用户的设计注入活力。

7.1.1 Lumion 8.5 软件下载与试用

Lumion 8.5 是当前应用十分广泛的商业版本，且功能齐全操作简便，需要到官网中申请试用和下载。

提示	目前官网正式向广大学生群体推出了免费版 Lumion 9.3，在官网的【教育】标签下按照操作提示，即可获取免费使用的教育版。教育版不能用于实际工作，因为教育版的文件不能在商业版软件中打开或保存。但两者的功能是完全相同的，此外，所有的图库都会有一个小水印。

1. Revit 模型的导出

Lumion 的软件操作极易上手，从三维软件导出模型到 Lumion 中，需要安装对应的插件程序。下面介绍导出插件的下载与安装。

上机操作 下载模型导入和导出插件

01 打开用户的网页浏览器，输入地址 https://support.lumion3d.net.cn 进入到 Lumion 官网主页中，如图 7-1 所示。

图 7-1 进入 Lumion 官网主页

02 单击【下载】选项，弹出导入和导出插件下载页面。共有 5 种模型插件供用户选择。选择**下载Lumion LiveSync for Revit** 选项，在弹出的【下载 Lumion LiveSync for Revit】页面中单击 ***适用于Autodesk App Store的Revit的Lumion LiveSync*** 选项，如图 7-2 所示。

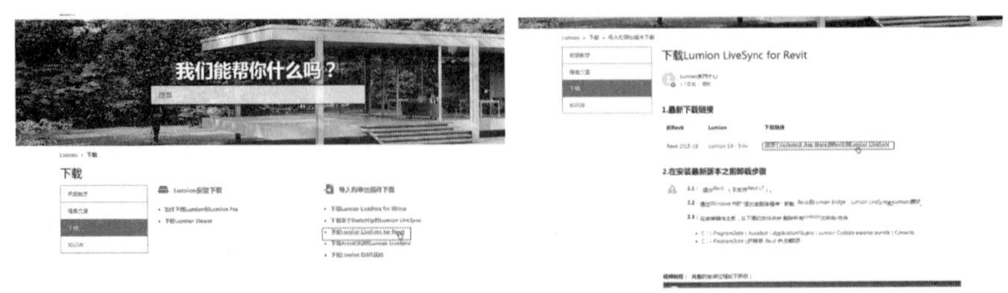

图 7-2　下载 Lumion LiveSync for Revit 插件

03 进入欧特克官网的下载页面，单击【下载】按钮，注册欧特克官网账号，进入欧特克官网中即可下载插件，如图 7-3 所示。

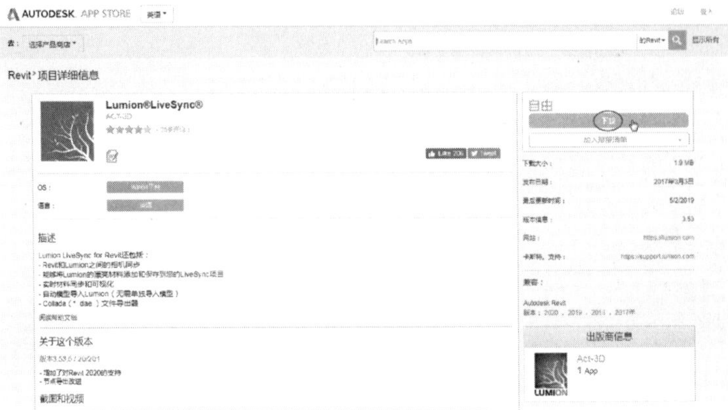

图 7-3　进入欧特克官网下载插件

04 安装 Act－3D Lumion LiveSync 插件程序，再启动 Revit 2020 软件，即可在软件界面中找到此插件程序，如图 7-4 所示。

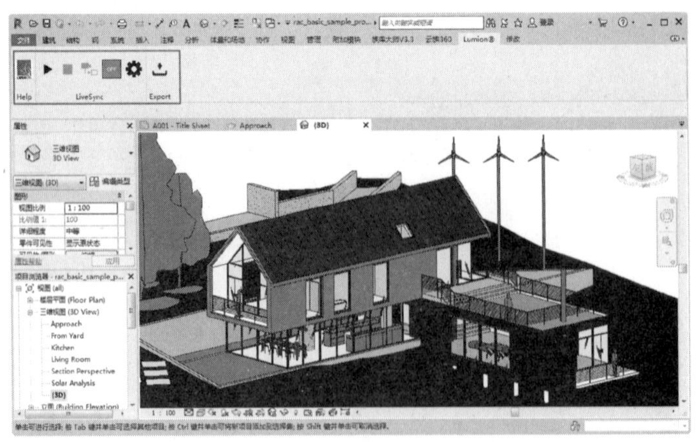

图 7-4　Revit 软件中的模型导出插件程序

05 单击【导出】按钮，可将rvt格式文件导出为Lumion通用的dae格式，如图7-5所示。

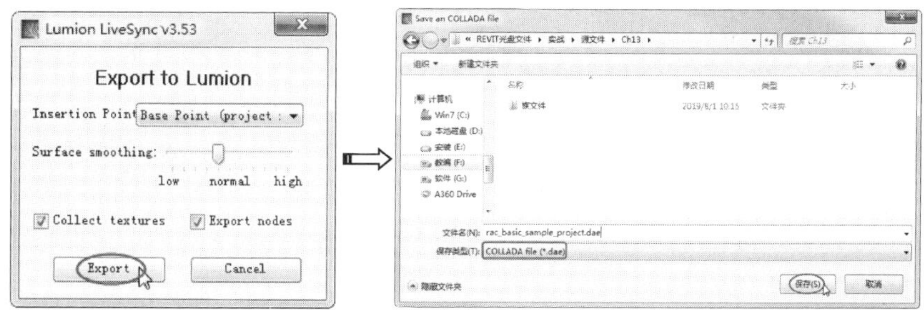

图7-5 导出模型文件

06 以上是从Revit中转存文件的操作步骤，如今在Lumion中，用户可以直接导入skp、dwg、fbx、max、3ds和obj等模型文件。

7.1.2 Lumion 8.5 软件界面

Lumion对于计算机的配置要求是比较高的，特别是对显卡要求最高，下面介绍常用的计算机显卡（GPU）与CPU处理器的搭配。

（1）超复杂的场景，例如非常详细的城市，机场或体育场，非常详细的室内设计，多层内饰。

- 最少10000个PassMark积分。
- 8 GB及以上显卡内存。
- DirectX 11兼容。
- CPU应具有尽可能高的GHz值，理想情况下为4.2GHz以上。
- 示例：NVIDIA GTX 2080 Ti（11 GB内存），NVIDIA GTX 1080 Ti（11 GB内存）。

> **提示** PassMark是国外的一款专业的计算机硬件评测软件，软件下载地址。http://www.passmark.com/ftp/petst.exe。

（2）非常复杂的场景，如大型公园或城市的一部分，详细到高度详细的内部，多层内部。

- 至少8000个PassMark积分。
- 6 GB显卡内存。
- DirectX 11兼容。
- CPU应具有尽可能高的GHz值，理想情况下为4.0GHz以上。
- 示例：NVIDIA GTX 1060（6 GB内存），Quadro K6000。

（3）中等复杂的场景，例如中等细节的办公楼。

- 至少6000个PassMark积分。
- 4 GB显卡内存。
- 以4K分辨率（3840x2160像素）渲染影片需要至少6GB的显卡内存。
- DirectX 11兼容。

(4) 简单场景，例如小型建筑物/内部，细节有限。

- 至少 2000 PassMark 积分。
- 2 GB 显卡内存。
- 以 4K 分辨率（3840×2160 像素）渲染影片需要至少 6GB 的显卡内存。
- DirectX 11 兼容。

Lumion 8.5 软件安装成功后，在桌面上双击图标启动软件，随后弹出 Lumion 欢迎界面。鼠标放置于界面右下角的？号处，将显示界面功能提示，如图 7-6 所示。

默认的软件界面语言是英文，可以单击顶部的 English 图标，选择“简体中文”语言，使软件的界面变成全中文显示，便于新手学习与操作，如图 7-7 所示。

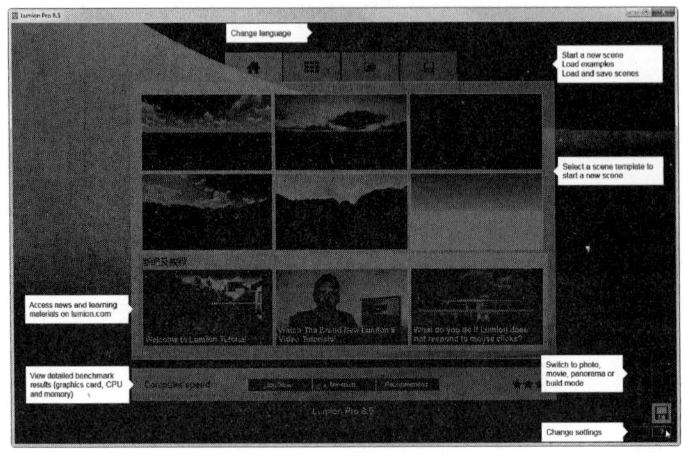

图 7-6　Lumion 8.5 欢迎界面的功能提示

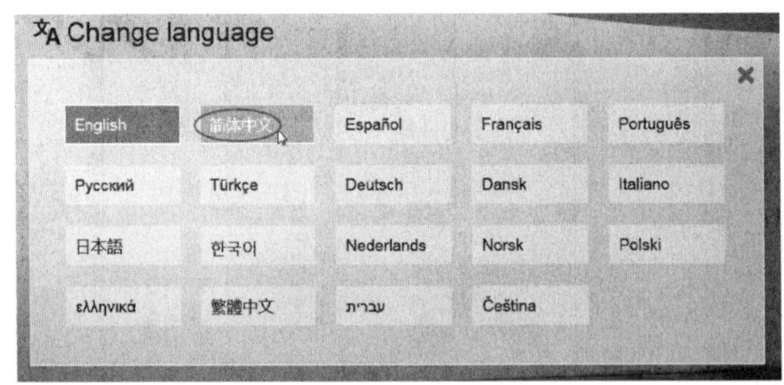

图 7-7　选择界面语言

Lumion 欢迎界面中有 4 个选项标签：【开始】【输入范例】【加载场景】和【保存场景】。通过这 4 个选项标签，用户可以进入到场景中去创建 3D 实时可视化效果。

1. 【开始】标签

【开始】标签中包括两个方面的内容：场景文件和新闻及教程。Lumion 提供了六个默认的基础场景配置，设计师可以任选一个合适的配置场景进入到场景中操作，如图 7-8 所示。

如果网络连接无问题，可以在“新闻及教程”中选择在线视频教程来辅助学习。

图 7-8　六个基础场景

2.【输入范例】标签

【输入范例】标签中的每一个范例均包含了模型、材质、灯光等的完整场景，如图 7-9 所示。选取一个范例会进入到场景中，借助于完整的模型信息，用户可以对其进行编辑，以熟悉 Lumion 软件的基本操作。

3.【加载场景】标签

在【加载场景】标签中，用户可以载入已保存的任何场景文件，也可以将外部场景导入到当前场景中进行场景合并。【加载场景】标签如图 7-10 所示。

图 7-9　【输入范例】标签

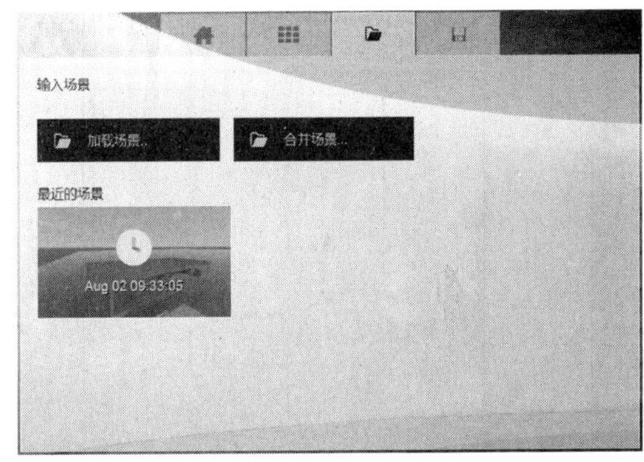

图 7-10　【输入场景】标签

4.【保存场景】标签

选择一个基础场景进入到场景中并完成自定义的场景创建以后，可以通过在【保存场景】标签中输入场景标题、输入场景说明，并单击【另存为】按钮，将场景文件保存。【保存场景】标签如图 7-11 所示。

欢迎界面底部的【计算机速度】测试区域显示的是用户计算机的配置在运行 Lumion 时呈现的运行速度反应。鼠标单击此区域，可以对用户计算机进行性能测试（包括显卡 GPU、CPU 和内存），会弹出图 7-12 所示的【基准测试结果】信息界面，如果用户的计算机显卡性能低，系统会建议更换显卡。

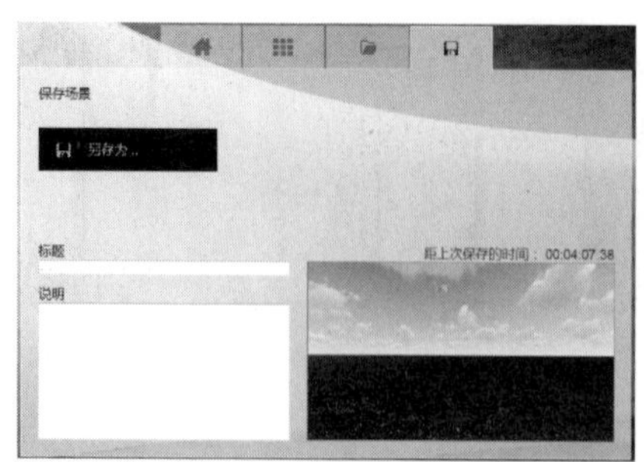

图 7-11　【保存场景】标签

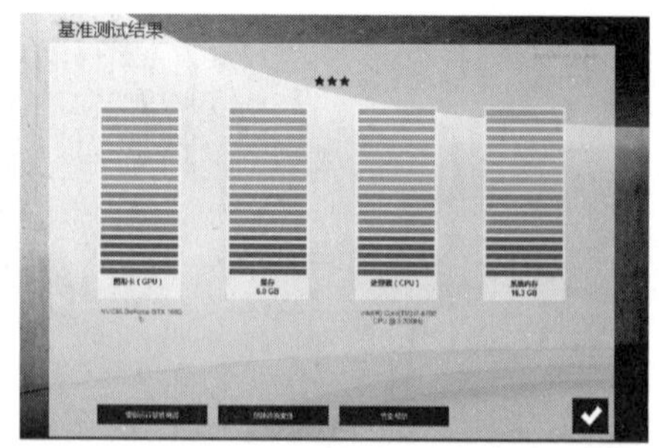

图 7-12　基准测试结果显示

7.1.3　Lumion 8.5 的功能标签

在欢迎界面的【开始】标签中双击选择一个基础场景进入到场景中，默认状态下场景处于编辑状态（场景界面右下角的【编辑模式】按钮是高亮显示的）。Lumion 8.5 的场景编辑界面如图 7-13 所示。

图 7-13　Lumion 8.5 的场景编辑界面

功能标签中包括四个方面的功能创建：物体、材质、景观和天气。不同标签所显示的控制面板的功能选项也是不同的。下面简单介绍一下这 4 个标签的基本功能及操作。

1. 【物体】标签

【物体】标签的作用是把 Lumion 模型库中的模型插入到场景中。以载入一棵树为例，介绍插入植物的操作方法与步骤。

提示	Lumion 模型库在软件安装后是不全的，需要重新下载模型库文件。模型库文件包括植物库文件、景观小品文件、人物与动物库文库等。

01 单击【物体】标签，在控制面板中单击【自然】按钮，接着再单击【选择物体】图标，如图 7-14 所示。

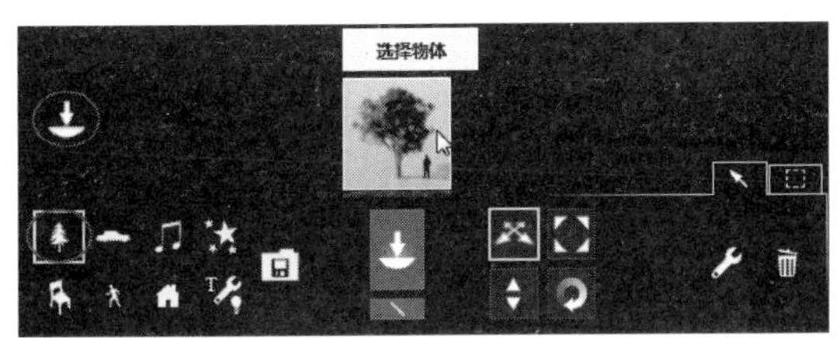

图 7-14　载入物体的基本操作

02　弹出的【自然库】面板如图 7-15 所示。在面板中列出了各种植物类型，包括完整的树木、草丛、花卉、仙人掌、岩石、树丛及叶子等。

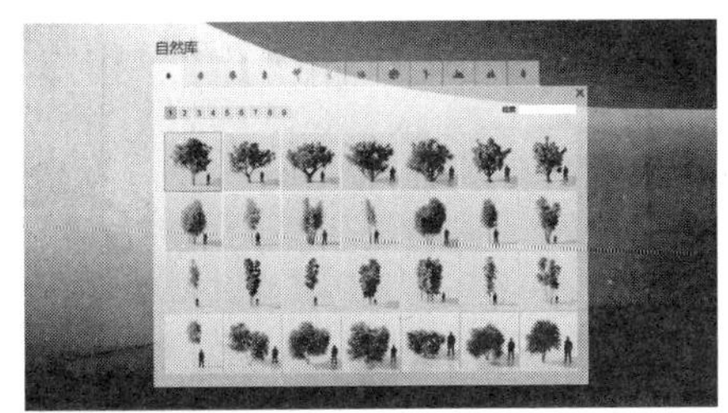

图 7-15　【自然库】面板

03　单击一种植物的图块，随后到场景中放置此植物，植物被包容框完全包容着，如图 7-16 所示。可以连续放置单颗植物，按 Esc 键取消放置。

图 7-16　在场景中放置植物

04　放置植物后可以在【透明度】选项面板和【树属性】面板中设置植物的透明度和植物的颜色等属性，如图 7-17 所示。

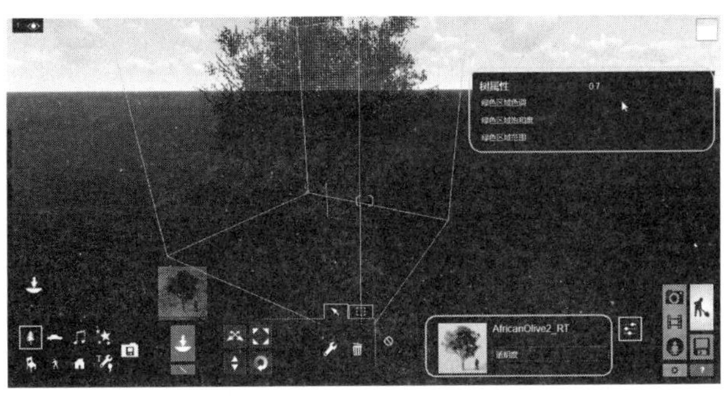

图 7-17　设置植物的透明度和属性

05 完成植物的插入操作后，如果不再对此植物进行任何操作，需要在控制面板右侧单击【取消所有选择】按钮，取消植物的选中状态。

06 上述操作是针对植物、景观小品、人、声音及特效等的插入，如果是建筑模型，可以在控制面板中单击【导入】按钮，在弹出的子面板中单击【导入新模型】按钮，通过【打开】对话框打开建筑模型，如图 7-18 所示。

图 7-18　打开建筑模型

07 插入物体后，接下来可以对物体进行移动、高度调整、调整尺寸和旋转操作。在控制面板中有 4 个物体操作工具用来操作物体的包容框。例如，单击【移动物体】按钮，包容框底部显示一个控制点，如图 7-19 所示。

- 移动物体：此工具用来在水平面（地面）上向任意方向平移物体。
- 调整高度：此工具用来在物体高度方向上移动物体。此工具的用法与【移动物体】工具的用法相同。
- 调整尺寸：此工具可以调整物体的大小，以适应场景。
- 绕 Y 轴旋转：场景中的 Y 轴是指垂直于地面的绿色轴，此工具的用法与【移动物体】工具的用法相同。

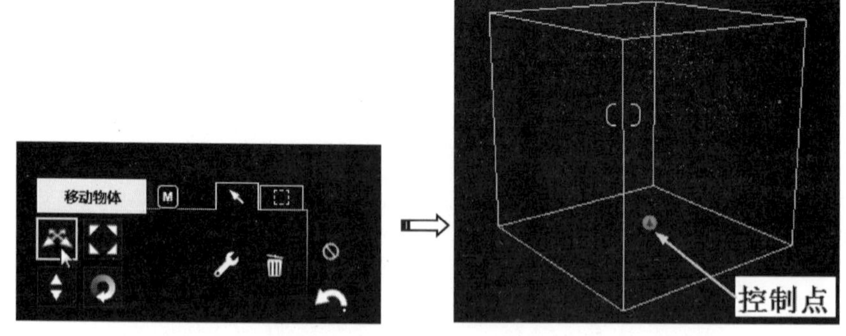

图 7-19　显示控制点

08 当光标（鼠标指针）放置于控制点时会显示水平平移方向键，拖动控制点就可以在水平面（地面）上任意平移物体了，如图 7-20 所示。

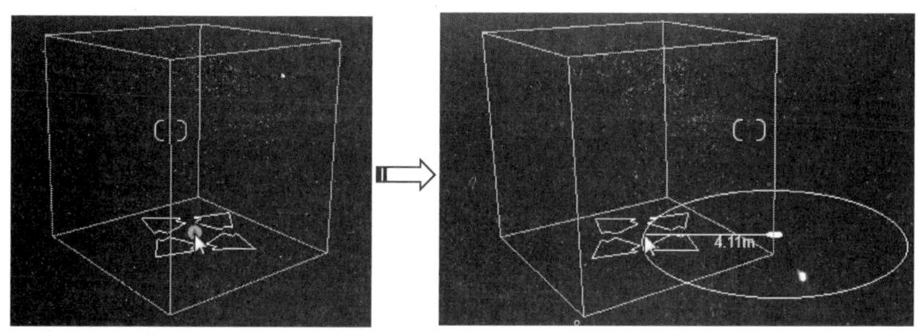

图 7-20　平移物体

2. 【材质】标签

【材质】标签主要用来对导入的建筑模型应用材质，或者对建筑模型上已有的材质进行编辑操作。单击【材质】标签图标，在建筑物上选取一个面，会弹出【材质】面板，如图 7-21 所示。

通过【材质】面板，可以从材质库中载入新材质来填充所选的面，如图 7-22 所示。材质添加完成后需要在界面右下角单击【保存】按钮，保存材质的应用效果。

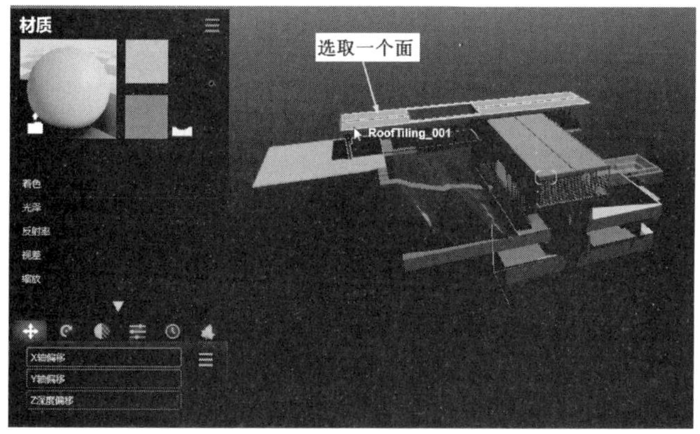

图 7-21　选取面打开【材质】面板

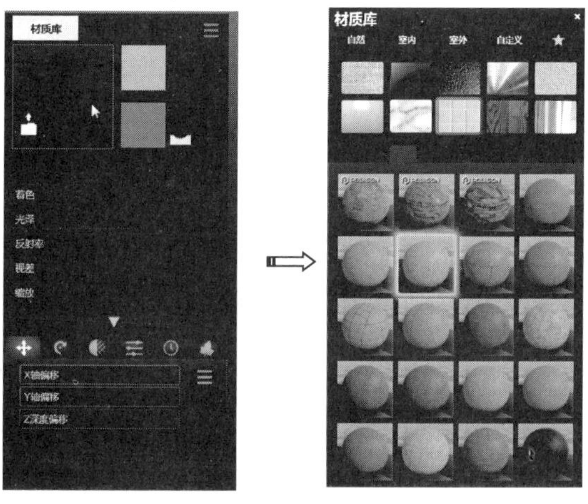

图 7-22　打开【材质库】选择新材质

3. 【景观】标签

通过【景观】标签可对原始场景中的地形地貌进行修改。单击【景观】标签图标，控制面板中显示景观编辑选项，如图 7-23 所示。控制面板左侧为景观编辑选项，右侧为某个编辑选项的扩展面板。

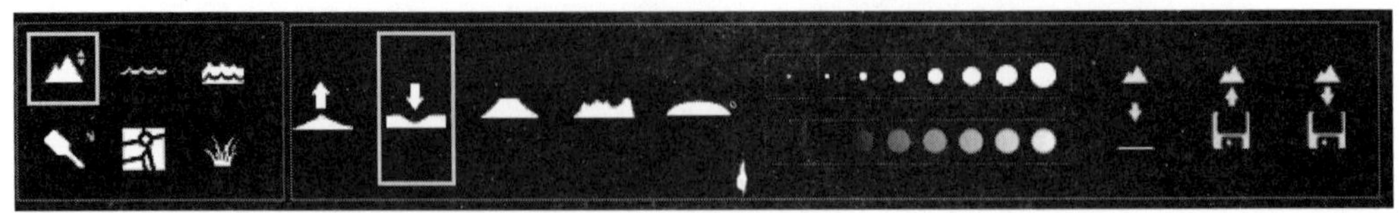

图 7-23 景观编辑选项

4. 【天气】标签

【天气】标签用于设置真实环境中的时间、太阳及云朵。单击【景观】标签图标，弹出天气编辑选项的控制面板，如图 7-24 所示。

图 7-24 天气编辑选项

7.2 Lumion 可视化案例——别墅可视化渲染与动画

在本节将以 Revit 中创建的别墅模型作为可视化范例的源模型，并从两个方面为大家介绍 Lumion 8.5 的场景可视化操作及渲染流程。第一个方面的操作包括场地的创建、材质的更换，植物模型的插入及其他设施设备的插入等。第二个方面主要是介绍室内的装饰设计与场景渲染，包括室内硬装及软装的材质添加、场景灯光的创建等。

在 Revit 中设计的别墅模型，如图 7-25 所示。

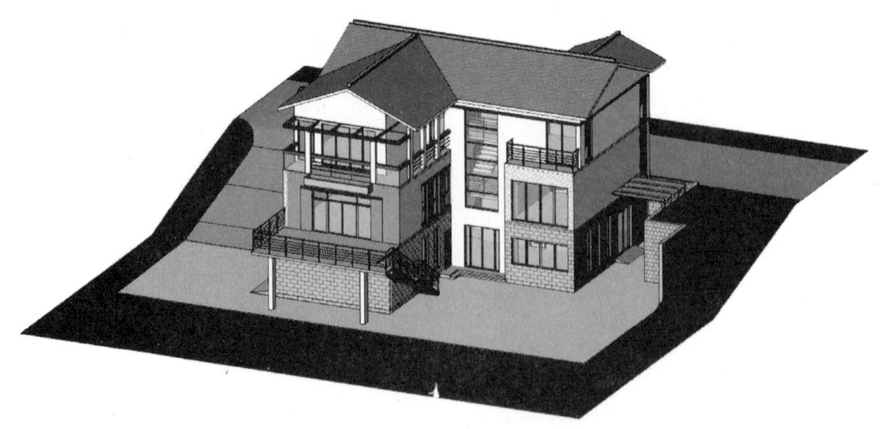

图 7-25 Revit 中的别墅模型

7.2.1 导出 rvt 文件

Lumion 8.5 软件是不能直接导入 rvt 格式文件的，需要在 Revit 中通过导入和导出插件 Lumion LiveSync for Revit，将 rvt 文件导出为 dae 文件。dae 格式文件可将 Revit 模型的材质完整地导出，这在 Lumion 中操作时节约不少时间。

01 启动 Revit 2020，打开本例源文件"别墅模型.rvt"。

02 在【LumionR】选项卡中单击【导出】按钮，弹出【Lumion LiveSyns v3.53】对话框。

03 保留对话框中的选项设置，单击【Export（导出）】按钮，弹出【Save an COLIADA fiie】对话框，单击【保存】按钮完成 rvt 格式文件的导出，如图 7-26 所示。

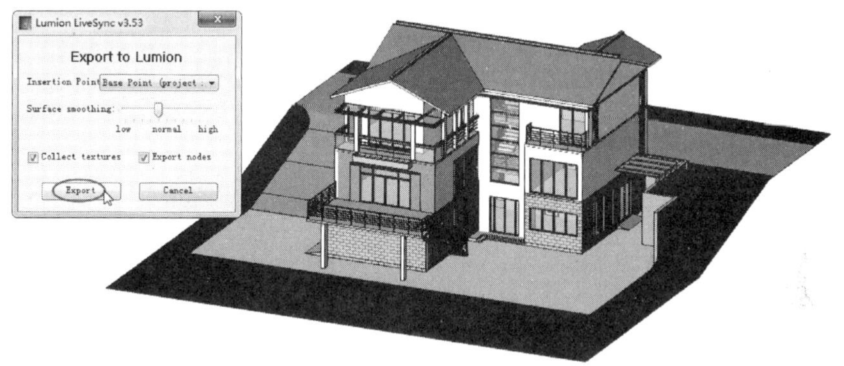

图 7-26　导出 rvt 文件

7.2.2 Lumion 8.5 基本场景创建

01 启动 Lumion 8.5 软件，在欢迎界面的【开始】标签中选择 Plain（平原）场景类型将自动进入到场景中（进入到场景编辑模式），如图 7-27 所示。

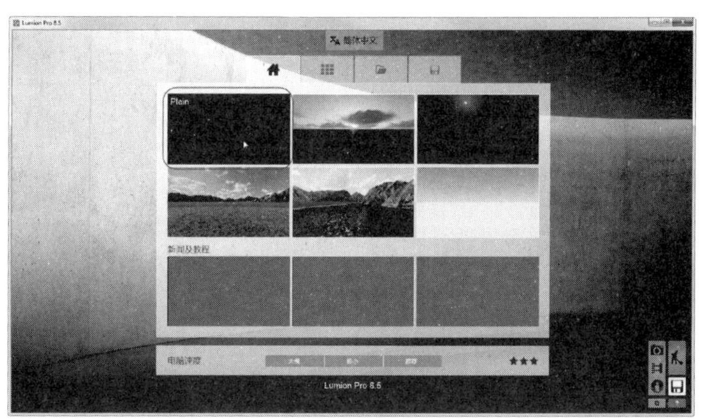

图 7-27　选择场景类型进入场景编辑模式

02 在【物体】标签下的控制面板中单击【导入】按钮，再在子面板中单击【导入新模型】按钮，从本例源文件夹中导入"别墅模型.dae"模型，如图 7-28 所示。

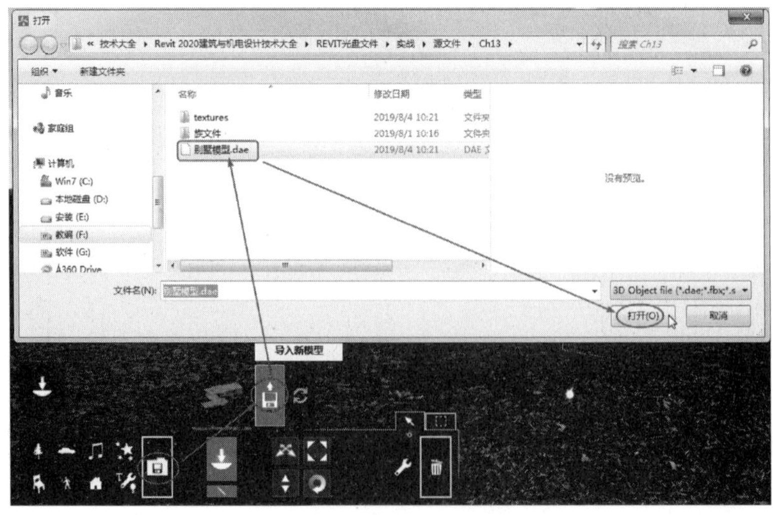

图 7-28　导入 dae 模型

03　将模型放置于场景中的任意位置，如图 7-29 所示。从放置结果来看，建筑的地下一层在地面以下了，需要手动调整模型高度，使地下一层与场景中的地面重合。

图 7-29　放置模型

04　在控制面板中单击【调整高度】按钮，将光标放置于模型中的控制点上，然后拖动控制点往上来平移模型，如图 7-30 所示。

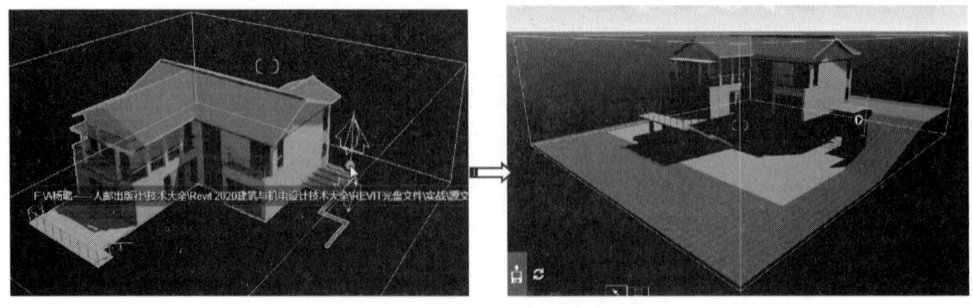

图 7-30　调整建筑模型的高度

05 可以看到导入的模型中，原先 Revit 材质全部转移到 Lumion 中。可以根据个人的喜好来改变建筑模型的外观材质。单击【材质】标签按钮，然后选取地下一层中在室外铺设的地砖，如图 7-31 所示。

06 在随后打开的【材质库】面板的【室外】标签中选择【石头】类型，接着在下方的列表中选择一种石材来替换原先的地砖材质，如图 7-32 所示。

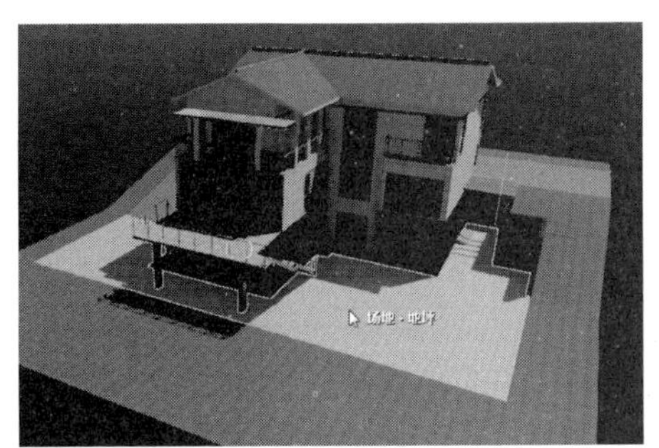

图 7-31　选取地砖

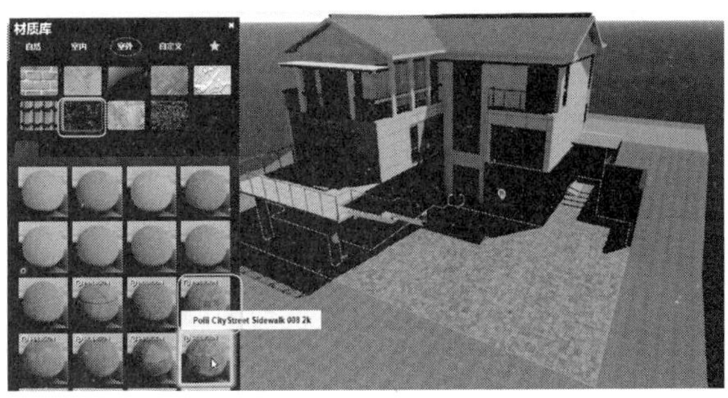

图 7-32　选择新材质以替换旧材质

07 同理，可以替换其他地方的材质，如外墙、围墙、草坪和屋顶等，替换材质的效果如图 7-33 所示。

图 7-33　替换完成的材质效果

08 材质修改后，接着往场景中插入物体对象，如人物、景观小品或交通工具等（前面在介绍【物体】标签时已经介绍了物体的插入方法，这里直接跳过烦琐的步骤），如图 7-34 所示。

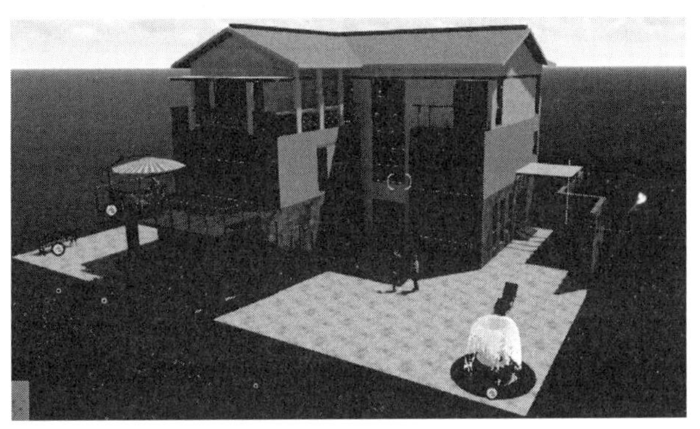

图 7-34　插入物体

7.2.3 创建地形并渲染场景

01 单击【景观】标签按钮，再在控制面板中单击【高度】按钮和【提升高度】按钮，创建起伏地形，如图 7-35 所示。

图 7-35 创建地形

02 通过单击【降低高度】和【平整】按钮，来调整地形高度，使创建的地形匹配原先模型的地形，如图 7-36 所示。

图 7-36 平整地形

03 依次插入植物和花卉，结果如图 7-37 所示。

图 7-37 插入植物和花卉

04 调整好视图角度，在界面右下角单击【拍照模式】按钮，进入拍照模式。然后单击【保存相机视口】按钮，可将当前视图创建为固定的照片，如图7-38所示。

图7-38 进入拍照模式拍照

提示	关于视图角度的控制，可以将光标放置于软件界面右下角的 ? 图标上，会弹出操作提示。

05 单击【渲染照片】按钮，弹出保存相片的设置页面。可将照片按照【邮件】【桌面】【印刷】和【海报】四种照片分辨率进行保存，分辨率越低，渲染的时间就越短，反之就越长。这里选择【邮件】形式进行保存，如图7-39所示。

图7-39 选择渲染输出的分辨率

06 自动渲染图像并将图片文件保存在系统路径中。同理，可以创建多种视图角度的拍照。场景渲染的效果如图7-40所示。

图7-40 场景渲染效果

7.2.4 创建动画

场景制作完成后，接下来制作一个简易的动画。从远到近地漫游整个建筑场景。动画的制作其实就是拍摄关键节点位置的相片，最后把相片串联起来播放就是动画了。

01 在界面右下角单击【动画模式】按钮，进入动画模式。

02 单击【录制】按钮，打开动画录制操作界面，如图 7-41 所示。

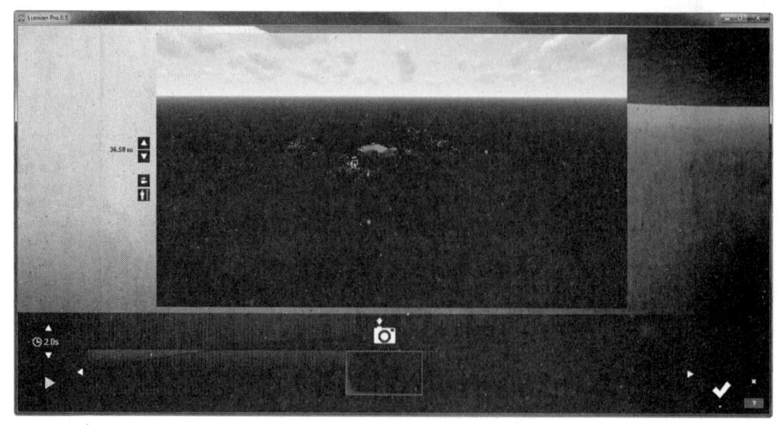

图 7-41　打开动画界面

03 单击【拍摄照片】按钮拍摄第一张照片，也是动画的第一帧。在动画界面中通过鼠标中键和右键的配合，不断推进镜头，靠近建筑物时再单击【拍摄照片】按钮拍摄照片，创建动画的第二帧，如图 7-42 所示。

图 7-42　创建第二帧

> **提示**　滚动鼠标中键是调节镜头的焦距，也就是调整视图的大小。按下右键转动可以 360 度全景观察场景，也就是旋转视图。

04 按此方法依次创建出其余关键帧。单击【播放】按钮生成动画，如图 7-43 所示。

05 单击【返回】按钮，返回到动画编辑界面中。首先修改标题为环游别墅，然后单击【自定义风格】按钮，为创建的动画选择一种场景风格，如图 7-44 所示。

图 7-43　生成并播放动画

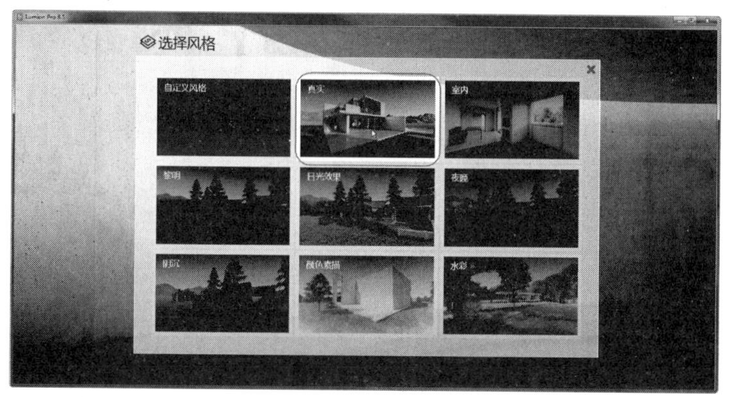

图 7-44　选择动画场景风格

06　单击 FX 按钮，为动画场景选择一种光照效果，如图 7-45 所示。

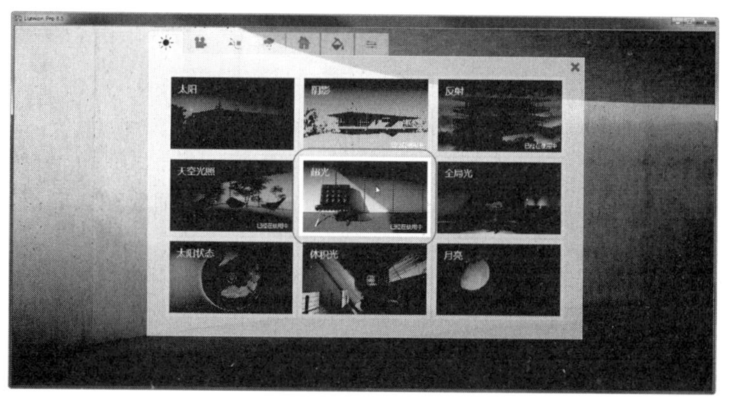

图 7-45　选择光照效果

07　单击【播放】按钮，再次播放动画，再单击【渲染影片】按钮，开始渲染动画，如图 7-46 所示。

图 7-46　开始渲染影片

08　在随后弹出的渲染影片的设置界面中，设置输出品质、每秒帧数和视频清晰度等，如图 7-47 所示。单击【全高清】选项按钮![全高清 1920x1080]，将动画视频文件保存为 MP4 文件。

图 7-47　设置影片渲染选项

09　保存视频文件后，开始动画渲染。根据系统配置的高低，渲染时长会有所不同。最终渲染完成后，单击 OK 按钮，结束建筑动画的制作，如图 7-48 所示。

图 7-48　完成动画渲染

7.3　Lumion 与 Revit 模型同步

在 Lumion 8.5 中，用户可以立即设置 Revit 模型的实时可视化。同样，在 Revit 中编辑建筑CAD模型的形状时，将看到这些变化实时体现在Lumion令人惊叹的逼真的环境中。

要进行模型同步操作，须安装Lumion LiveSync for Revit插件。下面以某药店项目为例，介绍Lumion与Revit模型同步的基本操作流程。

上机操作 Lumion与Revit模型同步操作

01 启动Revit 2020，再打开本源文件夹中的“药店.rvt”建筑项目文件，如图7-49所示。

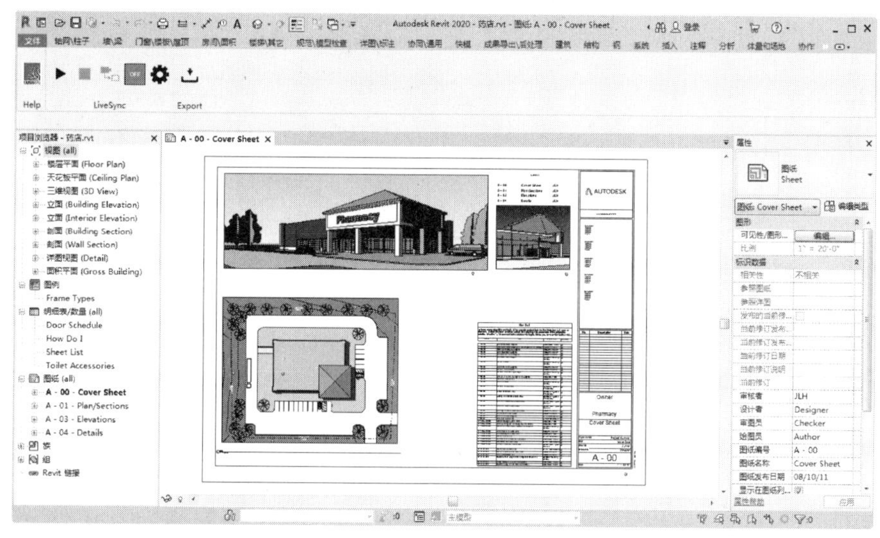

图7-49　打开建筑项目

02 启动Lumion 8.5，然后将Lumion界面置于计算机屏幕右侧，Revit置于屏幕左侧，如图7-50所示。

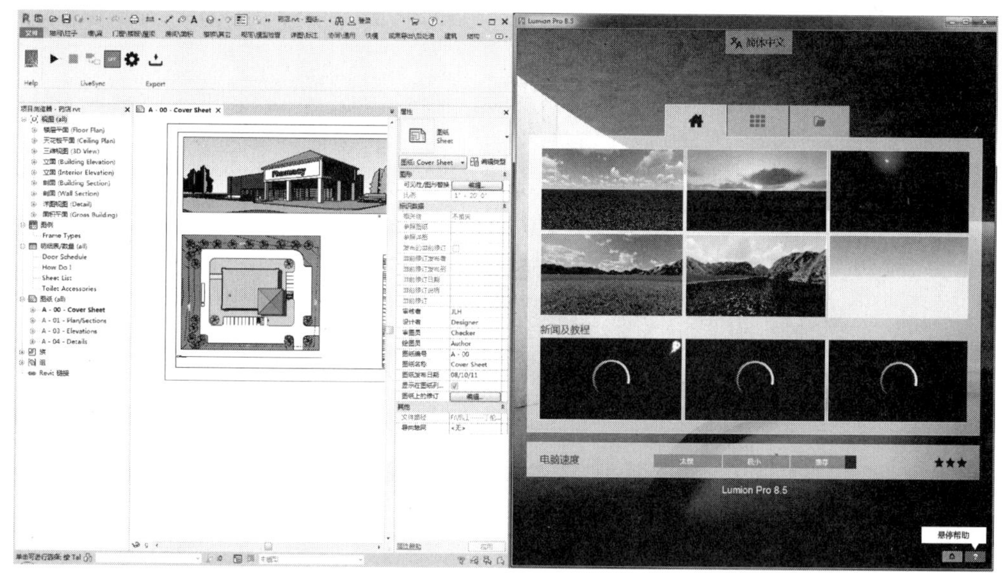

图7-50　布置软件界面在屏幕中的位置

03 在 Revit 的项目浏览器中，双击【三维视图】节点下的【{3D}】子项目，切换视图为 3D 视图，如图 7-51 所示。

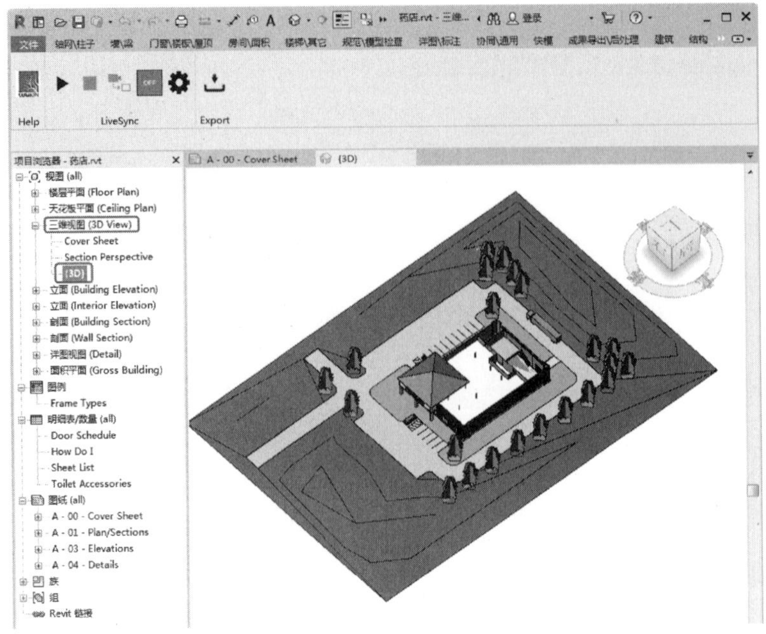

图 7-51 切换视图

04 在 Lumion 软件界面中选择第一个基础配置场景进入到场景编辑界面中。

05 在【Lumion】选项卡中单击【Start Livesync（开启 Livesync）】按钮▶启动 Livesync 插件程序，此时在 Lumion 8.5 软件界面中相应地显示药店项目场景，如图 7-52 所示。

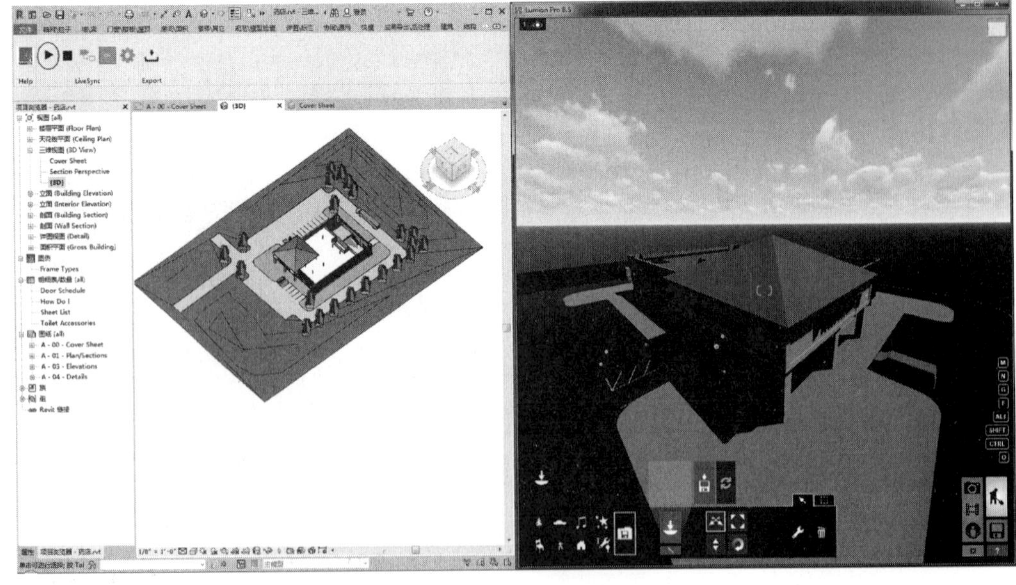

图 7-52 同步显示场景

06 在Revit中切换到【三维视图】节点下的Cover Sheet相机视图，接着单击【Lumion】选项卡中的【Start camera synchronization（开启相机同步）】按钮，此时Lumion界面中的场景与Revit中的项目场景完全同步，如图7-53所示。

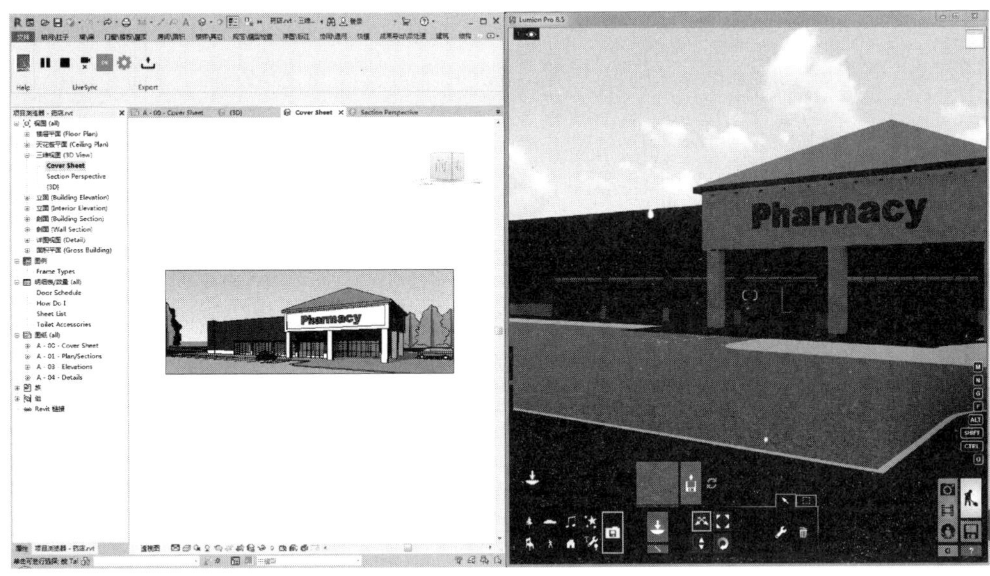

图7-53　开启相机同步

07 此刻在Revit中的任何一个编辑操作，都将实时反馈到Lumion中。包括模型属性的更改、视图的操控、材质的替换等操作。例如，删除Revit模型中的一个Pharmacy商店LOGO标志，Lumion场景中该标志也随之被删除，如图7-54所示。

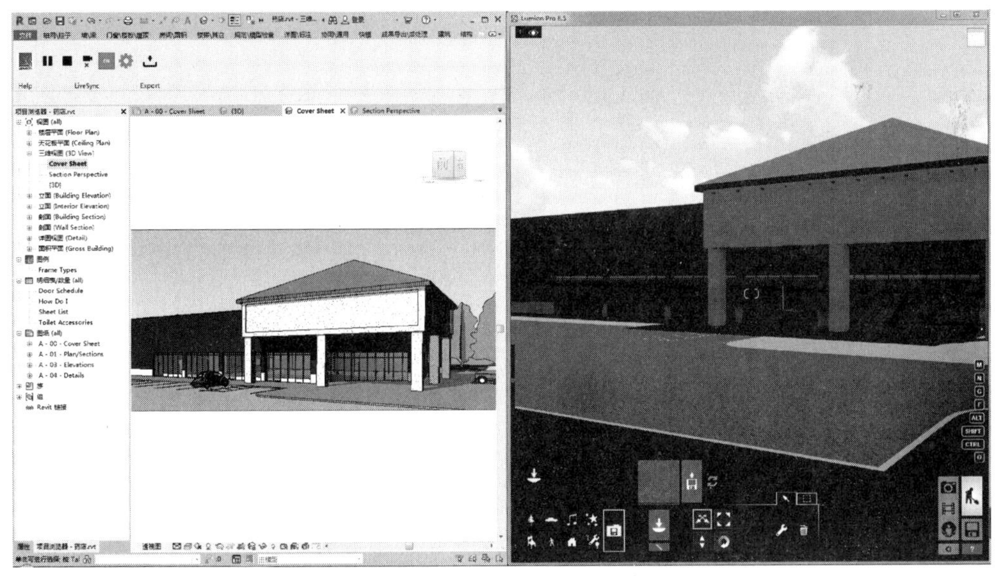

图7-54　编辑Revit模型实时反馈到Lumion中

08 在Revit中完成模型的编辑后，就可以在Lumion中单独进行3D可视化操作了。

第 8 章

建筑与结构施工图设计

本章导读

Revit 建筑、结构设计施工图包括建筑施工图和结构施工图。结构施工图的设计过程与建筑施工图的设计过程完全相同。本章主要介绍利用 Revit 和鸿业 BIMSpace 2020 结合进行建筑施工图的设计过程。建筑施工图图纸包括总平面图、建筑平面图、建筑剖面图、建筑立面图和建筑详图\ 大样图等。

案例展现

案　例　图	描　　述
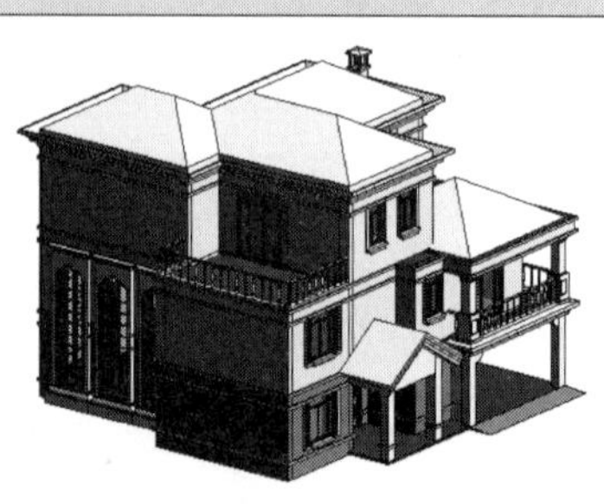	鸿业 BIMSpace 2020 的图纸辅助设计工具在【详图\ 标注】选项卡中，包括剖面图/详图辅助设计工具、立面图辅助设计工具和尺寸标注、符号标注与编辑尺寸工具。这些工具可帮助设计师高效、精准地完成建筑项目设计工作
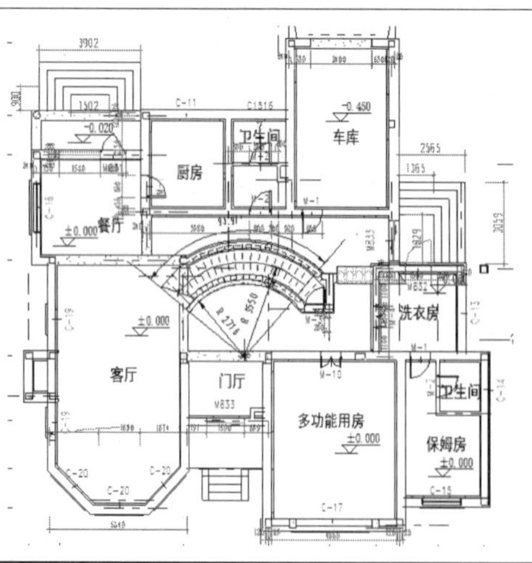	利用鸿业 BIMSpace 2020 软件，详细描述建筑总平面图、建筑平面图、建筑立面图、建筑剖面图和建筑详图的设计全过程 本例项目是一个阳光海岸别墅建筑项目，已经完成建筑设计和结构设计。要绘制的施工图纸包括建筑平面图、建筑立面图、建筑剖面图、建筑详图\ 大样图及建筑结构施工图等 在 Revit 中完成所有图纸的布置之后，可以将生成的文件导成 DWG 各种的 CAD 文件，供其他用户使用 要导出 DWG 格式的文件，首先要对 Revit 以及 DWG 之间的映射格式进行设置

8.1 建筑制图基础

建筑设计图纸是交流设计思想、传达设计意图的技术文件。需要在用户的正确操作下才能实现其绘图功能，同时也需要用户在遵循统一制图规范，在正确的制图理论及方法的指导下操作，才能生成合格的图纸。

8.1.1 建筑制图概念

建筑图纸是建筑设计人员用来表达设计思想、传达设计意图的技术文件，也是方案投标、技术交流和建筑施工的要件。建筑制图是根据正确的制图理论及方法，按照国家统一的建筑制图规范将设计思想和技术特征清晰、准确地表现出来。建筑工程施工图通常由建筑施工图、结构施工图和设备施工图组成。本章重点介绍建筑施工图和结构施工图的设计。

1. 建筑制图的方式

建筑制图有手工制图和计算机制图两种方式。手工制图又分为徒手绘制和工具绘制两种。手工制图应该是建筑师必须掌握的技能，也是学习各种绘图软件的基础。计算机制图是指操作计算机绘图软件画出所需图形，并形成相应的图形电子文件，可以进一步通过绘图仪或打印机将图形文件输出，形成具体的图纸过程。它快速、便捷，便于文档存储，便于图纸的重复利用，可以大大提高设计效率。因此，目前手绘主要用在方案设计的前期，而后期成品方案图以及初设图、施工图都采用计算机绘制完成。

2. 建筑制图程序

建筑制图的程序是跟建筑设计的程序相对应。从整个设计过程来看，遵循方案图、初设图、施工图的顺序来进行。后面阶段的图纸在前一阶段的基础上再深化、修改和完善。

建筑图纸编排顺序一般应为图纸目录、总图、建筑图、结构图、给水排水图、暖通空调图、电气图等。对于建筑专业，一般顺序为目录、施工图设计说明、附表（装修做法表、门窗表等）、平面图、立面图、剖面图和详图等。

8.1.2 建筑施工图纸

一套工业与民用建筑的建筑施工图，通常包括的图纸有总平面图、平面图、立面图、剖面图、详图与效果图等几大类。

1. 建筑总平面图

建筑总平面图反映了建筑物的平面形状、位置以及周围的环境，是施工定位的重要依据。总平面图的特点如下：

- 由于总平面图包括的地方范围大，因此绘制时用较小比例，一般为 1∶2000、1∶1000或 1∶500 等。
- 总平面图上的尺寸标注一律以米（m）为单位。
- 标高标注以米（m）为单位，一般保留小数点后两位，采用绝对标高（注意室内外标高符号的区别）。

总平面图的内容包括新建筑物的名称、层数、标高、定位坐标或尺寸、相邻有关的建筑物（已建、拟建、拆除）、附近的地形地貌、道路、绿化、管线、指北针或风玫瑰图、补充图例等，如图 8-1 所示。

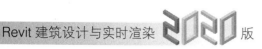

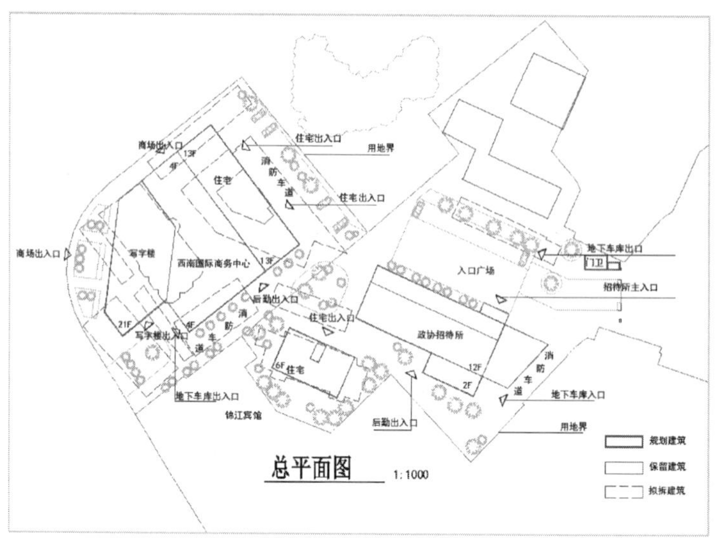

图 8-1　建筑总平面图

2. 建筑平面图

建筑平面图是按一定比例绘制的建筑的水平剖切图。

可以这样理解，建筑平面图就是将建筑房屋窗台以上部分进行剖切，将剖切面以下的部分投影到一个平面上，然后用直线和各种图例、符号等直观地表示建筑在设计和使用上的基本要求和特点。

建筑平面图一般比较详细，通常采用较大的比例，如 1∶200、1∶100 或 1∶50，并标出实际的详细尺寸。图 8-2 为某建筑标准层平面图。

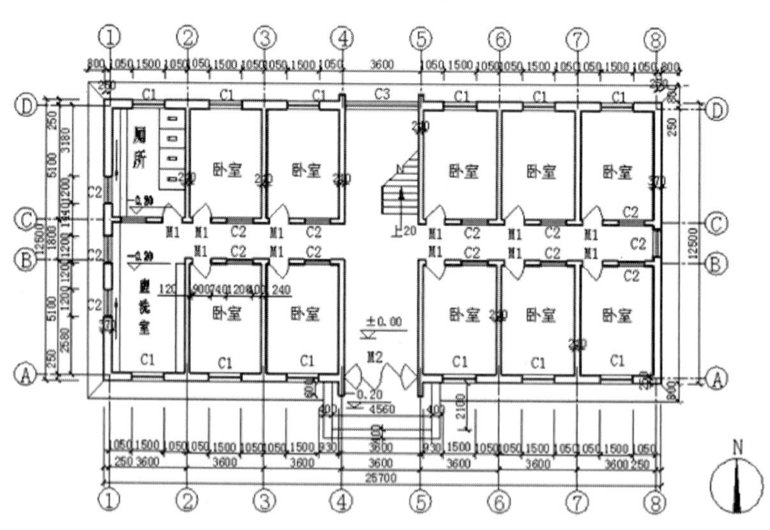

图 8-2　某建筑标准层平面图

3. 建筑立面图

建筑立面图主要用来表达建筑物各个立面的形状、尺寸及装饰等。它表示的是建筑物的外部形式，说明建筑物长、宽、高的尺寸，表现楼地面标高、屋顶的形式、阳台位置和形式、门窗洞口的位置和形式、外墙装饰的设计形式、材料及施工方法等。图 8-3 为某图书馆建筑的立面图。

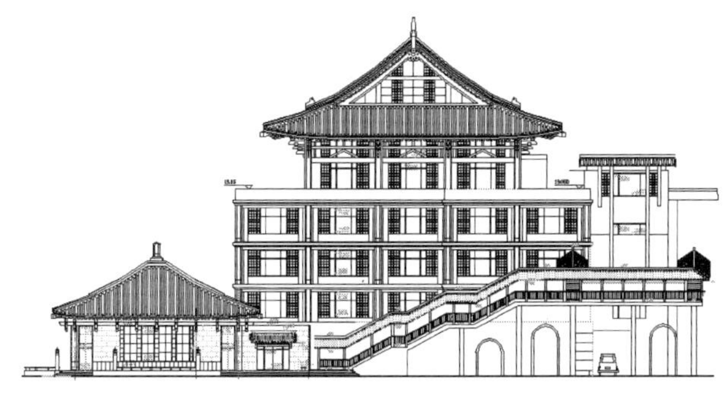

图 8-3　某图书馆建筑立面图

4. 建筑剖面图

建筑剖面图是将某个建筑立面进行剖切，而得到的一个视图。建筑剖面图表达了建筑内部的空间高度、室内立面布置、结构和构造等情况。

在绘制剖面图时，剖切位置应选择在能反映建筑全貌、构造特征，以及有代表性的位置，如楼梯间、门窗洞口及构造较复杂的部位。

建筑剖面图可以绘制一个或多个，这要根据建筑房屋的复杂程度。

图 8-4 为某楼房的建筑剖面图。

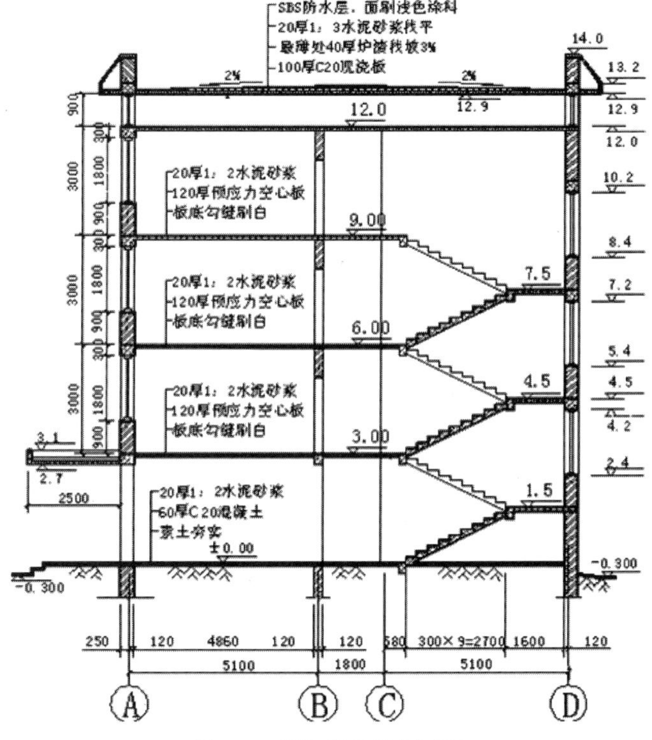

图 8-4　某楼房建筑剖面图

5. 建筑详图

由于总剖面图、平面图及剖面图等所反映的建筑范围大，难以表达建筑细部构造，因此需要绘制建筑详图。

建筑详图主要用以表达建筑物的细部构造、节点连接形式以及构件、配件的形状大小、材料与做法，如楼梯详图、墙身详图、构件详图和门窗详图等。

详图要用较大比例绘制（如 1 ∶ 20、1 ∶ 5 等），尺寸标注要准确齐全，文字说明要详细。图 8-5 为墙身（局部）详图。

6. 建筑透视图

除上述图纸外，在实际建筑工程中还经常要绘制建筑透视图。由于建筑透视图表示建筑物内部空间或外部形体与实际所能看到的建筑本身相类似的主体图像，它具有强烈的三度空间透视感，非常直观地表现了建筑的造型、空间布置、色彩和外部环境等多方面内容。因此，常在建筑设计和销售时作为辅助使用。

建筑透视图一般要严格地按比例绘制，并进行绘制上的艺术加工，这种图通常被称为建筑表现图或建筑效果图。一幅精美的建筑透视图就是一件艺术作品，具有很强的艺术感染力。图 8-6 为某楼盘建筑透视图。

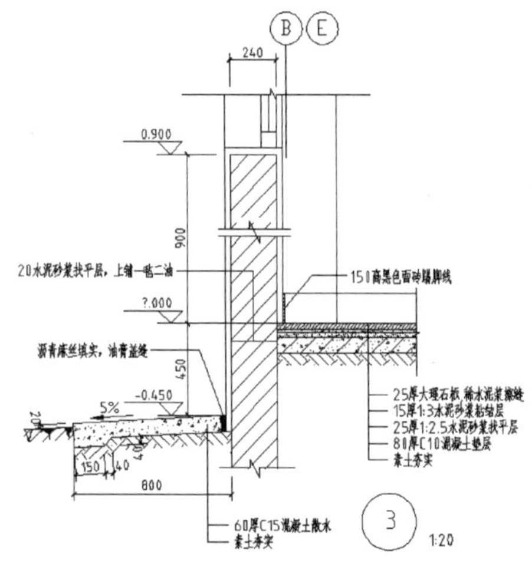

图 8-5　建筑局部详图

图 8-6　某楼盘建筑透视图

8.1.3　结构施工图纸

结构施工图是关于承重构件的布置、使用的材料、形状、大小及内部构造的工程图样，也是承重构件及其他受力构件施工的依据。结构施工图包含结构总说明、基础布置图、承台配筋图、地梁布置图、各层柱布置图、各层柱布筋图、各层梁布筋图、屋面梁配筋图、楼梯屋面梁配筋图、各层板配筋图、屋面板配筋图、楼梯大样及节点大样等内容。

在建筑设计过程中，为满足房屋建筑安全和经济施工要求，对房屋的承重构件（基础、梁、柱、板等）依据力学原理和有关设计规范进行计算，从而确定它们的形状、尺寸以及内部构造等。将确定的形状、尺寸及内部构造等内容绘制成图样，就形成了建筑施工所需的结构施工图，如图 8-7 所示。

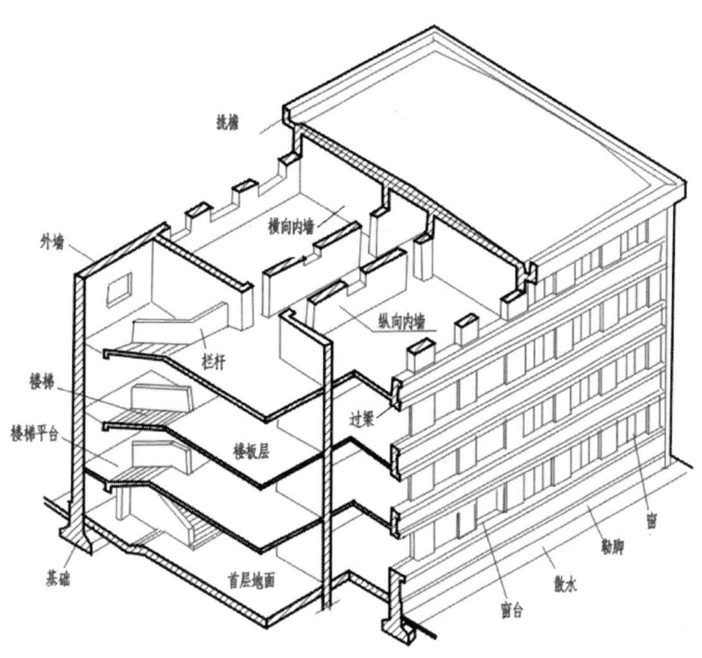

图 8-7　房屋结构图

1. 结构施工图的内容

结构施工图的内容包括结构设计与施工总说明、结构平面布置图和构件详图等。

(1) 结构设计与施工总说明

包括的内容有抗震设计、场地土质、基础与地基的连接、承重构件的选择和施工注意事项等。

(2) 结构平面布置图

结构平面布置图是表示房屋中各承重构件总体平面布置的图样。它包括以下几部分：

- 基础平面布置图及基础详图。
- 楼层结构布置平面图及节点详图。
- 屋顶结构平面图。
- 结构构件详图。

构件详图。它包括以下几部分：

① 梁、柱、板等结构详图。

② 楼梯结构详图。

③ 屋架结构详图。

④ 其他详图。

2. 结构施工图中的有关规定

房屋建筑是由多种材料组成的结合体，目前国内建筑房屋的结构采用较为普遍的砖混结构和钢筋混凝土结构两种。

编号为 GB/T 50105—2020 的国家《建筑结构制图标准》对结构施工图的绘制有明确的规定，现将有关规定介绍如下。

(1) 常用构件代号

常用构件代号用各构件名称的汉语拼音的第一个字母表示，如表 8-1 所示。

表 8-1 常用构件代号

序号	名称	代号	序号	名称	代号	序号	名称	代号
1	板	B	19	圈梁	QL	37	承台	CT
2	屋面板	WB	20	过梁	GL	38	设备基础	SJ
3	空心板	KB	21	连系梁	LL	39	桩	ZH
4	槽行板	CB	22	基础梁	JL	40	挡土墙	DQ
5	折板	ZB	23	楼梯梁	TL	41	地沟	DG
6	密肋板	MB	24	框架梁	KL	42	柱间支撑	DC
7	楼梯板	TB	25	框支梁	KZL	43	垂直支撑	ZC
8	盖板或沟盖板	GB	26	屋面框架梁	WKL	44	水平支撑	SC
9	挡雨板、檐口板	YB	27	檩条	LT	45	梯	T
10	吊车安全走道板	DB	28	屋架	WJ	46	雨篷	YP
11	墙板	QB	29	托架	TJ	47	阳台	YT
12	天沟板	TGB	30	天窗架	CJ	48	梁垫	LD
13	梁	L	31	框架	KJ	49	预埋件	M
14	屋面梁	WL	32	钢架	GJ	50	天窗端壁	TD
15	吊车梁	DL	33	支架	ZJ	51	钢筋网	W
16	单轨吊	DDL	34	柱	Z	52	钢筋骨架	G
17	轨道连接	DGL	35	框架柱	KZ	53	基础	J
18	车挡	CD	36	构造柱	GZ	54	暗柱	AZ

(2) 常用钢筋符号

钢筋按其强度和品种分成不同的等级，并用不同的符号表示。表 8-2 为常用钢筋图例。

表 8-2 常用钢筋图例

序号	名　称	图　例	说　明
1	钢筋横断面	●	
2	无弯钩的钢筋端部		左图表示长、短钢筋投影重叠时，短钢筋的端部用 45°斜画线表示
3	带半圆形弯钩的钢筋端部		
4	带直钩的钢筋端部		
5	带丝扣的钢筋端部		
6	无弯钩的钢筋搭接		
7	带半圆弯钩的钢筋搭接		
8	带直钩的钢筋搭接		
9	花篮螺丝钢筋接头		
10	机械连接的钢筋接头		用文字说明机械连接的方式

（3）钢筋分类

配置在混凝土中的钢筋，按其作用和位置可分为受力筋、箍筋、架立筋、分布筋和构造筋等，如图 8-8a、b 所示。

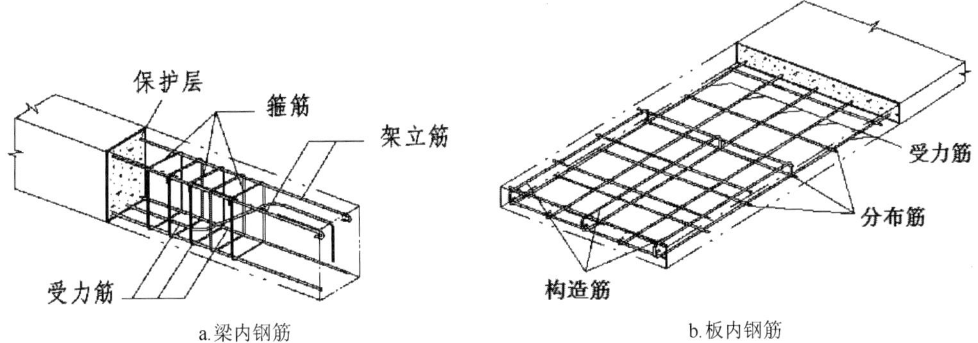

图 8-8　混凝土构件中的钢筋

- 受力筋：承受拉、压应力的钢筋。
- 箍筋（钢箍）：承受一部分斜拉应力，并固定受力筋的位置，多用于梁和柱内。
- 架立筋：用以固定梁内钢箍的位置，构成梁内的钢筋骨架。
- 分布筋：用于屋面板、楼板内，与板的受力筋垂直布置，将承受的重量均匀地传给受力筋，并固定受力筋的位置，以及抵抗热胀冷缩所引起的温度变形。
- 其他：因构件构造要求或施工安装需要而配置的构造筋，如腰筋、预埋锚固筋和环等。

（4）保护层

钢筋外缘到构件表面的距离称为钢筋的保护层。其作用是保护钢筋免受锈蚀，提高钢筋与混凝土的黏结力。

（5）钢筋的标注

钢筋的直径、根数及相邻钢筋中心距在图样上一般采用引出线方式标注，其标注形式有下面两种。

◆ 标注钢筋的根数和直径，如图 8-9 所示。

◆ 标注钢筋的直径和相邻钢筋中心距，如图 8-10 所示。

（6）钢筋混凝土构件图示方法

为了清楚地表明构件内部的钢筋，可假设混凝土为透明体，这样构件中的钢筋在施工图中便可看见。钢筋在结构图中其长度方向用单根粗实线表示，断面钢筋用圆黑点表示，构件的外形轮廓线用中实线绘制。

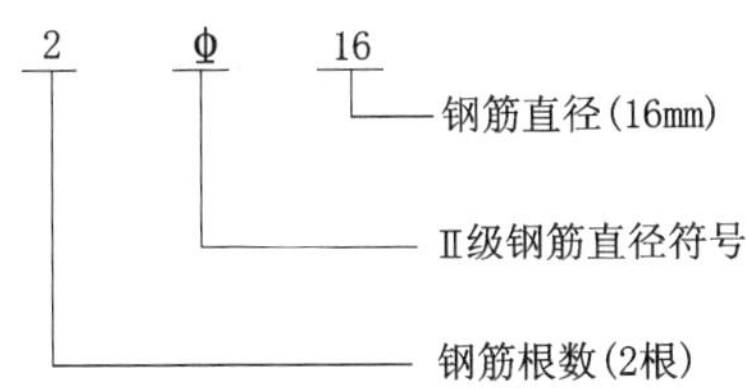

图 8-9　标注钢筋的根数和直径

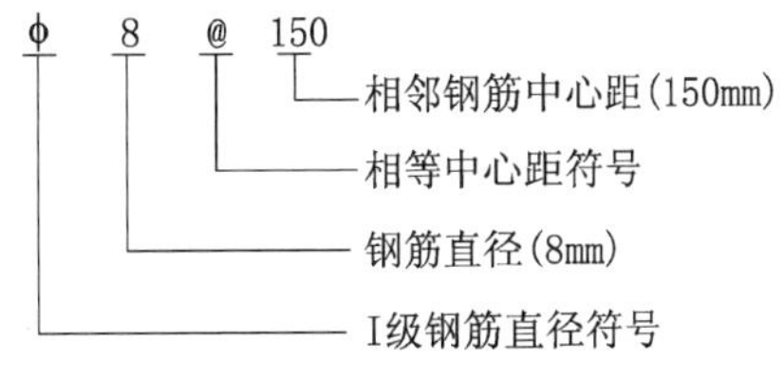

图 8-10　标注钢筋的直径和相邻钢筋中心距

8.2 鸿业 BIMSpace 2020 图纸辅助设计工具

鸿业 BIMSpace 2020 的图纸辅助设计工具在【详图\ 标注】选项卡中，如图 8-11 所示。这些工具可以帮助设计师高效、精准地完成建筑项目设计工作。

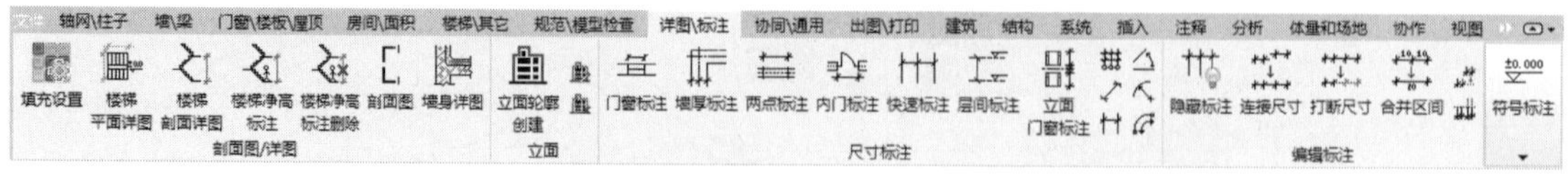

图 8-11 【详图\ 标注】选项卡

8.2.1 剖面图/详图辅助设计工具

【剖面图/详图】命令面板中的辅助设计工具可以创建剖面图及详图的图案填充样式、楼梯详图的标注等操作。

为了配合详图和标注的使用，下面以欧式别墅项目模型进行配合讲解。欧式别墅造型如图 8-12 所示。

1. 【填充设置】

【填充设置】工具是用来修改剖面图及详图中的填充图案。操作步骤如下：

01 打开本例源文件“欧式别墅 . rvt”。单击【填充设置】按钮，打开【填充设置】对话框，如图 8-13 所示。

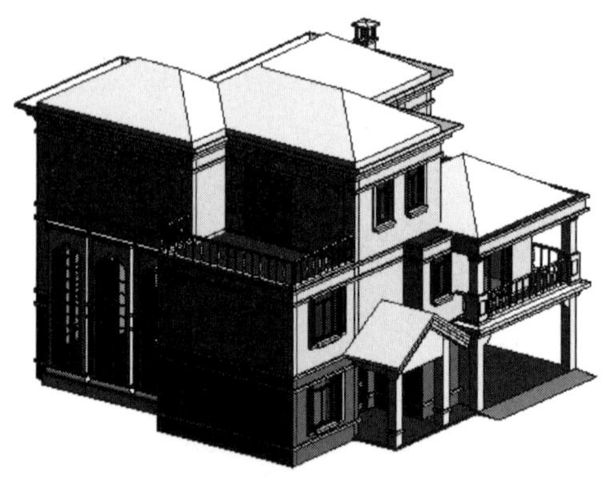

图 8-12 欧式别墅

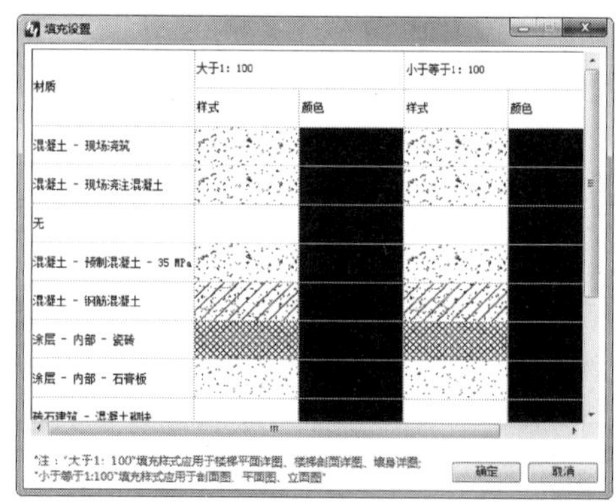

图 8-13 【填充设置】对话框

02 对话框中的【大于 1：100】列的填充样式与颜色仅应用于楼梯剖面详图、楼梯平面详图及墙身详图。【小于等于 1：100】列中的填充样式仅应用于建筑剖面图、剖面图及立面图等。

03 要修改某一种图案样式，双击样式图块，在弹出的【填充图案选择】对话框中设置新图案，如图 8-14 所示。

04 若是修改颜色，双击颜色图块后弹出【颜色】对话框设置新颜色，如图 8-15 所示。

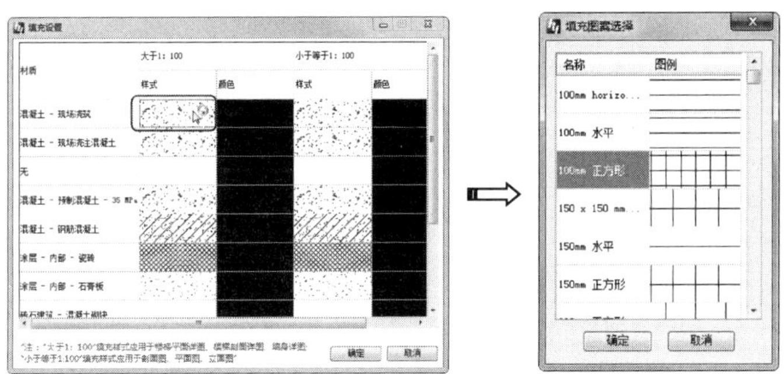

图 8-14　填充图案样式的修改设置

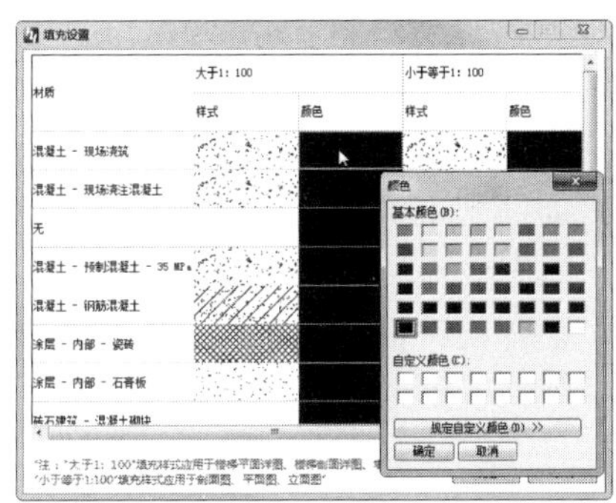

图 8-15　填充颜色的修改设置

2. 【楼梯平面详图】

当创建了详图后，可利用【楼梯平面详图】工具快速地自动标注详图。操作步骤如下：

01　打开本例源文件“欧式别墅 . rvt”。

02　切换到有楼梯的“一层平面图”楼层平面视图中，利用 Revit【视图】选项卡【创建】面板的【详图索引】工具，在楼梯间位置绘制矩形详图索引，如图 8-16 所示。

03　在【详图 \ 标注】选项卡下单击【楼梯平面详图】按钮，再选择绘制的详图索引，如图 8-17 所示。

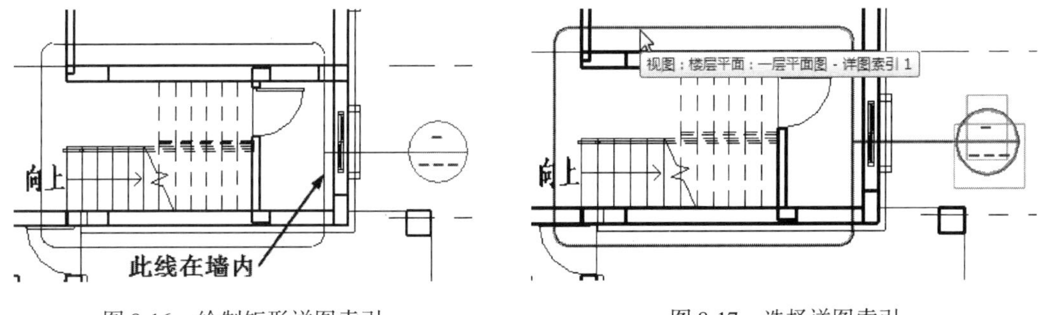

图 8-16　绘制矩形详图索引　　　　图 8-17　选择详图索引

04　系统会自动创建“一层平面图 - 详图索引 1”楼层平面视图，并完成详图的尺寸标注，如图 8-18 所示。

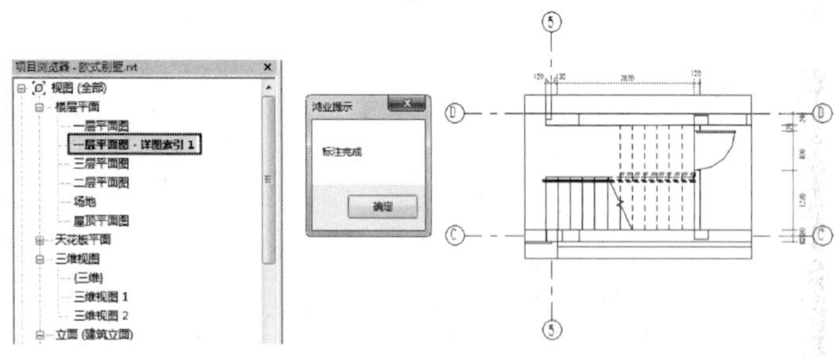

图 8-18　自动创建楼梯详图并完成标注

3. 【楼梯剖面详图】

【楼梯剖面详图】工具可以用来设置剖面详图中的填充样式并完成楼梯尺寸标注。接上一案例继续操作，操作步骤如下：

01 切换到“一层平面图－详图索引 1”视图，单击【视图】选项卡下的【剖面】按钮，将剖面视图标记放置在楼梯位置，随后自动创建名称为“剖面 1”的剖面视图，如图 8-19 所示。创建的剖面视图中没有标注尺寸，如图 8-20 所示。

02 在【详图\标注】选项卡下单击【楼梯剖详图】按钮，再选择放置的剖面视图标记，系统自动完成剖面视图的尺寸标注，如图 8-21 所示。

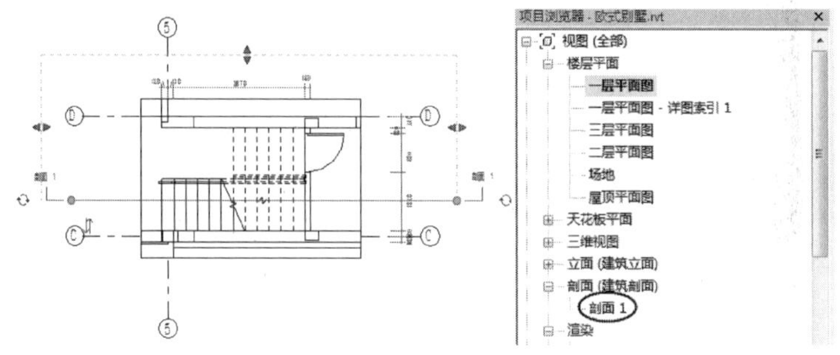

图 8-19　放置剖面图标记并创建剖面图

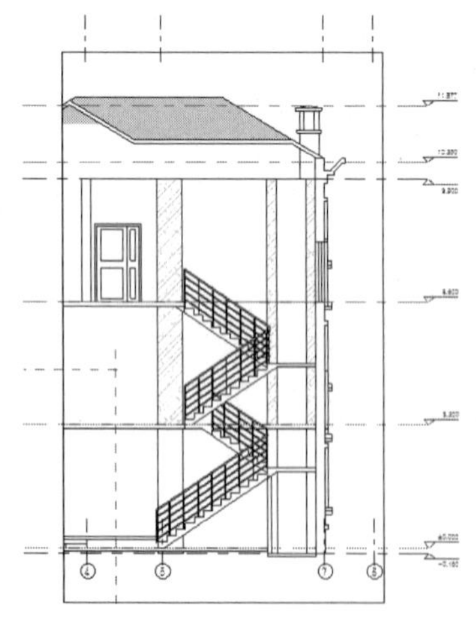

图 8-20　没有标注的剖面图

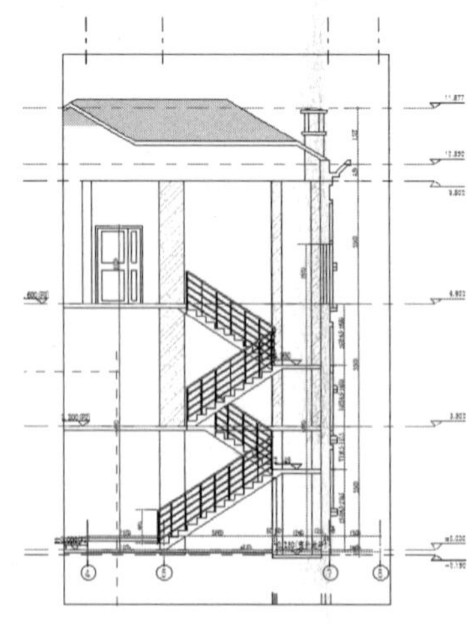

图 8-21　自动标注完成的剖面图

03 如果仅仅表达楼梯的剖面，可以调整剖面图中的裁剪区域，如图 8-22 所示。并且在属性面板中勾选【裁剪区域可见】复选框，不显示裁剪框。

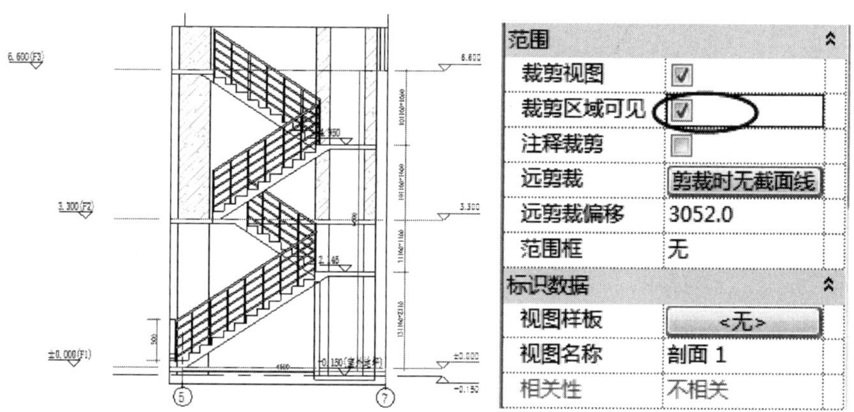

图 8-22　调整裁剪区域

4.【楼梯净高标注】

【楼梯净高标注】是在楼梯剖面视图进行的楼梯净高自动标注，暂不支持以草图方式绘制的楼梯，仅针对构件楼梯。构件楼梯净高标注示意图如图 8-23 所示。

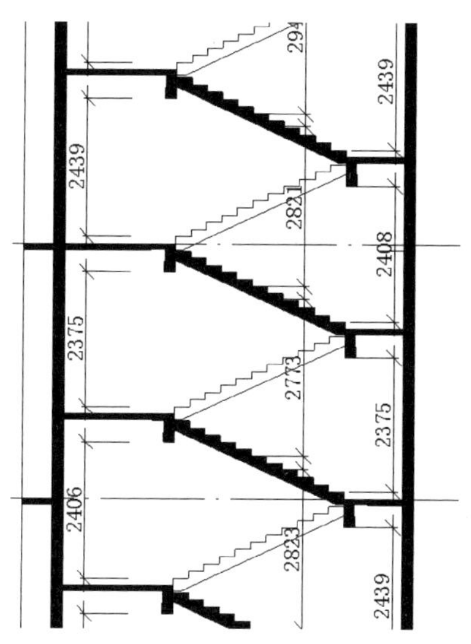

图 8-23　构件楼梯净高标注示意图

单击【楼梯净高标注删除】按钮，可将净高标注完全删除。

5.【剖面图】

【剖面图】可以清晰地表达出墙体、梁、柱等构件剖面的填充显示，操作步骤如下：

01 切换到“一层平面图”视图。在【视图】选项卡下单击【剖面】按钮，然后在平面视图中放置剖面视图标记，如图 8-24 所示。

02 在【详图\标注】选项卡下单击【剖面图】按钮，再选择放置的剖面视图标记，系统将按照填充设置的图案自动完成剖面视图的墙体填充，如图 8-25 所示。

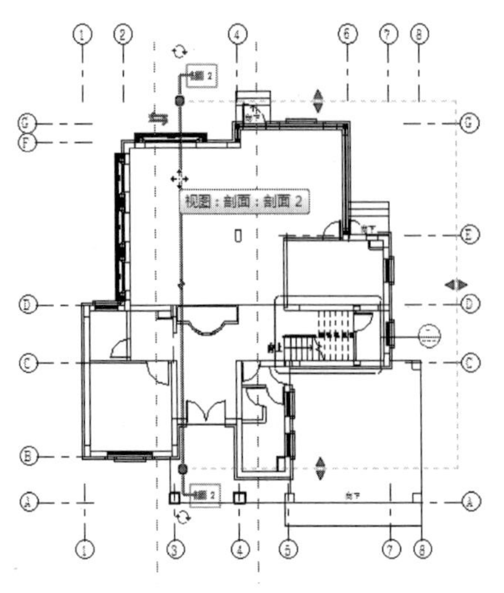

图 8-24　放置剖面图标记

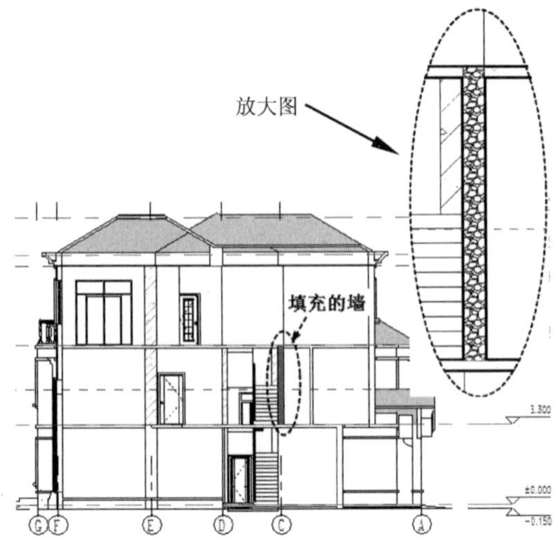

图 8-25　自动剖面填充

8.2.2 立面图辅助设计工具

立面图辅助设计工具包括【立面轮廓创建】【编辑立面轮廓】和【删除立面轮廓】等工具。

鸿业乐建 2020 的【立面轮廓创建】工具可以快速地创建出立面图中所要表达的粗实线外形轮廓，可通过【编辑立面轮廓】来手动绘制系统识别不了的某些轮廓。

01 切换视图到北立面。

02 单击【立面轮廓创建】按钮，系统自动搜索立面图中建筑的外形轮廓，并自动创建轮廓线，如图 8-26 所示。

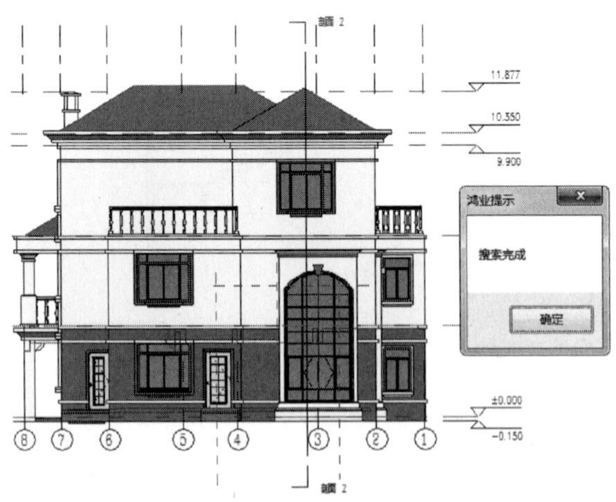

图 8-26　创建立面轮廓

03 要想清晰地查看到轮廓线，需要更改线宽及颜色。执行【管理】选项卡丨【其他设置】面板丨【线样式】命令后，在弹出的【线样式】对话框中选择 HYProfile-line3 线型，改变其线宽（由 3 变为 6），如图 8-27 所示。

04 设置线宽后，立面图中的轮廓线就可以看清了，如图 8-28 所示。

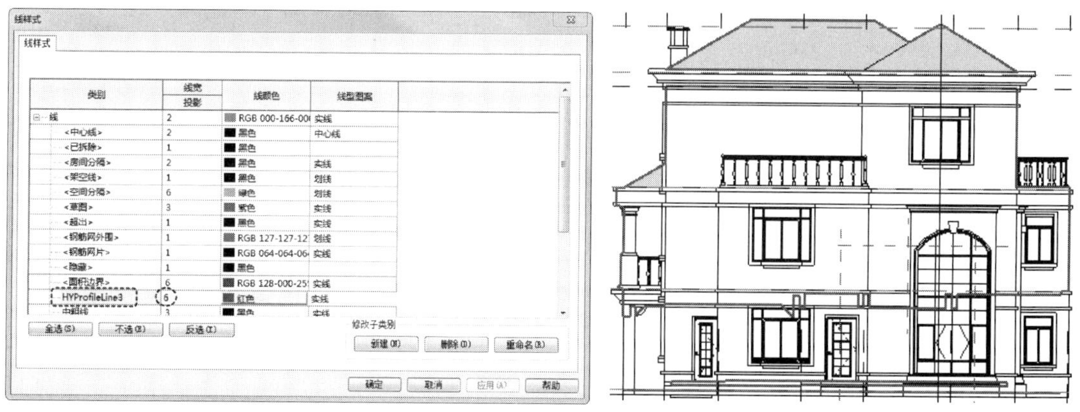

图 8-27　编辑立面轮廓线宽　　　　图 8-28　改变线宽后的立面轮廓

05 可以看出，系统识别的立面轮廓线不是很准确，需要编辑处理一下。首先删除那些建筑轮廓内部的产生的轮廓线（选中并按 Delete 键删除）。

06 单击【编辑立面轮廓】按钮，在弹出的【编辑建筑立面轮廓线】工具栏中设置线宽为 6，以【直线绘制轮廓线】方式绘制余下的立面轮廓线，如图 8-29 所示。

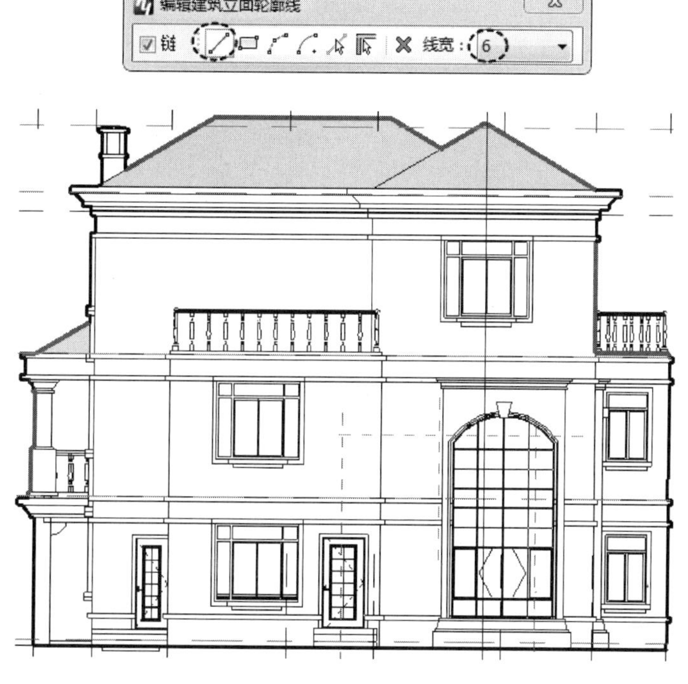

图 8-29　绘制完成的立面轮廓线

07 如果不需要立面轮廓线，或者在系统识别的立面轮廓线效果比较差，可以单击【删除立面轮廓】按钮，删除所有的立面轮廓，然后再利用【编辑立面轮廓】工具手动绘制立面轮廓。

8.2.3 尺寸标注、符号标注与编辑尺寸工具

在【尺寸标注】命令面板中，除了 6 个标准的尺寸标注工具（轴网标注、角度标注、对齐标注、径向标注、线性标注和弧长标注）外，还包括专注于平面图、立面图或剖面图中的门窗标注、墙厚标注、两点标注、内门标注、快速标注、层间标注及里面门窗标注等快速标注工具。

这些尺寸工具我们将在后面的建筑施工图案例中使用时再进行简要介绍。有接触过 AutoCAD 软件的读者，对尺寸标注并不陌生。鉴于此，详细的标注含义描述这里就不再赘述。

8.3 建筑施工图设计

详细描述建筑总平面图、建筑平面图、建筑立面图、建筑剖面图和建筑详图的设计全过程。图纸设计过程中，鉴于时间和篇幅限制，不会完整地呈现出图纸中要表达的所有信息，将以图纸设计过程为优先。

本例项目是一个阳光海岸别墅建筑项目，已经完成建筑设计和结构设计，Revit 三维模型如图 8-30 所示。

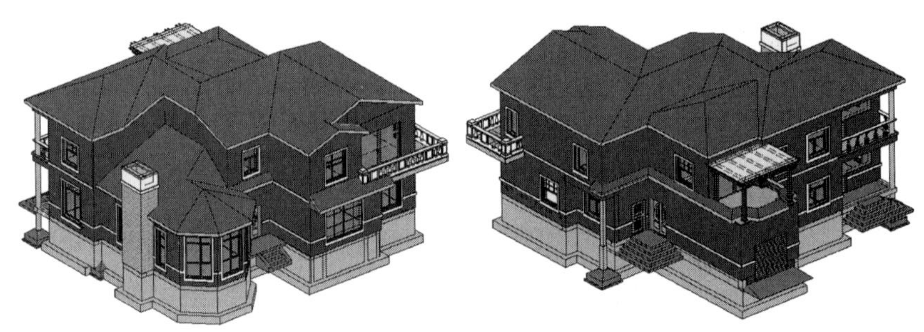

图 8-30　海岸别墅

在本章建施图和结施图设计过程中，我们将利用鸿业乐建 2020 和 Revit 的相关图纸设计功能，联合设计出建筑施工图纸。

8.3.1 建筑平面图设计

建筑平面图是整个建筑平面的真实写照，用于表现建筑物的平面形状、布局、墙体、柱子、楼梯以及门窗的位置等。

在进行施工图阶段的图纸绘制时，建议在含有三维模型的平面视图进行复制，将二维图元、房间标注、尺寸标注、文字标注和注释等信息绘制在新的“施工图标注”平面视图中，便于进行统一性的管理。

上机操作　创建一层建筑平面图

01　启动鸿业 BIMSpace 2020，然后打开本例建筑项目文件“阳光海岸别墅 . rvt”。

02　切换视图为【楼层平面】项目节点下的【一层】楼层平面视图，如图 8-31 所示。

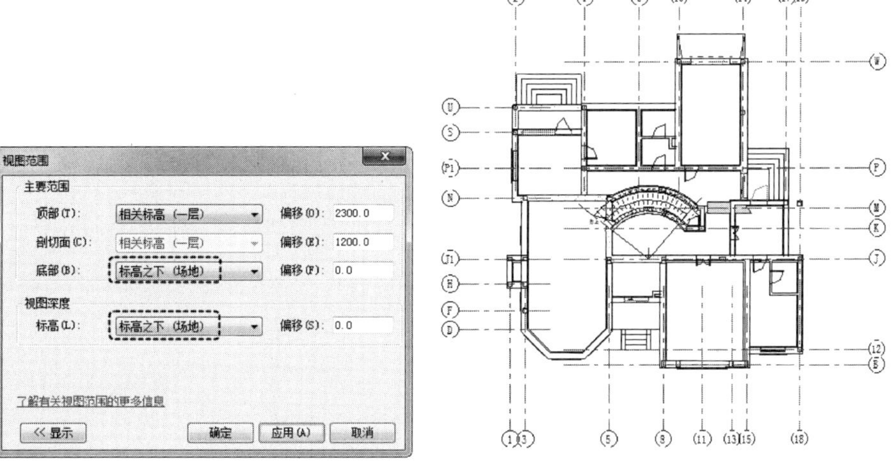

图 8-31　“一层”楼层平面视图

技术要点	为了在一层平面视图中表达出在场地平面中设计的坡道与台阶，所以将视图范围的“底部”和“深度”都设置为“标高之下（场地)”。

03 从图中可以看出，轴线编号、尺寸等都是比较凌乱的，需要逐一地添加及修改完整。有些尺寸标注、文字注释等信息不需要在平面视图中表达，所以需要另外建立视图。在项目浏览器中选中要复制的【场地】平面视图，单击鼠标右键并选择快捷菜单中的【复制视图】|【复制】命令，复制一个新的视图出来，然后将新视图重命名为【一层平面图】，如图 8-32 所示。

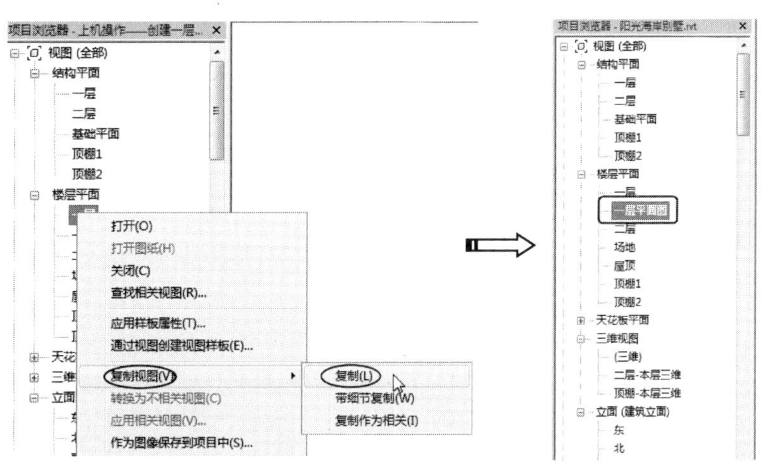

图 8-32　复制【场地】视图并重命名

04 此时，新建的【一层平面图】视图处于当前激活状态。接下来将平面图中的轴线编号全部理清，分别利用鸿业乐建 2020（即鸿业 BIMSpace，2020，以下均同）的【轴网 \ 柱子】选项卡【轴线编辑】面板和【轴号编辑】面板中的编辑工具进行操作（一些细节不便于截图，请参考本例演示视频)，如图 8-33 所示。

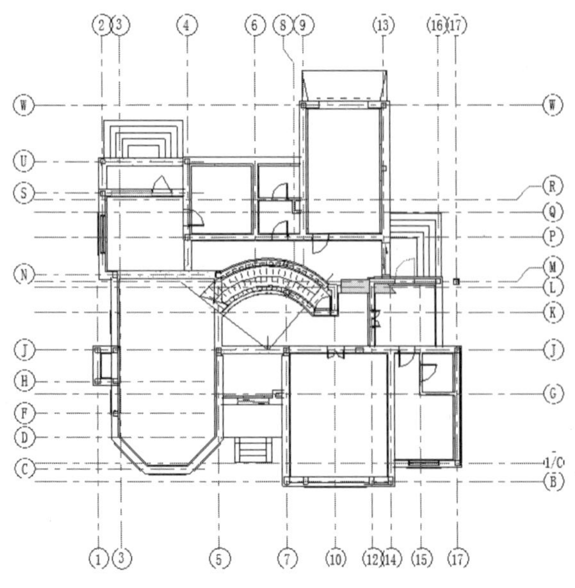

图 8-33 添加轴线、修改轴号后的轴网

05 利用【轴网\柱子】选项卡中的【轴网标注】工具，或者【详图\标注】选项卡中的【轴网标注】工具标注轴线，如图 8-34 所示。

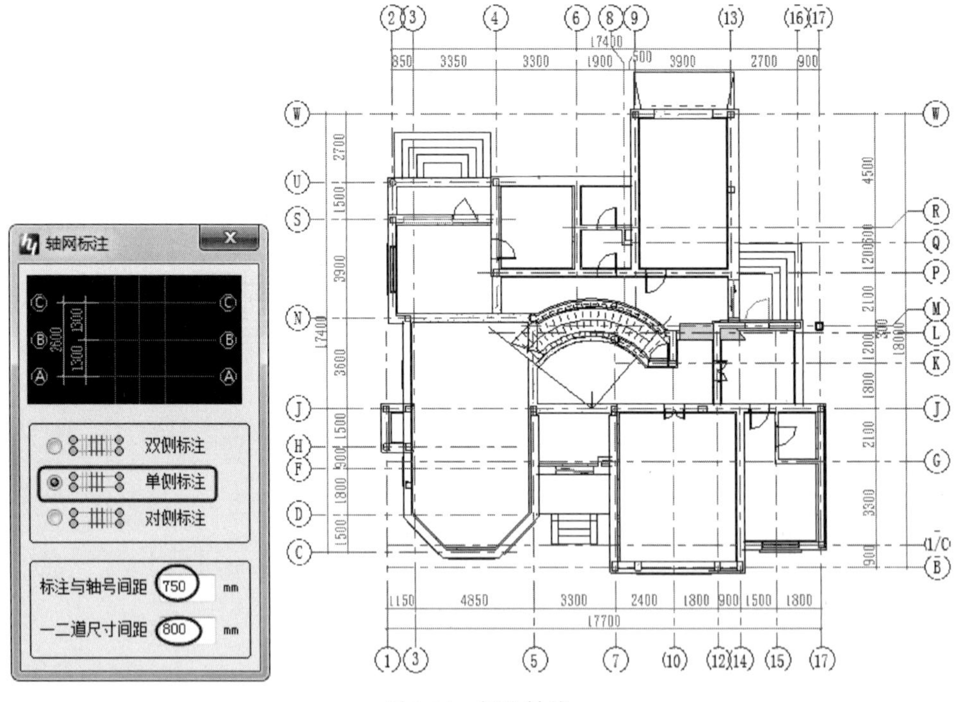

图 8-34 标注轴线

技术要点	设置轴网标注参数后，仅选择轴网两端的轴线进行标注即可，中间的轴线标注是自动生成的。

06 利用鸿业乐建 2020 的【详图 \ 标注】选项卡中的【对齐标注】工具，陆续标注出室内的尺寸，如坡道构件尺寸、楼梯尺寸等，如图 8-35 所示。

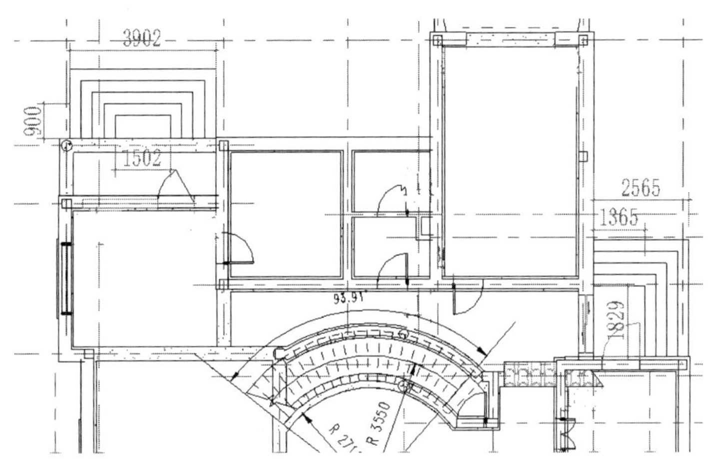

图 8-35　标注内部构件尺寸

07 利用【符号标注】面板中的【标高标注】工具，在平面视图中添加标高标注，如图 8-36 所示。

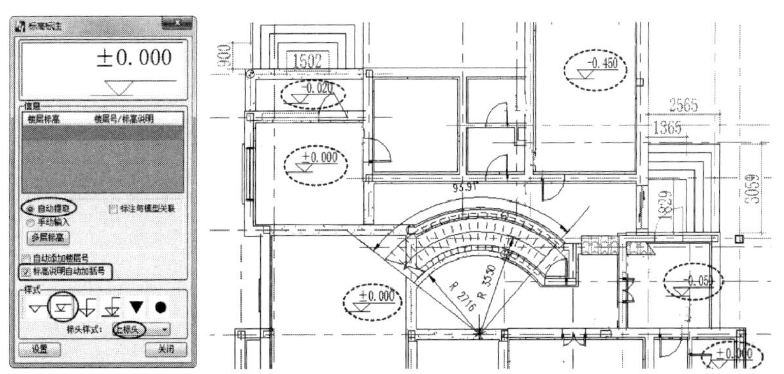

图 8-36　标高标注

08 将项目浏览器中【族】项目节点下的【注释符号】|【标记_ 门】标记拖曳到视图中的门位置，标记门，如图 8-37 所示。

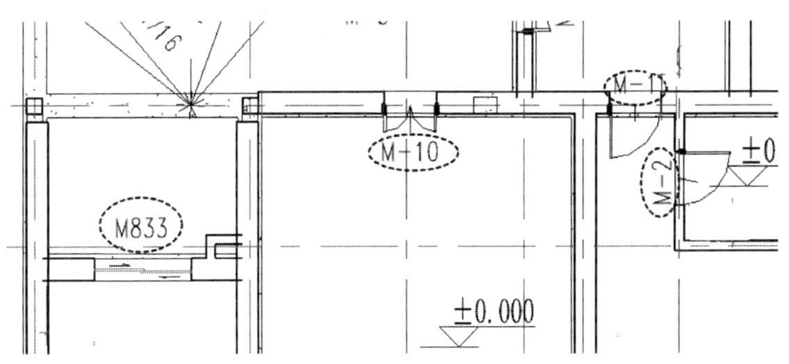

图 8-37　标记门

09 同理，将项目浏览器中【族】项目节点下的【注释符号】|【标记_ 窗】标记拖曳到视图中的门位置，标记窗，如图 8-38 所示。

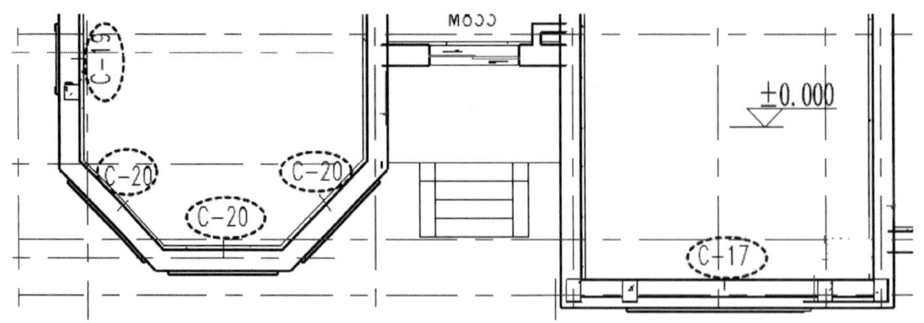

图 8-38　标记窗

10 在【详图\标注】选项卡【尺寸标注】面板中单击【门窗标注】按钮，弹出【门窗标注】对话框。选中【轴线上的墙体】墙体定位方式，然后在有门窗的墙体轴线两侧单击，系统会自动标注轴线墙体中所有的门窗尺寸，如图 8-39 所示。

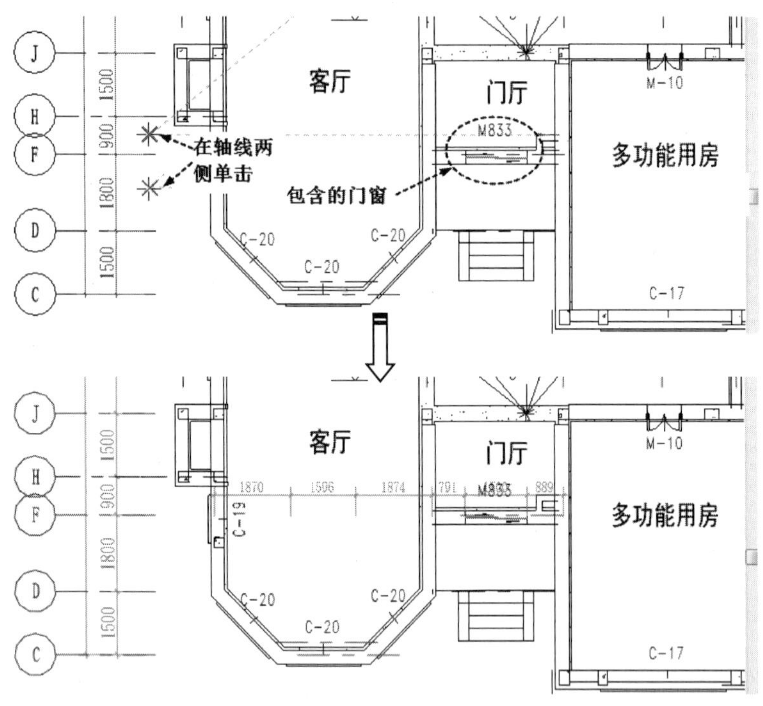

图 8-39　自动标注门窗

11 同理，在其余包含有门窗的墙体轴线两侧，也做相同操作，完成门窗标注，如果没有轴线的，可以在【门窗标注】对话框中切换墙体定位方式为【连接的墙体】，也是在含有门窗墙体的两侧进行单击操作。

12 单击【详图\标注】选项卡【符号标注】面板中的【标高标注】按钮，在平面图中进行房间标高标注，如图 8-40 所示。

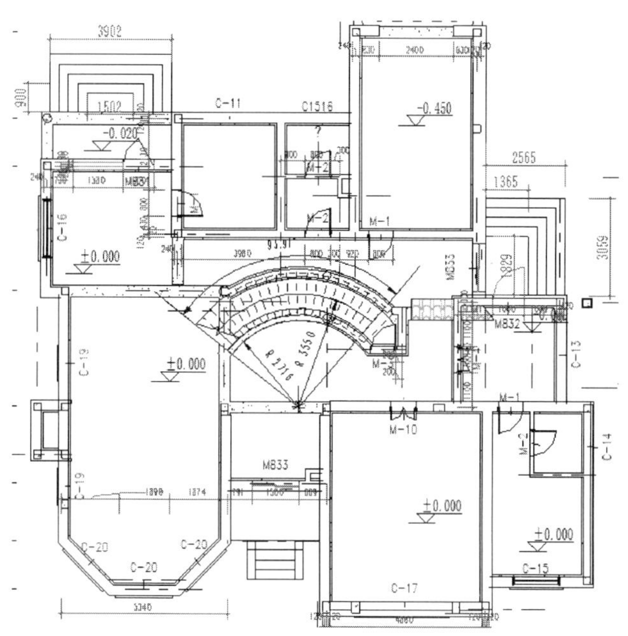

图 8-40　标高标注

13　标记房间。在【房间 \ 面积】选项卡【房间】面板中单击【生成房间】按钮，并在属性面板修改房间名称，然后平面视图中依次创建房间并放置房间标记，如图 8-41 所示。

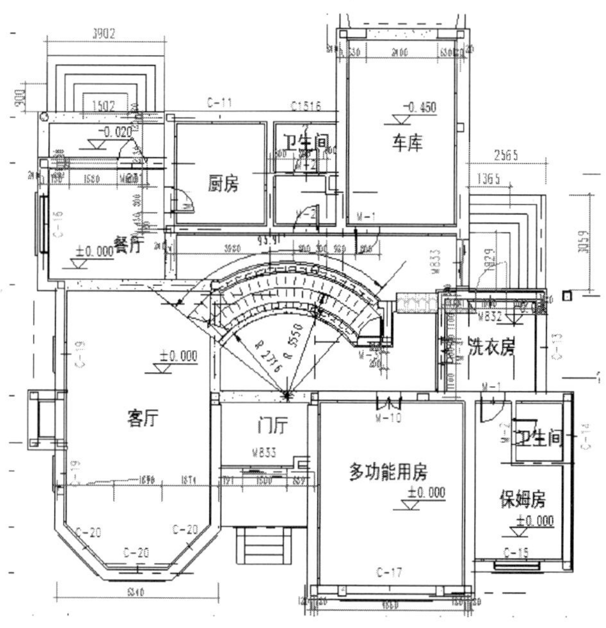

图 8-41　放置房间标记

14　选中所有的轴线，在属性面板中编辑类型属性，设置其【轴线中段】为无，如图 8-42 所示。

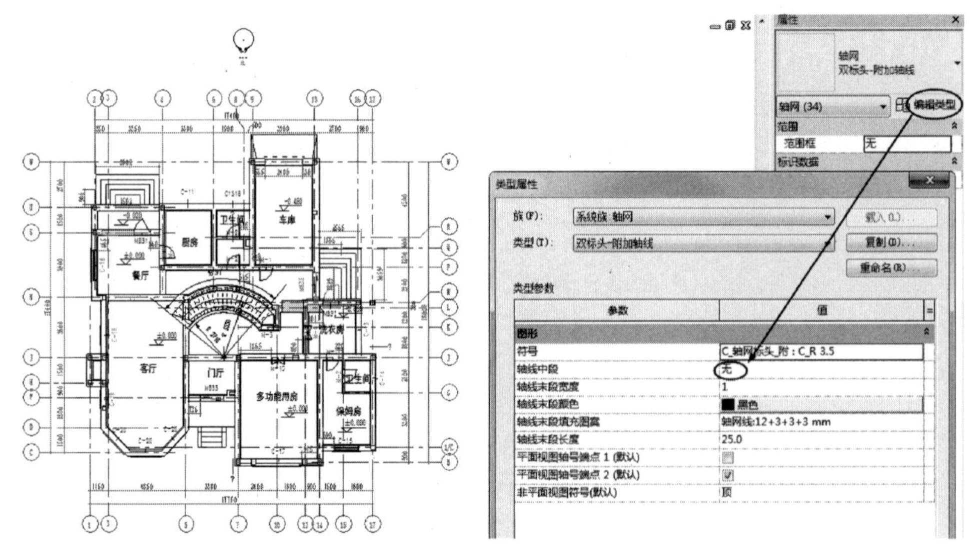

图 8-42 设置轴线样式

15 利用鸿业乐建 2020 的【详图\标注】选项卡【符号标注】面板中的【图名标注】工具，设置图名标注选项，单击【确定】按钮在视图放置图名标注，如图 8-43 所示。

16 利用鸿业乐建 2020 的【多行文字】工具，在图名下面标注一段文字说明，如标注为未注明墙体均为 240mm 厚，如图 8-44 所示。

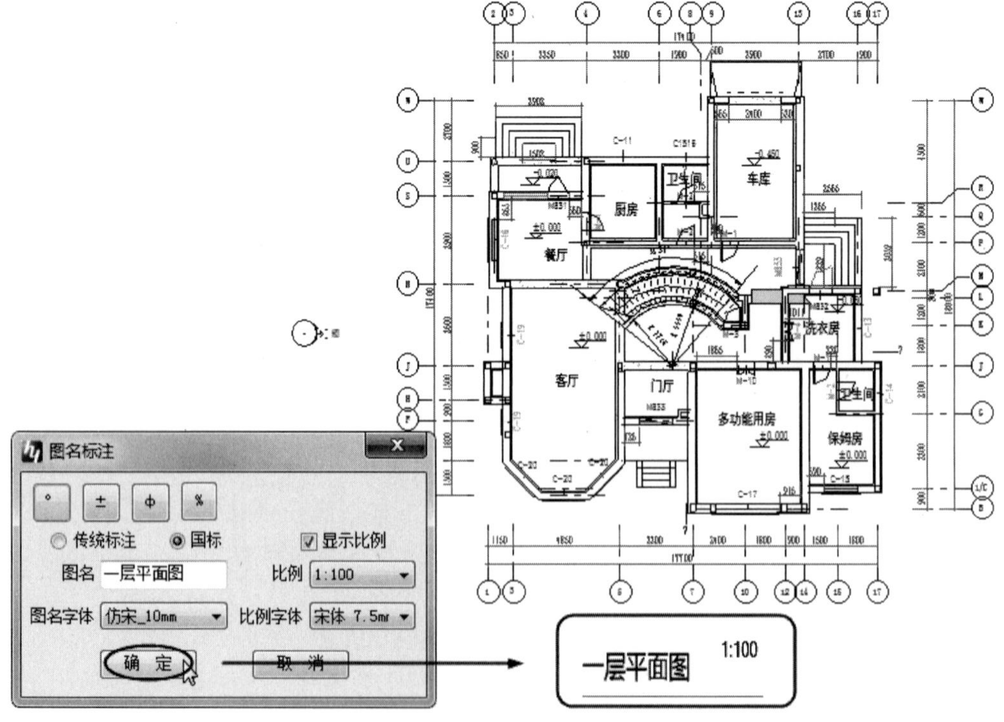

图 8-43 图名标注

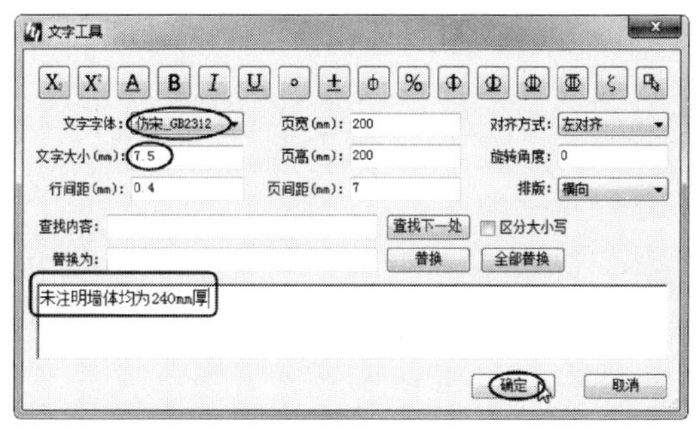

一层平面图　1:100

未注明墙体均为240mm厚

图 8-44　添加文字注释

17　将项目浏览器中的【注释符号】节点下的【符号_ 指北针】族拖放到图名标注右侧，如图 8-45 所示。

一层平面图　1:100

未注明墙体均为240mm厚

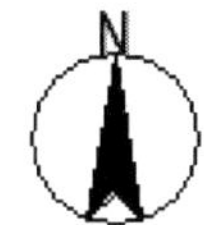

图 8-45　添加指北针符号族

18　在鸿业乐建 2020 的【门窗 \ 楼板 \ 屋顶】选项卡单击【门窗表】按钮，在弹出的【统计表】对话框中单击【设置】按钮，弹出【表列设置】对话框。设置表列参数后单击【确定】按钮，如图 8-46 所示。

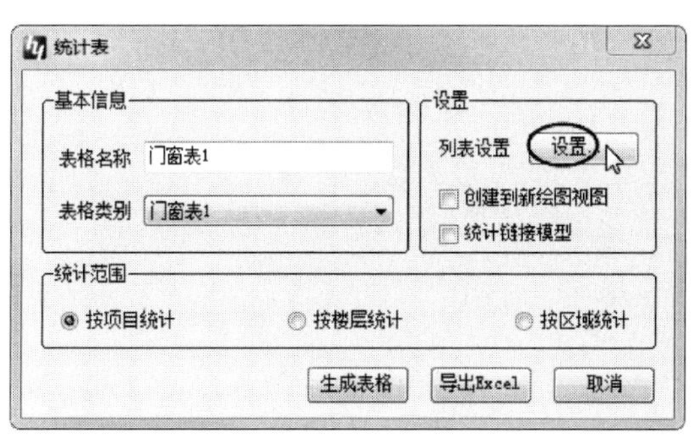

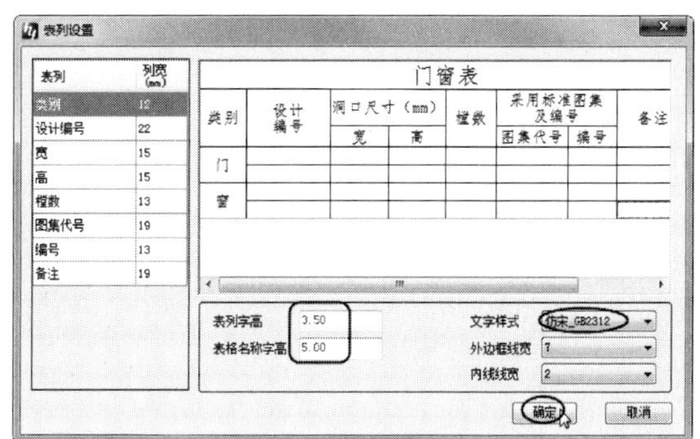

图 8-46　表列设置

19　返回【统计表】对话框保留其他选项默认设置，单击【生成表格】按钮，系统自动计算整个项目中的门窗，然后将生成的门窗表放置在视图右侧，如图 8-47 所示。在当前平面视图中将立面图标记全部隐藏。

20　在【出图 \ 打印】选项卡单击【布图】按钮，弹出【布图】对话框。单击【新建】按钮，新建【一层平面图】的图纸，如图 8-48 所示。

21　在【布图】对话框左侧视图列表中选择“一层平面图”的楼层平面视图，然后单击中间的 >> 按钮，将该视图添加到右侧的图例列表下，如图 8-49 所示。

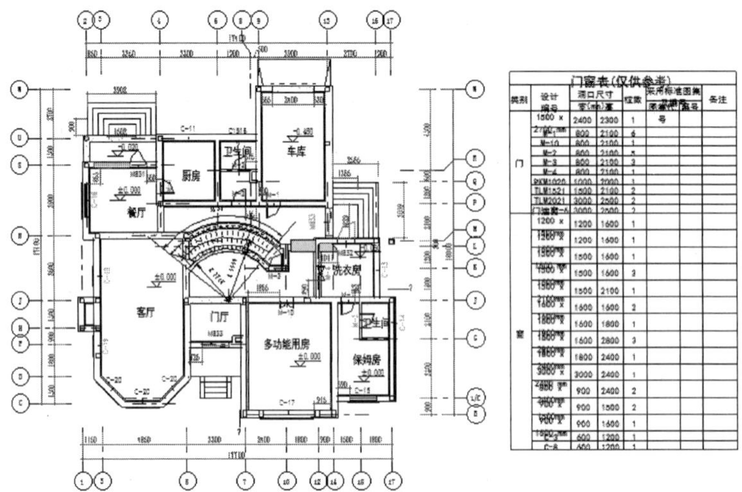

图 8-47　放置门窗表

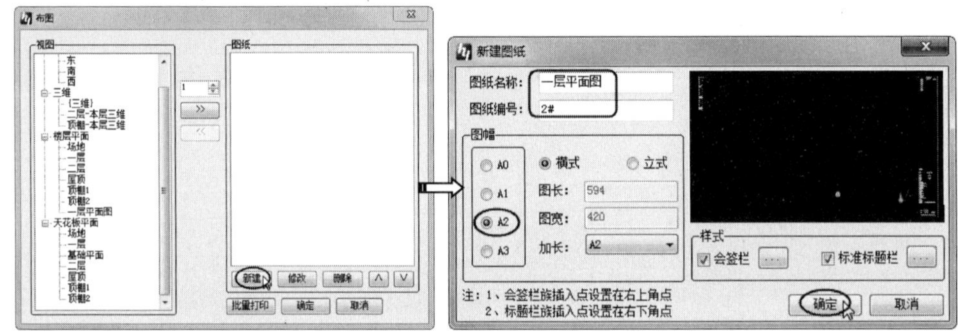

图 8-48　新建图纸

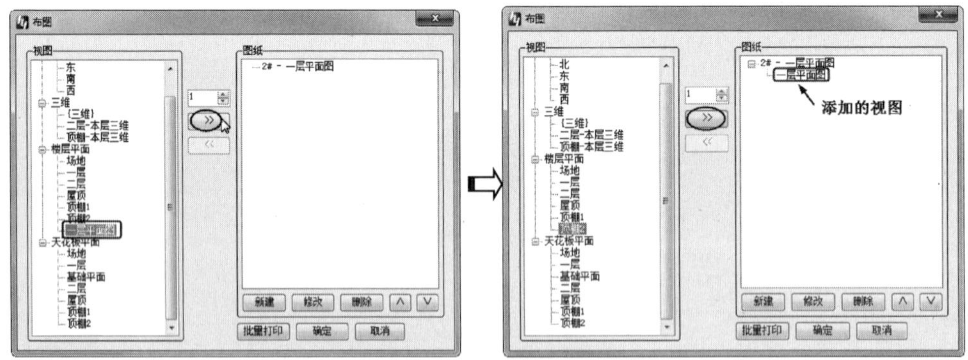

图 8-49　为新图纸添加视图

22 单击【布图】对话框的【确定】按钮，完成建筑平面图纸的创建。从项目浏览器的【图纸（全部）】节点下可以找到创建的图纸，如图 8-50 所示。双击此图纸可以打开图纸。

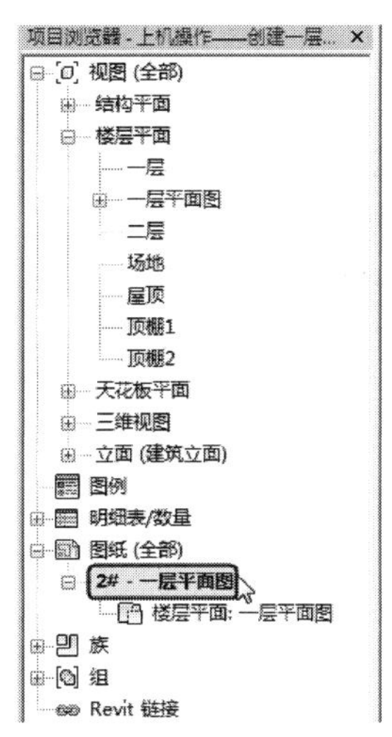

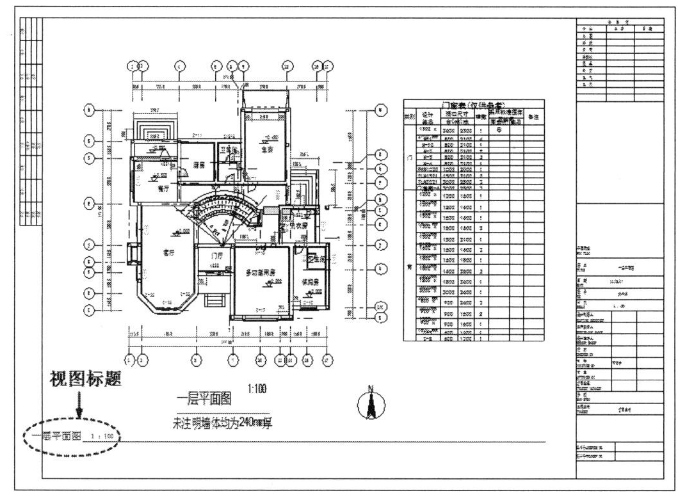

图 8-50　显示创建的建筑平面图

技术要点	如果视图不在图纸框内，可以手动移动视图到合适位置。另外，需要关闭视图标题的显示。

23 一层平面图中的视图标题需要隐藏，在【视图】选项卡单击【可见性/图形】按钮，在弹出的对话框中将【注释类别】标签下的【视图标题】复选框取消勾选，单击【确定】按钮即可隐藏视图标题，如图 8-51 所示。

图 8-51　隐藏视图标题

24 最终完成的一层平面图建筑施工图纸如图 8-52 所示。

25 保存项目文件。按此方法，还可以创建二层平面图和顶层平面图。

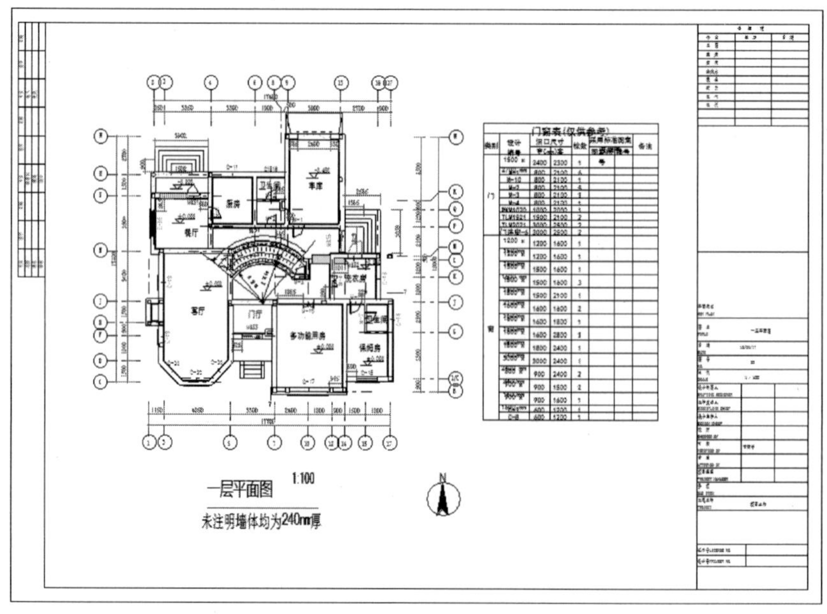

图 8-52　创建完成的建筑平面图图纸

8.3.2 建筑立面图设计

建筑立面图是指用正投影法对建筑各个外墙面进行投影所得到的正投影图。与平面图一样，建筑的立面图也是表达建筑物的基本图样之一，它主要反映建筑物的立面形式和外观情况。

与平面视图一样，立面图视图也是 Revit 自动创建的，在此基础上进行尺寸标注、文字注释、编辑外立面轮廓等图元后并创建图纸，即可完成立面出图。

上机操作 创建建筑立面图

01 切换视图到南立面图。

02 在项目浏览器中带细节复制南立面图视图，并重新命名“南立面－建筑立面图”，如图 8-53 所示。

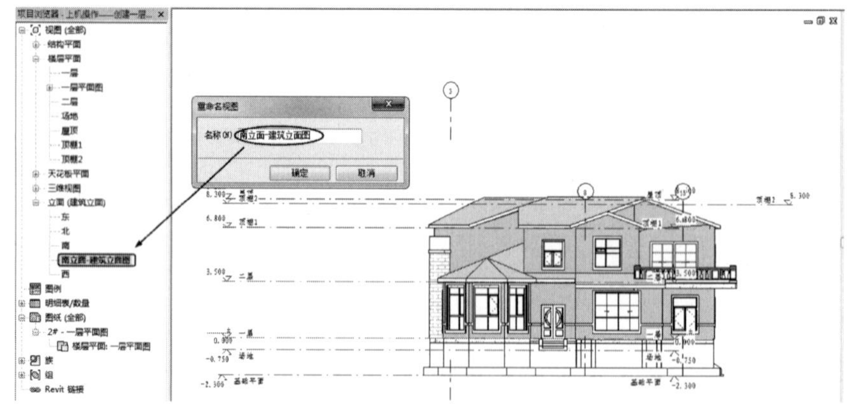

图 8-53　复制南立面视图

03 切换至“北立面 – 建筑立面图”视图。首先将标高符号进行移动，并设置成单边显示编号，如图 8-54 所示。

04 在软件窗口底部的状态栏中单击【显示隐藏的图元】按钮，进入图元隐藏与显示的编辑模式，然后在弹出的快捷菜单中选择【取消在视图中隐藏】|【图元】命令，将所有轴线及轴线编号显示，如图 8-55 所示。完成操作后再单击按钮，返回到南立面视图中。

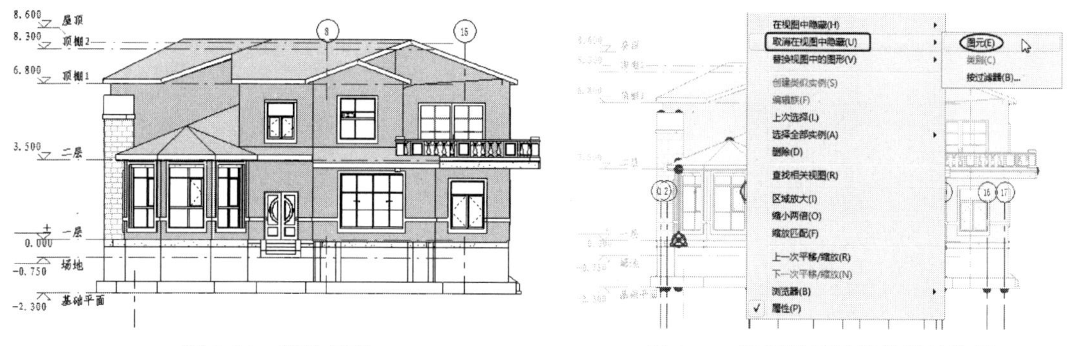

图 8-54　移动标高　　　　图 8-55　取消轴线及其编号的隐藏

05 将编号为 1、3、5、8、15、17 的轴线及编号显示，其余轴线及其编号再次进行隐藏，效果如图 8-56 所示。

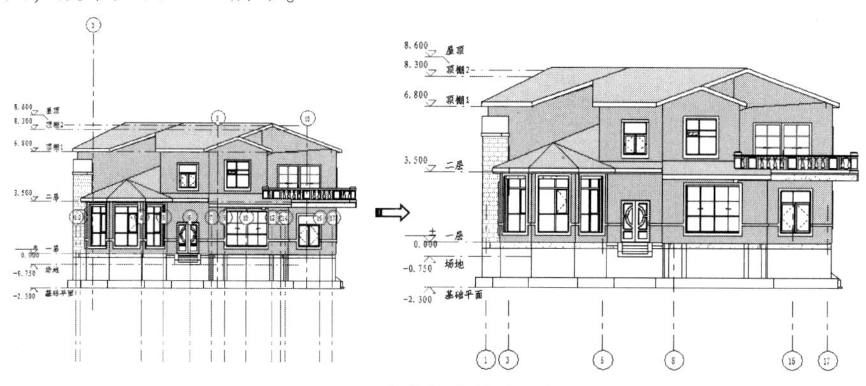

图 8-56　隐藏部分轴线及标号

06 在状态栏单击【显示裁剪区域】按钮，显示立面图中的裁剪边界线。

07 选中裁剪边界线，拖动下方裁剪边界到场地标高，如图 8-57 所示。完成操作后单击【隐藏裁剪区域】按钮。

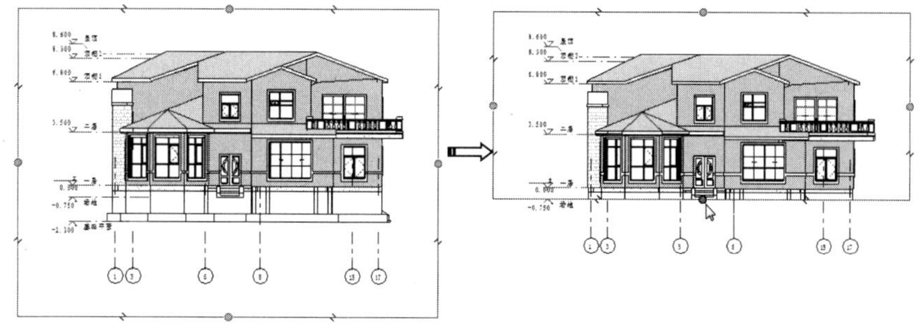

图 8-57　拖动裁剪区域边界

08 利用【详图\标注】选项卡下的【对齐标注】工具，标注轴线尺寸和建筑内部的部分门窗、烟囱等尺寸，如图 8-58 所示。

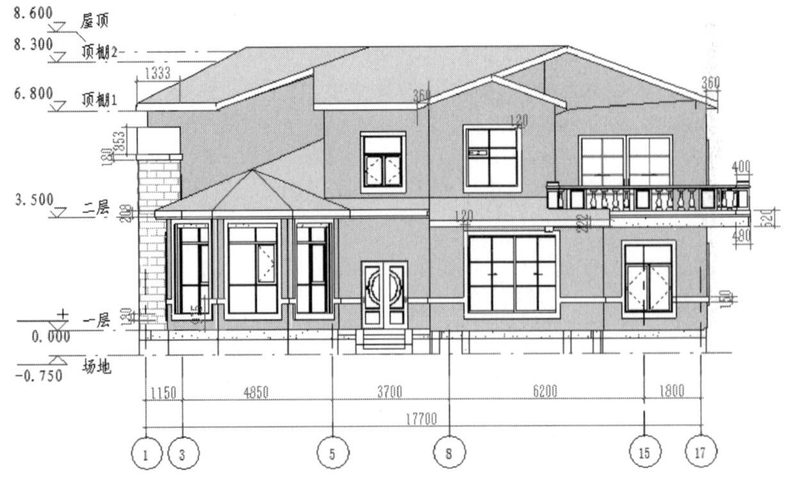

图 8-58　标注尺寸

09 这里进行标高标注，如图 8-59 所示。

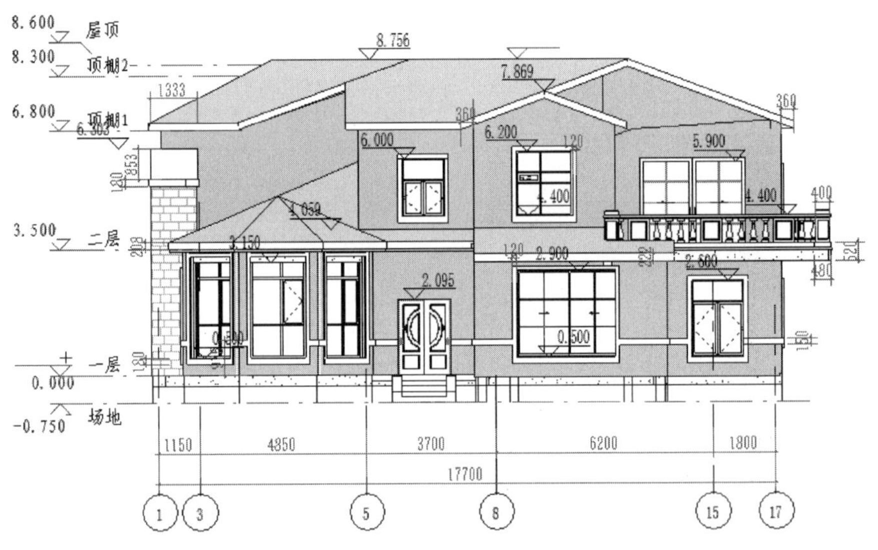

图 8-59　标高标注

10 利用【出图\打印】选项卡中的【图名标注】工具，注写建筑立面图名称和比例，如图 8-60 所示。

11 同理，按照创建一层平面图图纸的方法再创建南立面图的图纸（使用 A3 标题栏），如图 8-61 所示。

技术要点	根据相同的方法创建东、北和西立面图，然后导入到一张图纸中进行布局。

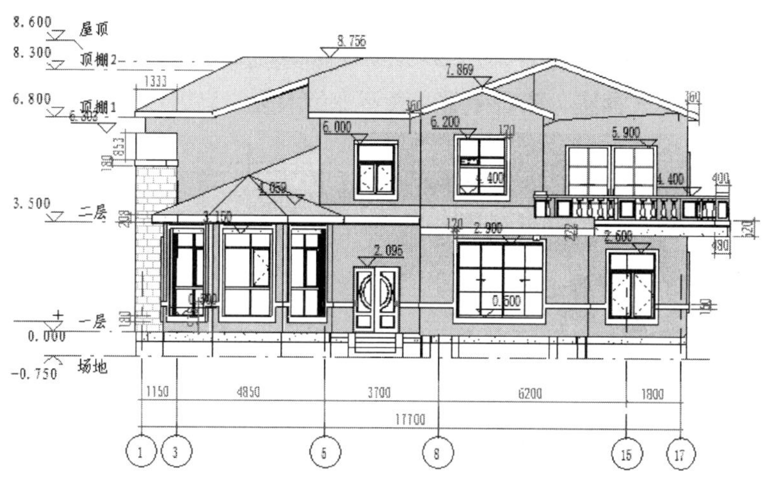

图 8-60 立面图名称与比例注写

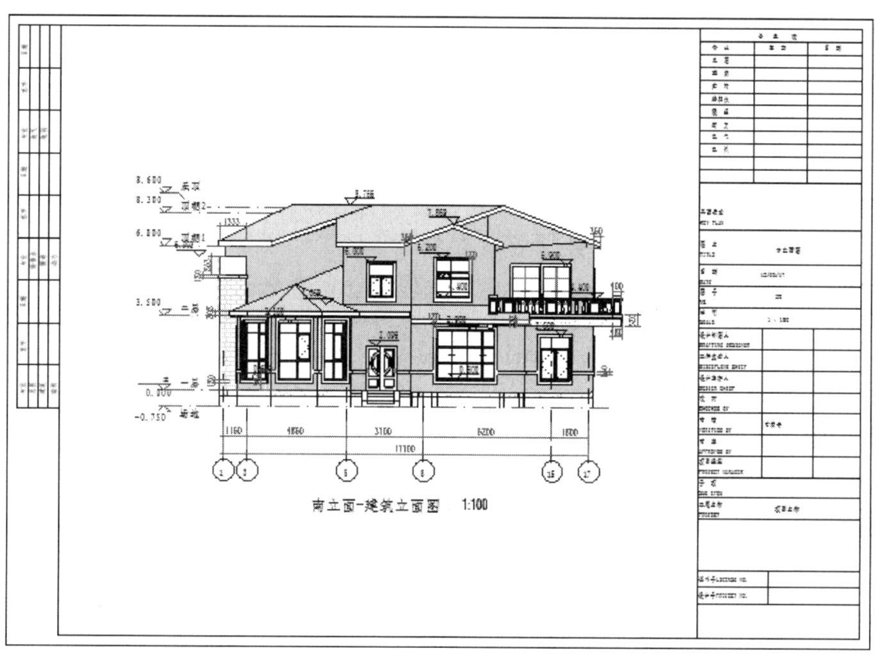

图 8-61 创建完成的南立面图

8.3.3 建筑剖面图设计

建筑剖面图是指用一个假想的剖切面将房屋垂直剖开所得到的投影图。建筑剖面图是与平面图和立面图相互配合表达建筑物的重要图样，它主要反映建筑物的结构形式、垂直空间利用、各层构造做法和门窗洞口高度等情况。

Revit 中的剖面视图不需要一一绘制，只需要绘制剖面线就可以自动生成，并可以根据需要任意剖切。

上机操作 创建建筑剖面图

01 切换至“一层平面图”楼层平面视图。

02 在【视图】选项卡【创建】面板单击【剖面】按钮，然后在一层平面图中以直线的方式来放置剖面符号，如图 8-62 所示。

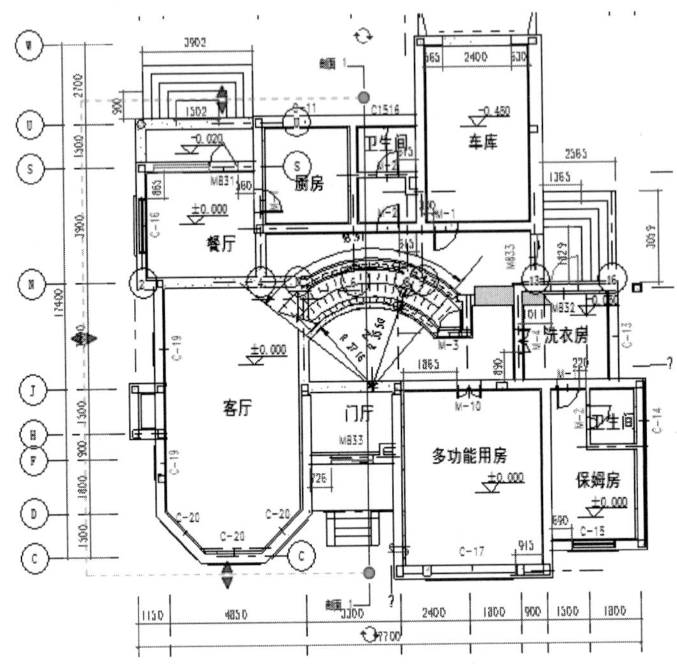

图 8-62　放置剖面符号创建剖面视图

技术要点	一般剖面图最需要表达的就是建筑中的楼梯间、电梯间、消防通道和门窗门洞剖面等情况。

03 在项目浏览器中自动创建【剖面】项目，其节点下生成【剖面 1】建筑剖面视图，如图 8-63 所示。

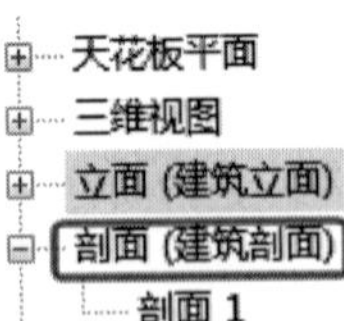

图 8-63　自动创建剖面视图

04 双击【剖面 1】剖面视图，激活该视图，图 8-64 为剖面视图。

05 双击裁剪框，将裁剪框移动到【场地】标高上，如图 8-65 所示。然后单击【隐藏裁剪区域】按钮将裁剪框隐藏。

06 整理标高和轴线，如图 8-66 所示。

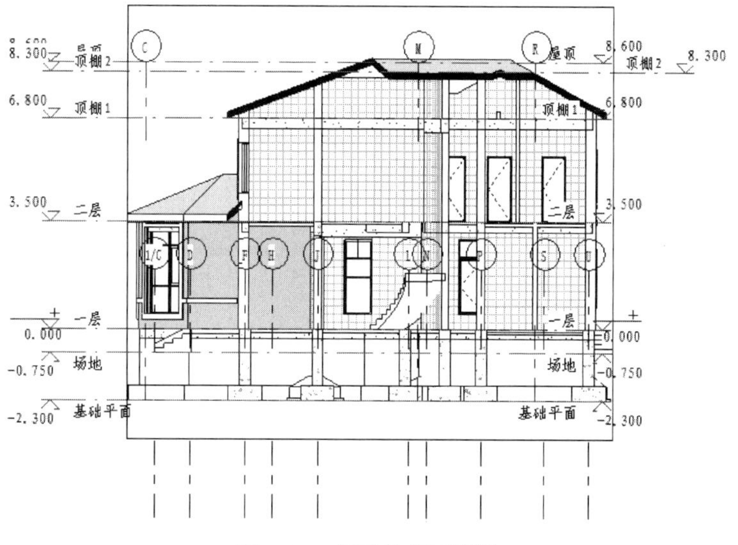

图 8-64　创建的剖面视图

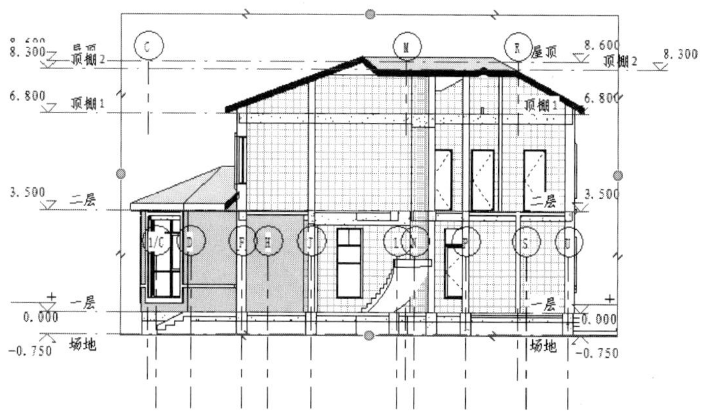

图 8-65　移动裁剪框

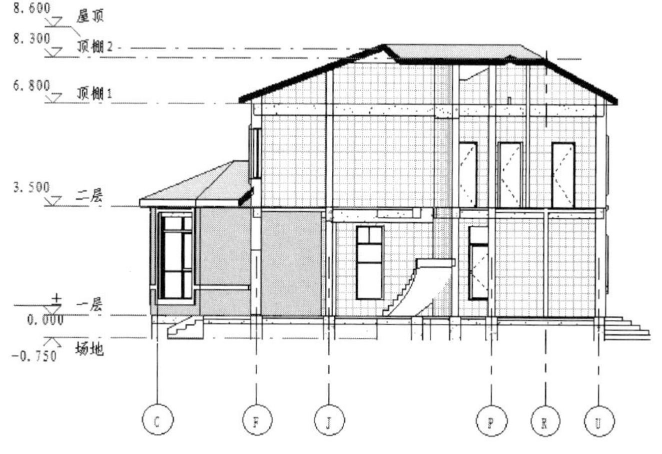

图 8-66　整理标高和轴网

07 利用【对齐标注】工具，标注轴线和建筑内部，如图 8-67 所示。

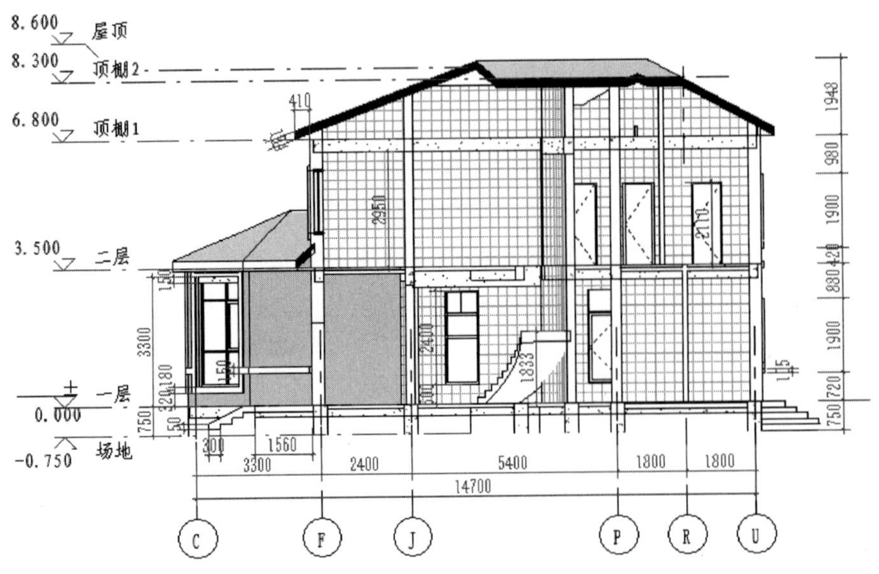

图 8-67　标注轴线与标高

08 利用【注释】选项卡中的【高程点】工具，在各层平台上标注高程点，如图 8-68 所示。

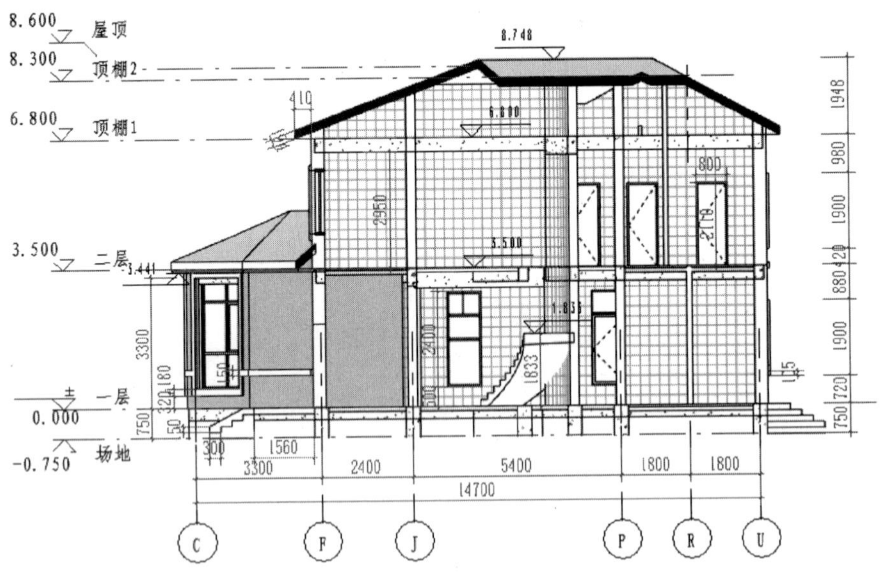

图 8-68　标注高程点

09 利用【图名标注】工具注写剖面图。最后利用【布图】工具创建剖面图图纸（A3 公制标题栏），如图 8-69 所示。

10 可以继续创建该建筑中其余构造的剖面图，最后保存项目文件。

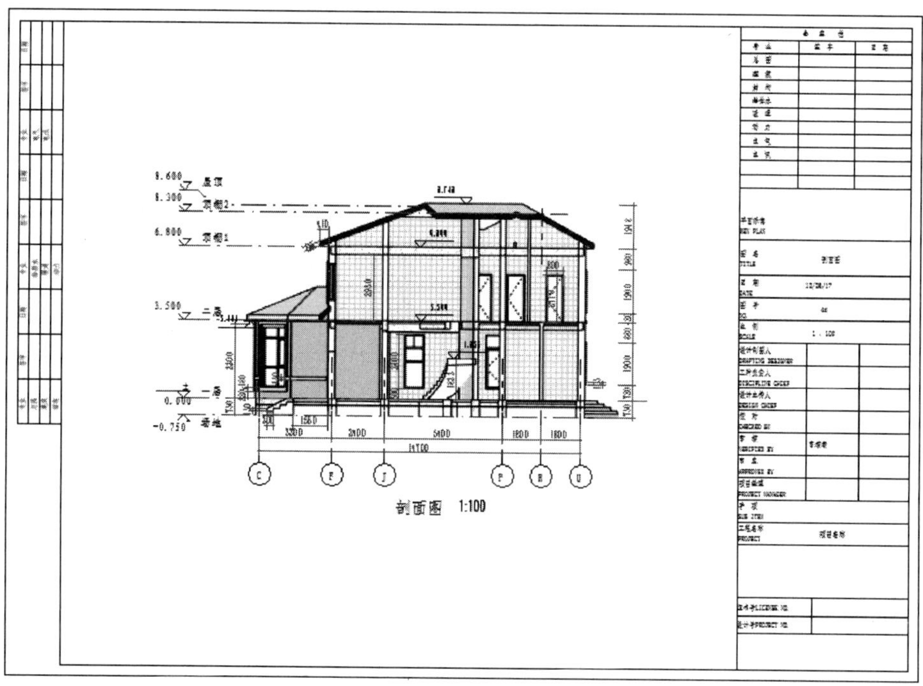

图 8-69　创建完成的剖面图

8.3.4 建筑详图设计

建筑详图作为建筑施工图纸中不可或缺的一部分，属于建筑构造的设计范畴。其不仅为建筑设计师表达设计内容，体现设计深度，还将在建筑平、立、剖面图中，因图幅关系未能完全表达出来的建筑局部构造、建筑细部的处理手法进行补充和说明。

Revit 中有两种建筑详图设计工具：详图索引和绘图视图。

- 详图索引。通过截取平面、立面或者剖面视图中的部分区域，进行更精细地绘制，提供更多的细节。单击【视图】选项卡【创建】面板的【详图索引】下拉按钮，在列表中选择【矩形】或者【草图】选项，如图 8-70 所示。选取大样图的截取区域，从而创建新的大样图视图，然后进一步细化。

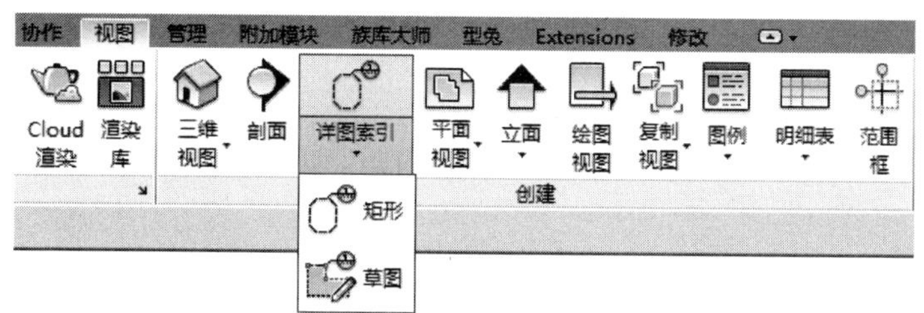

图 8-70　详图索引工具

- 绘图视图。与已经绘制的模型无关，在空白的详图视图中运用详图绘制工具进行工作。单击【视图】选项卡【创建】面板中的【绘图视图】按钮，可以创建节点详图。

上机操作 创建楼梯大样图

01 切换视图为“一层平面图”楼层平面视图。

02 在【视图】选项卡【创建】面板中单击【详图索引】按钮，在列表中选择【矩形】选项，在视图中最右侧的楼梯间位置绘制矩形，如图 8-71 所示。

03 在项目浏览器的【楼层】项目节点下创建了自动命名为【一层平面图 - 详图索引 1】的新平面视图，如图 8-72 所示。

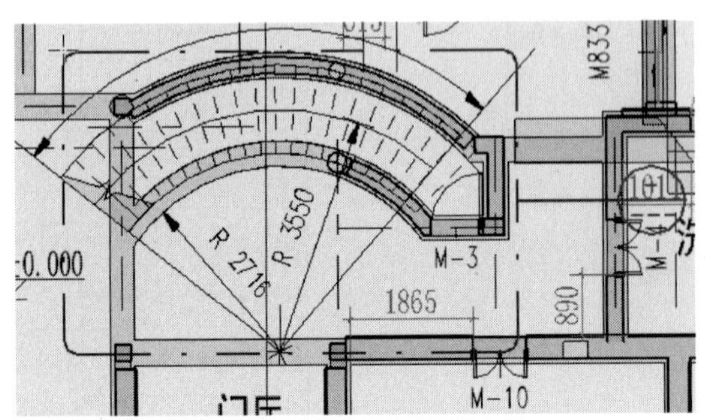

图 8-71　绘制矩形创建详图索引

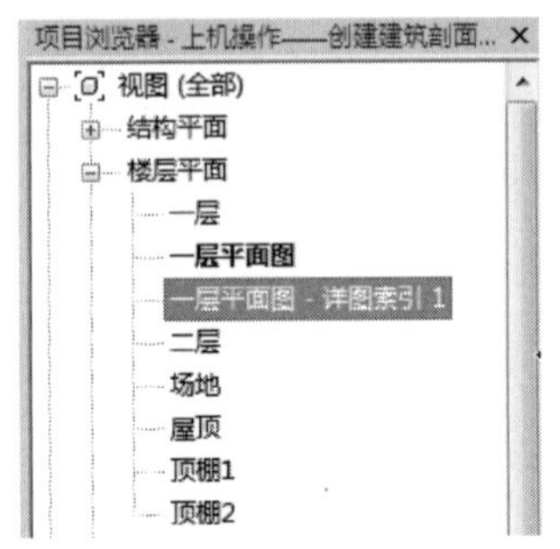

图 8-72　自动创建详图索引视图

04 双击打开【一层平面图 - 详图索引 1】的新平面视图，如图 8-73 所示。

05 在属性选项板【标识数据】选项组下设置【视图样板】为【楼梯_ 平面大样】，使用视图样板后的效果如图 8-74 所示。

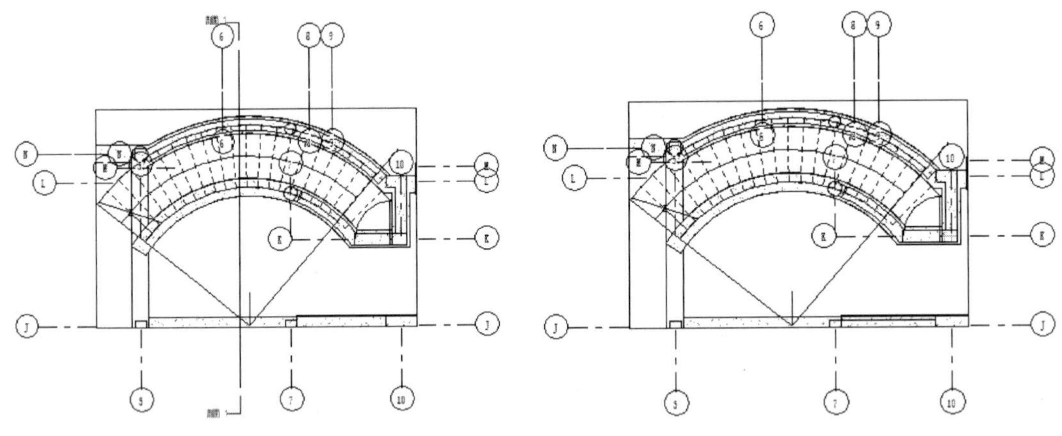

图 8-73　新建的楼梯间详图　　　图 8-74　使用视图样板后的详图

06 清理轴线及编号，再利用【对齐标注】尺寸工具标注视图，以及添加门标记，如图 8-75 所示。

07 利用【图名标注】工具标注楼梯大样图，如图 8-76 所示。

技术要点	如果注写的文字看不见，请在属性选项板中取消勾选【注释裁剪】复选框。

08 单击【视图】选项卡【图纸组合】面板中的【图纸】按钮，从 Revit 系统族中

载入“修改通知单”标题栏族，单击【确定】按钮创建新图纸，如图 8-77 所示。

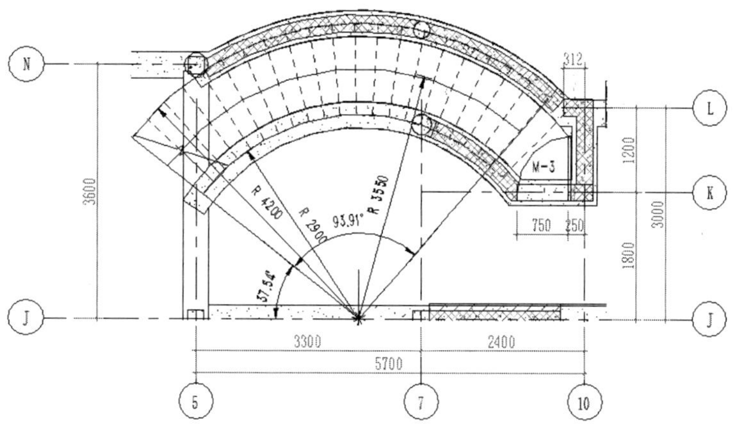

图 8-75　标注详图

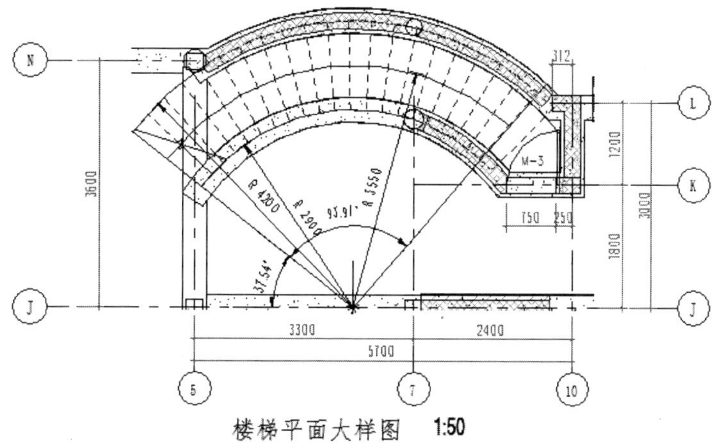

图 8-76　图名标注

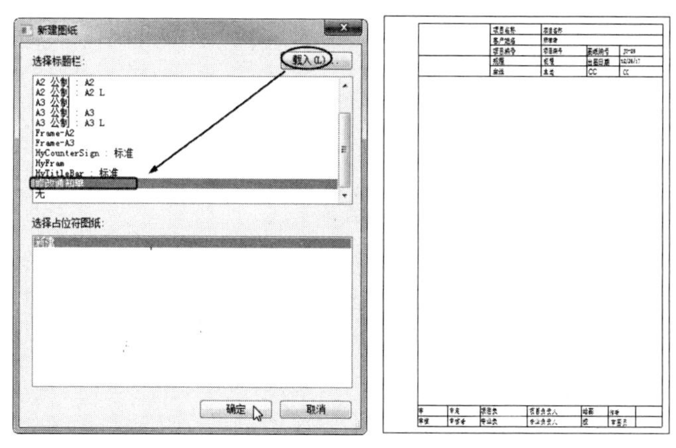

图 8-77　创建新图纸

09 将图纸旋转 90 度，便于放置大样图。然后在项目浏览器的“图纸”下重命名新图纸，如图 8-78 所示。

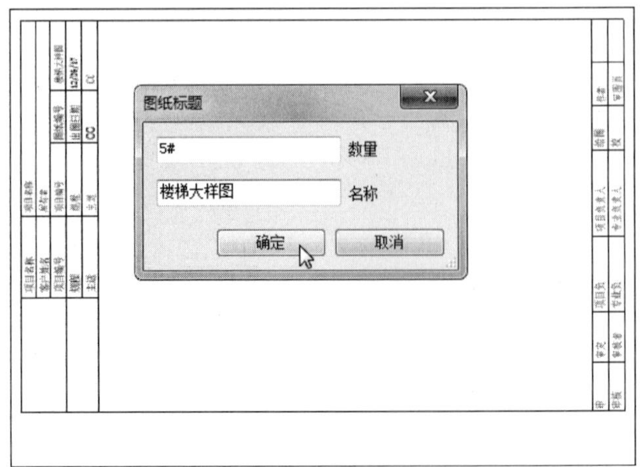

图 8-78 旋转图纸并重命名

10 添加“楼梯平面大样图”视图到图纸中，创建完成的楼梯大样图，如图 8-79 所示。

11 保存项目文件。

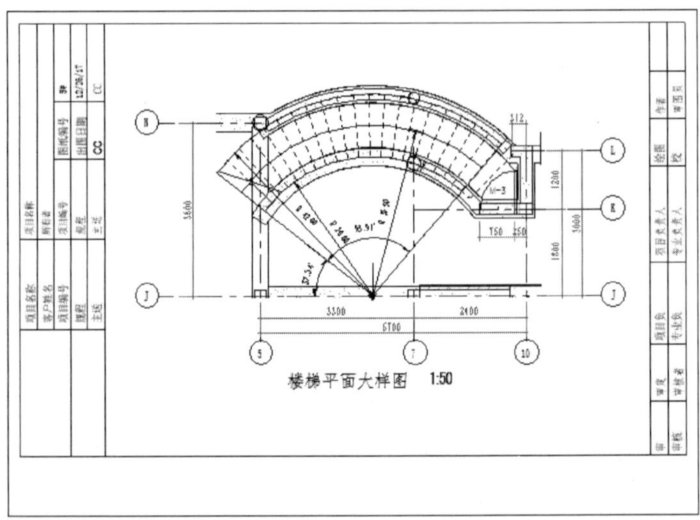

图 8-79 创建完成的楼梯大样图

8.4 Revit 结构施工图设计

结构施工图纸的创建过程与建筑施工图是完全相同的，本例阳光海岸别墅的结构施工图包括基础平面布置图（如图 8-80 所示）、一层结构平面图（如图 8-81 所示）和二层及屋面结构平面图（如图 8-82 所示）。鉴于篇幅限制，读者可自行完成，本章源文件夹中保存了别墅的所有建施图和结施图，可以参考这些图纸辅助读者完成图纸设计。

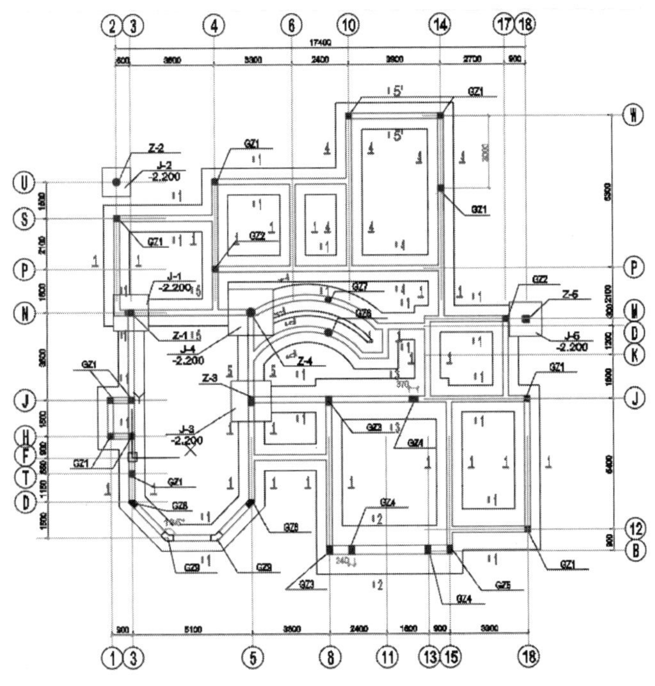

图 8-80　基础平面布置图

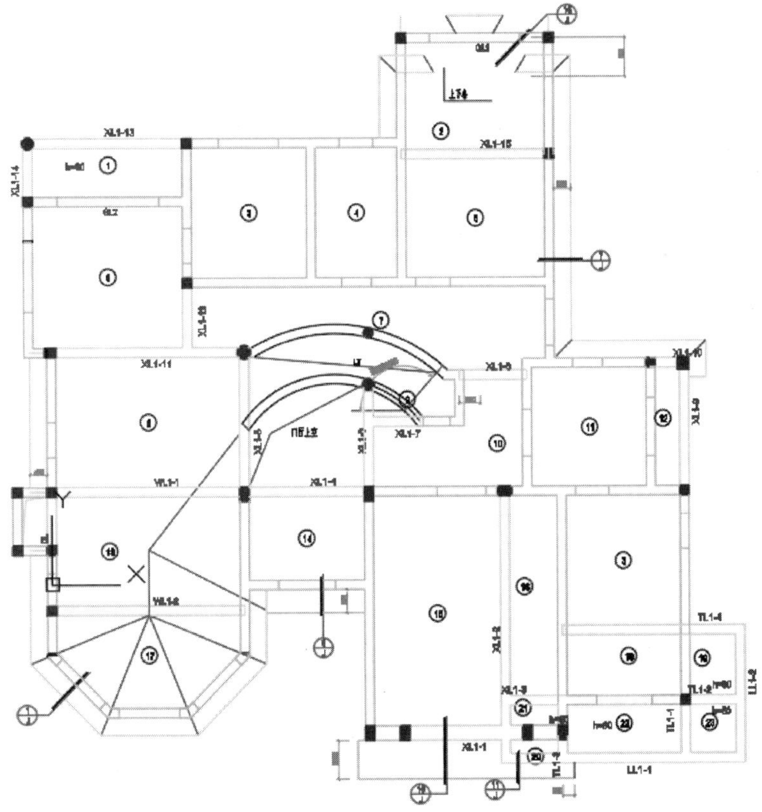

图 8-81　一层结构平面图

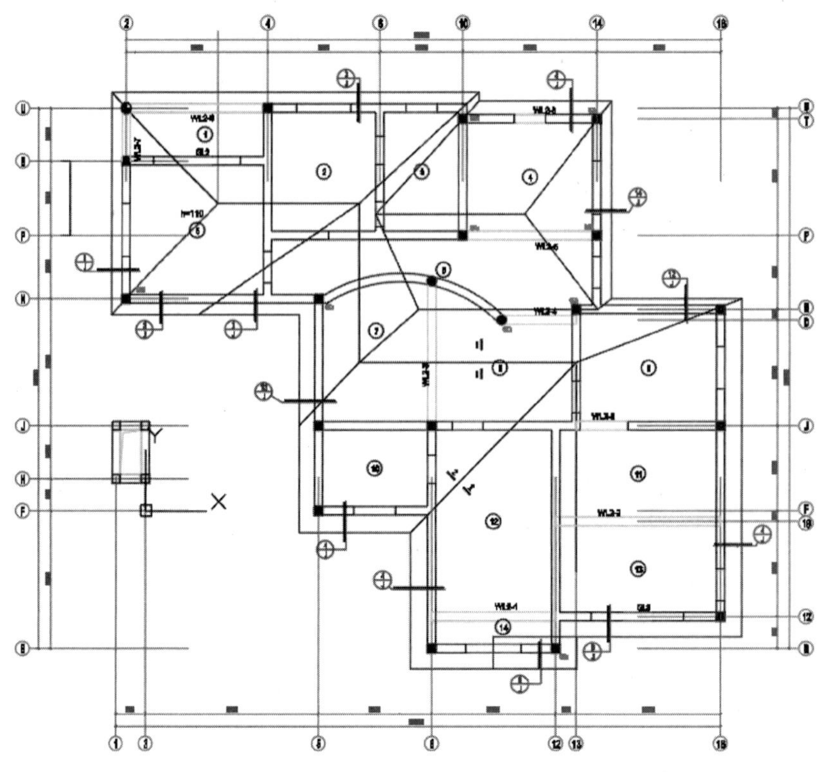

图 8-82　二层及屋面结构平面图

8.5 出图与打印

图纸布置完成后，可以通过打印机将已布置完成的图纸视图打印为图档或指定的视图，也可以将图纸视图导出为 CAD 文件，以便交换设计成果。

8.5.1 导出文件

在 Revit 中完成所有图纸布置之后，可以将生成的文件导成 DWG 各种 CAD 文件，供其他的用户使用。

要导出 DWG 格式的文件，首先要对 Revit 以及 DWG 之间的映射格式进行设置。

上机操作 导出图纸文件

01 继续阳光海岸别墅的图纸设计案例。打开“2# - 一层平面图”图纸，在菜单浏览器选择【导出】|【选项】|【导出设置 DWG/DXF】选项，如图 8-83 所示。

02 打开【修改 DWG/DXF 导出设置】对话框，如图 8-84 所示。

技术要点	由于在 Revit 中使用的是构建类别的方式管理对象，而在 DWG 图纸中是使用图层的方式进行管理。因此必须在【修改 DWG/DXF 导出设置】对话框中对构建类别以及 DWG 中的图层进行映射设置。

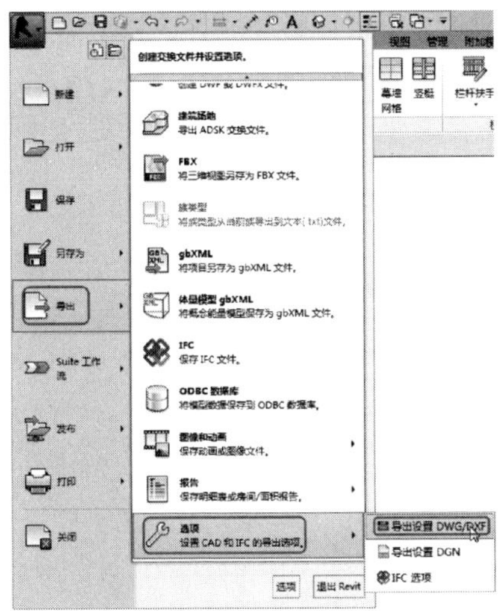

图 8-83　执行导出操作

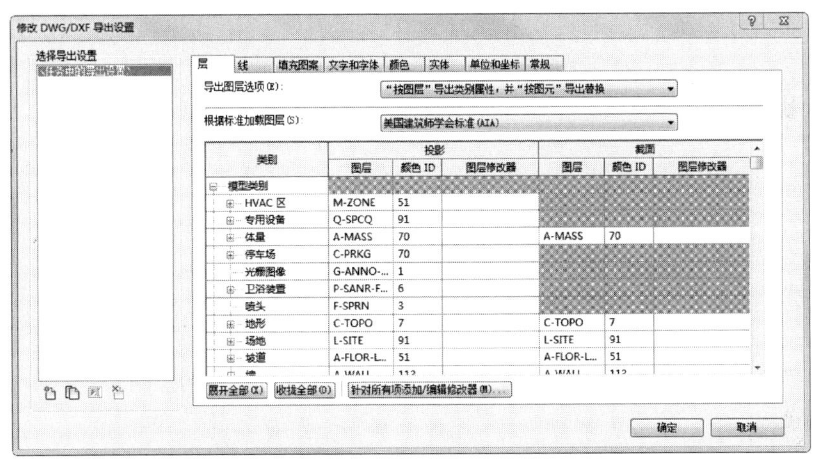

图 8-84　【修改 DWG/DXF 导出设置】对话框

03 单击对话框底部的【新建导出设置】按钮，创建新的导出设置，如图 8-85 所示。

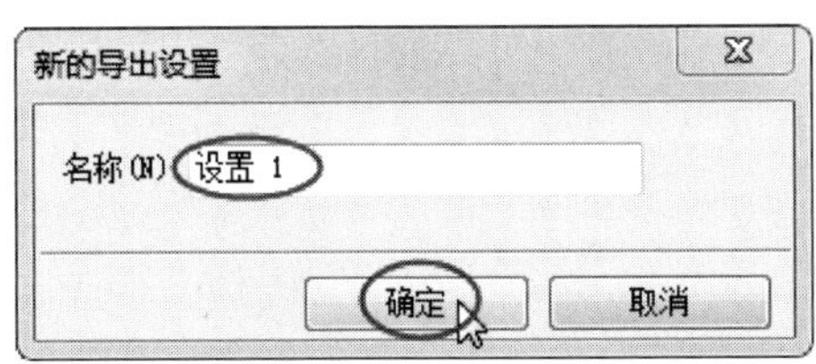

图 8-85　新建导出设置

04 在【层】选项卡中选择【根据标准加载图层】列表中的【从以下文件加载设置】选项，在打开的【导出设置 – 从标准载入图层】对话框中单击【是】按钮，打开【载入导出图层文件】对话框，如图 8-86 所示。

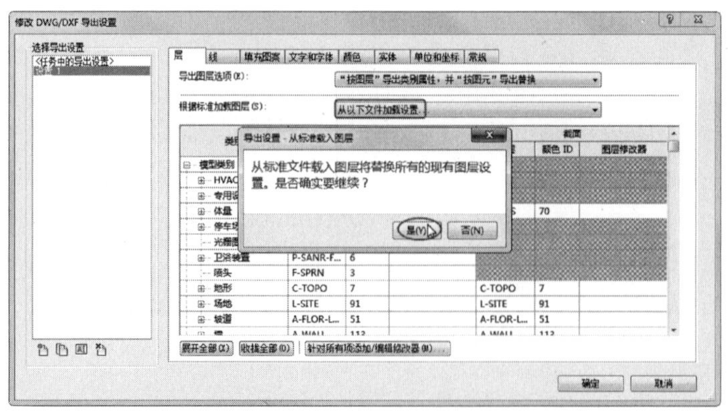

图 8-86　加载图层操作

05　选择本例源文件夹中的 exportlayers – dwg – layer. txt 文件单击【打开】按钮打开此输出图层配置文件。其中，exportlayers – dwg – layer. txt 文件中记录了如何从 Revit 类型转出为天正格式的 DWG 图层的设置。

> **技术要点**　在【修改 DWG/DXF 导出设置】对话框中，还可以对【线】【填充图案】【文字和字体】【颜色】【实体】【单位和坐标】以及【常规】选项卡中的选项进行设置，这里就不再一一介绍。

06　单击【确定】按钮，完成 DWG/DXF 的映射选项设置，接下来即可将图纸导出为 DWG 格式的文件。

07　菜单浏览器选择【导出】|【CAD 格式】|【DWG】选项，打开【DWG 导出】对话框。在【选择导出设置】列表中选择设置的【设置 1】选项，设置【导出】为【<任务中的视图/图纸集>】，【按列表显示】为【模型中的图纸】，如图 8-87 所示。

08　单击 选择全部(A) 按钮再单击 下一步(X)... 按钮，打开【导出 CAD 格式 – 保存到目标文件夹】对话框。选择保存 DWG 格式的版本，禁用【将图纸上的视图和链接作为外部参照导出】选项，单击【确定】按钮，导出为 DWG 格式文件，如图 8-88 所示。

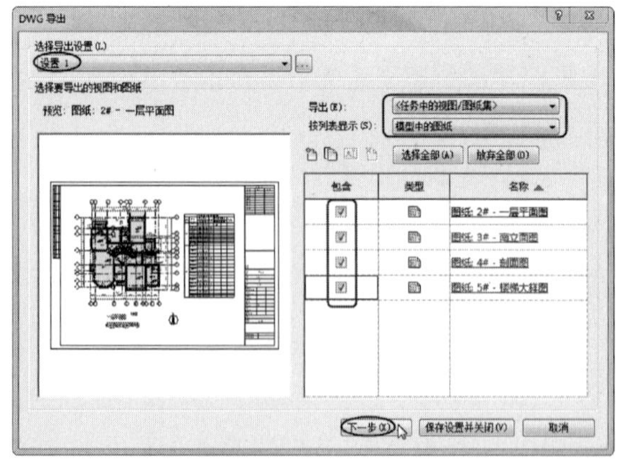

图 8-87　设置 DWG 导出选项

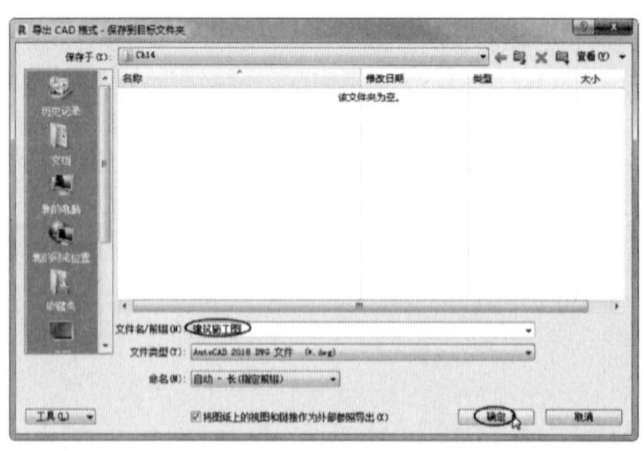

图 8-88　导出 DWG 格式

09　打开放置 DWG 格式文件所在的文件夹，双击其中一个 DWG 格式的文件即可在 AutoCAD 中将其打开，并进行查看与编辑，如图 8-89 所示。

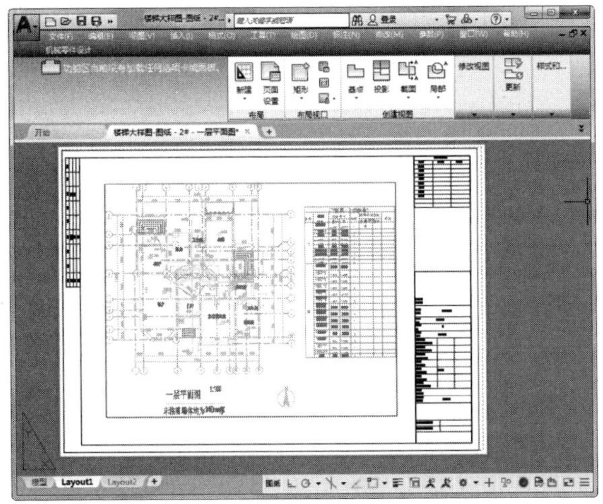

图 8-89　在 AutoCAD 中打开图纸

8.5.2　打印图纸

当图纸布置完成后，除了能够将其导出为 DWG 格式的文件外，还能够将其打印成图纸，或者通过打印工具将图纸打印成 PDF 格式的文件，以供用户查看。

上机操作　批量打印图纸

01　在【出图 \ 打印】选项卡中单击【批量打印】按钮，打开【批量打印 PDF/PLT】对话框。

02　选择【名称】列表中的 Adobe PDF 选项，设置打印机为 PDF 虚拟打印机。分别选中【将多个所选视图/图纸合并到一个文件】和【所选视图/图纸】单选按钮，如图 8-90 所示。

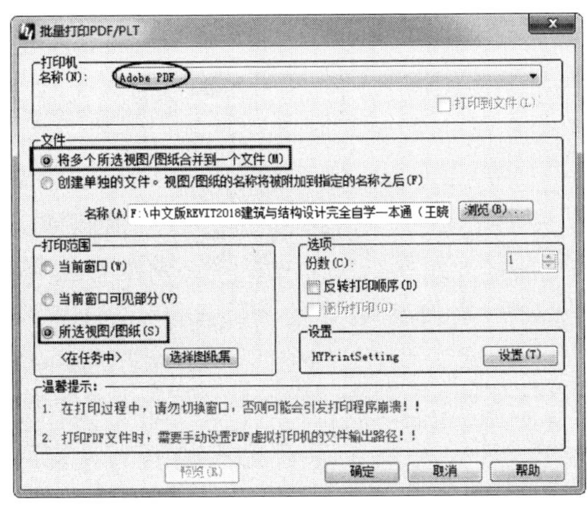

图 8-90　设置打印选项

03 单击【打印范围】选项组中的【选择图纸集】按钮，打开【图纸集】对话框。单击【新建】按钮新建图纸集，如图 8-91 所示。

04 将【图纸】列表中要打印的图纸添加到右侧的【图纸集】列表中，然后单击【确定】按钮，如图 8-92 所示。

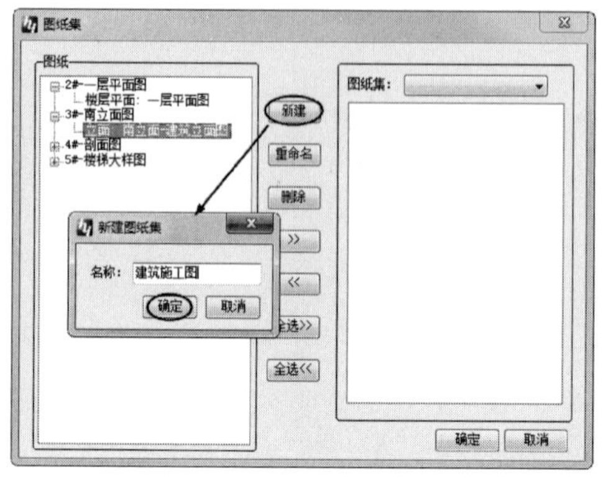

图 8-91 新建图纸集

图 8-92 添加图纸集

05 单击【设置】选项组中的【设置】按钮，打开【打印设置】对话框。设置图纸【尺寸】为 Oversize A0，其余选项保存默认，单击【确定】按钮，返回【上级】对话框，如图 8-93 所示。

06 单击【批量打印 PDF/PLT】对话框的【确定】按钮，在打开的【另存 PDF 文件为】对话框的【文件名】文本框中输入文件保存的名称，单击【保存】按钮创建 Adobe PDF，如图 8-94 所示。

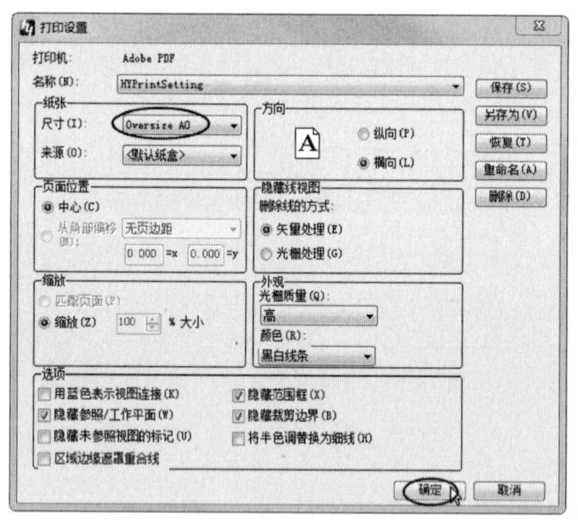

图 8-93 打印设置

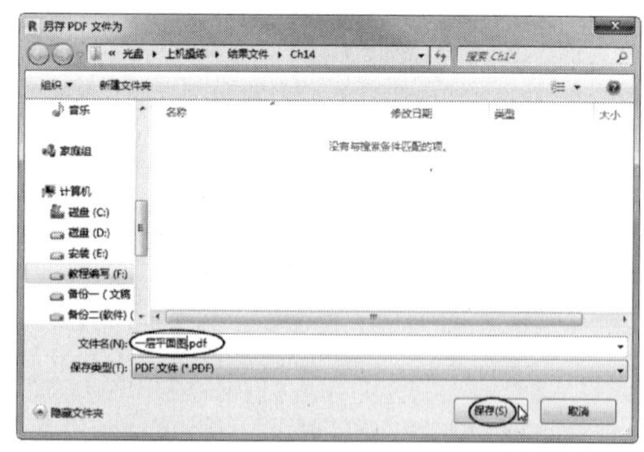

图 8-94 保存打印的 PDF 文件

07 完成 PDF 文件创建后，在保存的文件夹中打开 PDF 文件，即可查看施工图在 PDF 中的效果。

技术要点	使用 Revit 中的【打印】命令，生成 PDF 文件的过程与使用打印机打印的过程是一致的，这里不再赘述。

第 9 章

BIM 项目设计案例——阳光海岸花园别墅项目

本章导读

在本章中，将充分利用 Revit 2020 及鸿业 BIMSpace 2020 的建筑、结构设计等功能，完成某旅游度假区阳光海岸花园的别墅项目设计。让读者完全掌握 Revit 和相关设计插件的高级建模方法，从而快速提升软件技能。

案例展现

案例图	描述
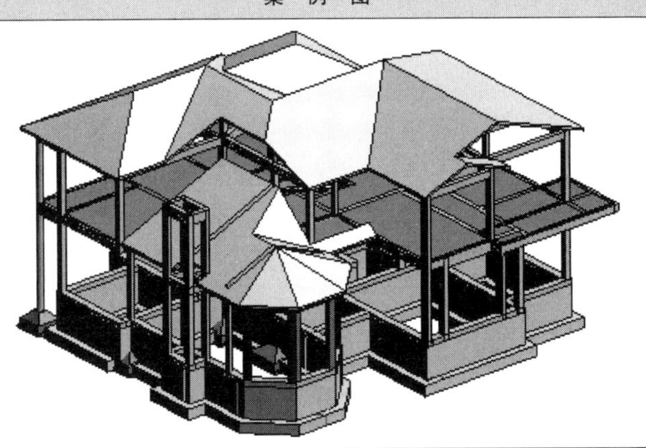	本建筑结构设计项目为别墅项目，项目名称为某旅游度假区阳光海岸花园 结构设计部分。A 型别墅共有 2 层，地下基础到地面深度为 2650mm，可以从结构图中的基础剖面图中得到此数据。至于基础的形状，如果加载的族与基础布置图中有些出入，可以通过修改族属性得以保证
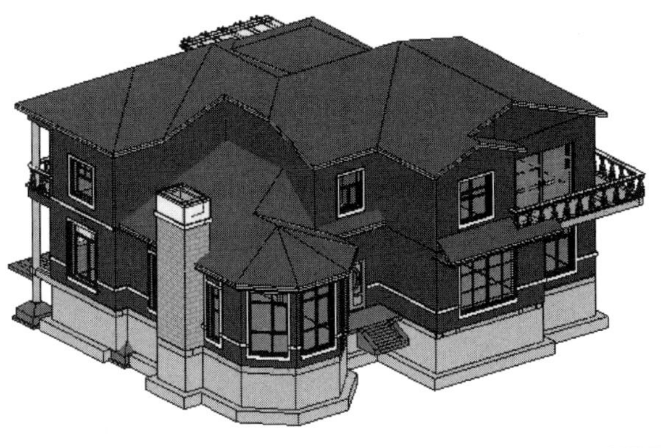	本工程为住宅建筑，防火等级为二级，建筑构件的耐火等级为二级，屋面防水等级为二级，A 型别墅工程设计合理使用年限为 50 年。A 型别墅工程按 6 度抗震设防，采用砖混结构 建筑设计部分。别墅的建筑设计内容包括建筑墙体/门窗、建筑楼板、楼梯及阳台。建筑楼板仅仅介绍一层建筑楼板的创建

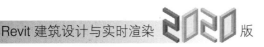

9.1 建筑项目介绍——阳光海岸花园

本建筑结构设计项目为别墅项目，项目名称为某旅游度假区阳光海岸花园。

阳光海岸花园规划总用地面积 7.432 公顷，位于某旅游度假区内，周围景色秀美、海风蔚蓝、宁静恬适。以打造该区域内的人居生活、度假养生首席生态社区是阳光海岸花园的目标。阳光海岸花园以人为本，以生态健康为设计理念，独创别具一格的生态会所、生态水吧、生态溪流、生态瀑布、生态泳池、生态运动与休闲。3 万多平方米东南亚风情园林，科学健康的人居住户型，落地大飘窗，双景观大阳台可 270°欣赏数公里宽的无敌海景，风光无限，堪称该度假区标志性的纯绿色生态小城。

图 9-1 为表达别墅内部的建筑剖面图。图 9-2 为 A 型别墅的建筑立面图。

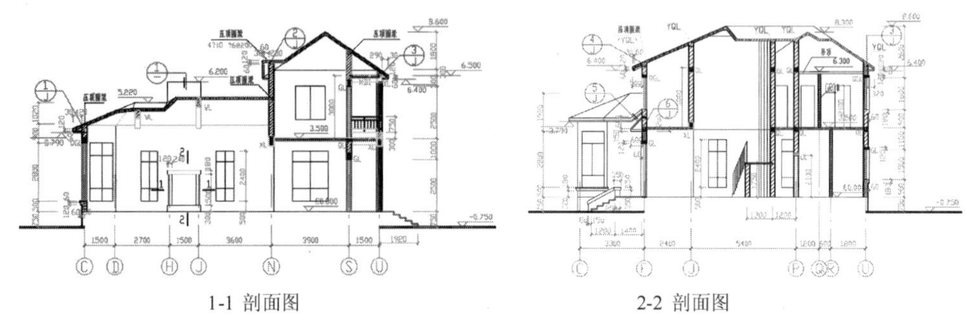

图 9-1　阳光海岸花园建筑剖面图

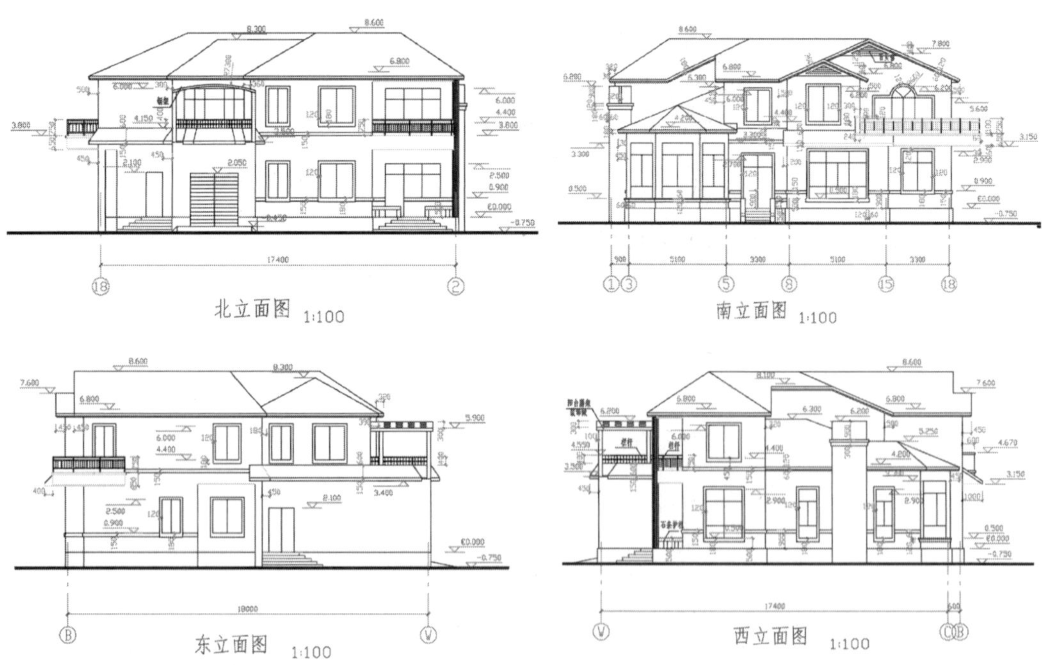

图 9-2　阳光海岸花园 A 型别墅立面图

阳光海岸花园 A 型别墅建筑面积为 429.9m^2，含一半阳台面积，绿化率高达 99%，容积率为 1.00，图 9-3 为该项目 A 型别墅的实景效果图。

图 9-3　A 型别墅实景图

本工程为住宅建筑，防火等级、建筑构件耐火等级和屋面防水等级均为二级，A 型别墅工程设计合理使用年限为 50 年。A 型别墅工程按 6 度抗震设防，采用砖混结构。

A 型别墅建筑施工说明如下：

- 阳台及卫生间成活地面应比相邻地面低 30mm。
- 楼梯扶手及栏杆为不锈钢材质，采用 <L96J401>T－28。
- 凡卫生间、厨房等用水量大的房间的地面、楼面、墙面均做防水处理，做法见“建筑做法说明”穿楼面上下水管周围均嵌防水密封膏。
- 凡有地漏的房间，楼地面均做 1% 的坡度坡向地漏或排水沟。
- 凡门前的台阶面必须低于室内地面 20mm，以免雨水溢入室内。
- 外露金属构件，除铝合金、不锈钢、钢制品外，一般均经除锈漆一道、满刮泥子、银粉漆二道预埋铁片。木砖及与砌体连接的木构件，均需相应做防锈、防腐处理，处理方法和技术措施详见国家有关施工验收规范。
- 凡是窗台低于 900mm 的，应加设防护栏杆，栏杆高 1000mm。
- 厨房楼地面预留 DN20 液化气管道套管。
- 外墙塑钢窗均带纱窗。

9.2　A 型别墅结构设计

A 型别墅只有 2 层，地下基础到地面深度为 2650mm，可以从结构图中的基础剖面图中得到此数据，如图 9-4 所示。

至于基础的形状，如果加载的族与基础布置图中有些出入，可以通过修改族属性得以保证。

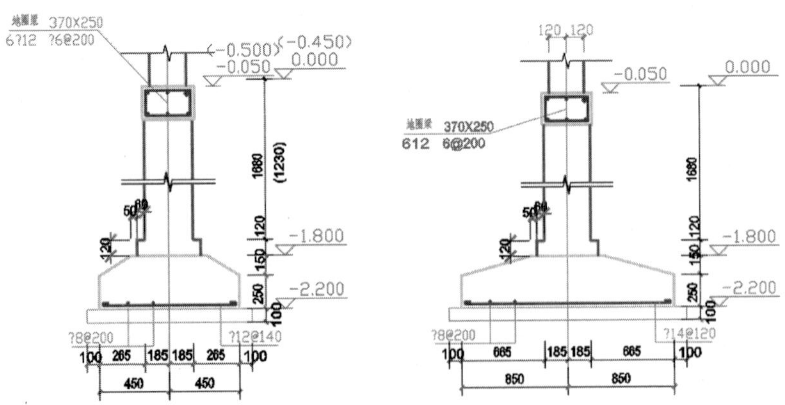

图 9-4　基础剖面图

9.2.1 基础设计

1. 建立标高和轴网

01 启动 Revit 2020，在主页界面中选择【Revit 2020 中国样板】建筑项目样板文件进入 Revit 建筑设计环境中。

02 查看项目浏览器，在【视图】下仅有【楼层平面】节点视图，却没有结构平面，如图 9-5 所示。这就需要自己创建结构平面视图。

> **提示**　在“Revit 2020 中国样板”项目样板环境下，只需重新创建相应的标高，即可同时自动创建出结构平面视图和楼层平面视图。“楼层平面”视图是显示建筑设计的各楼层平面视图。“结构平面”视图是显示结构设计的各楼层平面视图。

03 由于 Revit 中规定必须保证有一个视图存在，因此可删除其他视图并重新建立。切换到场地视图，然后选中标高 1 和标高 2 两个楼层平面视图，单击鼠标右键在快捷菜单中选择【删除】命令进行删除操作，如图 9-6 所示。

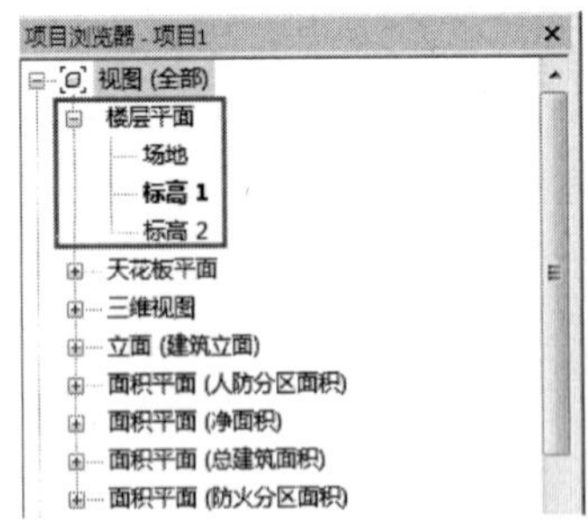

图 9-5　项目浏览器的【视图】

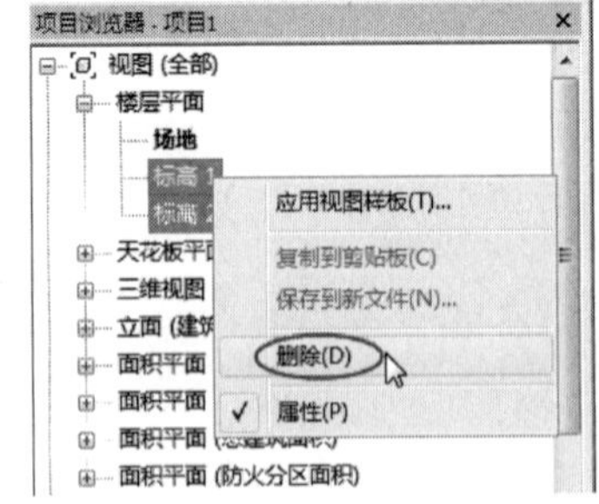

图 9-6　删除两个楼层平面视图

04 切换到【立面（建筑立面）】节点下的南立面视图。南立面视图中显示有 2 个标高，先删除标高 2（因为视图中必须保留一个标高），删除的方法是选中标高后按键盘的 Delete 键，或按照步骤 3 删除，如图 9-7 所示。

图 9-7　删除标高 2

05　在【建筑】选项卡【基准】面板单击【标高】按钮，在标高 1 下方 750mm 标高处建立“标高 3”，然后将其属性修改为“标高下标头”，如图 9-8 所示。

图 9-8　修改标高属性

> **提示**　这个标高的排序是依据用户先后建立标高的序号，你可以随意更改标高名称。

06　此时，可以将项目浏览器中的“场地”平面视图删除，同时将标高 3 重命名为场地，如图 9-9 所示。

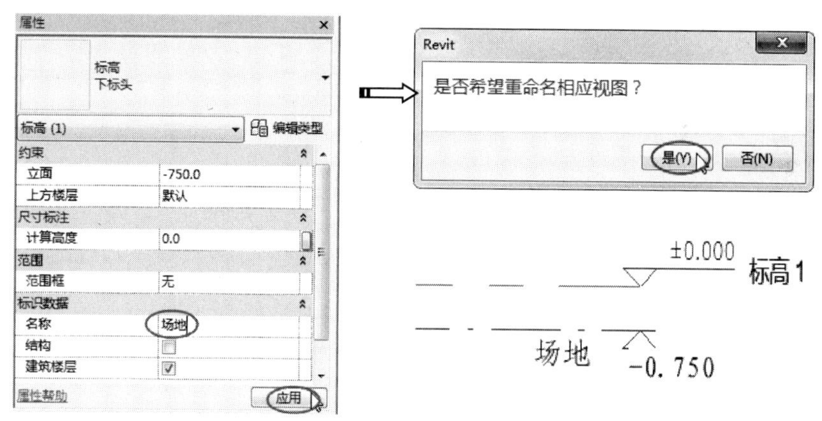

图 9-9　重命名标高

07　删除项目中默认的标高 1，然后创建新的标高 4，设置其属性类型为【标高正负零表头】，接着重命名为一层，如图 9-10 所示。

08　同理，建立其余标高并重命名，结果如图 9-11 所示。

09　此时，项目浏览器的视图树下自动增加了【结构平面】视图节点，如图 9-12 所示。把【结构平面】视图节点下的场地和屋顶平面视图删除，将【楼层平面】节点下的基础平面平面视图删除，如图 9-13 所示。

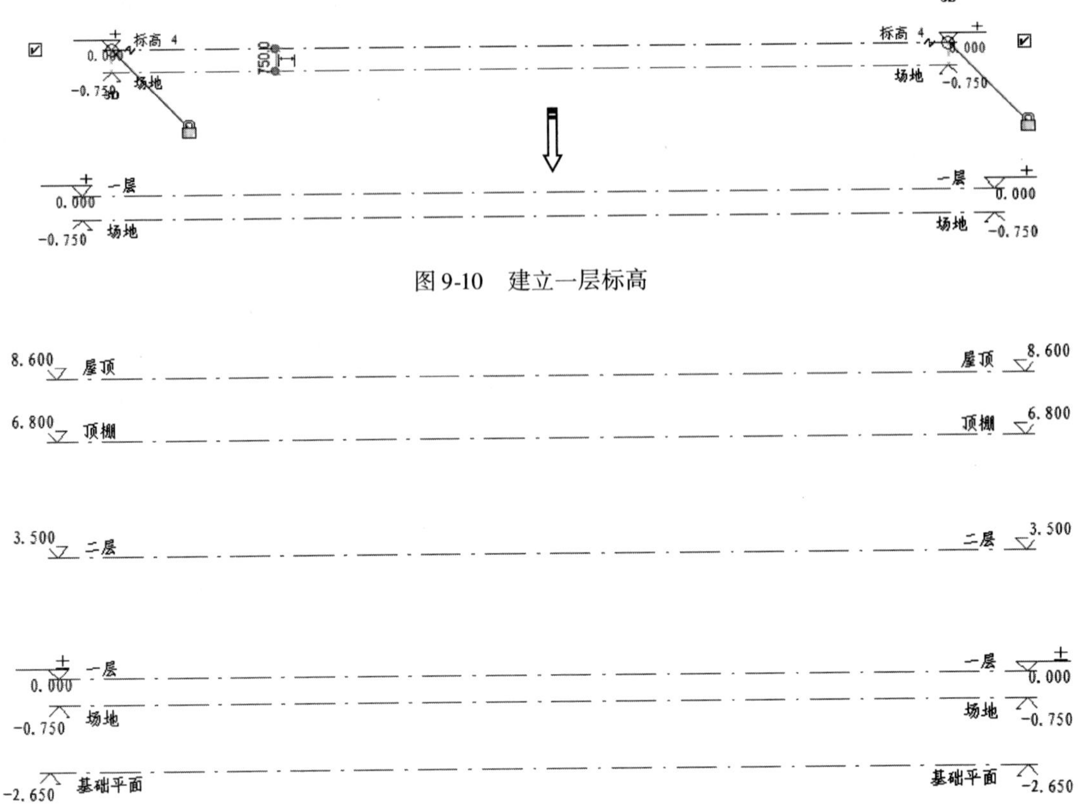

图 9-10　建立一层标高

图 9-11　创建完成的标高

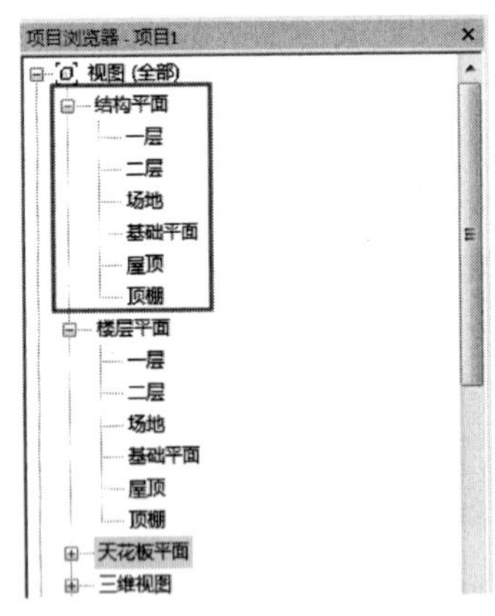

图 9-12　【结构平面】视图节点

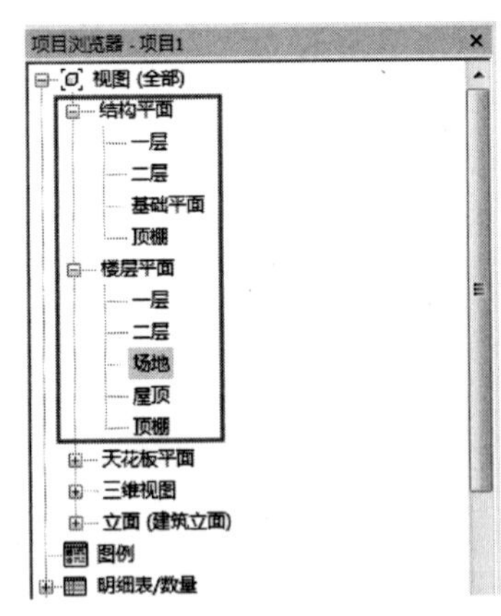

图 9-13　删除多余平面视图

10 切换视图到“场地”楼层平面视图。由于删除了默认的场地视图平面，新建的“场地”视图平面中没有显示项目基点，可以在【视图】选项卡单击【可见性/图形】按钮，打开可见性设置对话框，勾选【模型类别】标签下【场地】项目下的【项目基点】复选框即可，如图 9-14 所示。

11 导入 CAD 图纸。切换视图为“基础平面”结构平面视图，在【快模】选项卡【通用】面板单击【链接 CAD】按钮，打开本例源文件“基础平面布置图 . dwg”，如图 9-15 所示。然后调整立面图标记位置到图纸外。

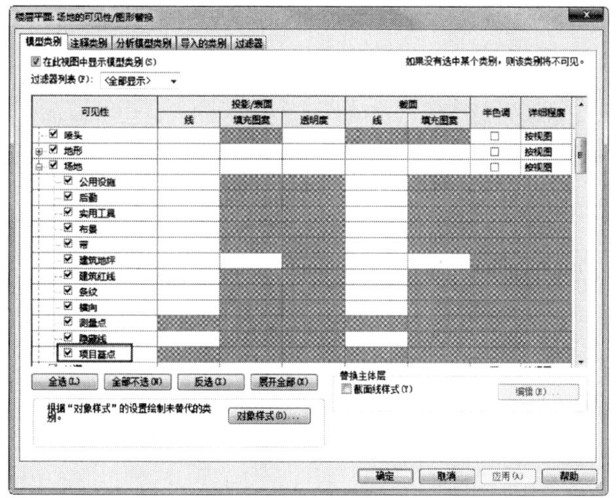

图 9-14　显示项目基点的设置

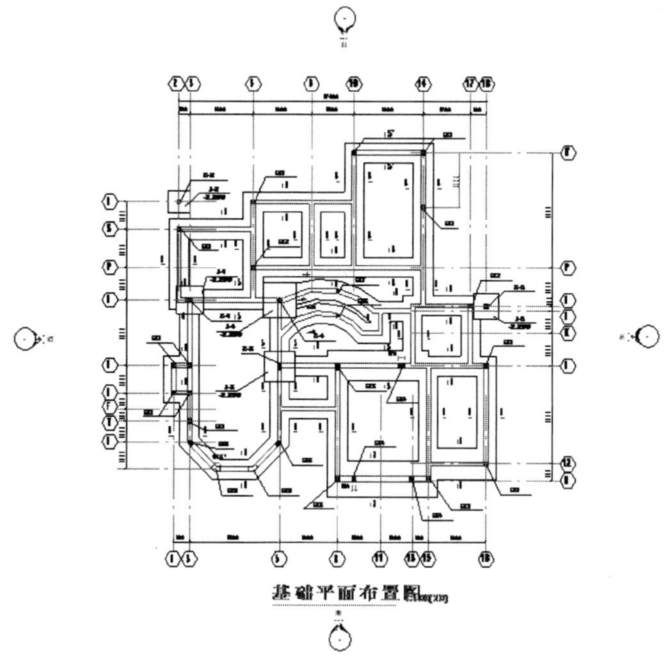

图 9-15　链接 CAD 图纸

12　单击【轴网快模】按钮，弹出【轴网快模】对话框。选择【双标头】轴网类型，再单击【请选择轴线】按钮，到视图中提取轴线，如图 9-16 所示。

13　按 Esc 键返回到【轴网快模】对话框后单击【请选择轴号和轴号圈】按钮，再到视图中提取轴网中轴线编号和轴号圈，最后单击【整层识别】按钮，完成基础平面布置图中轴网的转化（暂时将图纸隐藏），如图 9-17 所示。

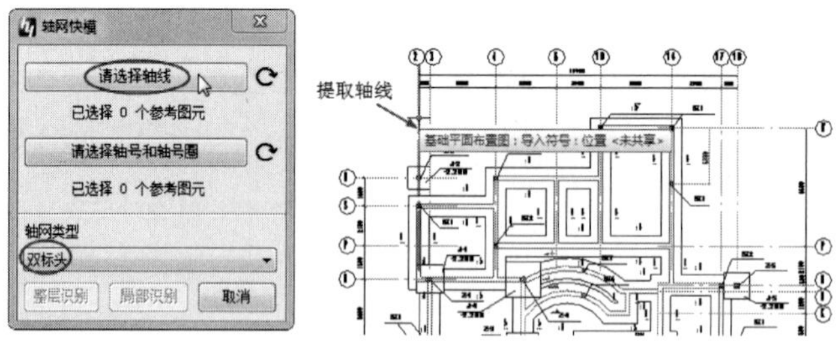

图 9-16　提取轴线

14　轴网类型为双标头，但在图纸内部是不用显示的，因此需要逐一选择轴线并隐藏一端的编号，如图 9-18 所示。

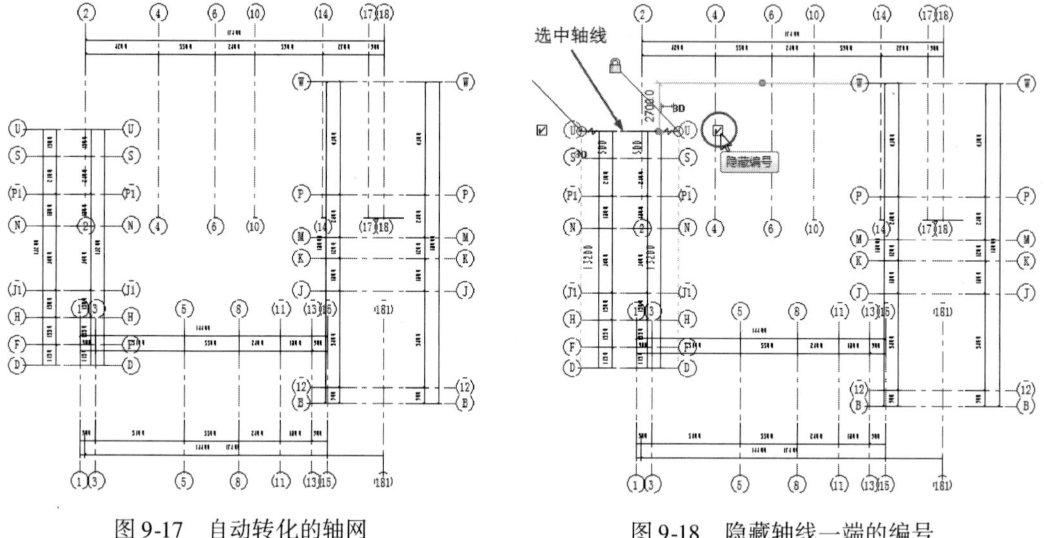

图 9-17　自动转化的轴网　　图 9-18　隐藏轴线一端的编号

15　同理，将其余轴线一端的编号隐藏。编辑完成的轴网如图 9-19 所示。

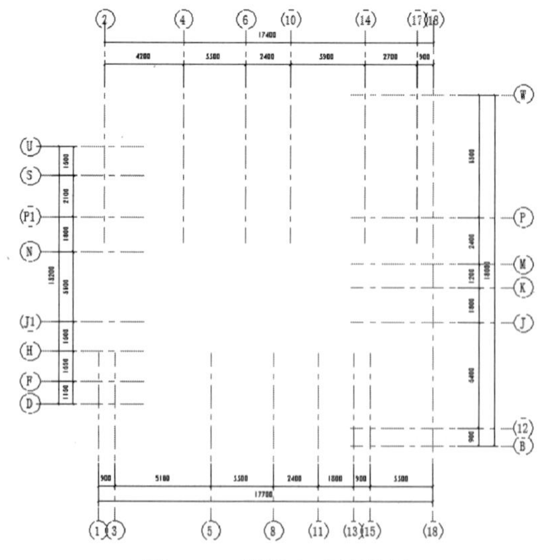

图 9-19　编辑完成的轴网

2. 基础设计

本别墅项目的基础包括条形基础和独立基础，条形基础图（如图 9-4 所示）已经列出，再各取一个独立基础的桩基详图查看其形状尺寸及标高，如图 9-20 所示。其他的基础图无须列出，导入 CAD 图纸后使用快模工具进行承台转化、柱转化和梁转化即可。

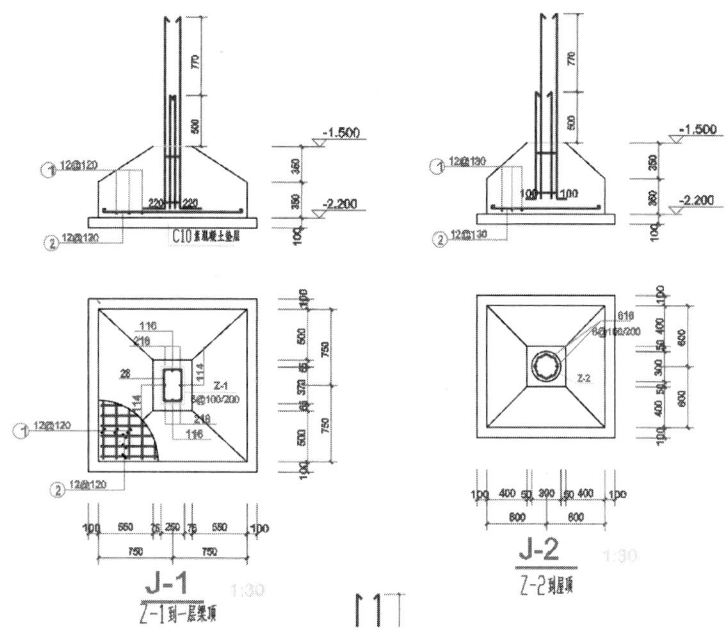

图 9-20　独立基础桩基详图

01　利用 Revit 工具来创建独立基础。在【结构】选项卡【结构】面板中单击【独立】按钮，接着在弹出的【修改 | 放置 独立基础】上下文选项卡中单击【载入族】按钮，从本例源文件夹中载入“独立基础 - 3 阶 - 放坡 .rfa”族，如图 9-21 所示。

图 9-21　载入独立基础族

02　载入独立基础族后，参考图纸中的基础布置，一一地放置独立基础族，如图 9-22 所示。

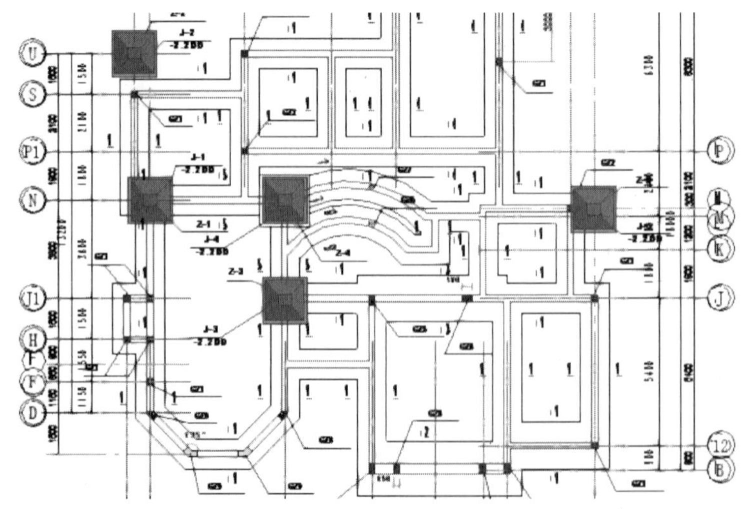

图 9-22　放置独立基础族

03　放置的独立基础族其尺寸是统一的，需要创建符合图纸尺寸要求的新族。选中放置的独立基础族，在属性面板中单击【编辑类型】按钮，在弹出的【类型属性】对话框中单击【复制】按钮，创建名为 Z－1：独立基础的新族，并设定新族的相关尺寸，如图 9-23 所示。

04　同理，再依次复制出 Z－2：独立基础、Z－3：独立基础、Z－4：独立基础和 Z－5：独立基础的新族。接着参考图纸，将默认尺寸的独立基础族一一替换为复制的新族，如图 9-24 所示。

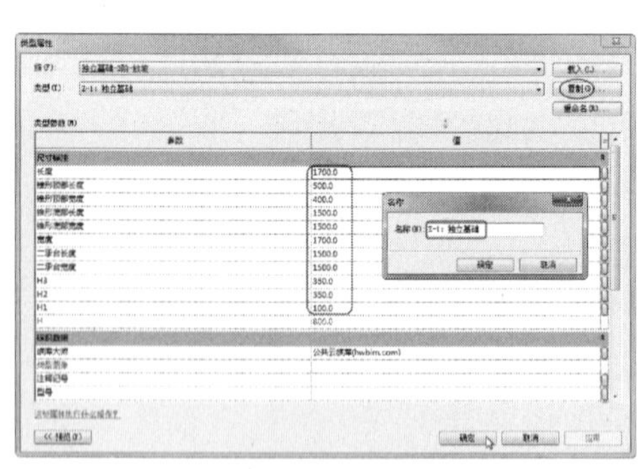

图 9-23　复制出新族

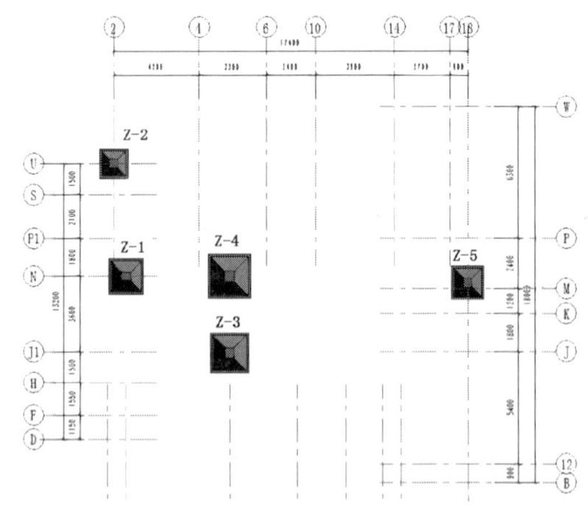

图 9-24　替换独立基础族

05　接下来利用 Revit 工具来创建条形基础。切换视图到【基础平面】结构平面视图，单击【结构】选项卡【结构】面板中选择【墙】|【墙：结构】选项，激活【线】工具，在选项栏设置参数后，沿着墙外边线创建结构墙，如图 9-25 所示。

06　单击【结构】选项卡【基础】面板上的【墙】按钮，然后依次拾取基础墙体自动添加条形基础的连续基脚，如图 9-26 所示。

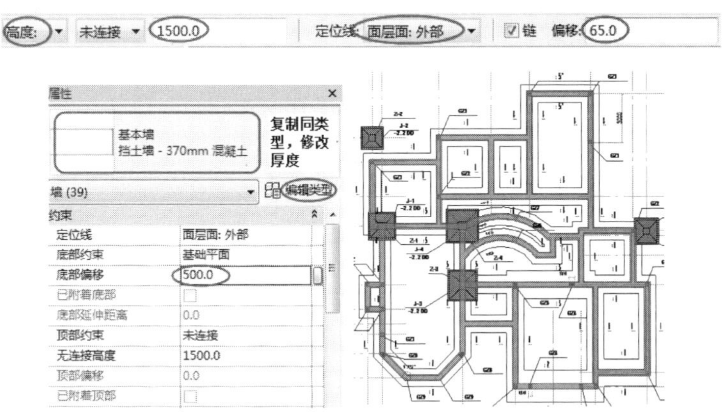

图 9-25　创建结构墙体

07　选中连续基脚在属性面板单击【编辑类型】按钮修改连续基脚的类型属性参数，如图 9-27 所示。

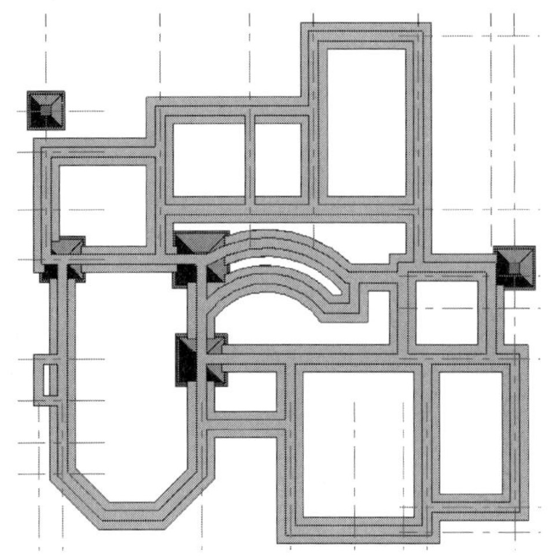

图 9-26　绘制连续基脚

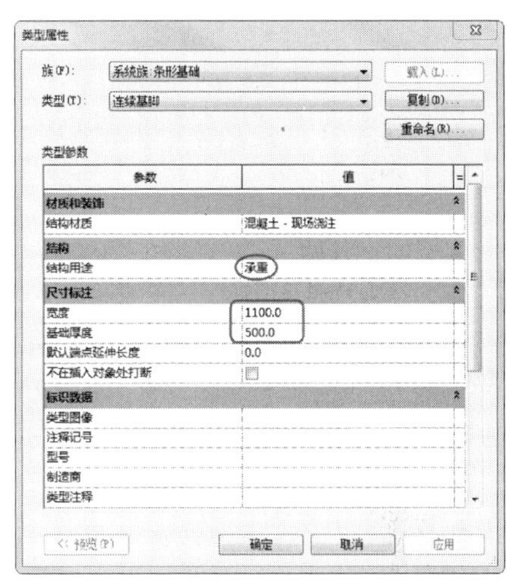

图 9-27　编辑连续基脚的属性参数

08　设计完成的结构基础如图 9-28 所示。

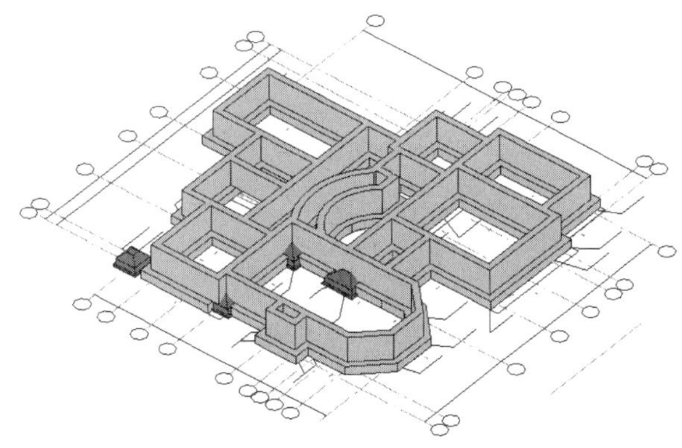

图 9-28　设计完成的基础

9.2.2 一层结构设计

一层的结构设计包括结构柱和地圈梁的设计。参考图纸仍然是基础平面布置图。

1. 生成结构柱

01 切换视图为【基础平面】结构平面，视觉样式设置为【线框】，便于在条形基础下能看见图纸中的柱。

02 在【结构】选项卡【结构】面板中单击【柱】按钮，弹出【柱识别】对话框。在【修改 | 放置 结构柱】上下文选项卡中单击【载入族】按钮，到 Revit 族库中载入混凝土结构柱族“混凝土 － 正方形 － 柱.rfa”，如图 9-29 所示。

图 9-29 载入混凝土结构柱族

03 参考“基础平面布置图”图纸（用 AutoCAD 软件打开），根据载入的结构柱族，重新复制出 GZ1 ~ GZ5、Z1、Z5 系列的结构柱族，如图 9-30 所示。

04 复制出来的结构柱族按图纸标注的结构柱位置一一放置，结果如图 9-31 所示。

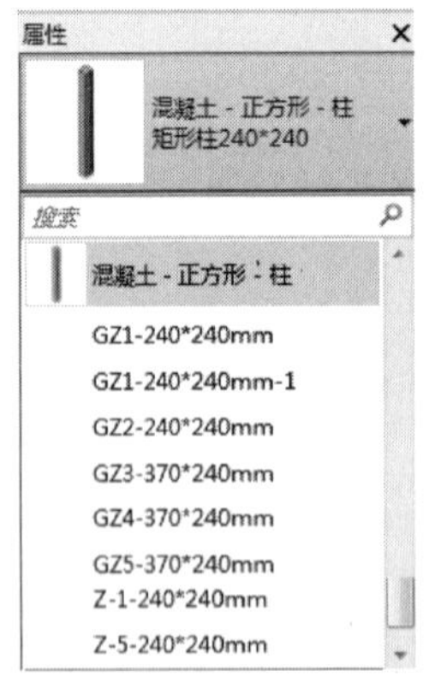

图 9-30 复制结构柱族

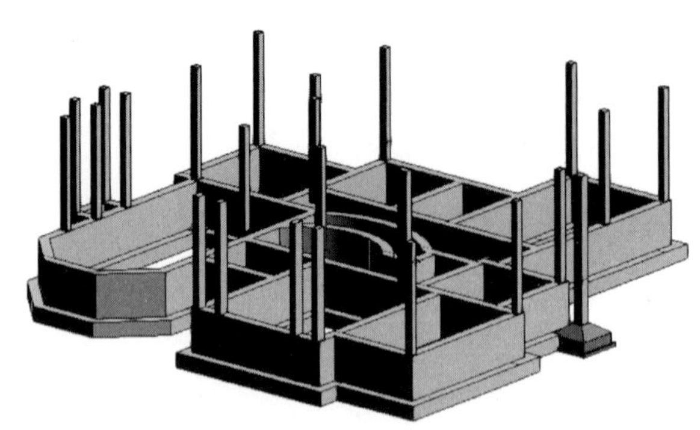

图 9-31 放置结构柱族的结果

05 切换视图为三维视图。从自动生成的结构柱来看，5 个独立基础被结构柱顶到基础标高之下了，需要调整底部偏移值，如图 9-32 所示。

06 选取 5 个独立基础上的结构柱，在属性面板上设置底部偏移值为 800，单击【应用】按钮完成结构柱的底部偏移的调整，如图 9-33 所示。

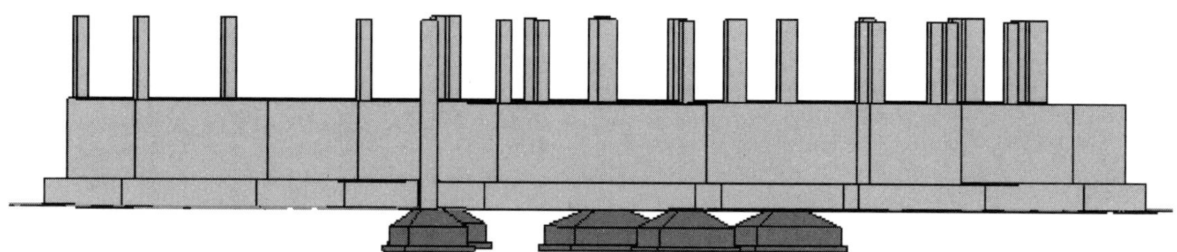

图 9-32　5 个独立基础的标高

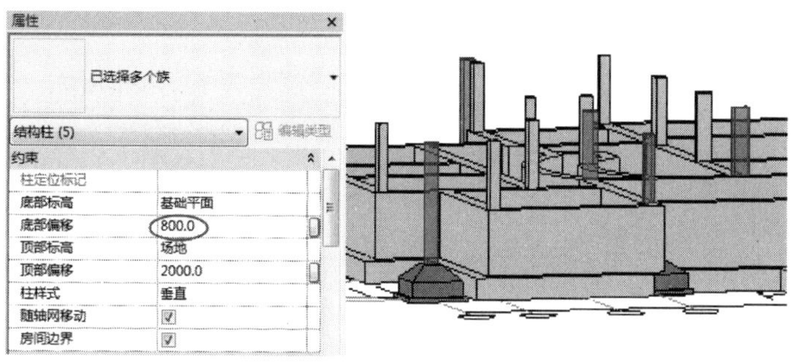

图 9-33　调整结构柱底部偏移值

07 然后参考“乳山阳光海岸 C 型别墅总图”图纸中的“桩基详图”，5 个独立基础上的结构柱，部分是到一层梁顶（二层标高）、部分是到顶棚层，根据图纸参考先设置 5 个独立基础上的结构柱顶部标高，如图 9-34 所示。

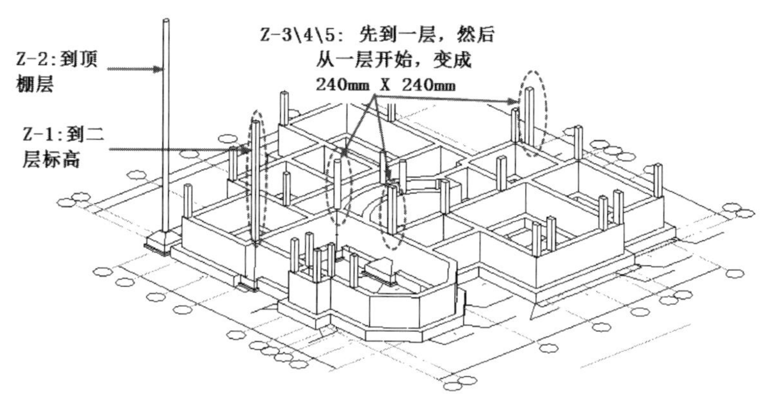

图 9-34　编辑 5 个独立基础上结构柱的标高

08 其余的结构柱参考桩基详图，从 GZ1 ~ GZ9，均说明其标高位置，如图 9-35 所示。

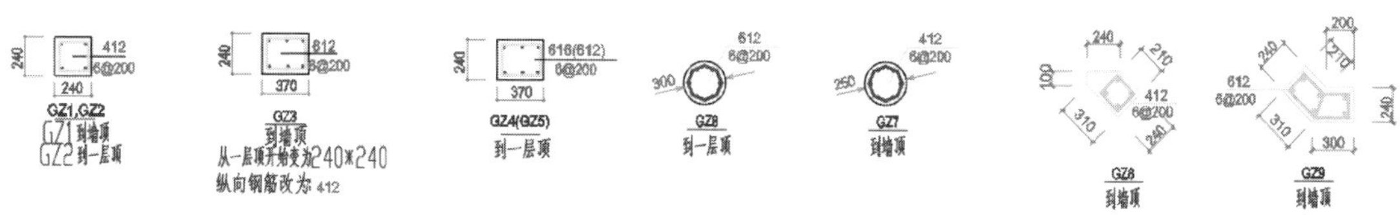

图 9-35　GZ1 ~ GZ9 结构柱的标高说明

技术要点	桩基详图中的标高说明如下。“到一层梁顶”或“到一层顶”均表示与二层楼板下的结构梁连接。“到屋顶”表示到屋顶层。“到墙顶”表达的是到各自所在位置上的墙体顶部，也就是说，如果墙到二层、那么结构柱随到二层，如果墙到顶棚层或屋顶，那么结构柱也随到顶棚及屋顶，可以参考“二层建筑平面图”。

09 在 Z－3、Z－4、Z－5 和 GZ3 原位上再新建结构柱，截面形状为 240×240 的矩形，底部标高为一层、顶部标高暂先设置到二层即可，如图 9-36 所示的效果。

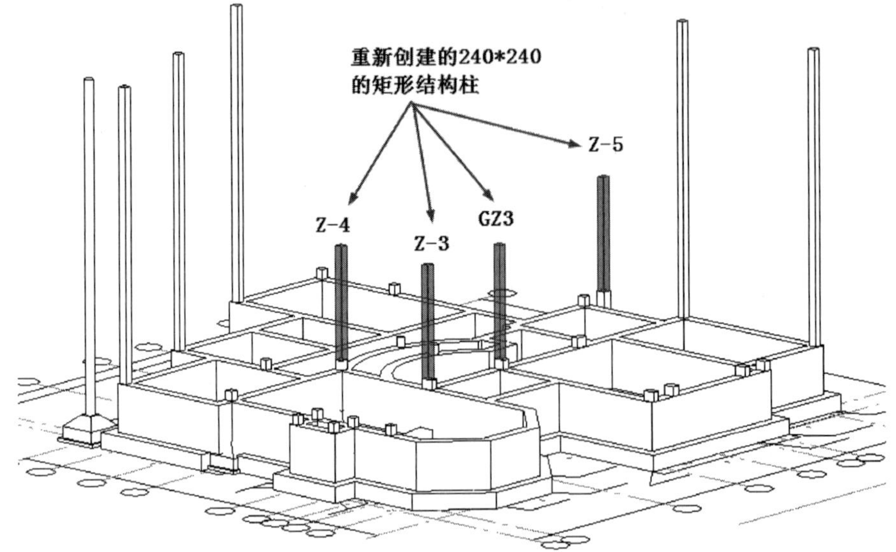

图 9-36 重新创建结构柱

提示	有些结构柱表明是“从一层顶开始变为 240＊240”，那么就先到一层，然后在原处重新创建结构柱进行连接。

10 参考图 9-35，将其余所属结构柱的标高重新设定，但凡是到墙顶和到一层顶的结构柱（GZ8 与 GZ9 除外），一律先设置顶部标高为二层，最后根据实际的墙体高度进行调整。

11 GZ8 与 GZ9 的 4 根结构柱属于异形，需要创建自定义的结构柱族。下面介绍其中一根 GZ8 结构柱的方法。在【文件】菜单执行【新建】|【族】命令，然后选择【公制结构柱.rft】样板文件进入族模式中，如图 9-37 所示。由于此族是唯一的，可以 4 根柱的族合并在一起。

12 单击【插入】选项卡下的【导入 CAD】按钮，导入“乳山阳光海岸 C 型别墅总图.dwg”图纸文件。然后单击【创建】选项卡的【拉伸】按钮，参考 GZ8、GZ9 的形状绘制 4 个拉伸截面，如图 9-38 所示。设定拉伸终点为 2500，单击【应用】按钮完成异形柱族的创建，结果如图 9-39 所示。将导入的图纸删除。

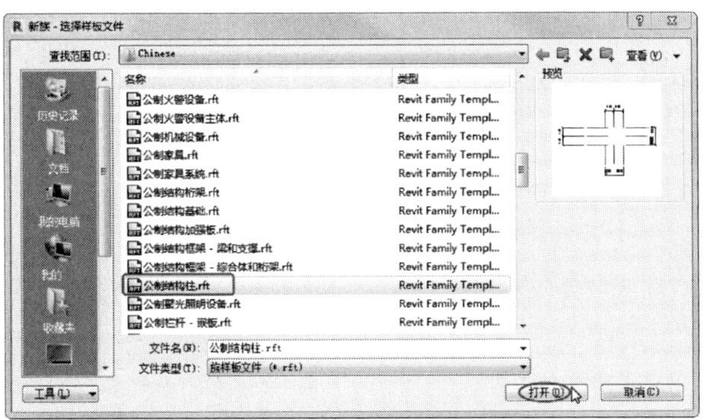

图 9-37　选择族样板文件

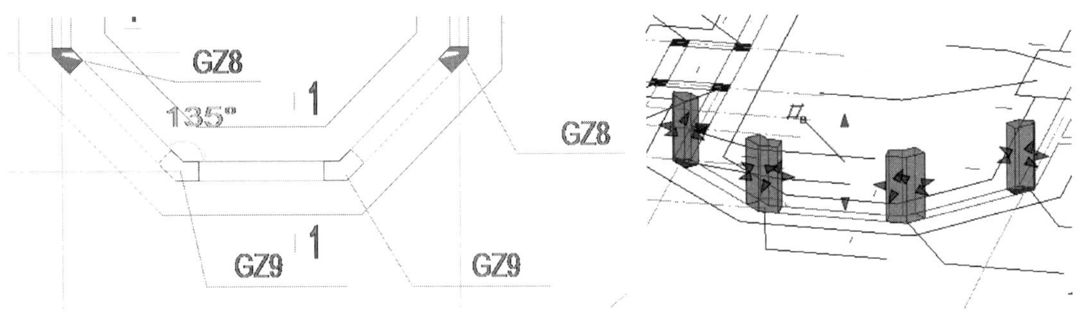

图 9-38　绘制柱截面　　　　图 9-39　创建的柱族

13 切换视图到前立面图。利用【修改】选项卡下的【对齐】工具，将结构柱的底端和顶端分别对齐到高于参照标高和低于参照标高的两个标高平面上，然后设置【高于参照标高】的标高为 2500，如图 9-40 所示。

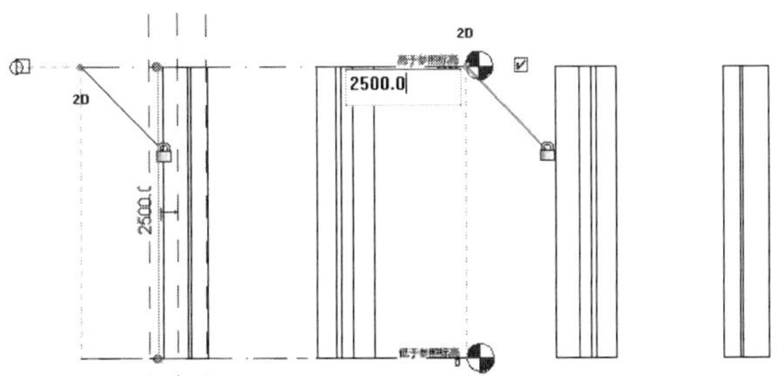

图 9-40　对齐结构柱的底端与顶端到标高平面上

技术要点	对齐操作非常关键，因为这将影响到用户载入项目后，能否设置结构柱的标高。

14 将创建的异形柱族保存，然后单击【载入到项目并关闭】按钮，载入到当前的结构设计项目中。切换到基础平面视图，单击【柱】按钮，在属性面板上选择新建的【异形柱】族类型，然后将其放置到项目基点上（族建模时是参照图纸世界坐标系原点进行的）。

15 同时，在属性面板上设置结构柱族的标高，完成放置的结果如图 9-41 所示。

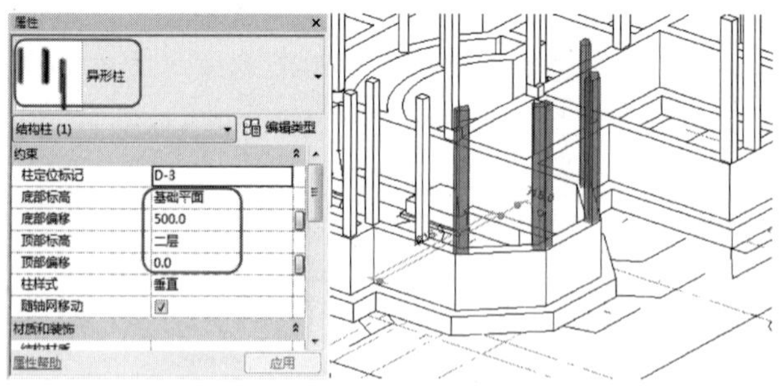

图 9-41 设置结构族标高及偏移

2. 建立地圈梁（结构梁）

01 地圈梁的尺寸可以参考“乳山阳光海岸 C 型别墅总图 . dwg”图纸中的“基础平面布置图”。地圈梁的截面尺寸为 370 × 250。通过 Revit 族库加载【结构】|【框架】|【混凝土】库中的【混凝土 － 矩形梁 . rfa】梁族，如图 9-42 所示。

图 9-42 载入梁族

02 切换视图为三维视图的上视图方向，同时将图纸和所有结构柱暂时隐藏。在【结构】选项卡单击【梁】按钮，在属性面板选择载入的【矩形梁 1】梁族，单击【编辑类型】按钮复制族并设置梁族截面尺寸，如图 9-43 所示。

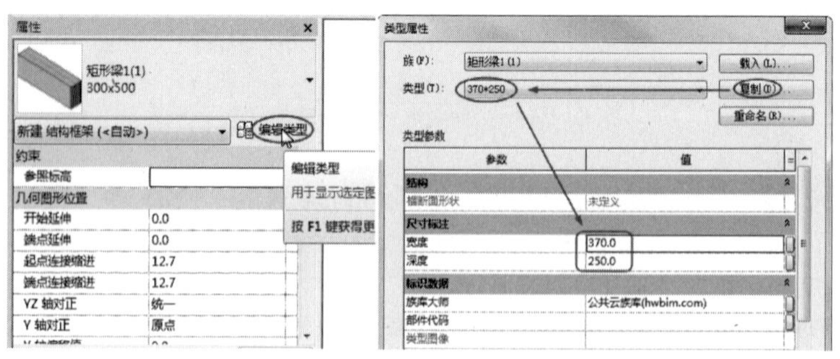

图 9-43 选择梁族并设置类型属性

03 以【拾取线】的方式，依次拾取条形基础的中心线，放置矩形梁，如图 9-44 所示。

04 选中所有的圈梁，在【修改 | 结构框架】上下文选项卡中通过【梁/柱连接】工具、【连接】工具以及手动拖动梁控制点拉长或缩短梁的方法，进行梁处理。鉴于处理的地方较多，可以参照本例视频辅助完成，图 9-45 为某处的梁连接。

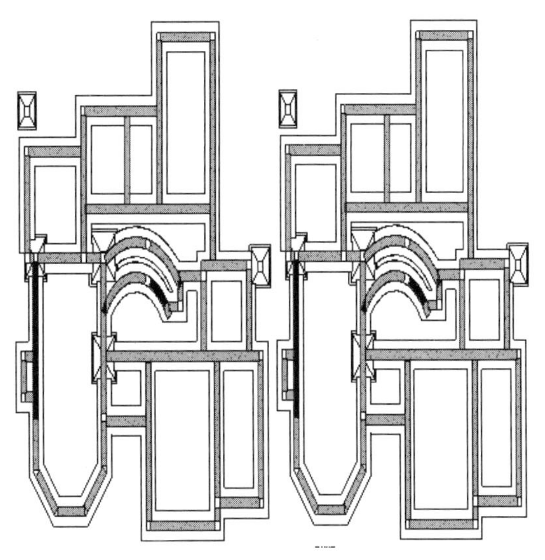

图 9-44　放置地圈梁

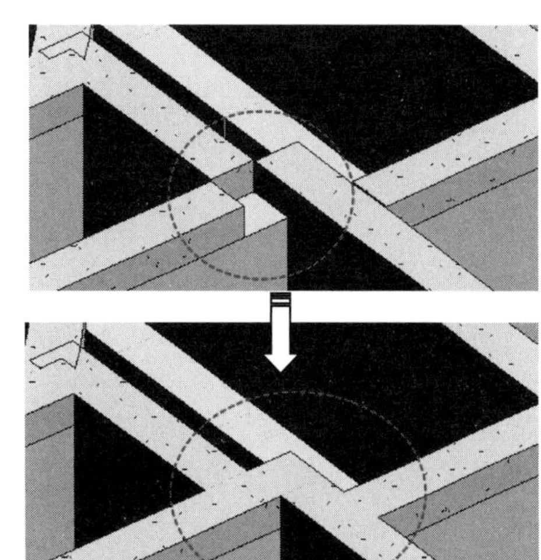

图 9-45　梁连接处理

05 修改结构梁（地圈梁）的参照标高及起点、终点标高偏移值。显示结构柱，如图 9-46 所示。此外，还要设置起点连接缩进和终点连接缩进值为 0，避免间隙。

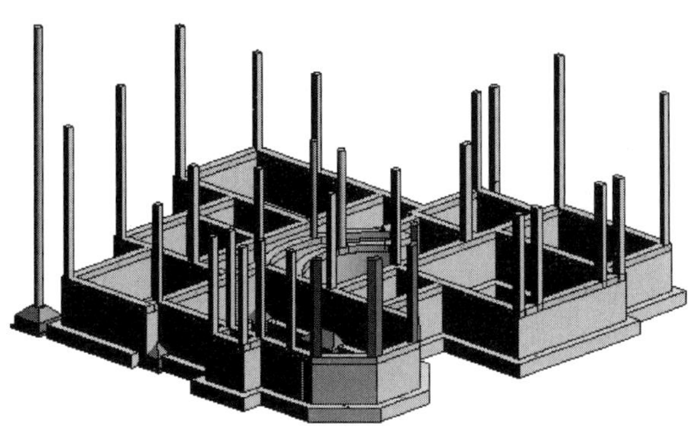

图 9-46　修改地圈梁的属性

3. 放置一层顶梁

本例别墅的各规格尺寸的梁标高不尽相同，建议采用手动创建梁的方式逐一完成。要参考的图纸为一层结构平面图 . dwg，其中蓝色线表达的是梁为悬空（包括阳台挑梁和室内悬空梁），尺寸由各所属的梁钢筋编号决定。绿色线表达的是下部有墙体的梁，统一尺寸为 250mm × 350mm。蓝色线悬空梁（室内）统一尺寸为 250mm × 500mm，阳台挑梁统一尺寸为 250mm × 350mm。

01 切换到二层结构平面视图。链接 CAD 图纸“一层结构平面图.dwg”。利用【结构】选项卡【结构】面板的【梁】工具，根据载入的梁族复制并命名为 250×350 的矩形新梁族类型，然后以柱中心点为参考绘制梁中心线，在图纸中的绿色线上放置 250×350 的矩形梁，如图 9-47 所示。

02 其余标记为 XL1－1～XL1－15 的矩形梁，参考“乳山阳光海岸 C 型别墅总图”图纸中的梁钢筋详图，注意梁的标高及截面尺寸。绘制完成的悬空梁如图 9-48 所示。WL1－1 与 WL1－2 是坡度屋顶梁，随屋顶变化，在建筑设计时补充，故暂不放置。

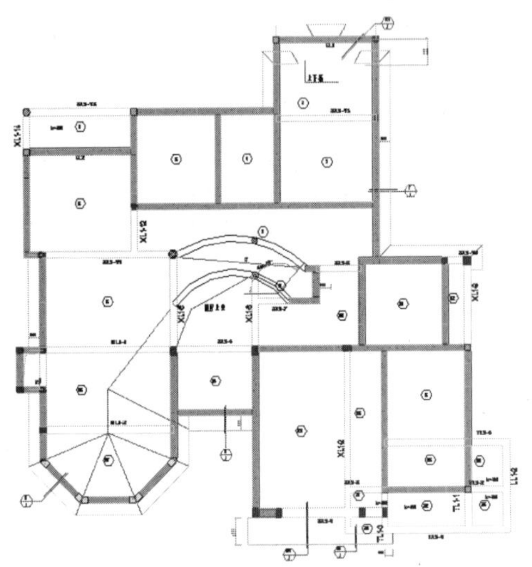

图 9-47　放置 250mm×350mm 的矩形梁

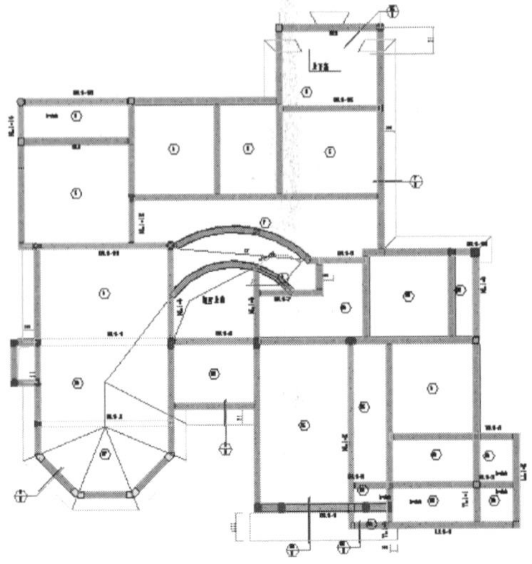

图 9-48　放置悬空梁

03 最终完成的一层结构设计效果如图 9-49 所示。

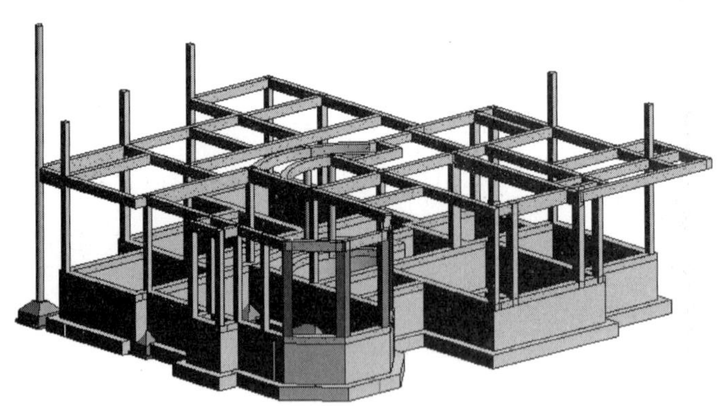

图 9-49　一层结构设计效果

9.2.3　二层结构设计

二层结构包括结构楼板、结构柱及结构梁。

1. 二层结构柱与楼板设计

01 切换到二层结构平面视图。隐藏先前的一层结构平面图图纸。为了避免因创建楼板后遮挡了结构柱，可以先将一层的结构柱（顶端在二层标高上）通过设置标高延伸到顶棚层标高上，参考图纸“乳山阳光海岸 C 型别墅总图 .dwg”文件中的“二层及屋面结构平面图”，如图 9-50 所示。图中黑色填充的图块就是需要延伸到顶棚层标高的结构柱。

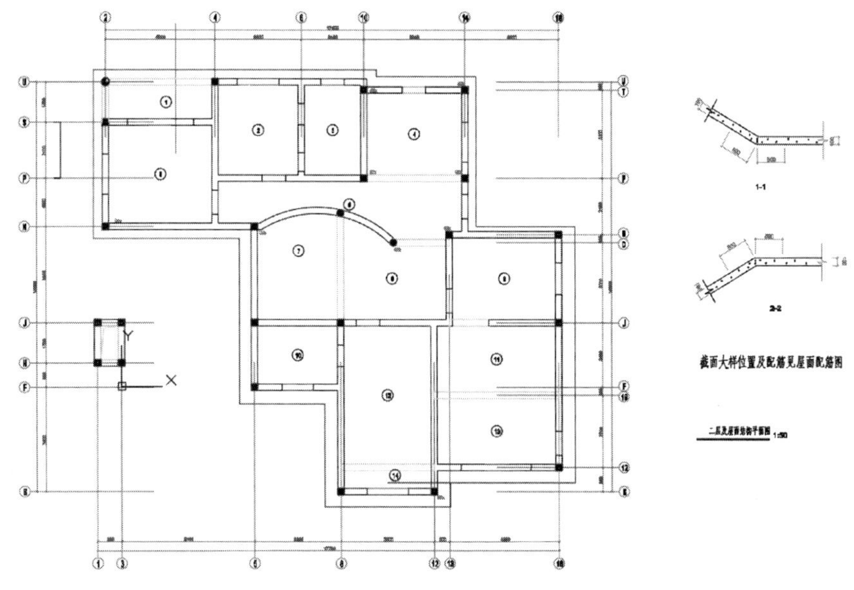

图 9-50　二层及屋面结构平面图

02　将现有高于二层标高的结构柱全部重设置顶部标高为二层，并取消顶部偏移量，如图 9-51 所示。

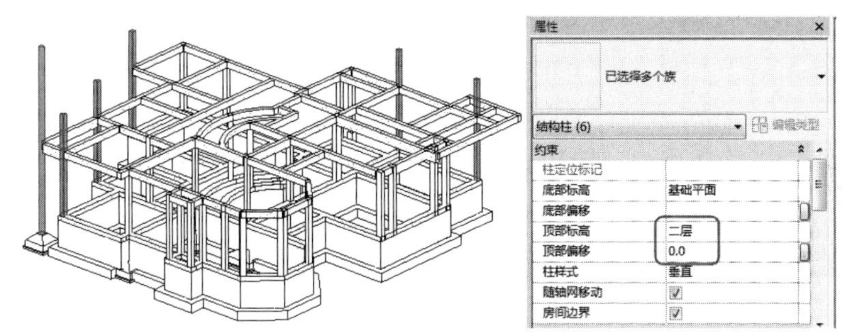

图 9-51　设置部分高于“二层”的结构柱标高

03　切换到二层结构平面图视图，根据参考图纸，选中要修改标高的结构柱（要延伸到顶棚层）如图 9-52 所示。

04　在属性面板中设置【顶部标高】为顶棚，单击属性面板底部的【应用】按钮完成修改，结果如图 9-53 所示。

05　根据【二层及屋面结构平面图】参考图看出，还有部分结构柱是从二层标高创建直到顶棚标高的。需要利用【柱】工具重新创建，新建结构柱尺寸为 240mm × 240mm，如图 9-54 所示。

06　创建结构楼板，参考【一层结构平面】图纸。阳台楼板标高要比室内楼板标高低

20mm，厨房、卫生间和洗手间要比其他房间低 50mm。利用【结构：楼板】工具创建的楼板如图 9-55 所示。

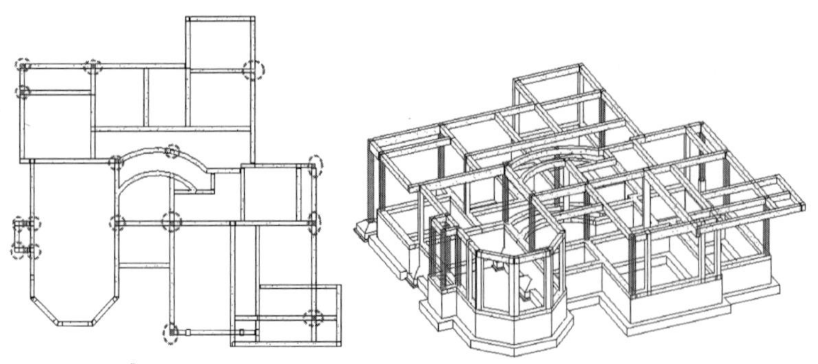

图 9-52　选中要修改标高的结构柱

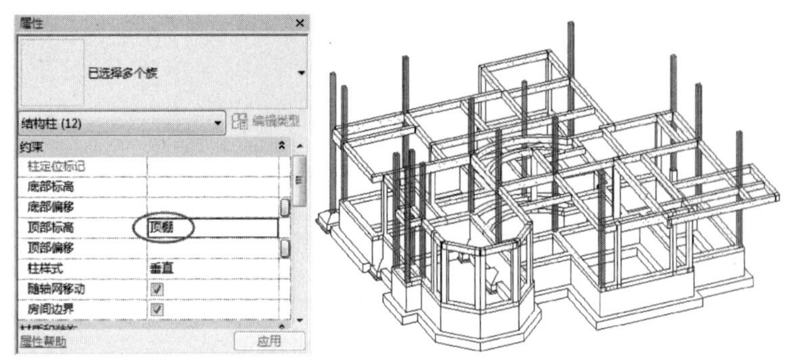

图 9-53　重设置顶部标高

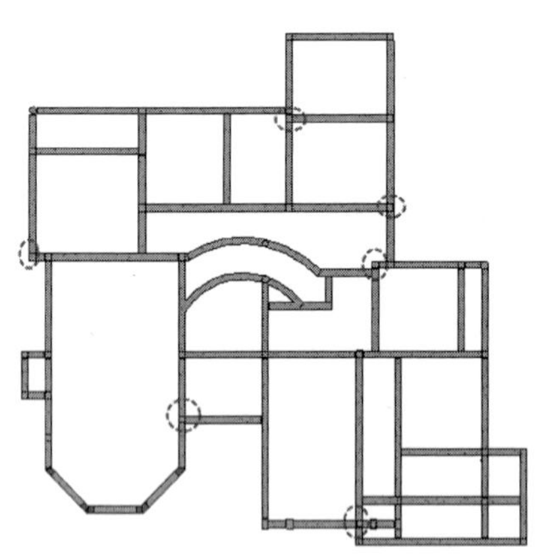

图 9-54　新建二层结构柱

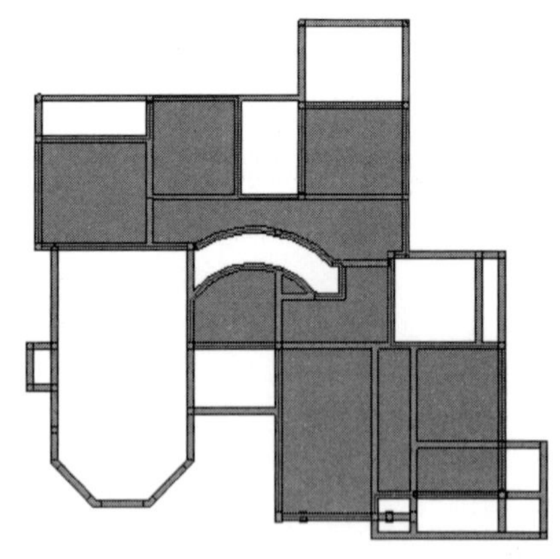

图 9-55　创建室内房间结构楼板

07　接着创建室内卫生间的结构楼板，如图 9-56 所示。最后创建出阳台结构楼板，如图 9-57 所示。

提示	注意，部分阳台挑梁的起点和终点偏移需要适当做出相应调整，以适应阳台楼板。

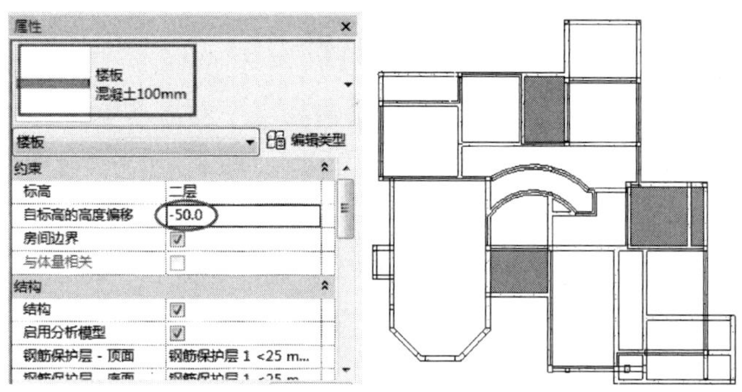

图 9-56　创建卫生间结构楼板

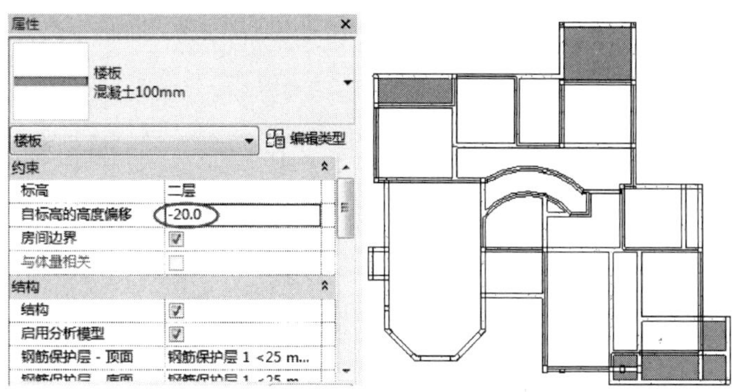

图 9-57　创建阳台结构楼板

2. 二层顶梁设计

二层顶梁在图纸中用两种颜色分别表达，浅蓝色表达的是悬空梁，深黑色表达的是墙顶梁。为了便于建模的便利，将墙顶梁截面尺寸定义为 240mm × 350mm，悬空梁截面尺寸定义为 240mm × 450mm。

01 切换视图到【顶棚】结构平面视图。导入“二层及屋面结构平面图 . dwg” 图纸。

02 利用 Revit【梁】工具，先创建出墙顶梁（240mm × 350mm），如图 9-58 所示。

03 再创建出悬空梁（240mm × 450mm），如图 9-59 所示。

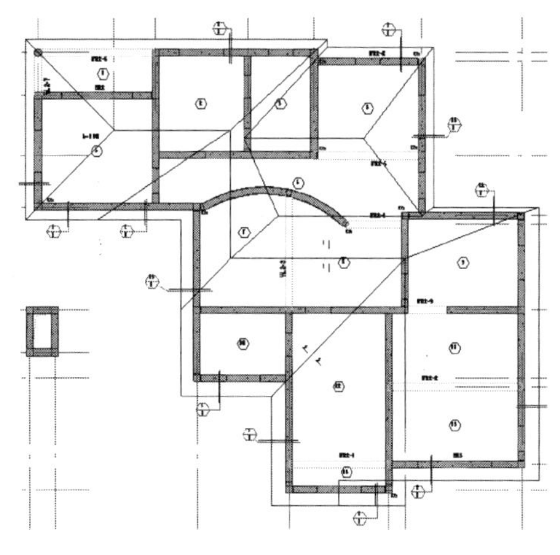

图 9-58　创建墙顶梁

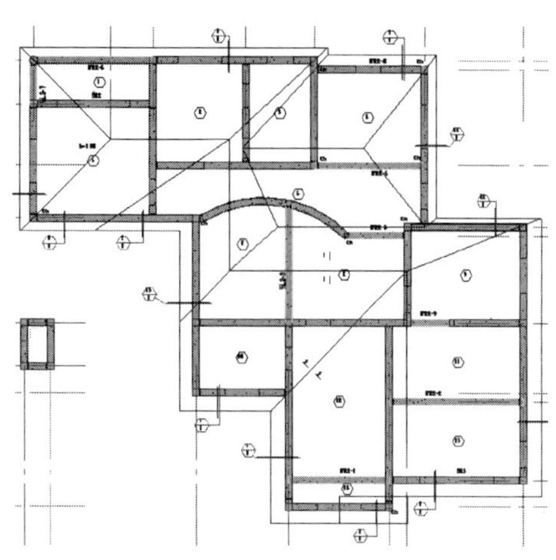

图 9-59　创建悬空梁

9.2.4 顶棚层（包含屋顶）结构设计

顶棚层标高上不再创建楼板，接下来设计屋顶结构。屋顶为坡度屋顶，部分坡度屋顶有结构梁支撑。坡度屋顶分别在二层标高和顶棚层标高上创建。

1. 设计二层标高位置的屋顶结构

01 切换视图到二层结构平面视图。首先创建坡度屋顶的封檐底板。单击【建筑】选项卡【构件】面板【屋顶】|【屋檐：底板】按钮，然后绘制封闭轮廓，创建出图 9-60 所示的封檐底板。

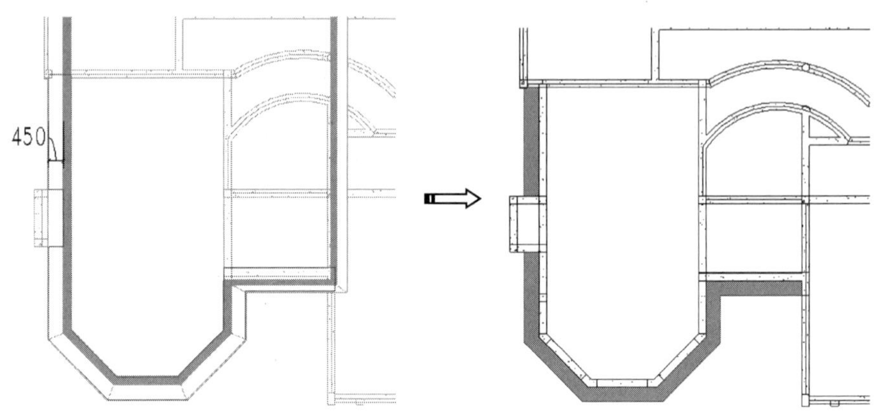

图 9-60　创建封檐底板

02 单击【建筑】选项卡【构件】面板【屋顶】|【迹线屋顶】按钮，然后绘制屋顶的封闭轮廓，设置屋顶的坡道为 22°，创建出图 9-61 所示的迹线屋顶。

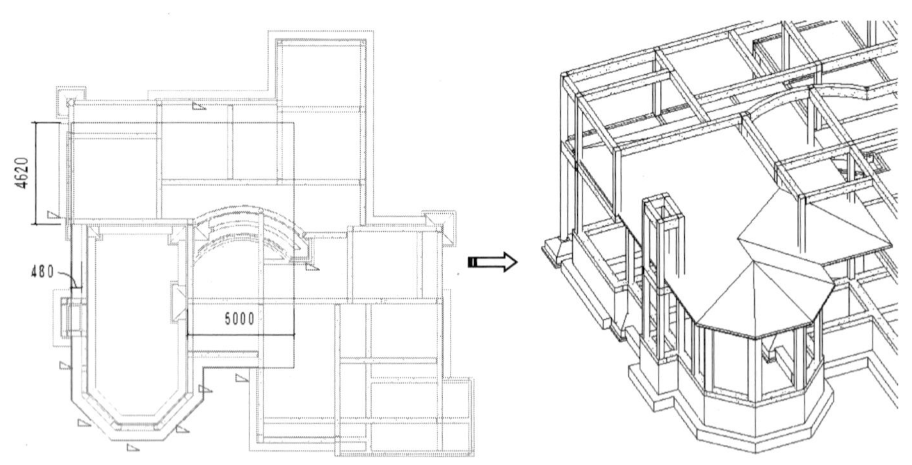

图 9-61　创建迹线屋顶

03 部分屋顶是非设计需要的，将其剪切掉，这里要使用的工具是洞口工具。单击【竖井】按钮，绘制出洞口轮廓，完成屋顶切剪，如图 9-62 所示。

04 在二层结构平面上创建 3 条 240mm×350mm 的结构梁，如图 9-63 所示。

05 选中较长的结构梁，修改起点和终点标高偏移，如图 9-64 所示。

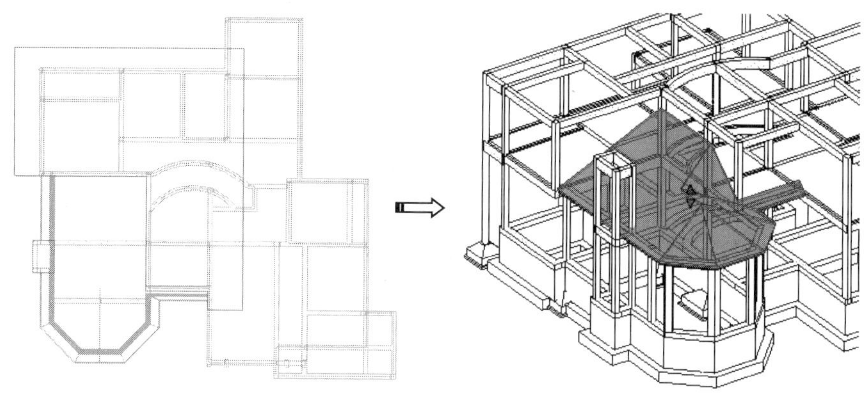

图 9-62　创建洞口剪切迹线屋顶

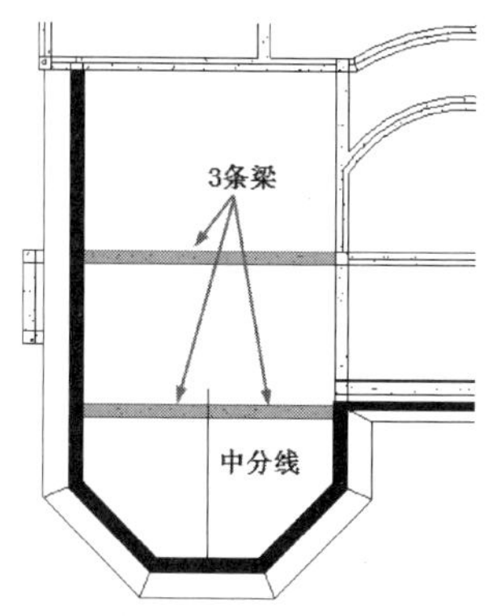

图 9-63　创建迹线屋顶的 3 条结构梁

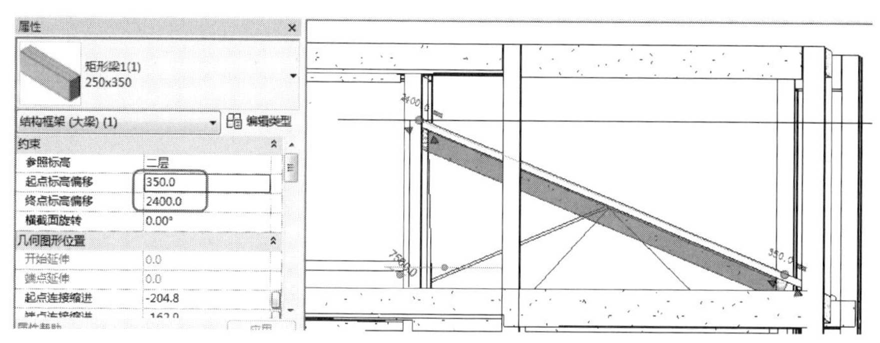

图 9-64　修改较长屋顶梁的起点和终点标高偏移

06　修改较短迹线屋顶梁之一的起点和终点标高偏移，如图 9-65 所示。同理修改另一条相同长度的迹线屋顶梁的起点和终点标高偏移（偏移值正好相反）。

2. 设计顶棚层标高的迹线屋顶

由于别墅屋顶结构颇为复杂，需要分两次来创建。

01　导入“屋顶平面图 . dwg”图纸文件。切换到“屋顶”楼层平面视图。激活【迹线屋顶】命令，先绘制出图 9-66 所示的迹线。

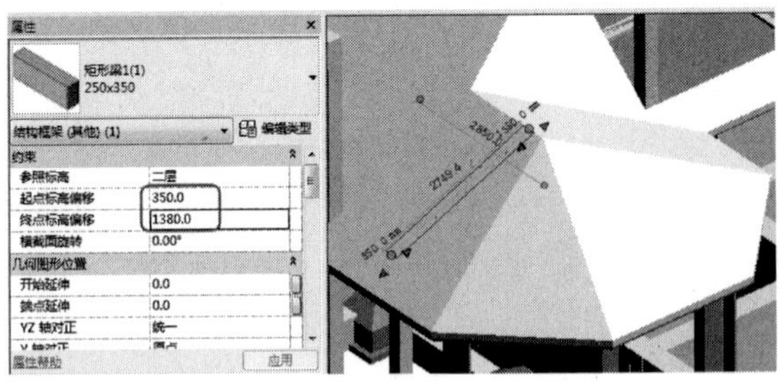

图 9-65　修改较短屋顶梁的起点和终点标高偏移

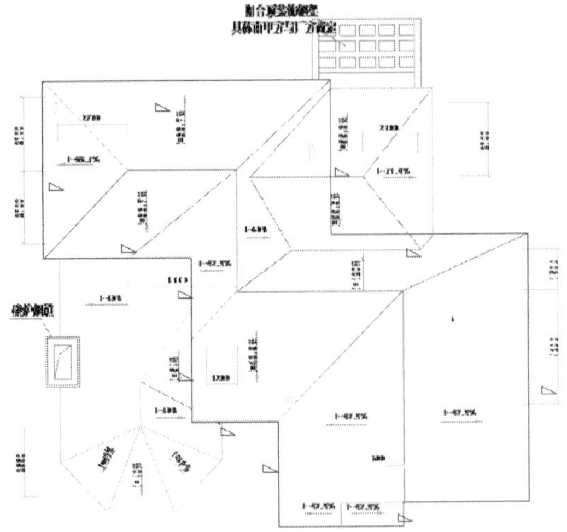

图 9-66　绘制屋顶迹线

02　逐一选择轨迹线段来设置属性，设置的迹线属性示意图如图 9-67 所示。

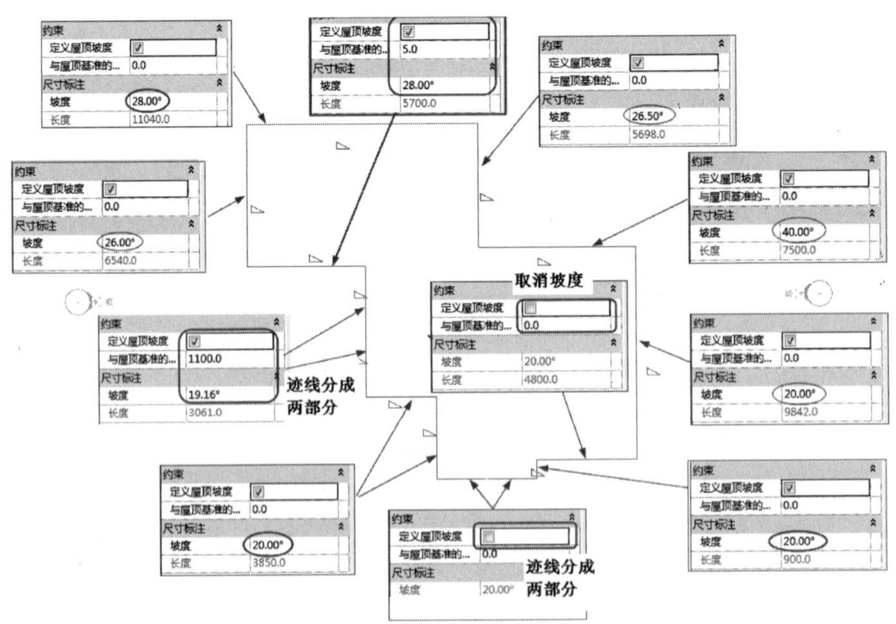

图 9-67　迹线属性定义图

03 单击【完成编辑模式】按钮，完成迹线屋顶的创建，如图9-68所示。跟图纸比较还是有细微的误差。

04 选中迹线屋顶，再切换到西立面视图。拖动造型控制柄使迹线屋顶与屋顶标高对齐，如图9-69所示。

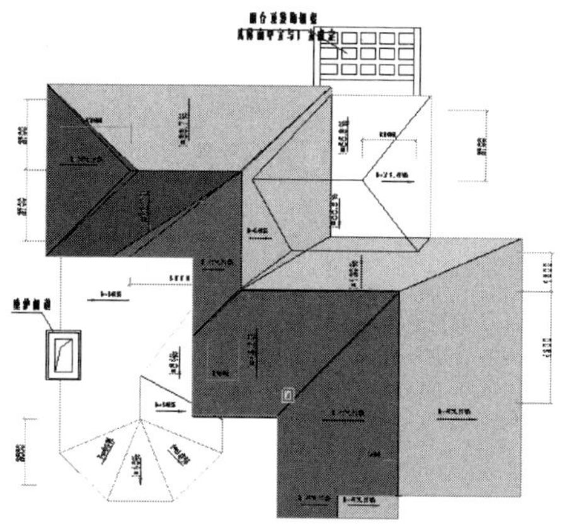

图9-68　创建的迹线屋顶

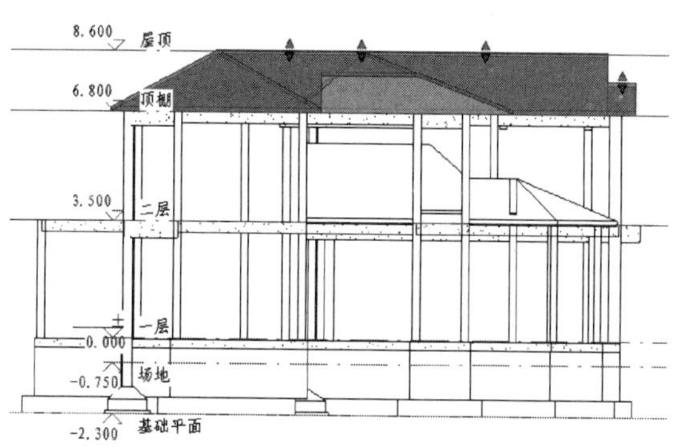

图9-69　编辑屋顶标高

05 切换到"屋顶"楼层平面视图，再激活【迹线屋顶】命令，绘制迹线如图9-70所示。

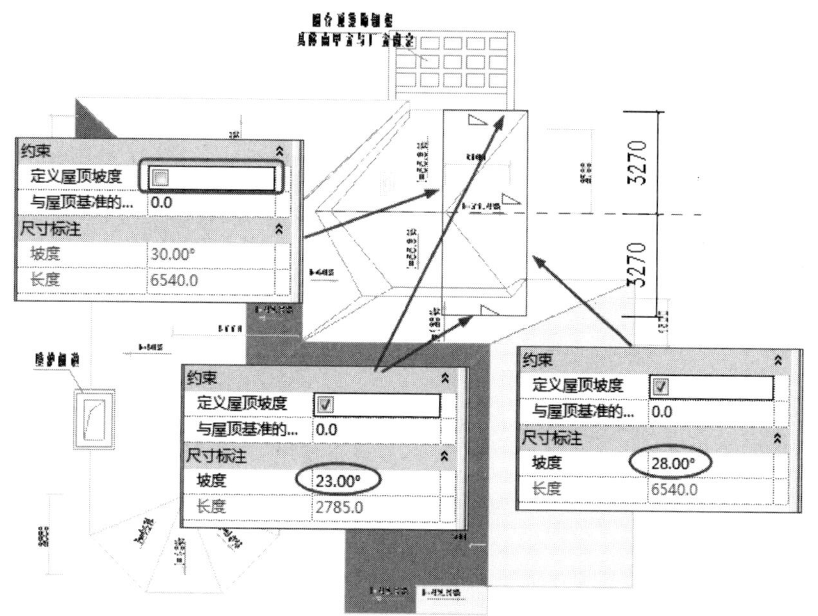

图9-70　绘制迹线

06 单击【完成编辑模式】按钮，完成迹线屋顶的创建，如图9-71所示。

07 单击【修改】选项卡下的【连接/取消连接屋顶】按钮，然后将小屋顶连接到大屋顶上，如图9-72所示。

08 使用【建筑】选项卡的【按面】洞口工具，将两两相互交叉且还没有剪切的屋顶进行修剪，最终完成屋顶的创建，结果如图 9-73 所示。

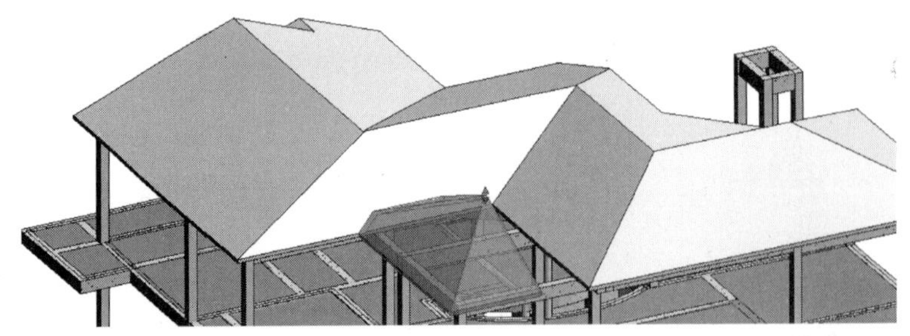

图 9-71　创建完成的迹线屋顶

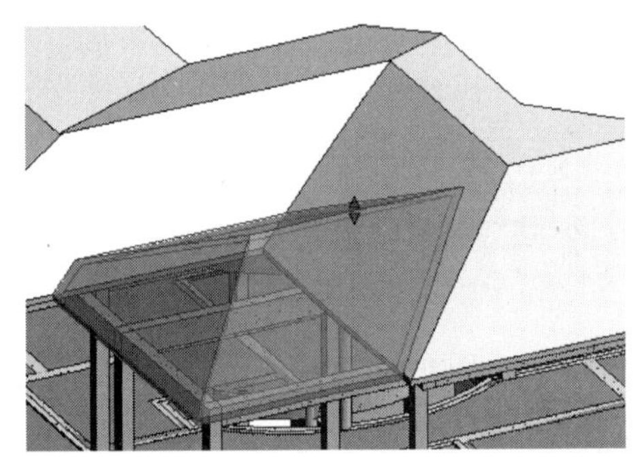

图 9-72　连接屋顶

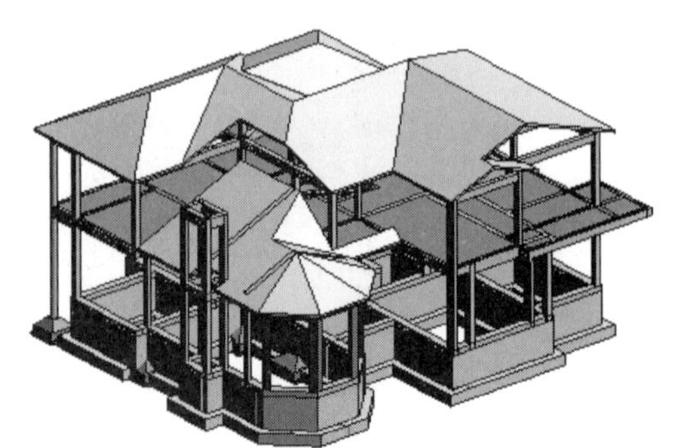

图 9-73　创建完成的迹线屋顶

09 编辑烤火炉烟囱的 4 条结构柱和 4 条结构梁的标高，分别低于顶棚 600mm，最终修改结果如图 9-74 所示。

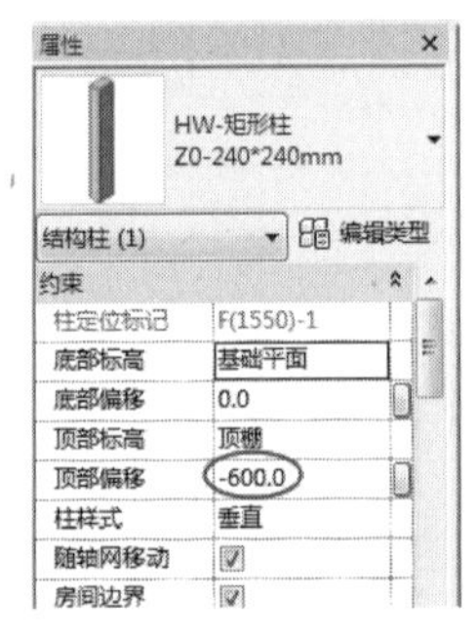

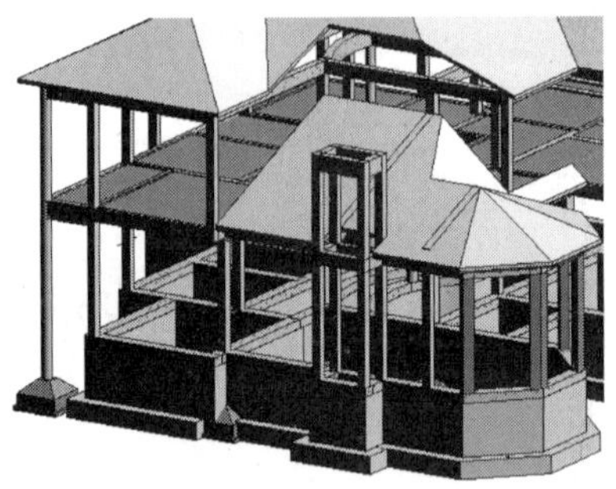

图 9-74　编辑烟囱的顶部标高

10 选中所有二层中的结构柱，然后在弹出的【修改 | 结构柱】上下文选项卡中单击【附着顶部/底部】按钮，将结构柱附着到迹线屋顶上。

9.3 A 型别墅建筑设计

别墅的建筑设计内容包括建筑墙体/门窗、建筑楼板、楼梯及阳台。仅介绍一层建筑楼板的创建，二层楼板、室内摆设等请自行移至上一页，参考前面章节介绍的建筑楼板做法。

9.3.1　建筑楼梯设计

A 型别墅的楼梯是弧形楼梯，设计难度不大。楼层标高、空间大小都是预设好的，只需输入相关楼梯参数即可。

01 切换一层楼层平面视图，如果看不见地圈梁，可以设置一层的视图范围，将底部和视图深度设为基础平面。

02 利用【模型线】工具绘制辅助线，如图 9-75 所示。

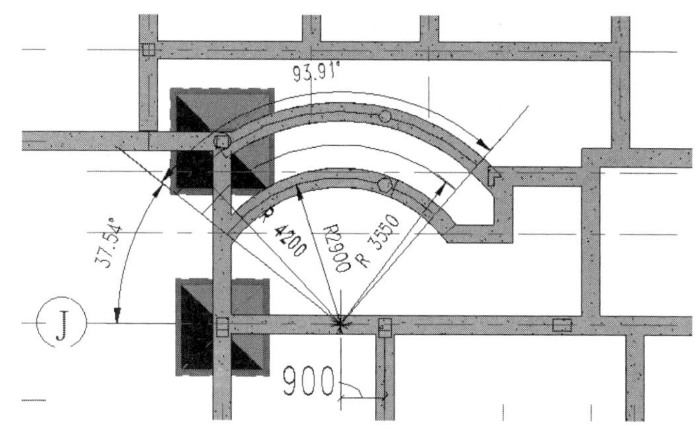

图 9-75　绘制辅助线

03 在【建筑】选项卡【楼梯坡道】面板单击【楼梯】按钮，在【修改 | 创建楼梯】上下文选项卡中单击【圆心，端点螺旋】按钮，在选项栏设置【实际梯段宽度】为 1300，然后根据辅助线创建螺旋楼梯，如图 9-76 所示。

04 在属性面板中选择【整体浇筑楼梯】类型，设置 22 个踢面（22 步），踏步深度为 290mm，如图 9-77 所示。

> **技术要点**
>
> 原本 22 步踏步只需 21 个踢面，但上楼的最后一步有差一步高度，多拉出一步踏步，可以作为平台的一部分。这样与楼板的结合就很紧密了。

定位线: 梯段: 中心　偏移: 0.0　实际梯段宽度: 1300.0　☑自动平台　☐改变半径时保持同心

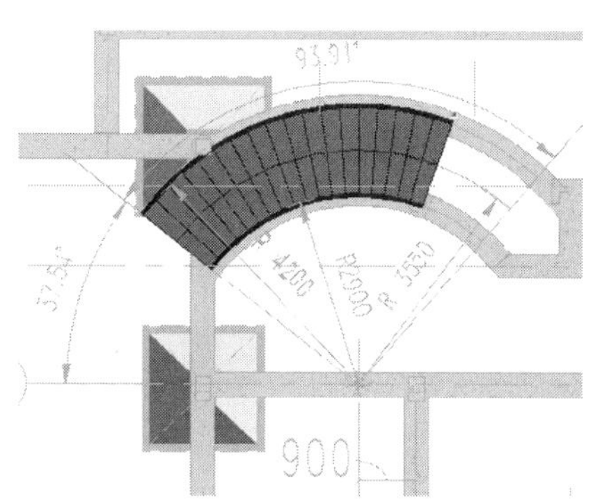

图 9-76　创建螺旋楼梯

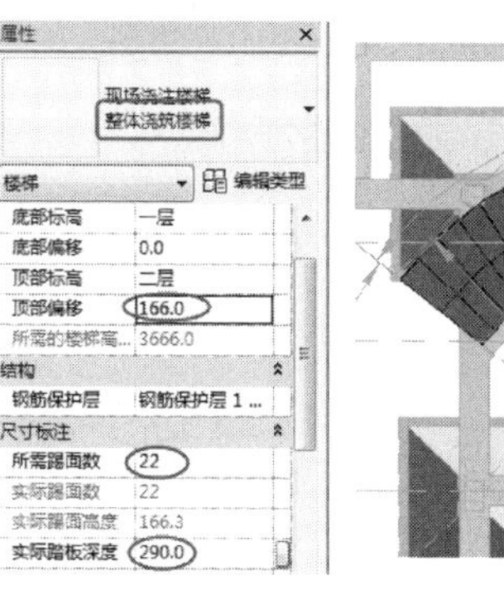

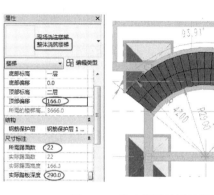

图 9-77　修改楼梯的属性设置

05 单击【完成编辑模式】按钮✔，完成螺旋楼梯的编辑，如图 9-78 所示。

06 在二层楼层平面上创建结构楼板，作为楼梯平台，如图 9-79 所示。

图 9-78 编辑完成的楼梯

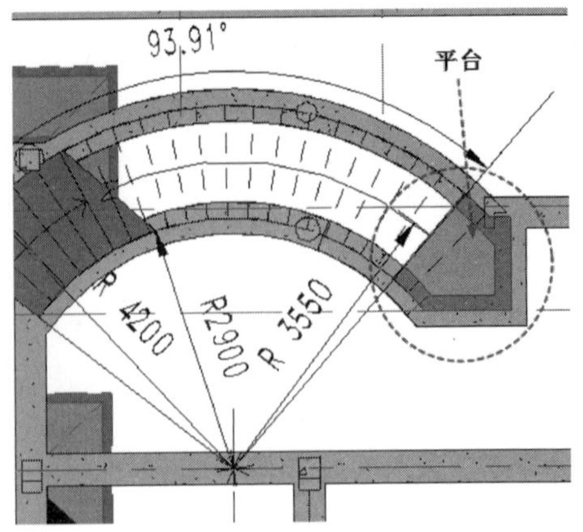

图 9-79 创建楼梯平台

室外一层到地坪的台阶（楼梯的一种形式）将在建筑墙体及门窗设计完成后再创建。

9.3.2 创建一层室内地板

厨房及卫生间低于标高 50mm，车库低于标高 450mm。

01 利用【建筑】选项卡【构建】面板的【楼板“建筑”】工具，先创建出客厅、卧室和书房等地板，如图 9-80 所示。

02 创建厨房、卫生间和洗衣房等房间地板，如图 9-81 所示。（在属性面板上设置自标高的高度为 -50）

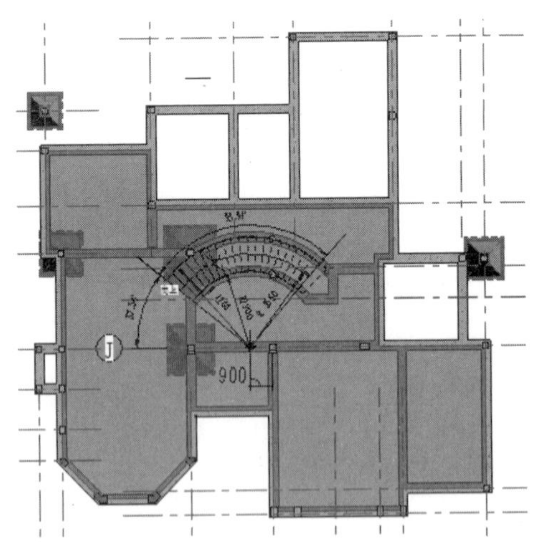

图 9-80 创建客厅等房间地板

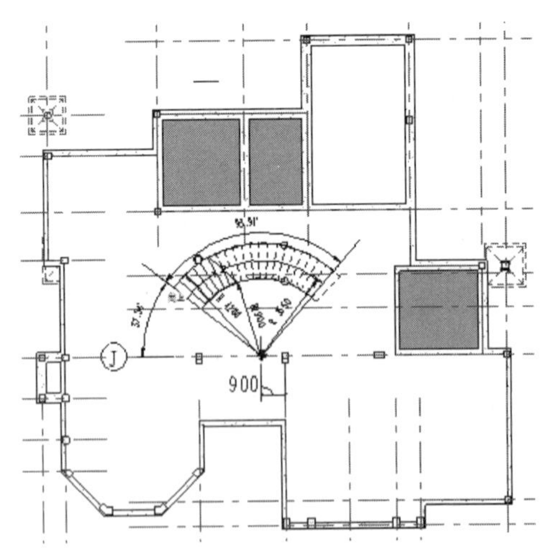

图 9-81 创建厨房等房间地板

03 创建车库的地板，如图 9-82 所示。

04 车库门位置的地圈梁的标高需要重新设置，如图 9-83 所示。

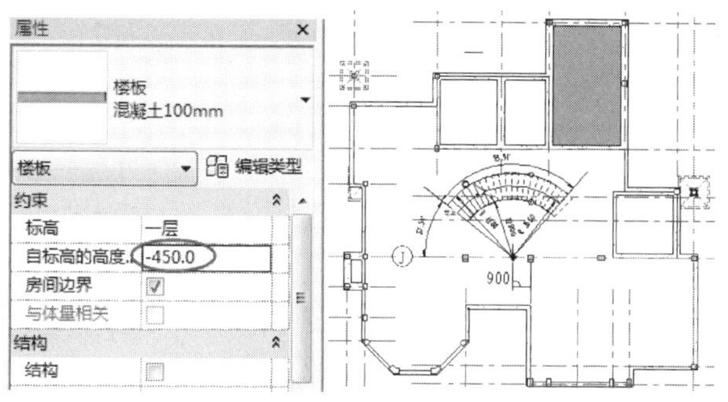

图 9-82　创建车库地板

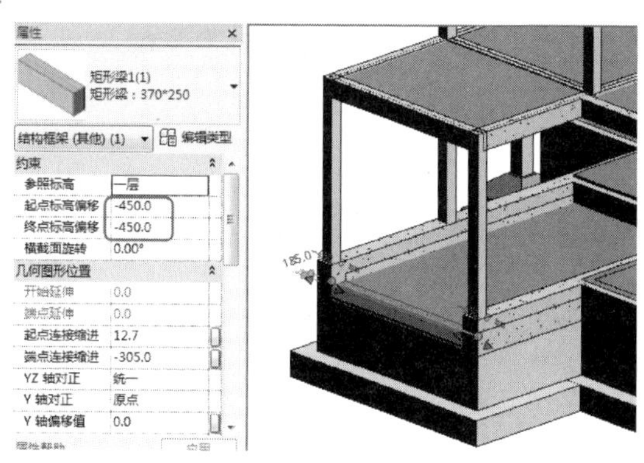

图 9-83　编辑车库门的地圈梁

9.3.3 建筑墙体及门窗设计

通过使用建模大师（建筑）软件来快速创建墙体和门窗。

1. 一层墙体及门窗设计

01　切换到一层楼层平面视图。链接导入“一层建筑平面图.dwg”图纸文件。

02　在【快模】选项卡【土建】面板中单击【主体快模】按钮，弹出【主体快模】对话框。依次提取墙边线、柱边线、门窗和门窗编号等，最后单击【整层识别】按钮，如图 9-84 所示。

03　完成识别后，单击【主体快模】对话框中的【转换】按钮，系统自动生成一层所有墙体，如图 9-85 所示。

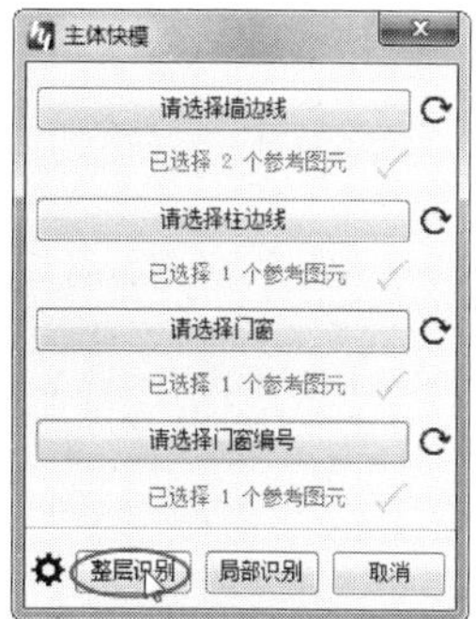

图 9-84　选择并提取主体墙转化要素

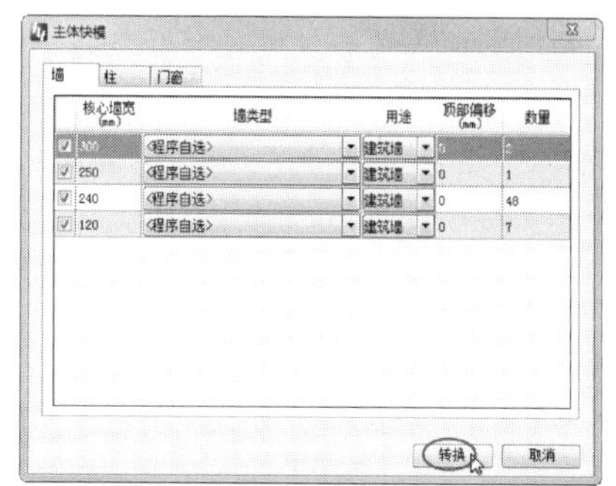

图 9-85　转换构件

04 自动生成的墙体如图 9-86 所示。外墙砖样式不太适合别墅，选取所有墙体，然后在属性面板中重新选择墙类型，如图 9-87 所示。

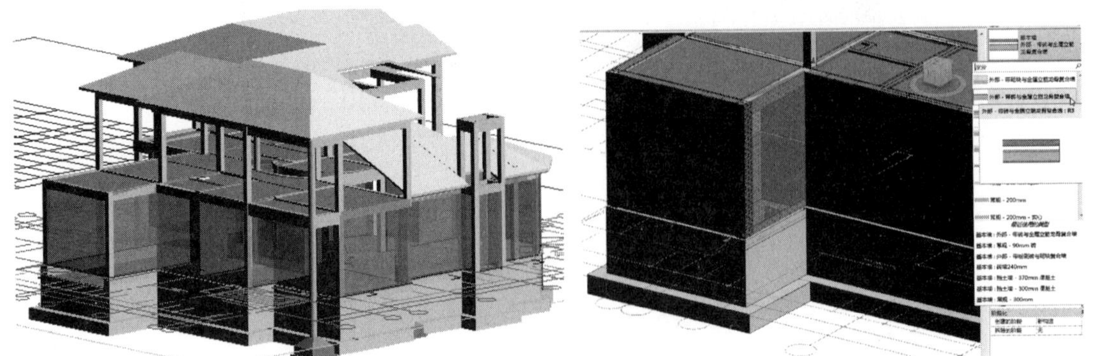

图 9-86　创建的墙体　　　　图 9-87　更改墙类型

提示	若有部分墙体及门窗没有识别成功，可以手动添加墙体与门窗。识别的成功率跟图纸中的图层、图块的准确设置是相关的。所以需要提前整理好图纸。

05 调整所有墙体底部偏移量为 -50，再调整车库门墙体底部偏移为 -450。接着进行门窗转化操作。通过云族 360 将必要的门、窗族载入到项目中，暂不放置。

提示	为方便读者调取门窗族，将下载的门窗族存放到本例源文件夹中。

06 将视觉样式设为线框显示。在【建筑】选项卡【构建】面板中单击【门】按钮，参照一层建筑平面图图纸，从属性面板中选择载入的合适类型的门族，然后将其一一放置到墙体中，如图 9-88 所示。

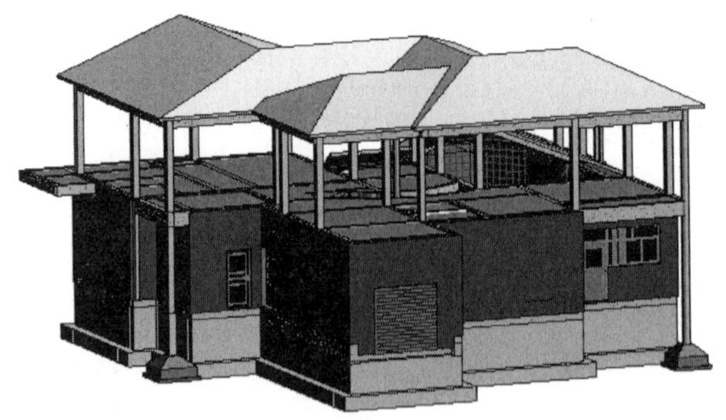

图 9-88　放置门族到墙体中

07 同理，单击【窗】按钮，将载入的窗族也放置到墙体中。其中大门、车库门和门联窗等门族需要编辑尺寸，第一层放置完成窗族的结果如图 9-89 所示。

2. 二层墙体及门窗设计

01 切换到二层楼层平面视图。导入"二层建筑平面图 .dwg"图纸文件。

02 通过使用【快模】选项卡中的【主体快模】工具，将墙体转化出来，操作方法与一层是完全相同的，转化的墙效果如图 9-90 所示。

图 9-89　放置完成的窗

03　选中二层中要附着到迹线屋顶的部分墙体，然后单击【修改 | 墙】上下文选项卡中的【附着顶部/底部】按钮，再选中迹线屋顶，完成附着操作，如图 9-91 所示。

技术要点	为了便于快速选取二层墙体，在三维视图模式下图形区右上角的 ViewCube 上单击鼠标右键，在弹出的快捷菜单中，依次选择【定向到视图】|【楼层平面】|【楼层平面 F3】命令，此时图形区中显示二层的三维视图，如图 9-92 所示。也可以直接在属性面板中勾选【剖面框】复选框，然后通过单击剖面框并控制其大小来显示二层三维视图，如图 9-93 所示。

图 9-90　转化二层墙体

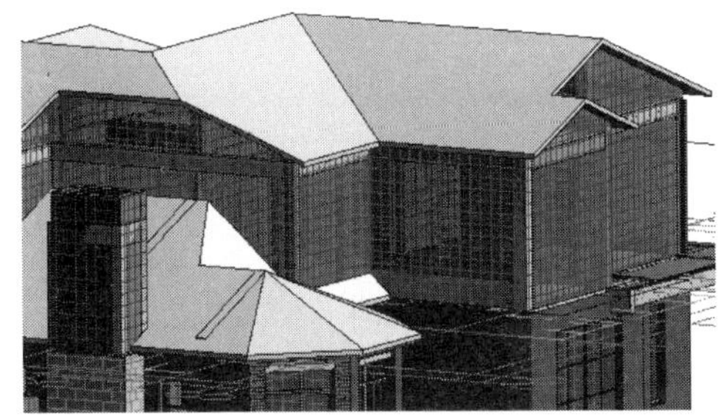

图 9-91　将全部二层墙体附着到屋顶

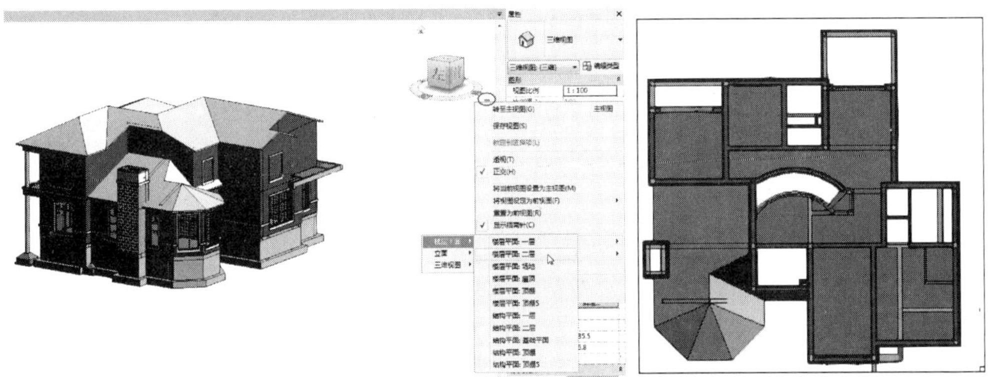

图 9-92　执行定向视图命令显示二层三维视图

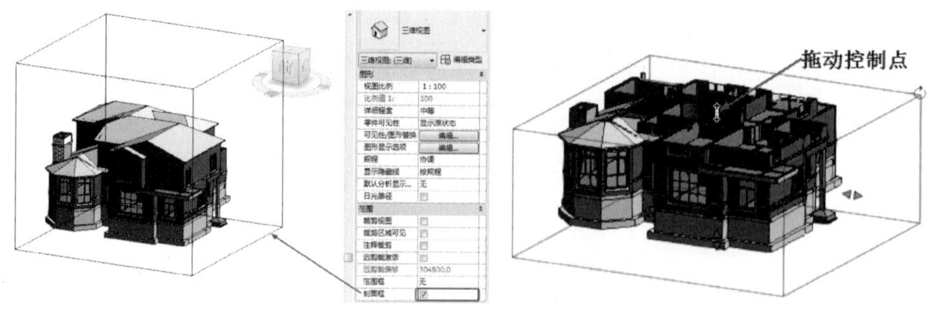

图 9-93　显示剖面框并进行调整

04 切换到顶棚楼层平面视图。手动创建一段墙体，如图 9-94 所示。然后将其附着到迹线屋顶。

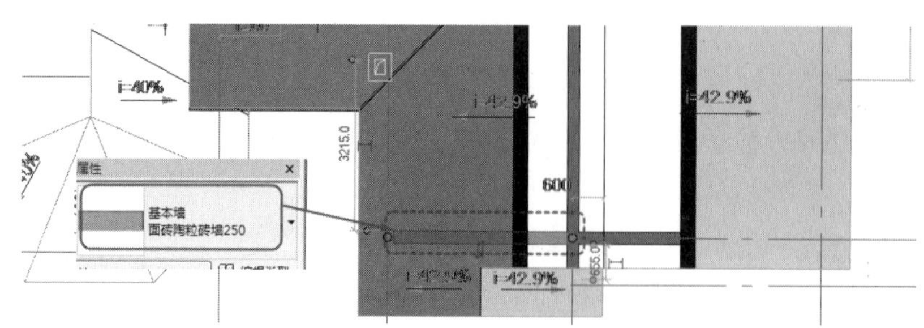

图 9-94　创建墙体

05 将烟囱的墙体，拖动造型控制柄，直到烟囱顶梁底部，如图 9-95 所示。

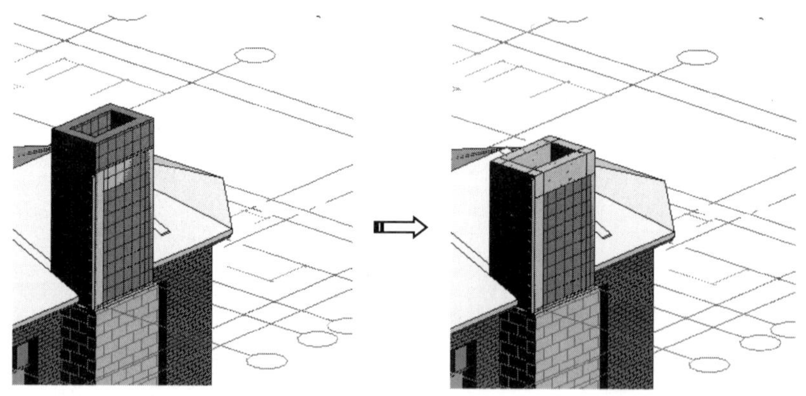

图 9-95　编辑烟囱墙体的顶部标高

06 切换到二层楼层平面视图。在【墙/梁】选项卡【墙体贴面 \ 拆分】面板中的单击【外墙饰面】按钮，弹出【构造层设置】对话框。单击【按类别】按钮，在弹出的【材质设置】对话框中选择【砌体 – 普通砖】材质类型，单击【确定】按钮，弹出【外墙饰面】对话框，如图 9-96 所示。

07 单击【外墙饰面】对话框中的【搜索】按钮，系统会自动搜索墙体的边线。最后单击【确定】按钮，完成外墙装饰面层的添加，如图 9-97 所示。

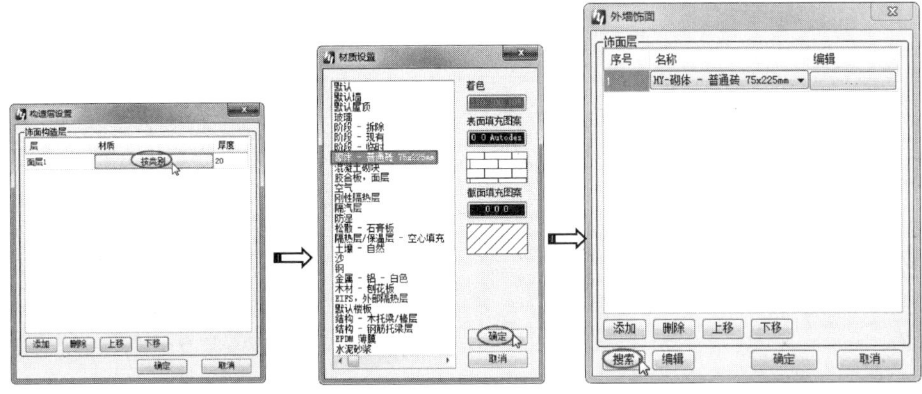

图 9-96　选择面装饰层构造材质

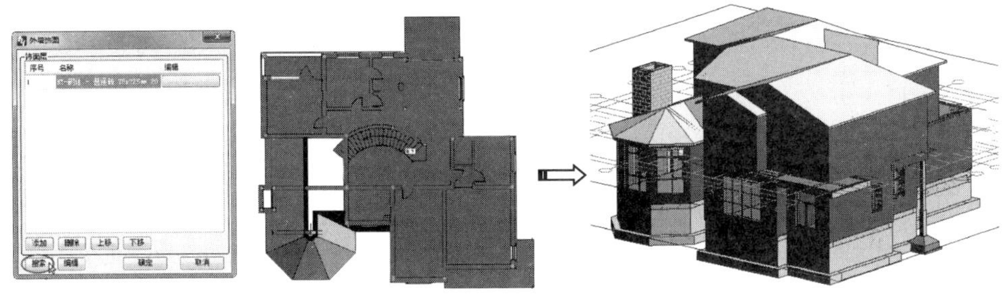

图 9-97　搜索墙边线完成装饰面层的添加

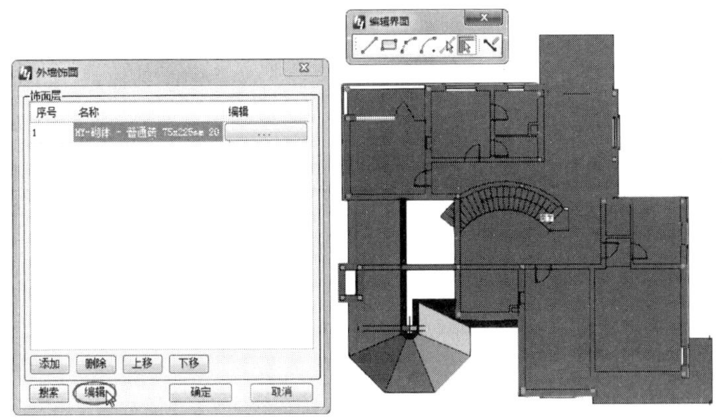

图 9-98　编辑墙边线

提示	如果自动搜索的墙边线不完整，可以单击【外墙饰面】对话框中的【编辑】按钮，手动添加墙边线或去除墙边线，如图 9-98 所示。编辑完成后按 Esc 键退出。

08 烟囱部分外装饰可以设置属性面板的族类型为【常规 –90mm 砌体】，若没有此族类型，可选择【常规 –140mm 砌体】的类型进行复制、重命名及材质的颜色编辑

等操作，如图 9-99 所示。

09 参考二层建筑平面图，依次放置门窗族到相应位置，结果如图 9-100 所示。

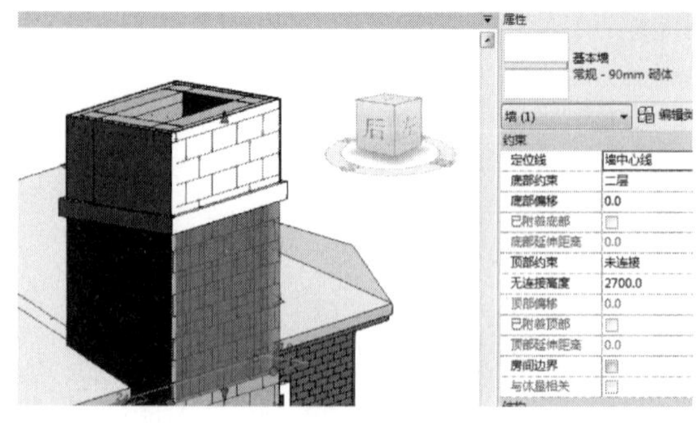

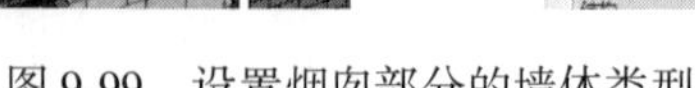
图 9-99 设置烟囱部分的墙体类型

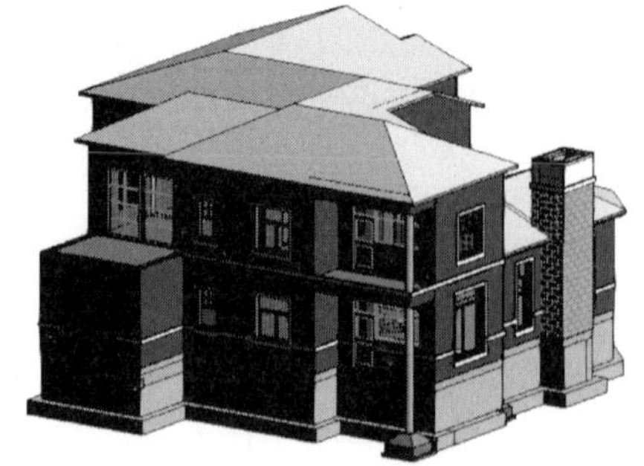
图 9-100 放置二层门窗

3. 给外墙和窗添加饰条

窗饰条底边尺寸为 60mm×180mm，其余三边尺寸 60mm×120mm，墙饰条尺寸为 60mm×150mm。

01 为这 3 种墙饰条创建轮廓族，如图 9-101 所示。每创建一个轮廓族，需要单击一次【载入到项目】按钮。

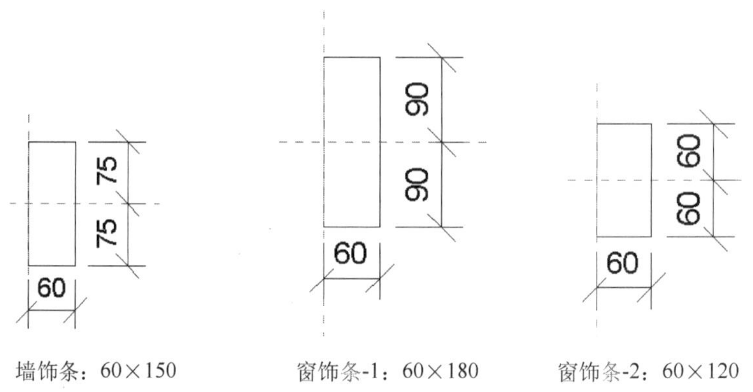

图 9-101 创建 3 种轮廓族

02 返回到别墅项目中，首先创建窗饰条。参考别墅总图中的立面图。在【建筑】选项卡单击【墙】|【墙：饰条】按钮命令，选择属性面板中的【墙饰条 - 矩形】类型（如果没有，请创建新类型），单击【编辑类型】按钮，复制并重命名新类型【窗饰条：60 * 120】。在【类型属性】对话框选择【窗饰条 - 2：60mm×120mm】轮廓，材质为【涂层 - 白色】，如图 9-102 所示。

03 单击【确定】按钮后在一层、二层墙面的窗边框上放置墙饰条，如图 9-103 所示。放置时，请在【修改 | 放置 墙饰条】上下文选项卡中切换【水平】或【垂直】命令正确放置饰条。

技术要点	放置后可以执行对齐操作，如果不需要对齐，请单击【重新放置墙饰条】按钮继续放置饰条。对齐操作是将饰条对齐到窗框边上。

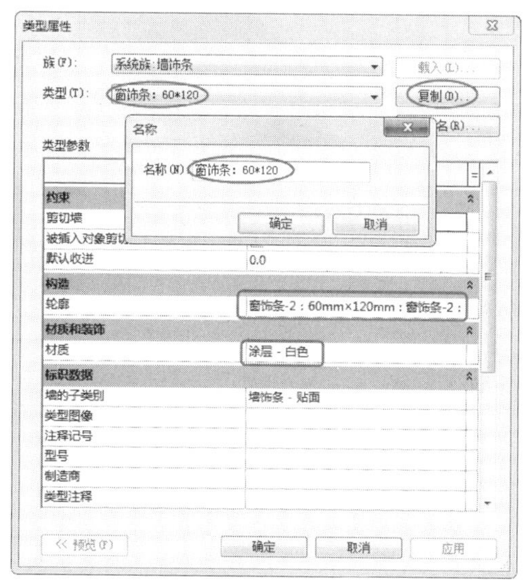

图 9-102　选择窗饰条轮廓族

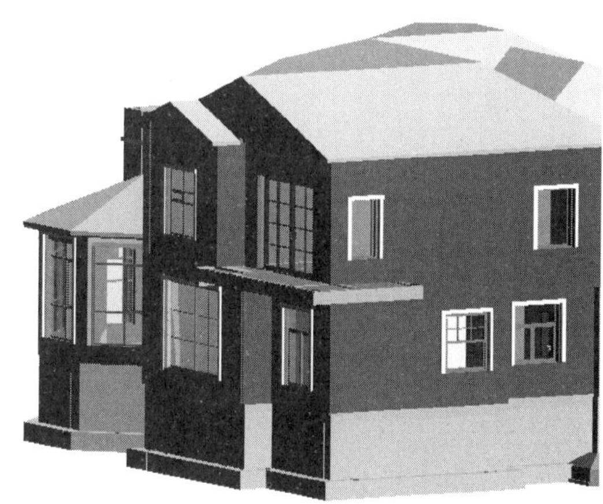

图 9-103　放置窗饰条

04 同理，将复制并重命名新墙饰条类型，然后将 60mm×180mm 尺寸的窗饰条水平放置到每个窗底边，完成窗饰条的创建。使用【连接】工具将每个窗户上的窗饰条连接成整体，如图 9-104 所示。

图 9-104　创建完成的窗饰条

05 复制并重命名新墙饰条类型，然后将 60mm×150mm 尺寸的墙饰条水平放置到一层和二层墙体上，如图 9-105 所示。

图 9-105　创建墙饰条

9.3.4 房檐反口及阳台花架设计

在二层标高位置的外墙上存在房檐反口（挑檐），利用【迹线屋顶】工具来创建。

01 切换到二层楼层平面视图。先创建南侧的屋檐反口。利用【屋檐：底板】工具，绘制封闭轮廓后，设置底板标高低于二层标高 -350，创建的屋檐底板如图 9-106 所示。

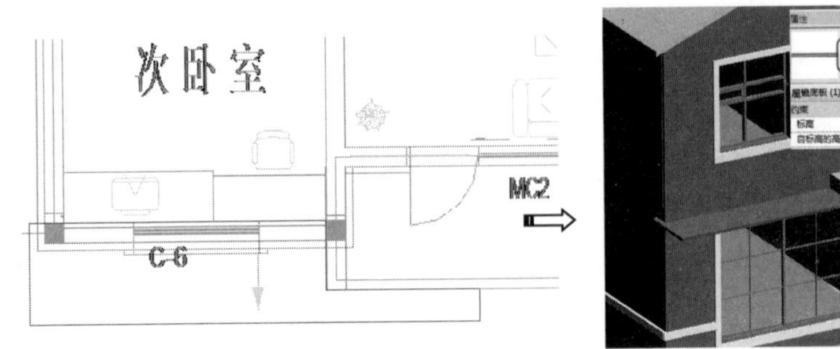

图 9-106 创建屋檐底板

02 利用【迹线屋顶】工具，绘制与底板相同的轮廓，设置外侧边的坡度为 35 度，取消其余边线坡度的定义，创建的反口如图 9-107 所示。

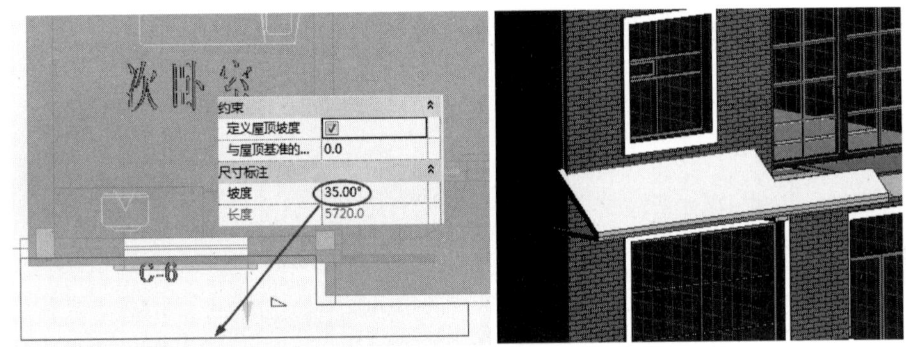

图 9-107 创建反口

03 继续在二层楼层平面视图中的东北侧绘制屋檐底板的封闭轮廓，如图 9-108 所示。

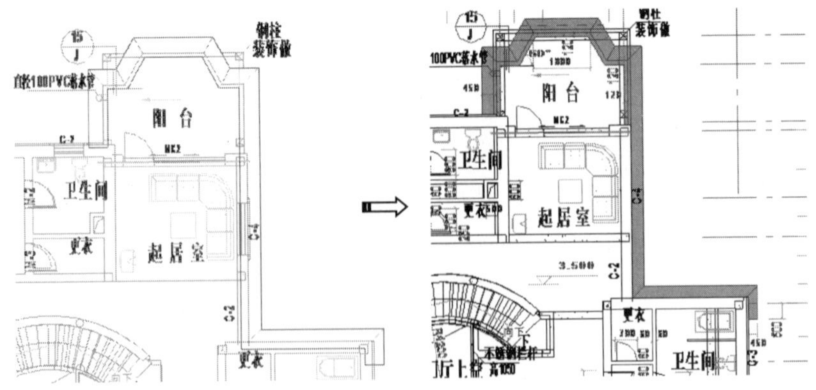

图 9-108 创建东北侧的屋檐底板

04 创建图 9-109 所示的屋檐反口。仅仅是外延的边线才设置坡度 35 度，其余轮廓线不需要设置。

图 9-109　创建反口

05 在车库上方阳台上创建雨篷。在【建筑】选项卡单击【构件】按钮，从本例源文件夹中载入【阳台花架.rfa】族，将其通过移动、对齐操作，放置到车库上方的阳台上，如图 9-110 所示。

图 9-110　放置阳台花架构件族

9.3.5 阳台栏杆坡道及台阶设计

1. 设计阳台栏杆

01 切换到二层楼层平面视图。在【建筑】选项卡单击【楼板】按钮，在属性面板中选择【常规】地板族，然后单击【编辑类型】按钮。在弹出的【类型属性】对话框中单击【复制】按钮，复制新族，接着单击【编辑】按钮，如图 9-111 所示。

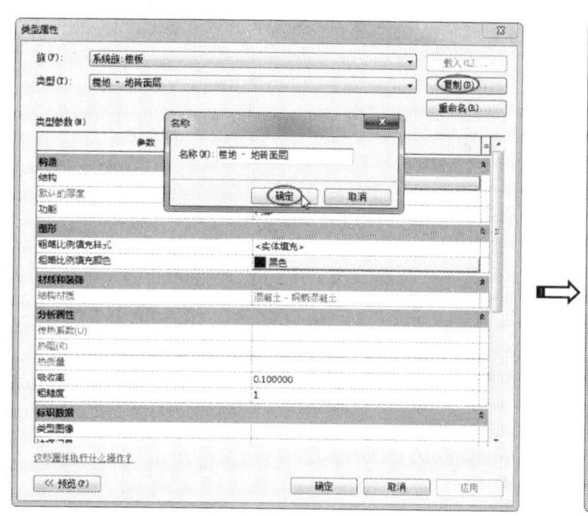

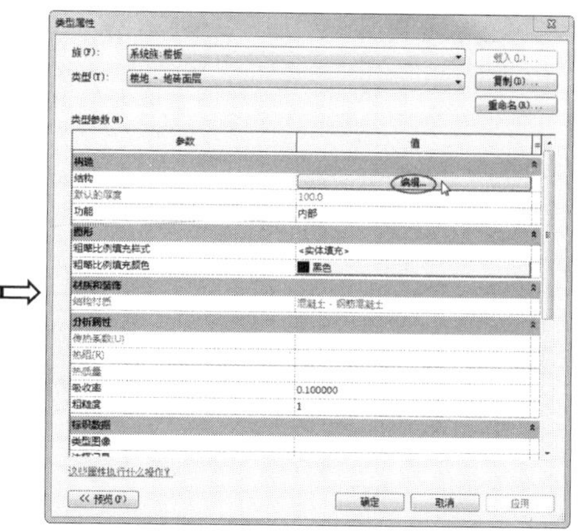

图 9-111　复制新族

02 在弹出的【编辑部件】对话框中编辑地板结构的厚度，如图 9-112 所示。利用【楼板】工具，在 3 个阳台上创建建筑楼板，如图 9-113 所示。

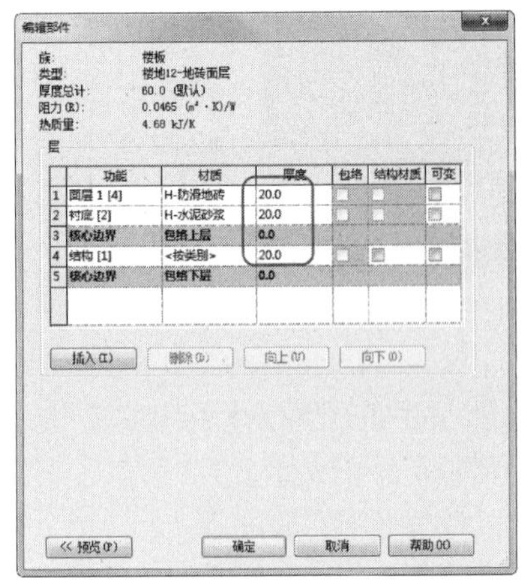

图 9-112　编辑地板结构及厚度

图 9-113　创建阳台地板

03 单击【栏杆扶手】按钮，在紧邻书房的阳台上绘制栏杆路径，然后在属性面板中选择【欧式石栏杆 2】选项，如图 9-114 所示。

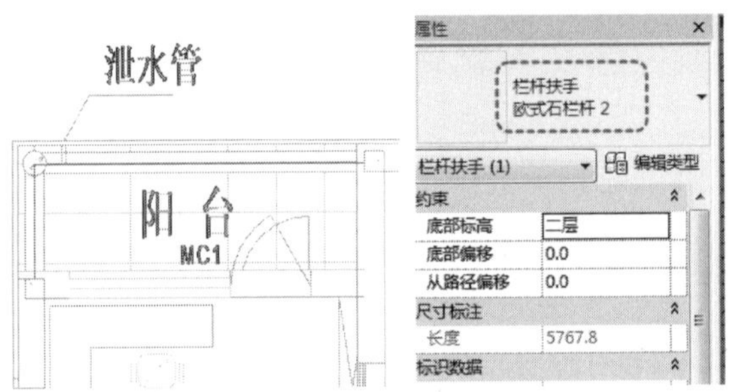

图 9-114　绘制栏杆路径并选择栏杆类型

04 单击属性面板上的【编辑类型】按钮，在【类型属性】对话框单击【栏杆位置】栏的【编辑】按钮，然后在【编辑栏杆位置】对话框将起点立柱和终点立柱设置为无，并单击【确定】按钮，如图 9-115 所示。

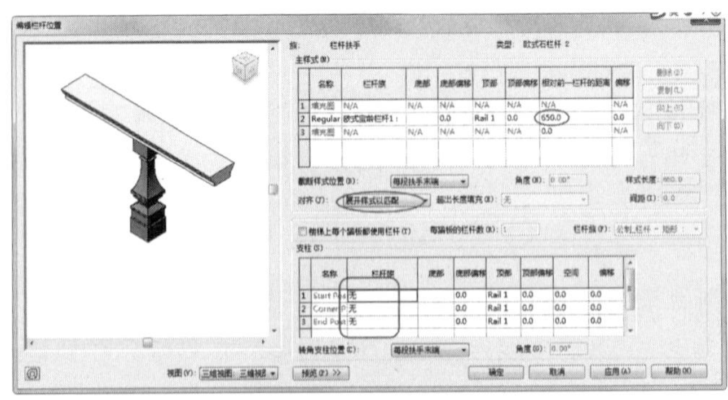

图 9-115　设置栏杆起点和终点立柱是否显示

05 创建完成的阳台栏杆如图 9-116 所示。同理，在另一阳台上创建【欧式石栏杆 3】类型的栏杆，如图 9-117 所示。

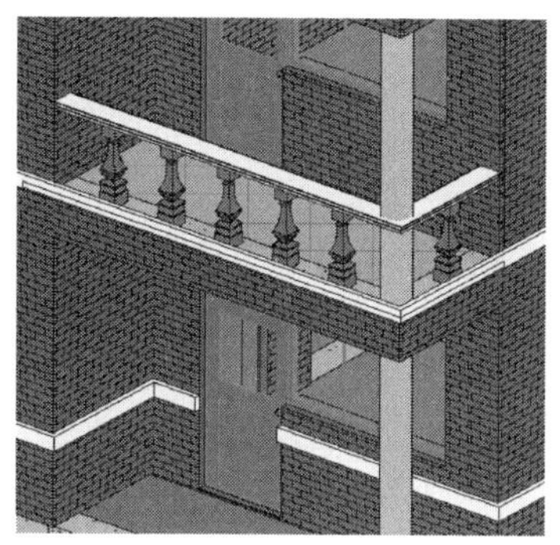

图 9-116　创建的阳台栏杆

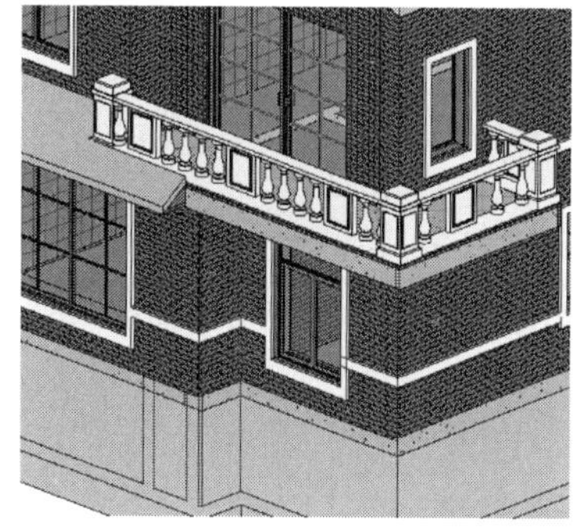

图 9-117　创建另一阳台的栏杆

2. 设计台阶和坡道

本项目共有 3 个大门，一层到场地的标高是 750mm，能做标准楼梯 150mm（踏步深度）× 300mm（一踏步高）×5（步）。

01 在车库一侧的门联窗位置创建台阶。此门位置需要补上楼梯平台，包括结构梁和结构楼板。切换一层结构平面视图，如图 9-118 所示创建（370×250）结构梁，如图 9-119 所示创建结构楼板。

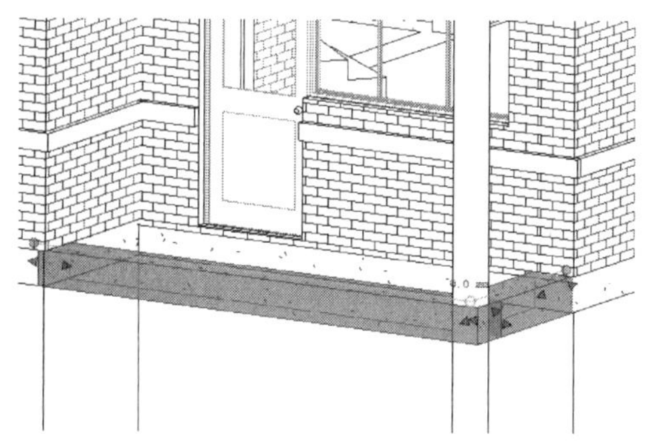

图 9-118　创建结构梁

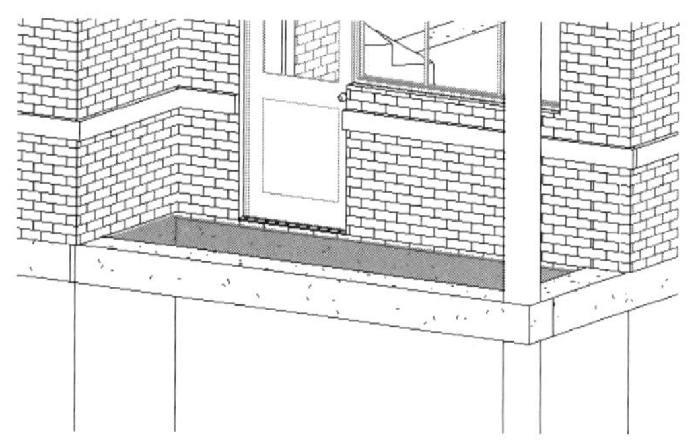

图 9-119　创建结构楼板

02 在【结构】选项卡【模型】面板中单击【构件】|【放置构件】按钮，从本例源文件夹中载入“三面台阶”族到当前项目中，然后将台阶放置在任意位置，如图 9-120 所示。

03 单击【编辑族】按钮，到族编辑器模式中单击【属性】面板的【族类型】按钮，将默认的 6 步台阶删除一步变成 5 步，再设置其他参数，如图 9-121 所示。

04 通过旋转、移动及对齐操作，将台阶放置到与平台对齐的位置，如图 9-122 所示。

05 在洗衣房门口放置二面台阶，放置过程同上。先放置三面台阶，然后在属性面板单击【编辑类型】按钮，复制并重命名为二面台阶，并设置类型属性参数，如图 9-123所示。

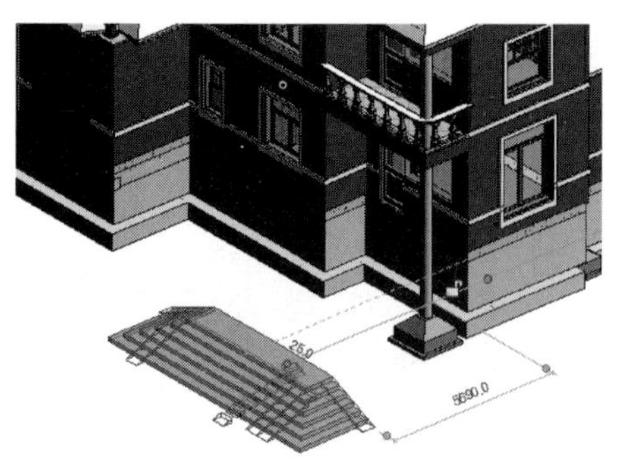

图 9-120　放置三面台阶到项目中

图 9-121　设置台阶族类型参数

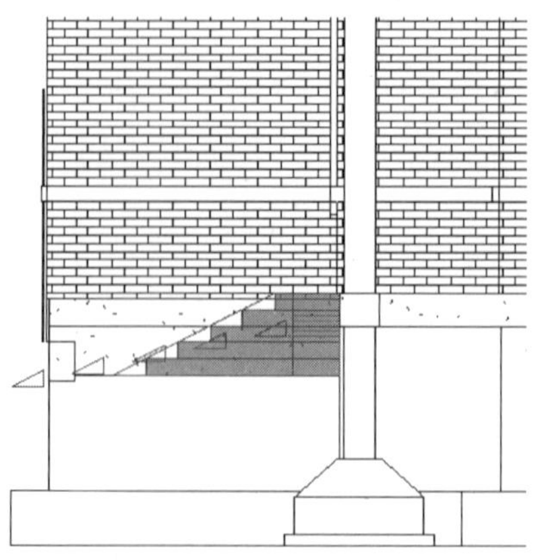

图 9-122　编辑台阶位置

提示	如果不新建类型，在编辑过程中会将已经创建的同类台阶一起更新。

06　进入族编辑器模式，将三面台阶编辑成二面台阶即可，如图 9-124 所示。

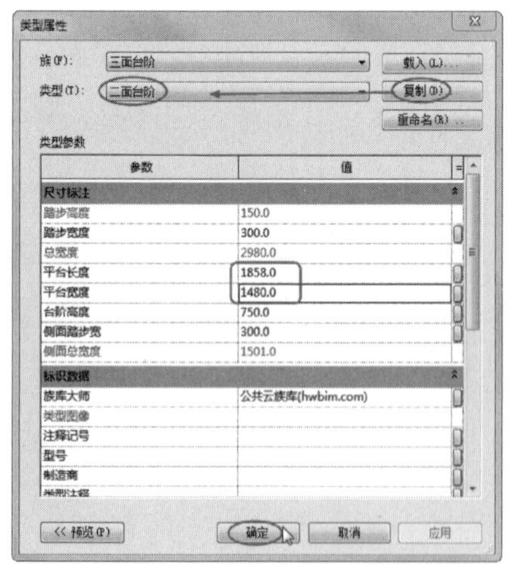

图 9-123　新建台阶类型

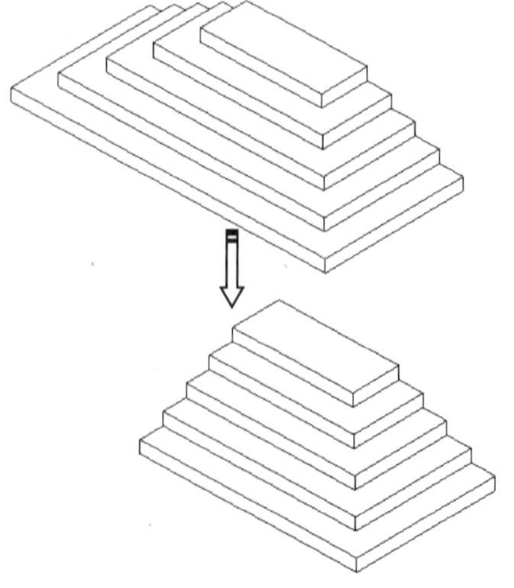

图 9-124　编辑台阶族

07　通过移动、旋转和对齐操作，将二面台阶对齐到洗衣房门口位置，如图 9-125 所示。

08　在南侧正大门位置创建台阶。此处须先创建建筑楼板（平台），然后才可放置台阶。创建厚度为 150 的楼板（使用【建筑楼板】工具）如图 9-126 所示。

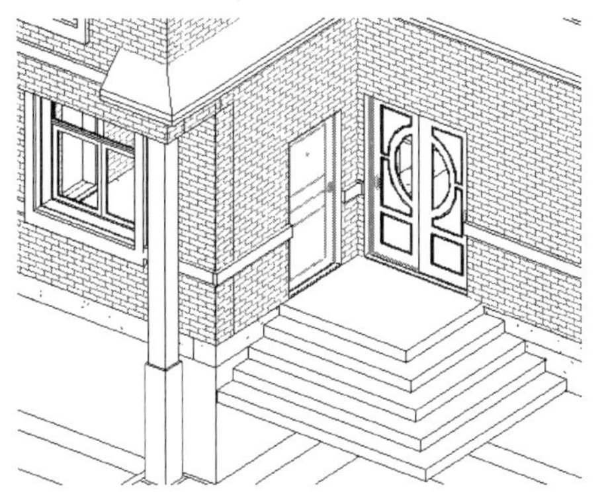

图 9-125　对齐并放置二面台阶

图 9-126　创建建筑楼板

09　将本例源文件夹中的【一面台阶－带挡墙】族载入并放置到项目中，如图 9-127 所示。默认的台阶族尺寸较大，需要进入族编辑器模式编辑族类型参数，如图 9-128 所示。

10　将台阶对齐，如图 9-129 所示。

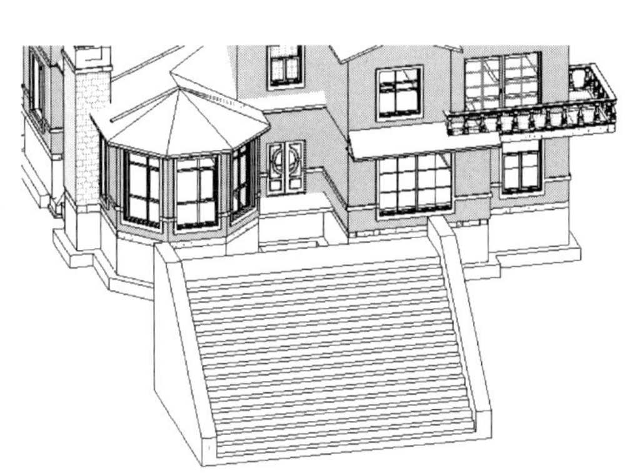

图 9-127　放置一面台阶

图 9-128　编辑台阶族类型参数

图 9-129　对齐台阶

11 从本例源文件夹中载入“平台坡道”族，将其放置到卷帘门位置。设置其类型属性参数，如图 9-130 所示。然后将其对齐到车库门，如图 9-131 所示。

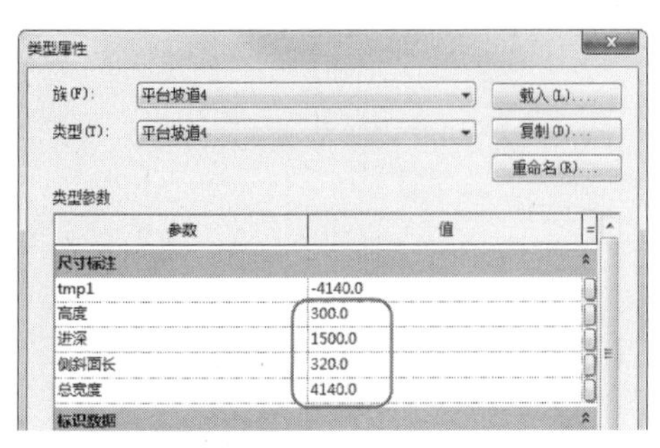

图 9-130　编辑平台坡道类型属性参数

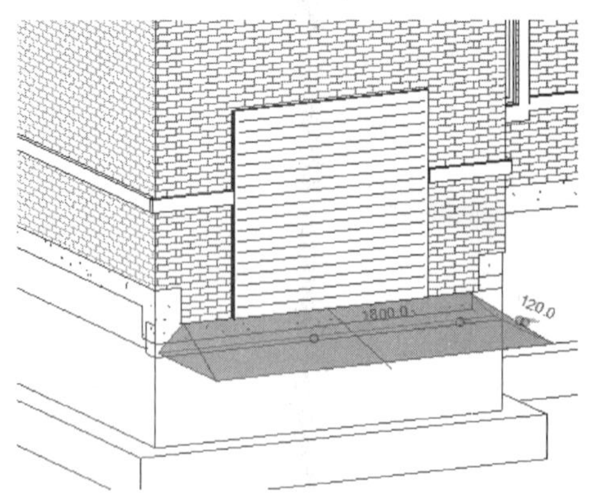

图 9-131　对齐坡道到车库门

12 至此，本例某旅游度假区阳光海岸花园别墅全部设计完成，最终的效果如图 9-132 所示。

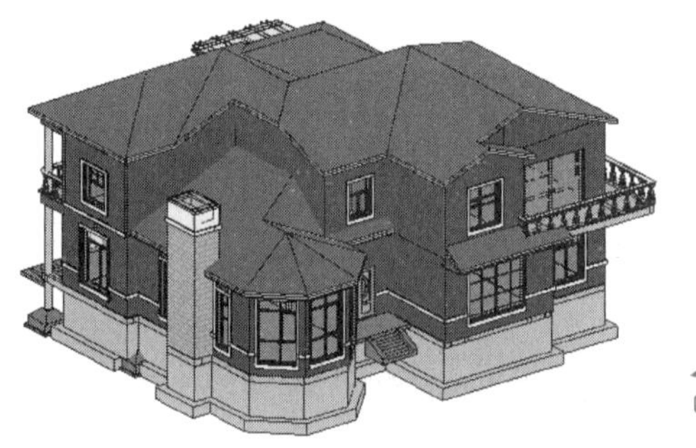

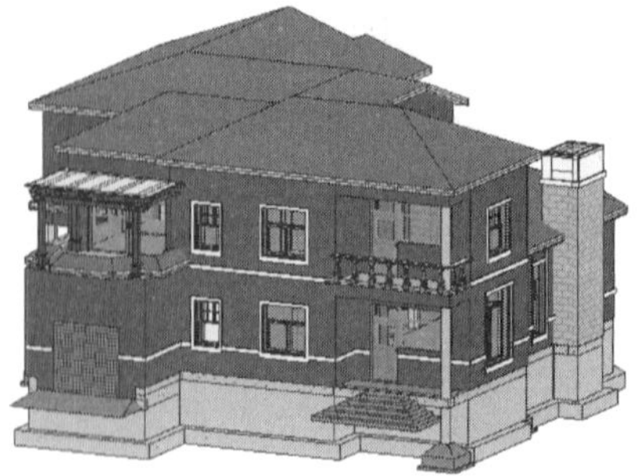

图 9-132　A 型别墅完整效果图